Wahrscheinlichkeitsrechnung und Statistik mit MATLAB

Ottmar Beucher

Wahrscheinlichkeitsrechnung und Statistik mit MATLAB

Anwendungsorientierte Einführung
für Ingenieure und Naturwissenschaftler

Zweite, bearbeitete Auflage

Mit 111 Abbildungen und 40 Tabellen

 Springer

Professor Dr. rer. nat. Ottmar Beucher
Hochschule Karlsruhe – Technik und Wirtschaft
Fakultät Maschinenbau und Mechatronik
Moltkestraße 30
76133 Karlsruhe
ottmar.beucher@hs-karlsruhe.de

Extras im Web unter www.springer.com/978-3-540-72155-0

Bibliografische Information der Deutschen Nationalbibliothek
Die Deutsche Bibliothek verzeichnet diese Publikation in der Deutschen Nationalbibliografie;
detaillierte bibliografische Daten sind im Internet über http://dnb.d-nb.de abrufbar.

ISBN 978-3-540-72155-0 2. Aufl. Springer Berlin Heidelberg New York
ISBN 978-3-540-23416-6 1. Aufl. Springer Berlin Heidelberg New York

Springer ist ein Unternehmen von Springer Science+Business Media

springer.de

© Springer-Verlag Berlin Heidelberg 2005, 2007

Satz: Digitale Druckvorlage des Autors
Herstellung: LE-TeX Jelonek, Schmidt & Vöckler GbR, Leipzig
Einbandgestaltung: KünkelLopka, Heidelberg

SPIN 11835738   7/3180/YL – 5 4 3 2 1 0   Gedruckt auf säurefreiem Papier

Vorwort

Das vorliegende Buch richtet sich an Studenten ingenieurwissenschaflicher und naturwissenschaftlicher Fachrichtungen an Fachhochschulen und Universitäten. Das Buch eignet sich als Begleitliteratur für gleichnamige Vorlesungen in Studiengängen wie Mechatronik, Maschinenbau, Produktionstechnik, Wirtschaftsingenieurwesen oder Elektrotechnik, ist aber auch als Sekundärliteratur für Physiker und Mathematiker geeignet.

Es wird eine Einführung in die grundlegenden Begriffe und Werkzeuge der Wahrscheinlichkeitsrechnung gegeben. Ebenso werden fundamentale Begriffe und Methoden der angewandten mathematischen Statistik besprochen. Darüber hinaus werden aber auch weitergehende statistische Verfahren, wie die Varianz- und Regressionsanalyse oder nichtparametrische Verfahren diskutiert. Dazu kommt die Besprechung moderner Techniken wie der Monte-Carlo-Methode und als Illustration die Diskussion wesentlicher und interessanter Anwendungsgebiete aus dem ingenieurwissenschaftlichen Bereich.

Alle Themen werden weitestgehend unter Verwendung von MATLAB ® diskutiert, wobei zur Lösung spezieller Aufgaben auf die Funktionalität der MATLAB Statistics Toolbox[1] zurückgegriffen wird. Die Verwendung von MATLAB ermöglicht insbesondere die Diskussion praxisorientierter Beispiele, die meist nicht analytisch behandelt werden können, und erhöht die Verständlichkeit der Thematik durch die Möglichkeiten der grafischen Visualisierung.

Das Buch enthält ausführliche Einleitungen zu jedem Thema und bespricht Anwendungsaspekte. Wesentliche Herleitungen, die das Verständnis vertiefen, werden ausführlich besprochen. Zusammenhänge werden, wenn möglich, grafisch visualisiert, auf mathematische Beweistechnik und unnötigen Formalismus wird weitestgehend verzichtet. Stattdessen wird versucht, den Stoff mit Hilfe von ca. 150 allgemeinverständlichen, meist praxisbezogenen und weitestgehend aus dem Ingenieurbereich stammenden Beispielen zu erläutern, um die wesentlichen Konzepte und Ideen zu erarbeiten.

Eine zentrale Rolle spielen dabei auch die weit über 100 Übungsaufgaben, deren ausführliche und vollständige Lösungen in einem abschließenden Kapitel in das Buch integriert sind. Durch das Bearbeiten der Übungen, die überwiegend den Einsatz von MATLAB erfordern, werden die behandelten Themen vertieft, und es können teilweise weiterführende Aspekte selbstständig erarbeitet werden.

---

[1] Nutzern ohne Zugang zu dieser Toolbox werden vom Autor entsprechende Ersatzfunktionen zur Verfügung gestellt!

Danksagungen: Mein Dank gilt all denjenigen Personen, die zum Gelingen dieses Buches beigetragen haben.

Der wesentlichste Punkt, bei dem man als Autor eines solchen Buches auf die Hilfe anderer angewiesen ist, ist die bestmögliche Elimination von Fehlern.

Neben vielen Studentengenerationen an der Fachhochschule Karlsruhe – Hochschule für Technik, die Teile dieses Buches in Form einer Vorlesung über sich ergehen lassen mussten und so Gelegenheit hatten, mir entsprechende Hinweise zu geben, möchte ich Herrn Dipl. Wirtsch.-Ing. Matthias Laub danken, der sich der Mühe unterzogen hat, die erste Rohfassung zu lesen.

Mein ganz besonderer Dank gilt jedoch in dieser Hinsicht zwei Menschen, die mich durch eine intensive, qualifizierte und kritische Durchsicht des Manuskripts enorm unterstützt haben.

Dies sind Herr Prof. Dr. Horst Becker, der mich einst in seinen Vorlesungen an der Universität Kaiserslautern für dieses Thema begeisterte und mein Freund und ehemaliger Kollege Herr Dr. Rüdiger Brombeer, für den ich seinerzeit als HiWi entsprechende Vorlesungen betreuen durfte.

Beiden danke ich nicht nur für ihre wertvollen Hinweise, sondern auch für ihre ermutigenden und motivierenden Kommentare zu meinem Manuskript.

Für die Erstellung von einigen Konstruktionszeichnungen danke ich darüber hinaus Herrn Dipl.-Ing.(FH) Oliver Stumpf recht herzlich.

Zu danken habe ich natürlich auch Frau Eva Hestermann-Beyerle vom Springer-Verlag, die an dieses Buch geglaubt und dessen Veröffentlichung unterstützt hat.

Lingenfeld und Karlsruhe, im Herbst 2004   *Ottmar Beucher*

Vorwort zur zweiten Auflage

Die zweite Auflage unterscheidet sich von der ersten im Wesentlichen durch ein verbessertes Layout. So wurden Beispiele und MATLAB-Programmsequenzen deutlicher vom Fließtext abgehoben, um dem Leser die Orientierung zu erleichtern. Ferner wurde die Gelegenheit genutzt ein paar kleinere Tippfehler zu eliminieren.

Landau i.d. Pfalz und Karlsruhe, im Frühjahr 2007   *Ottmar Beucher*

Hinweise zum Gebrauch des Buches

Mathematische Vorkenntnisse: In diesem Buch werden lediglich Grundkenntnisse der höheren Mathematik vorausgesetzt, wie sie üblicherweise in den ersten beiden Semestern ingenieurwissenschaftlicher Studiengänge erworben werden.

MATLAB-Vorkenntnisse: Der Leser sollte über Kenntnisse der grundlegenden MATLAB-Befehle verfügen und in der Lage sein, die Funktionsweise von MATLAB-Programmen zu verstehen. Idealerweise sollte er kleinere Programme selbst schreiben können, um die Übungsaufgaben selbstständig bearbeiten zu können. Die geforderten MATLAB-Kenntnisse entsprechen üblichen Einführungen in MATLAB, wie sie etwa in Kapitel 1 von [1] zu finden sind. Vorkenntnisse über die MATLAB Statistics Toolbox sind nicht erforderlich.

Im vorliegenden Buch wird *keine* Einführung in MATLAB gegeben.

Ingenieurwissenschaftliche Vorkenntnisse: Es sind keine Kenntnisse aus ingenieurwissenschaftlichen Spezialdisziplinen erforderlich. Alle in diesem Buch zu findenden ingenieurwissenschaftlichen Beispiele sind allgemeinverständlich oder entsprechend allgemeinverständlich aufbereitet.

Die MATLAB-Begleitsoftware: Das Buch enthält zahlreiche MATLAB-Programmbeispiele, die in Beispielen und Übungen diskutiert werden. Die Namen dieser MATLAB-Programme sind durch **Fettdruck** gekennzeichnet. Eine Übersicht über die Programme der Begleitsoftware ist in einem entsprechenden Index am Ende des Buches abgedruckt. Alle Programme sowie zusätzliche nützliche Informationen können von der Homepage des Autors unter der Adresse

```
www.home.hs-karlsruhe.de/~beot0001/WuSmitMATLAB.html
```

heruntergeladen werden. Das Buch kann jedoch prinzipiell auch ohne diese Bibliothek verwendet werden, da meist alle *wesentlichen* Programmteile im Buch abgedruckt sind. Der Leser muss in diesem Fall die fehlenden Befehle, meist Ausgabe- und Grafikbefehle, selbst hinzufügen.

Die MATLAB Statistics Toolbox: Die überwiegende Zahl der Programme verwendet Befehle aus der so genannten **Statistics Toolbox** von MATLAB. Alle Befehle dieser Toolbox sowie die Standardfunktionen von MATLAB sind im Text zur Unterscheidung von selbstgeschriebenen Funktionen durch Typewriter-Schrift gekennzeichnet.

In der Studentenversion kann die Statistics Toolbox für ca. 50 € vom Hersteller bezogen werden. Für Leser, die **keinen Zugriff auf die Statistics Toolbox** haben, werden vom Autor **Ersatzfunktionen** mit leicht eingeschränkter Funktionalität zur Verfügung gestellt. Hinweise zu den in diesem Buch verwendeten Statistics-Toolbox-Funktionen sowie zu den zur Verfügung stehenden Ersatzfunktionen sind auf der Homepage des Autors unter der oben genannten Adresse zu finden.

Übungen: Die Übungsaufgaben sind ein ganz wesentlicher Bestandteil des vorliegenden Buches. Wünscht der Leser einen maximalen Lernerfolg, so sollte er nach jedem Abschnitt zumindest einige Aufgaben selbst zu lösen versuchen. Wenigstens aber sollte er die Lösungen zu diesen Übungen gründlich studieren, da dort auch weiterführende Aspekte besprochen werden.

Nummerierung: Gleichungen sind entsprechend ihrer Seite nummeriert. So bedeutet eine Referenz auf Gleichung (103.4), dass die entsprechende Gleichung auf Seite 103 zu finden ist und dort die vierte (nummerierte) Gleichung ist. Dies erleichtert das Auffinden wichtiger Referenzen. Abschnitte, Unterabschnitte und Beispiele sind auf konventionelle Art fortlaufend und kapitelbezogen nummeriert.

Inhaltsverzeichnis

1 Einführung

Fragestellungen der *Statistik* oder ganz allgemein der Modellierung *zufälliger Vorgänge* spielen in den modernen Ingenieurwissenschaften eine große Rolle. Dies ist insbesondere im Bereich der *Fertigung* der Fall, wo die heutigen sehr hohen Anforderungen an die Qualität der hergestellten Produkte eine stetige *Kontrolle des Fertigungsprozesses* verlangen. Da jeder physikalische Prozess jedoch unvermeidbar zufälligen Schwankungen unterworfen ist, erfordert dies letztendlich die Kontrolle zufälliger Vorgänge. Die dazu eingesetzten mathematischen Methoden der *Qualitätskontrolle* [23, 33, 36] haben auf diesem Wege unmittelbaren Einfluss auf die Qualität eines Produktes.

Weil aber immer *hohe Qualität zu niedrigen Kosten* das Ziel sein muss, haben diese mathematischen Methoden auch direkten Einfluss auf den ökonomischen Erfolg des Produktes und generell des herstellenden Unternehmens.

Kenntnis über die Natur zufälliger Vorgänge ist aber nicht nur in der Fertigung gefragt. Auch im Entwicklungsbereich, das heißt bei Konzeption und Konstruktion von Produkten, ist das Wissen um die mathematischen Zusammenhänge zufallsbehafteter Prozesse ein entscheidender Faktor.

Ein Beispiel hierfür ist der Bereich der *statistischen Tolerierung* [23], bei dem es um die Behandlung von Maßtoleranzen geht. Tolerierung mit statistischen Methoden statt mit worst-case-Betrachtungen kann durch den möglichen Einsatz preiswerterer Materialien oder durch einfachere konstruktive Auslegung entscheidende wirtschaftliche Vorteile bringen.

Auch die Frage der *Lebensdauer* von Produkten ist im Entwurfsprozess zu berücksichtigen. Da jedoch auch die Lebensdauer, wie jeder aus eigener Erfahrung weiß, zufälligen Schwankungen unterworfen ist, müssen durch umfangreiche Tests Aussagen über diesen Faktor gewonnen werden. Diese Aussagen können jedoch ohne eine entsprechende mathematische Begrifflichkeit und Modellbildung schwerlich getroffen werden, sodass auch in diesem Bereich die Kenntnis der mathematischen Behandlung des Zufalls unabdingbar ist.

In engem Zusammenhang zu den oben genannten Themen stehen natürlich auch Aspekte der *Sicherheit* von Produkten. Einfluss auf die Produktsicherheit können sowohl mangelnde Qualität, schlechte Konstruktionen als auch unzureichende Lebensdauern haben. Sicherheitsaspekte können redundante Auslegungen verlangen, wie das berühmte Beispiel der Zwillingscomputer in Raumfahrzeugen zeigt. Da redundante Auslegungen natürlich wieder unmittelbaren Einfluss auf die Kosten haben, ist auch in diesem Fall der ökonomische Erfolg mittel- oder unmittelbar von der mathematischen Beherrschung von Zufallsprozessen abhängig.

Statistische Aspekte spielen aber nicht nur bei der *Entstehung* eines Produktes eine Rolle. Natürlich ist es für einen Hersteller auch interessant zu wissen, wie der Kunde mit seinem Produkt umgeht. Da dessen *Produktnutzung* individuell verschieden ist, ist auch diese vom Zufall geprägt. Das Fahrverhalten von Automobilbesitzern ist hierfür ein Beispiel. Die Kenntnis über dieses Verhalten kann unmittelbaren Einfluss auf konstruktive Maßnahmen beim Hersteller haben.

Das Handwerkszeug zu der oben angesprochenen Beherrschung von Zufallsprozessen stellt die *mathematische Statistik* bereit. Ihre Hauptaufgaben sind die Schätzung von (deterministischen) Parametern zufälliger Prozesse und der Test von Annahmen (Hypothesen) über diese Parameter anhand von beobachteten Daten des Prozesses. Die mathematische Statistik und ihre Anwendungen in den oben genannten Bereichen wird Gegenstand von Kapitel 5 sein.

Grundlage der mathematischen Statistik ist die *Wahrscheinlichkeitsrechnung*. Diese mathematische Disziplin stellt den notwendigen Begriffsapparat zur Verfügung, der zur Beschreibung zufälliger Vorgänge entwickelt wurde. Darüber hinaus macht die Wahrscheinlichkeitsrechnung allgemeine und grundlegende Aussagen über zufällige Vorgänge. Diese Grundlagen werden in Kapitel 2 behandelt.

Im Folgenden sollen, nach einem Ausflug in den klassischen Bereich des Glücksspiels, die oben angesprochenen Beispiele ein wenig vertieft werden. Die Beispiele sind vorzugsweise aus dem Bereich der Fertigung, der Qualitätssicherung und Maschinenbaus gewählt, jedoch spielt die Statistik natürlich auch in anderen Ingenieurdisziplinen eine hervorragende Rolle, etwa in der *Messtechnik* oder im Bereich der *statistischen Signalverarbeitung*. Auch in ganz anderen Disziplinen kommt man ohne diese Kenntnisse nicht aus. Prominenteste Beispiele hierfür dürften *Medizin* und *Sozialwissenschaften* sein.

Glücksspiele

Der historischen Entwicklung der Wahrscheinlichkeitstheorie folgend, soll zunächst mit einigen Beispielen aus dem *Glücksspielbereich* begonnen werden, die den Vorteil besitzen, dass die behandelten Fragestellungen allgemein verständlich sind.

Wir beginnen mit einem allgemein bekannten Beispiel, den Würfelspielen. Das Beispiel soll die Fragestellungen, die mit Glücksspielen im Besonderen und Zufallsexperimenten im Allgemeinen zusammenhängen, illustrieren.

1.1 Beispiel (Würfelbeispiel)

Bei diesem Spiel handelt es sich um ein Gewinnspiel mit Würfeln. Es lässt sich mit folgenden drei einfachen Regeln beschreiben:

- Der Einsatz pro Spieler beträgt 100 (Jackpot).
- Es gewinnt bei jedem Wurf die höchste Augenzahl.
- Wer zuerst 10 Spiele gewinnt, erhält den Jackpot.

Zusätzlich zu diesen Regeln sei folgende Sondervereinbarung getroffen:

Bei Spielabbruch wird der Jackpot entsprechend der *Gewinnwahrscheinlichkeit* bei Fortsetzung des Spiels aufgeteilt!

Die Sonderregelung wirft sofort eine wesentliche Frage auf [19]: wie sind bei einem gewissen Abbruchspielstand, z.B.

$$A : 8 \text{ Siege} \qquad B : 7 \text{ Siege},$$

die Gewinnaussichten der Spieler A und B ?

Diese Fragestellung hat im Übrigen einen historischen Hintergrund. Sie stammt aus dem Jahre 1654 und ist eine Frage des Chevalier de Meré an den berühmten Mathematiker Pierre de Fermat [19]. Wir kommen auf eine Beantwortung dieser Frage und auf die genauere Analyse des Spiels in Übungsaufgabe 23, S. 78 zurück.

Die Fragestellung jedoch hat ganz allgemeinen Charakter. Sie betrifft die Frage, ob über zufällige Vorgänge *Prognosen* gewagt werden können. Wir werden im Laufe des nächsten Kapitels präzisieren, in welchem Sinne dies gemeint ist.

Das nächste Beispiel ist wohl *das* Glücksspielbeispiel schlechthin und dürfte jedem bekannt sein. Selbst die Gewinnaussichten für den Hauptgewinn dürften Allgemeingut sein, wenngleich wohl die wenigsten wissen, warum dies so ist.

1.2 Beispiel (Zahlenlotto)

Das Spiel selbst muss wohl nicht näher erläutert werden.

Hier einige Fragestellungen zum Zahlenlotto. Die meisten unter den Lesern mögen sich, sofern sie selbst Lottospieler sind, zumindest die erste Frage schon öfter (verzweifelt?) gestellt haben.

- Wie groß sind die Aussichten auf 6 Richtige?
- Wie groß sind die Aussichten, dass von 10 Mio Spielern mehr als 12 Spieler genau 6 Richtige haben?
- Wie groß darf bei ca. 3 € Gewinn und 10 Mio Spielern die Aussicht auf 3 Richtige höchstens sein, damit sich Toto-Lotto-Manager noch Fortbildungsreisen in die Karibik leisten können?

Wir werden diese Fragen, bis auf die nicht ganz ernst gemeinte dritte Frage natürlich, im Zusammenhang mit den so genannten *Urnenmodellen* (vgl. Abschnitt 2.1.3, S. 20) diskutieren und beantworten. Für diese ersten wahrscheinlichkeitstheoretischen Modelle, die elementar i.W. durch *Abzählen* der möglichen Ergebnisse eines Zufallsexperiments behandelt werden können, ist das Zahlenlotto ein berühmtes Beispiel.

Das nächste Beispiel ist ebenfalls ein sehr altes Glücksspiel, allerdings wird es in der Praxis etwas anders gespielt, als nachfolgend beschrieben. Wir ändern die Spieldefinition etwas ab, um später daran eine besondere Problematik wahrscheinlichkeitstheoretischer Modelle aufzeigen zu können.

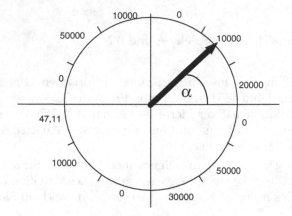

Abb. 1.1: Beispiel für ein Glücksrad

1.3 Beispiel (Glücksrad)

Die Abbildung 1.1 zeigt ein Glücksrad mit verschiedenen Segmenten und einer Zeigerstellung nach Beendigung eines Spiels, bei dem der Glücksradzeiger durch den Spieler mit einem heftigen Stoß in eine Drehbewegung versetzt wird.

Das Spiel könnte dabei etwa nach einer der beiden folgenden Regeln gespielt werden.

(a) Das Glücksrad ist in 12 gleich große Segmente mit den in Abbildung 1.1 dargestellten Gewinnmöglichkeiten aufgeteilt. Der Gewinn ist der Betrag, auf den der Zeiger nach Abschluss eines Spiels zeigt.

(b) Der Gewinn ist der im Gegenuhrzeigersinn gemessene Winkel α rad, den der Zeiger nach Abschluss eines Spiels einnimmt, multipliziert mit 10000.

Zu diesen Spielsituationen könnten nun beispielsweise folgende Fragen aufgeworfen werden:

- Wie groß ist auf lange Sicht der Ausschüttungsbetrag pro Spiel entsprechend Version (a) resp. (b) ?
- Wie groß ist bei Spiel (a) die Chance 50000 zu gewinnen?
- Wie groß ist die Chance im Spiel (b) genau 24517.98 zu gewinnen?

Wir werden in Abschnitt 2.3.1, S. 38ff sehen, dass die beiden oben definierten Spiele wahrscheinlichkeitstheoretisch von sehr unterschiedlicher Natur sind. Insbesondere Spiel (b) wirft erhebliche Probleme auf.

Die Beispiele 1.1 und 1.2 weisen einige Gemeinsamkeiten auf. Z.B. gibt es nur *endlich viele* wohldefinierte *Spielausgänge* (endliche Menge). Bei der Bestimmung der Gewinnaussichten geht es i.w. darum, die „guten" Fälle (=Gewinn) von den „schlechten" Fällen (=Verlust) durch *Abzählen* zu unterscheiden. Die Gewinnaussichten sind dann das Verhältnis der guten Fälle zur Gesamtzahl der Fälle. Man spricht von der (Gewinn-) „Wahrscheinlichkeit".

Diese Sichtweise ist die Grundlage des *Laplace'schen Wahrscheinlichkeitsbegriffs*.

Schwierigkeiten mit diesem Begriff bekommt man allerdings im Fall von Beispiel 1.3, Teil (b), da hier die Gesamtzahl der Fälle (Winkel) unendlich groß, ja noch nicht einmal abzählbar unendlich[1] groß ist. Die Ergebnisse des Zufallsexperiments können somit nicht mehr diskret unterschieden und abgezählt werden. Vielmehr haben wir es bei diesem Spiel mit dem Problem zu tun, dass der Spielausgang das Ergebnis eines *Messvorgangs* einer *kontinuierlichen* Größe ist. Diesem Phänomen begegnen wir in allen praktischen Anwendungen, bei dem eine physikalische Größe (Länge, Gewicht, Spannung etc.) gemessen wird. Hier versagt der Laplace'sche Wahrscheinlichkeitsbegriff. Wir werden dieses Problem später dadurch lösen, dass wir *axiomatisch* Eigenschaften festlegen, welche die Begriffe „Zufall" und „Wahrscheinlichkeit" definieren (*Kolmogorov'scher oder axiomatischer Wahrscheinlichkeitsbegriff*, vgl. Definition 2.3.1, S. 38ff).

In den folgenden Paragraphen sollen nun einige Beispiele aus dem Ingenieurbereich vorgestellt werden. Es wird sich zeigen, dass viele der oben angeschnittenen Fragen in anderem Gewand erneut aufgeworfen werden. Die meisten dieser Fragestellungen sollen im Laufe der Kapitel 2 und 5 beantwortet werden.

Fertigung und Qualitätskontrolle

Ein großes Anwendungsfeld der Statistik ist, wie eingangs bereits erwähnt, die Analyse und die Kontrolle von Produktionsprozessen. Sie bilden ein wesentliches Hilfsmittel bei der Sicherung der Qualität von Produkten.

Alle Produkte erfüllen idealerweise quantitativ messbare Spezifikationen, welche die Qualität des Produktes bestimmen. Das einfachste Beispiel hierfür sind räumliche Abmaße, wie im nachfolgenden, auch schon beinahe klassisch zu nennenden Beispiel der Schraube, dem typischen Vertreter eines Massenprodukts.

---

[1] In der Mathematik unterscheidet man zwischen verschiedenen Unendlichkeitsbegriffen. So gibt es zum Beispiel „mehr" reelle Zahlen als natürliche Zahlen. Der Grund ist, dass man die reellen Zahlen nicht „durchzählen" oder mit natürlichen Zahlen nummerieren kann. Der Leser sollte jedoch keine Sorge haben. Diese mathematische „Spitzfindigkeit" ist für die nachfolgenden Überlegungen ohne Belang.

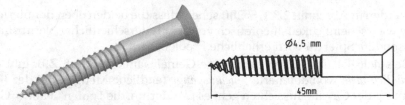

Abb. 1.2: Sollwerte für die Abmaße einer Schraube

1.4 Beispiel (Produktionsprozesse, Abmaße einer Schraube)

Bei der Produktion von Teilen und Werkstücken, etwa einer Schraube (s. Abbildung 1.2), können die vorgegebenen Abmaße i.A. nicht ganz exakt eingehalten werden, da die Produktionsmaschinen unsystematischen Fehlereinflüssen (Vibrationen, Temperaturschwankungen) oder systematischen Abweichungen (Alterung und Verschleiß) unterliegen. Meist gibt man daher neben dem *Sollwert*, etwa der Schraubenlänge im Beispiel von Abbildung 1.2, so genannte *Toleranzen* an, um diese Abweichungen quantitativ zu erfassen. Dahinter stehen allerdings wahrscheinlichkeitstheoretische Begriffe, wie wir später sehen werden.

Typische Fragestellungen in der statistischen Qualitätskontrolle sind etwa:

- Werden die Sollwerte im Produktionsprozess eingehalten?
  (Wie ist die Genauigkeit der Produktionsmaschine?)
- Arbeiten zwei Produktionsmaschinen (noch) unter gleichen Bedingungen?
- Wie viel Ausschuss entsteht?
- Wie kann der Produktionsprozess überwacht werden, ohne dass jedes Produkt geprüft wird (denn dies verursacht i.A. Kosten)?

Ausschuss entsteht bei Überschreitung der Toleranzgrenzen, im Beispiel der Schraube etwa bei Überschreitung des Durchmessers d um mehr als $\Delta d = \pm 0.05$ mm oder der Länge l um mehr als $\Delta l = \pm 0.10$ cm.

Ein weiteres Beispiel soll die Bedeutung statistischer Methoden in Fertigung und Qualitätskontrolle unterstreichen.

1.5 Beispiel (Qualitätskontrolle, Produktion von Kondensatoren)

In den Datenblättern für Kondensatoren werden üblicherweise Nennwerte (Sollwerte) und Toleranzen für diese Werte in % bezogen auf den Nennwert angegeben, etwa

Sollwert: $100\ \mu F$,   Toleranz: 1%.

In den Produktionswerken A und B seien für diesen Kondensatortyp die in Tabelle 1.1 dargestellten Werte (in μF) bei einer Stichprobe gemessen worden.

Diese Daten könnten in der Qualitätssicherung typischerweise zur Beantwortung folgender Fragestellungen herangezogen werden:

- Kann in beiden Werken der Qualitätsstandard $<$ 20ppm Ausschuss[2] eingehalten werden?
- Kann der Nennwert in irgendeiner Form garantiert werden?
- Sind die Produktionsbedingungen in beiden Werken gleich?
- Reichen die vorhandenen Daten für sichere Aussagen aus?

Tabelle 1.1: Beispiel für zwei Messreihen einer 100 μF Kondensatorproduktion an verschiedenen Standorten (Angaben in μF)

A	100.2	99.7	99.6	99.9	99.9	99.0
	99.9	99.8	99.8	99.6	100.0	99.8
B	100.0	100.1	99.9	99.6	100.0	99.8
	100.4	99.7	99.9	99.9	99.7	99.9

Wir kommen auf die Messreihe 1.1 in Übungsaufgabe 77, S. 219 nochmals zurück, nachdem die Fragestellungen mit der Begriffswelt der mathematischen Statistik (vgl. Kapitel 5) präzisiert wurden.

Statistische Tolerierung

Technische Produkte, etwa des Maschinenbaus und der Mechatronik, bestehen im Allgemeinen aus mehreren Komponenten und Einzelteilen, so genannten *Baugruppen*. Bezüglich der geometrischen Eigenschaften eines solchen Produkts, also den Abmaßen einer Baugruppe oder eines Teils, ist darauf zu achten, dass diese Teile so zusammenwirken, dass die Funktion des Produkts, aber auch Qualität und Kosten den vorgegebenen Anforderungen genügen.

Es ist klar, dass die geometrischen Anforderungen an eine Baugruppe nicht exakt erfüllt werden können, weil die Maße fertigungsbedingt statistischen Schwankungen unterliegen. Diese Abweichungen werden durch die Angabe von so genannten *Toleranzen* erfasst.

Das Zusammenwirken der einzelnen Maße der Baugruppen wird durch die so genannte *Maßkette* beschrieben. Das Maß, auf das sich alle Teilmaße der Maßkette letztendlich auswirken, heißt das *Schließmaß*. Das Schließmaß ergibt sich aus den Sollmaßen und Toleranzen der einzelnen Baugruppen und bestimmt die Anforderungen an die Genauigkeit der Maße der einzelnen Komponenten.

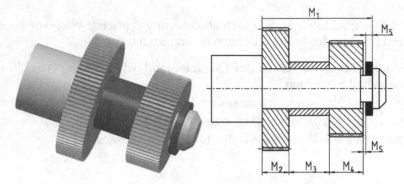

Abb. 1.3: Ausschnitt einer Baugruppe einer Maschine mit Konstruktionszeichnung und zugehörigem Maßplan

1.6 Beispiel (Maßkette einer Baugruppe)

Die Abbildung 1.3 [4, 23] zeigt die Konstruktionszeichnung eines Teils einer Baugruppe einer Maschine mit dem dazu gehörigen Maßplan.

Als Schließmaß M_s ergibt sich die Breite eines Spalts, in den ein Sicherungsring zur Fixierung des Zahnrads eingebracht werden muss.

Typische Fragestellungen in dieser Situation sind:

- Wie groß ist die Toleranz des Schließmaßes?
- Wie groß müssen bei vorgegebener Schließmaßtoleranz die Toleranzen der Komponenten sein?
- Wie kann die Schließmaßtoleranz kostenoptimal eingehalten werden?

Es gibt unterschiedliche Prinzipien, nach denen auf diese Fragen geantwortet werden kann. So kann etwa die zweite Frage mit Hilfe einer worst-case-Betrachtung beantwortet werden, die für jede Baugruppe die Toleranzen so festlegt, dass auch bei der größtmöglichen Abweichung vom Nennmaß die Schließmaßtoleranz noch eingehalten wird. In diesem Falle spricht man von *arithmetischer Tolerierung.* Die Einhaltung der sich ergebenden Einzeltoleranzen kann jedoch unter Umständen teure Fertigungsverfahren notwendig machen.

Kostengünstiger kann jedoch oft dann produziert werden, wenn man die statistischen Eigenschaften der Abweichungen berücksichtigt. Das Prinzip ist, dass die Abweichungen in der Nähe des worst-case-Falls nur sehr selten angenommen werden, sodass die Schließmaßtoleranz auch dann sehr oft eingehalten wird, wenn man größere Abweichungen der Einzelmaße zulässt. Die

Quantifizierung dieser Aussage ist Gegenstand der so genannten *statistischen Tolerierung* und beruht auf den mathematischen Methoden der Wahrscheinlichkeitsrechnung und der Statistik. Wir werden uns in Kapitel 4 intensiver mit diesem Thema befassen.

Lebensdauer und Produktsicherheit

Ein weiteres Beispiel aus der Qualitätssicherung befasst sich mit der Lebensdauer von Geräten oder ganzen Systemen. Beispielsweise werden in der Automobilindustrie kritische mechanische Teile eines Automobils umfangreichen Dauerbelastungstests unterzogen, um Aussagen über die Lebensdauer eines solchen Teils zu gewinnen.

Tabelle 1.2: Druckzyklen bis zum Ventilausfall (in Tausend)

Ventil Nr.	1	2	3	4	5	6	7	8	9	10
Ausfallzyklus	533	845	220	132	407	311	68	293	173	467

1.7 Beispiel (Ausfall von Ventilen bei Dauerbelastung)

Zehn gleichartige Ventile wurden einer Dauerbelastungsprüfung unterzogen, bei denen sie in regelmäßigen Abständen (Zyklen) einem Druck ausgesetzt wurden. Die Tabelle 1.2 [33] gibt für die einzelnen Ventile die Zahl der Druckzyklen (in Tausend) bis zum Ausfall des Ventils wieder.

Fragestellungen, die sich an eine solche Messreihe beispielsweise anschließen, sind:

■ Welchen (statistischen) Gesetzmäßigkeiten genügt der Ausfall der Ventile bei Dauerbeanspruchung?

■ Wie groß ist die *durchschnittliche* Überlebenszeit resp. die Ausfallrate/-Zeit?

■ Wie wahrscheinlich ist ein Ausfall des Ventils nach 500000 Belastungen?

Zur Beantwortung dieser Frage müssen die statistischen Eigenschaften des Ausfallprozesses mathematisch modelliert werden. Nur dann sind quantitative Aussagen möglich. Die entsprechenden Modelle stellt die Wahrscheinlichkeitsrechnung zur Verfügung. Wir werden auf das obige Beispiel an verschiedenen Stellen nochmals zurückkommen und die jeweiligen Fragen beantworten.

Tabelle 1.3: Beispiel für eine Messreihe zur Überprüfung einer
Kühlmitteltemperaturanzeige

Fahrzeug	Temperatur	Anzeige	Differenz
1	102	100	2
2	98	97	1
3	64	58	6
4	79	77	2
5	90	91	-1
6	69	72	3
7	100	99	1
8	91	97	-6
9	60	58	2
10	88	87	1
11	79	77	2
12	55	58	-3
13	62	61	1
14	95	91	4
15	67	62	5

1.8 Beispiel (Zuverlässigkeit einer Temperaturanzeige)

Durch die in Tabelle 1.3 angegebenen Ergebnisse einer Kontrollmessung mit einem Referenzmessgerät soll die Zuverlässigkeit einer digitalen Kühlmitteltemperaturanzeige in einem Fahrzeug überprüft werden (vgl. Übungsaufgabe 91, S. 260).

Folgende Fragen sollen mit Hilfe dieser Messreihe beantwortet werden:

- Ist die Temperaturanzeige in Ordnung?
  (Abweichungen statistisch oder systematisch?)
- Wie vertrauenswürdig ist die Schlussfolgerungen aufgrund der Messdaten?
- Wie viele Messungen sollten durchgeführt werden, um eine zu 90% vertrauenswürdige Aussage zu bekommen?

Ein weiteres Beispiel illustriert den Bereich der *Produktsicherheit*. Sicherheitskritische Komponenten werden dabei oft *redundant* ausgelegt, in der Hoffnung, dass bei Ausfall einer Komponente die andere die Funktion der Maschine oder des Gerätes aufrechterhalten kann.

1.9 Beispiel (Systemausfall bei redundanter Auslegung)

Die Abbildung 1.4 stellt schematisch ein System (Maschine, Gerät) dar, welches aus mehreren Komponenten besteht. Die Komponenten K_3 und K_4 einerseits und K_2 andererseits sind dabei parallel (redundant) ausgelegt, sodass das System bei Ausfall auf einer der beiden Seiten weiter funktionieren kann.

Fragestellungen, die sich in diesem Zusammenhang ergeben könnten, wären etwa folgende:

- Wie groß ist die Wahrscheinlichkeit, dass das System eine vorgegebene Zeit einwandfrei funktioniert (Systemzuverlässigkeit)?
- Wie groß ist die mittlere Ausfallzeit des Systems?

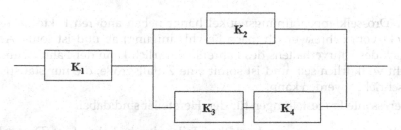

Abb. 1.4: System mit redundant ausgelegten Komponenten

Produktnutzung und Kundenverhalten

Von großem Interesse für den Hersteller ist natürlich auch die Frage, wie der Kunde sein Produkt nutzt. Hieraus können Schlüsse gezogen werden, die wiederum zur Verbesserung des Produkts und damit zu höherer Kundenzufriedenheit beitragen können. Es ist klar, dass sich das auf den ökonomischen Erfolg des Unternehmens auswirken kann.

1.10 Beispiel (Fahrverhalten eines Autofahrers)

Die Abbildung 1.5 auf der nächsten Seite gibt Messungen der relativen Häufigkeit von Kombinationen des Drosselklappenöffnungswinkels und der Motordrehzahl bei einer typischen Autobahnfahrt wieder [2].

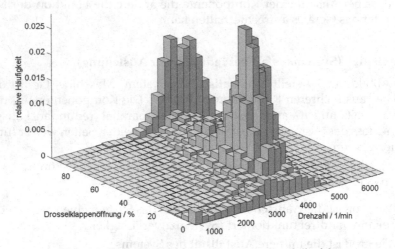

Abb. 1.5: Last/Drehzahlmessung einer Autobahnfahrt

Der Drosselklappenöffnungswinkel hängt neben anderen Faktoren sehr direkt vom Fahrerwunsch (nach Beschleunigung) ab und ist somit Ausdruck des Fahrverhaltens des Fahrers. Natürlich kann der Fahrerwunsch recht willkürlich sein und ist somit eine Zufallsgröße, die nur statistisch beschrieben werden kann.

Interessante Fragestellungen für den Hersteller sind dabei:

- Wie oft werden mechanische Teile durch hohe Last/Drehzahl-Kombinationen beansprucht?
- Wie ist das typische Verhalten eines Fahrers auf der Autobahn im Gegensatz zu Stadtfahrten?

Die Beantwortung dieser Fragen kann unter Umständen zu konstruktiven Änderungen am Fahrzeug führen oder hohe Ausfallraten von mechanischen Teilen erklären helfen.

Zusammenfassung

Wir wollen zum Abschluss dieser Einleitung die Gemeinsamkeit der vorangegangenen Beispiele festhalten. Bei allen Beispielen handelt es sich um *nicht vorhersagbare („zufällige") Vorgänge bei gleichen Randbedingungen (Versuchsbedingungen)!*

Die Wahrscheinlichkeitsrechnung und die Statistik sind die mathematischen Hilfsmittel zur qualitativen *und quantitativen* Beschreibung dieser Vorgänge.

Wichtige Ziele sind in diesem Zusammenhang:

- die Vorhersage des Verhaltens dieser Vorgänge
  (z.B. Gewinnaussichten, durchschnittliche Ausfallrate etc.),
- die Bestimmung (*„Schätzung"*) charakteristischer, zufallsunabhängiger
  Parameter in Zufallsprozessen (z.B. Sollwerte einer Produktion),
- das *Testen* von Aussagen über zufallsbehaftete Prozesse und Systeme
  (z.B. Korrektheit von Messeinrichtungen).

Um diesen Zielsetzungen gerecht zu werden müssen vorab folgende Aufgaben bewältigt werden:

- die Präzisierung der Begriffe „Zufall" und „Wahrscheinlichkeit",
- der *Entwurf von Modellen* für zufällige Vorgänge (Zufallsexperimente),
- die Präzisierung des Begriffs „Zufallsgröße",
- die Definition von Kennwerten für Zufallsgrößen (z.B. Mittelwert),
- die Bestimmung von Schätz- und Testverfahren mit entsprechenden Gütekriterien für Zufallsgrößen.

Die nachfolgenden Kapitel 2 und 5 widmen sich diesen Fragen im Detail. Als erstes wenden wir uns in Kapitel 2 der Präzisierung der Begriffe „Zufall" und „Wahrscheinlichkeit" zu.

2 Wahrscheinlichkeitsrechnung

In diesem Kapitel werden die grundlegenden Begriffe und Resultate zusammengetragen, mit denen die quantitative Bestimmung von Parametern und Eigenschaften zufälliger Vorgänge möglich wird. Die entsprechende mathematische Theorie ist die so genannte *Wahrscheinlichkeitsrechnung*.

2.1 Zufall und Ereignis

Die in den Eingangsbeispielen aus Kapitel 1 vorgestellten zufälligen Phänomene lassen sich als Ergebnis eines Experiments auffassen. Dabei genügt das Experiment den in der nachfolgenden Definition formulierten Randbedingungen.

2.1.1 Zufällige Ereignisse

Zunächst soll der Begriff des **Zufalls** resp. des *zufälligen* Ereignisses präzisiert werden. Es sollen und können nur solche Zufälle modelliert werden, die *unter den gleichen (d.h. reproduzierbaren) Bedingungen zufällige Ergebnisse* haben. Diese Vorgänge fassen wir unter dem Begriff des *Zufallsexperiments* zusammen.

Ein **Zufallsexperiment** ist durch folgende Eigenschaften gekennzeichnet:

(a) Die Voraussetzungen des Experiments sind reproduzierbar.
(b) Das Experiment ist prinzipiell beliebig oft wiederholbar.
(c) Es gibt mehrere (endlich viele oder unendlich viele) sich ausschließende (bekannte) Ergebnisse des Experiments.
(d) Kein Ergebnis ist vorhersagbar (d.h. die Ergebnisse sind *zufällig*).

Man macht sich leicht klar, dass alle in Kapitel 1 vorgestellten Beispiele der obigen Definition eines Zufallsexperiments genügen. So wird etwa beim klassischen Zahlenlotto die Reproduzierbarkeit der Voraussetzungen durch einen Justiziar bestätigt und natürlich ist das Experiment beliebig wiederholbar und kein Ergebnis vorhersagbar.

Die Ergebnisse eines Experiments müssen zunächst in einem Modell geeignet mathematisch erfasst und formuliert werden, damit mathematisch argumentiert und gearbeitet werden kann. Der grundlegende Ansatz ist, alle möglichen Ergebnisse eines Zufallsexperiments zu einer *Menge*, dem so genannten *Ereignisraum*, zusammenzufassen.

2.1.2 Der Ereignisraum

Der Ereignisbegriff kann über das allgemeine Mengenkonzept folgendermaßen definiert werden:

(a) Die Menge Ω der Ergebnisse eines Zufallsexperiments bezeichnen wir als die Ereignismenge oder den **Ereignisraum** des Experiments.

(b) Ein Element $\omega \in \Omega$ heißt **Elementarereignis**. Jedes Element repräsentiert somit eines der möglichen Ergebnisse des Experiments.

(c) Eine Teilmenge $A \subseteq \Omega$ heißt **Ereignis**. Ein Ereignis ist somit eine Zusammenfassung von möglichen Ergebnissen eines Experiments zu einer Einheit.

Wir greifen die Würfel- und Zahlenlottobeispiele nochmals auf um die soeben definierten Begriffe zu illustrieren.

2.1 Beispiel (Wurf mit zwei Würfeln – Version 1)

Die *Elementarereignisse* können bei diesem Experiment durch alle Paare

$$\omega = (i, j) \quad \text{mit} \quad 1 \le i, j \le 6$$

beschrieben werden.

Der *Ereignisraum* ist somit die Menge

$$\Omega = \left\{ (i, j) \ \middle| \ 1 \le i, j \le 6 \quad \begin{matrix} i = \text{Augenzahl von Würfel 1} \\ j = \text{Augenzahl von Würfel 2} \end{matrix} \right\} \tag{16.1}$$

Hier nun einige Beispiele für mögliche *Ereignisse* und ihre mathematische Formulierung mit Hilfe des Ereignisraummodells. Dabei geben wir zunächst die sprachliche und dann die mathematische Formulierung in Bezug auf das obige Modell Ω an:

(a) Die Augenzahl von Würfel 1 ist eine 4.

$$A = \{(4, 1), (4, 2), (4, 3), (4, 4), (4, 5), (4, 6)\}.$$

Wie man sieht, werden zur Beschreibung des Ereignisses in dem gewählten Modell Ω alle passenden Elementarereignisse (beschrieben durch geordnete Paare mit der entsprechenden Augenzahl der Würfel als Eintrag) zu einer Teilmenge A von Ω zusammengefasst.

(b) Die Augensumme der beiden Würfel ist 11.

$$B = \{(5, 6), (6, 5)\}$$

Die Augensumme 11 wird offenbar nur bei diesen beiden Wurfergebnissen erreicht. Also müssen diese beiden Paarungen im Modell zu einer Ereignismenge zusammengefasst werden. Man beachte: im formulierten Modell spielt die Reihenfolge der Wurfergebnisse eine Rolle, da die Würfel durchnummeriert und somit unterschieden sind. Die erste Zahl bezeichnet immer das Ergebnis von Würfel 1 und die zweite immer das Ergebnis von Würfel 2. Wird ein anderes Modell gewählt, etwa eines, das die Unterscheidung zwischen den Würfeln nicht mehr trifft (vgl. Übungsaufgabe 1, S. 24), so sieht auch die Beschreibung des Ereignisses natürlich anders aus. Die mathematische Formulierung eines Zufallsexperiments ist somit immer *modellabhängig*.

(c) Die Augensumme ist 14.

$$C = \{\ \}.$$

Das zu beschreibende Ereignis kommt nicht vor! Man spricht in diesem Zusammenhang von einem **unmöglichen Ereignis**. Die geeignete Beschreibung hierfür ist die leere Menge.

(d) Jeder Würfel zeigt eine Augenzahl < 7.

$$D = \{(1,1), \cdots, (6,6)\} = \Omega.$$

Da jeder Würfel nur eine Augenzahl bis 6 anzeigen kann, ist die formulierte Bedingung natürlich stets erfüllt. Das Ereignis wird somit durch die Menge *aller* möglichen Ereignisse Ω beschrieben. Man spricht in diesem Zusammenhang vom **sicheren Ereignis**.

(e) Die Augensumme liegt zwischen 5 und 7.

$$E = \left\{ \begin{array}{lllll} (1,4), & (1,5), & (1,6), & (2,3), & (2,4), \\ (2,5), & (3,2), & (3,3), & (3,4), & (4,1), \\ (4,2), & (4,3), & (5,1), & (5,2), & (6,1) \end{array} \right\}.$$

Es müssen alle Wurfkombinationen, die zu dem beschriebenen Ergebnis führen, aufgelistet werden!

Im nächsten Beispiel sollen dieselben Ereignisse mit Hilfe einer anderen Modellierung beschrieben werden.

2.2 Beispiel (Wurf mit zwei Würfeln – Version 2)

Die *Elementarereignisse* könnten auch durch alle möglichen Augensummen ω mit $\omega \in \{2,3,4,\ldots,12\}$ beschrieben werden.
Der *Ereignisraum* ist in diesem Fall die Menge

$$\Omega = \{2,\ 3,\ 4,\ 5,\ 6,\ 7,\ 8,\ 9,\ 10,\ 11,\ 12\} \tag{17.1}$$

Die in Beispiel 2.1 formulierten Ereignisse sollen nun bezogen auf das neue Modell Ω nochmals mathematisch formuliert werden.

(a) Die Augenzahl von Würfel 1 ist eine 4.

Dieses Ereignis ist in dem gewählten Modell *nicht darstellbar*!

(b) Die Augensumme der beiden Würfel ist 11.

$$B = \{11\}.$$

Die Darstellung dieses Ereignisses hingegen hat sich durch den Modellwechsel gegenüber der Formulierung aus Beispiel 2.1 *vereinfacht*!

(c) Die Augensumme ist 14.

$$C = \{\ \}.$$

Das zu beschreibende Ereignis kommt nicht vor! Daran ändert auch der Modellwechsel nichts. Das Ereignis bleibt ein unmögliches Ereignis. Die geeignete Beschreibung hierfür ist weiterhin die leere Menge.

(d) Jeder Würfel zeigt eine Augenzahl < 7.

$$D = \{2, 3, \cdots, 11, 12\} = \Omega.$$

Auch dieses Ereignis umfasst nach wie vor alle möglichen Ausgänge. Auch im neuen Modell wird es somit durch Ω beschrieben.

(e) Die Augensumme liegt zwischen 5 und 7.

$$E = \{5, 6, 7\}.$$

Die Darstellung dieses Ereignisses ist durch den Modellwechsel *stark vereinfacht* worden.

Untersuchen wir zum Thema Modellierung auch noch das bekannte Zahlenlottobeispiel.

2.3 Beispiel (Zahlenlotto)

Die *Elementarereignisse* werden durch die Auflistung von 6 verschiedenen Zahlen zwischen 1 und 49 beschrieben. Als *elementares* Ereignis fassen wir also im nachfolgenden Modell das Ergebnis einer Ziehung auf.

Für die Formulierung einer Ziehung haben wir noch die Auswahl, ob wir die Reihenfolge der gezogenen Zahlen mitberücksichtigen oder (wie im Lotto üblich) nicht. Wird die Reihenfolge berücksichtigt, so fassen wir die Zugfolge zu einem *Vektor* zusammen. Bleibt die Reihenfolge unberücksichtigt, so kann eine Ziehung einfach durch eine *Menge* beschrieben werden, in der die gezogenen Ziffern zusammengefasst werden.

Ein elementares Ereignis wird folglich, je nach Modell, entweder durch den Vektor

$$\omega = (a_1, a_2, a_3, a_4, a_5, a_6), \quad a_i \in \{1 \ldots 49\}, \ a_i \neq a_j \text{ für } i \neq j$$

oder durch die Menge

$$\omega = \{a_1, a_2, a_3, a_4, a_5, a_6\}, \quad a_i \in \{1 \ldots 49\}, \ a_i \neq a_j \text{ für } i \neq j$$

beschrieben.

Entsprechend erhalten wir für die Formulierung des *Ereignisraums*:

$$\Omega_1 = \{(a_1, a_2, a_3, a_4, a_5, a_6) \mid \ a_i \in \{1 \ldots 49\}, \ a_i \neq a_j \text{ für } i \neq j\}$$

oder

$$\Omega_2 = \{\{a_1, a_2, a_3, a_4, a_5, a_6\} \mid \ a_i \in \{1 \ldots 49\}, \ a_i \neq a_j \text{ für } i \neq j\}.$$

Das Ereignis, das wahrscheinlich alle am meisten interessiert, nämlich „6 Richtige", muss nun in den beiden Modellen wie folgt formuliert werden. Im Modell Ω_1:

$$A = \left\{ \begin{array}{l} (a_1, a_2, a_3, a_4, a_5, a_6), \\ (a_2, a_1, a_3, a_4, a_5, a_6), \\ \ldots, \\ (a_6, a_5, a_4, a_3, a_2, a_1) \end{array} \middle| \ a_i \text{ wurde gezogen} \right\}.$$

Das Ereignis ist in diesem Modell somit *kein* Elementarereignis!
Im Modell Ω_2:

$$A = \{a_1, a_2, a_3, a_4, a_5, a_6 \mid a_i \text{ wurde gezogen}\}.$$

In diesem Modell *ist* das Ereignis ein Elementarereignis!

Es sei an dieser Stelle noch einmal deutlich darauf hingewiesen, dass der *Ereignisraum nicht eindeutig bestimmt* ist. Er *hängt von der gewählten Modellierung ab*!

Da die Ereignisse mit Mengen modelliert werden, werden (logische) Verknüpfungen von Ereignissen mit entsprechenden Verknüpfungen von Mengen modelliert.

Seien A und B Ereignisse[1]. Dann werden die logischen Verknüpfungen dieser Ereignisse im Ereignisraum wie folgt beschrieben:

(a) A und B tritt (zugleich) ein: $A \cap B$.

---

[1] Wir bezeichnen die entsprechenden Mengen im Ereignisraum Ω ebenfalls mit A und B.

(b) A oder B tritt ein: $A \cup B$.

(c) A tritt nicht ein: A^c (**Komplementärereignis**).

(d) A und B sind **unvereinbar**: $A \cap B = \emptyset$.

2.1.3 Urnenmodelle

Das Zahlenlotto ist das klassische Beispiel für ein Experiment, bei dem der Wahrscheinlichkeitsraum durch ein so genanntes *Urnenmodell* beschrieben werden kann. Ähnlich wie beim Lotto, stellt man sich dabei vor, dass man Kugeln mit unterschiedlichen Merkmalen aus einem Behältnis (der „Urne") zieht.

Urnenmodelle dienen in vielen praktischen Fällen als *Prototyp* für *diskrete*[2] *Wahrscheinlichkeitsräume*.

In diesen Fällen kann ein Zufallsexperiment mit endlich vielen *diskreten* Ergebnissen in ein entsprechendes Urnenmodellexperiment übertragen und damit modelliert werden.

Vervollständigt wird die Definition des **Urnenmodells** durch die Angabe eines der folgenden *Standardexperimente*:

Ziehen von k Kugeln aus N möglichen

(a) *mit* Zurücklegen und *mit* Berücksichtigung der Reihenfolge,

(b) *mit* Zurücklegen und *ohne* Berücksichtigung der Reihenfolge,

(c) *ohne* Zurücklegen und *mit* Berücksichtigung der Reihenfolge,

(d) *ohne* Zurücklegen und *ohne* Berücksichtigung der Reihenfolge.

Für diese Standardexperimente wollen wir nun die zugehörigen Wahrscheinlichkeitsräume Ω definieren.

Die Tabelle 2.1 beschreibt die Elementarereignisse für das jeweilige *Experiment*. Die Urne enthält $N \in \mathbb{N}$ nummerierte Kugeln. Es werden $k \leq N$ Kugeln gemäß den in der obigen Definition formulierten Möglichkeiten gezogen.

Für die Anzahl der Elemente der durch Tabelle 2.1 definierten Ereignisräume Ω erhalten wir durch Auszählen der Kombinationsmöglichkeiten die in Tabelle 2.2 niedergelegten Zahlen.

2.4 Beispiel (Urnenmodelle – Ereignismengen Ω)

Wir wollen die allgemeinen Ergebnisse aus Tabelle 2.2 anhand eines Beispiels verdeutlichen. Tabelle 2.3 enthält die explizite Darstellung der Elemente von Ω für die Parameter $N = 4$ und $k = 2$. Es werden also zwei Elemente aus einer Urne mit vier (unterscheidbaren) Kugeln gezogen.

Tabelle 2.1: Beschreibung der Elementarereignisse $\omega \in \Omega$ für die Urnenmodelle

Bedingung	mit Reihenfolge	ohne Reihenfolge
mit Zurücklegen	$\omega = (a_1, a_2, \ldots, a_k)$ mit a_i aus $\{1, 2, \ldots, N\}$	$\omega = (a_1, a_2, \ldots, a_k)$ mit $a_1 \leq a_2 \leq \cdots \leq a_k$ und a_i aus $\{1, 2, \ldots, N\}$
ohne Zurücklegen	$\omega = (a_1, a_2, \ldots, a_k)$ mit $a_i \neq a_j$ für alle $i \neq j$ und a_i aus $\{1, 2, \ldots, N\}$	$\omega = \{a_1, a_2, \ldots, a_k\}$ mit $a_i \neq a_j$ für alle $i \neq j$ und a_i aus $\{1, 2, \ldots, N\}$

Mit relativ geringem Programmieraufwand lassen sich die Urnenexperimente mit Hilfe von MATLAB veranschaulichen. Mit folgenden Anweisungen können beispielsweise die Elementarereignisse des Standardexperiments „Ziehen *mit* Zurücklegen und *ohne* Berücksichtigung der Reihenfolge" (für kleinere N und k) sehr leicht erzeugt werden (vgl. Datei **UrnenExp2.m**):

```
% Erste Ziehung vorinitialisieren
ElEreig = cumsum(ones(n,1));

for j=2:k                      % für jede weitere Ziehung
    ElEreigNeu = [];
    for m=1:length(ElEreig)    % und für alle bisher gezogenen
                               % Kombinationen
        for r = ElEreig(m,j-1):n
                               % und die verbleibenden mögl.
                               % Ziehungen ElEreig vergrößern
```

---

[2] diskret = voneinander getrennt[27] (im Gegensatz zu kontinuierlich). Im vorliegenden Fall sind die streng voneinander getrennten Elementarereignisse gemeint.

Tabelle 2.2: Anzahl der Elemente für die Ereignisräume Ω aus Tabelle 2.1

Bedingung	mit Reihenfolge	ohne Reihenfolge
mit Zurücklegen	$\underbrace{N \cdot N \cdots N \cdot N}_{k \text{ mal}}$ $= N^k$	$\binom{N+k-1}{k}$ $= \frac{(N+k-1)!}{k!(N-1)!}$
ohne Zurücklegen	$N \cdot (N-1) \cdots (N-k+1)$ $= \frac{N!}{(N-k)!}$	$\frac{N \cdot (N-1) \cdots (N-k+1)}{\#\text{Vertauschungen}}$ $= \frac{N!}{(N-k)! \cdot k!} = \binom{N}{k}$

Tabelle 2.3: Die Ereignisräume Ω zu Beispiel 2.4

Bedingung	mit Reihenfolge	ohne Reihenfolge
mit Zurücklegen	$(1,1)$, $(2,2)$, $(3,3)$, $(4,4)$ $(1,2)$, $(2,1)$, $(1,3)$, $(3,1)$ $(1,4)$, $(4,1)$, $(2,3)$, $(3,2)$ $(3,4)$, $(4,3)$, $(2,4)$, $(4,2)$ $N^k = 4^2 = 16$ Elemente	$(1,1)$, $(2,2)$, $(3,3)$, $(4,4)$, $(1,2)$ $(1,3)$, $(1,4)$, $(2,3)$, $(2,4)$, $(3,4)$ $\binom{N+k-1}{k} = \binom{5}{2} = 10$ Elemente
ohne Zurücklegen	$(1,2)$, $(2,1)$, $(3,1)$ $(1,3)$, $(2,3)$, $(3,2)$ $(1,4)$, $(2,4)$, $(3,4)$ $(4,1)$, $(4,2)$, $(4,3)$ $\frac{N!}{(N-k)!} = \frac{4!}{2!} = 12$ Elemente	$(1,2)$, $(1,3)$, $(1,4)$ $(2,3)$, $(2,4)$, $(3,4)$ $\binom{N}{k} = \binom{4}{2} = 6$ Elemente

```
                ElEreigNeu = [ElEreigNeu; [ElEreig(m,:),r]];
        end;
    end;
    ElEreig = ElEreigNeu;
end;
                                    % Zahl der Elemente berechnen
[Anz, indx] = size(ElEreig);
```

Ein entsprechender Aufruf der Funktion UrnenExp2 liefert für das Beispiel 2.4:

```
[ElEreig, Anz] = UrnenExp2(4, 2)

ElEreig =

    1    1
    1    2
    1    3
    1    4
    2    2
    2    3
    2    4
    3    3
    3    4
    4    4


Anz =

    10
```

Man vergleiche dazu die Tabelle 2.3.

Darüber hinaus lässt sich mit den in der MATLAB Statistics Toolbox mitgelieferten Zufallsgeneratoren (vgl. dazu auch Abschnitt 2.5.6) mühelos eine zufällige Ziehung nach einem der Standardexperimente simulieren.

2.5 Beispiel (Urnenmodelle – Standardexperiment mit MATLAB)

Die folgenden Anweisungen sind Teil der Funktion **UrnenExp2Ziehung.m** der Begleitsoftware, die bei Aufruf für das Experiment „Ziehen *mit* Zurücklegen und *ohne* Berücksichtigung der Reihenfolge" ein Elementarereignis zurückliefert:

```
% Elementarereignis leer vorinitialisieren
ElEreignis = [];
```

```
for j=1:k                        % für jede Ziehung
                                 % Zufallsgenerator aufrufen
                                 % und Wert hinzufügen
    ElEreignis = [ElEreignis, unidrnd(n)];
end;


% Werte zuletzt aufsteigend sortieren

ElEreignis = sort(ElEreignis);
```

Das Programm verwendet die Funktion unidrnd der Statistics Toolbox von MATLAB, welche für n einen zufälligen ganzzahligen Wert zwischen 1 und n liefert. Dabei hat jeder Wert die gleiche Chance gezogen zu werden, wie dies beim Urnenexperiment ja auch gefordert ist.

Ein Aufruf liefert beispielsweise:

```
[ElEreignis] = UrnenExp2Ziehung(5, 3)

ElEreignis =

    4    4    5
```

2.1.4 Übungen

Übung 1 (*Lösung Seite 387*)

Formulieren Sie ein Modell eines Ereignisraums zu dem in Beispiel 2.1, S. 16 beschriebenen Experiment, welches die Würfel *nicht* voneinander unterscheidet.

Prüfen Sie anschließend, welche der im Beispiel 2.1 formulierten Ereignisse in dem neuen Modell noch darstellbar sind und geben Sie ggf. diese Darstellung an.

Übung 2 (*Lösung Seite 387*)

Formulieren Sie im Modell des Ereignisraums zu Beispiel 2.1 die Ereignisse:

(a) $A \cap E$,
(b) $A \cup E$.

Geben Sie anschließend eine verbale Formulierung für diese Ereignisse sowie ein Beispiel für zwei unvereinbare Ereignisse an.

Übung 3 (*Lösung Seite 388*)

Schreiben Sie mit Hilfe der MATLAB-Funktion nchoosek ein Programm, mit dem der Ereignisraum sowie die Elementanzahl dieses Raumes für das Standardexperiment „Ziehen *ohne* Zurücklegen und *ohne* Berücksichtigung der Reihenfolge" berechnet werden können.

Übung 4 (*Lösung Seite 389*)

Schreiben Sie unter Verwendung eines Zufallsgenerators der MATLAB Statistics Toolbox ein MATLAB-Programm, mit dem eine Ziehung für das Standardexperiment „Ziehen *ohne* Zurücklegen und *ohne* Berücksichtigung der Reihenfolge" simuliert werden kann.

2.2 Der Begriff der Wahrscheinlichkeit

Neben der Modellierung dessen, was als zufälliges Ergebnis eines Experiments gelten kann, ist es wichtig, die Frage zu beantworten, welche Ergebnisse man *wie oft* erwarten kann, d.h. ein *Maß* für das Eintreffen von Ereignissen anzugeben.

Das Ziel der nachfolgenden Überlegungen ist es daher, ein solches Maß für das Eintreffen von Ereignissen sinnvoll zu definieren! Dieses Maß nennen wir dann die **Wahrscheinlichkeit** des Ereignisses.

2.2.1 Laplace'scher Ansatz

Für die Definition eines Wahrscheinlichkeitsmaßes gibt es klassische Ansätze, welche jedoch mit (lehrreichen) Problemen behaftet sind. Der erste Ansatz ist der von *Laplace*.

Der Laplace-Ansatz entstammt den Überlegungen zur Vorhersage von Spielergebnissen, bei denen stets zwischen (für einen Spieler) günstigen und ungünstigen Resultaten unterschieden werden kann. Intuitiv ist klar, dass ein Spieler („wahrscheinlich") keinen großen Gewinn erzielen kann, wenn die Zahl der für ihn günstigen Ausgänge eines Spieles gering ist.

Entsprechend definiert[3] man im klassischen Laplace'schen Ansatz die **Wahrscheinlichkeit** $P(A)$ des Ereignisses $A \subset \Omega$ durch

$$P(A) = \frac{\text{Zahl der günstigen Fälle für } A}{\text{Zahl der möglichen Fälle}}$$
$$= \frac{\#\{\omega \in A\}}{\#\{\omega \in \Omega\}}. \tag{25.1}$$

---

[3] Mit dem Symbol # wird dabei die Anzahl der Elemente der nachstehenden Menge bezeichnet.

Man zählt also die Elementarereignisse $\omega \in A$, die zum Ereignis A gehören und setzt sie zu der Gesamtzahl der vorkommenden Elementarereignisse $\omega \in \Omega$ ins Verhältnis.

Am einfachsten lässt sich diese Idee wieder anhand eines Würfels klar machen.

2.6 Beispiel (Würfelwurf mit einem (fairen) Würfel)

Der Ereignisraum ist die Menge der vorkommenden Elementarereignisse. Im vorliegenden Fall sind dies die geworfenen Augenzahlen.

$$\Omega = \{1,\ 2,\ 3,\ 4,\ 5,\ 6\}. \tag{26.1}$$

Betrachten (und modellieren) wir dazu folgende Ereignisse:

(a) Es wird eine 6 gewürfelt!

$$A = \{6\}.$$

Die Wahrscheinlichkeit für dieses Elementarereignis ergibt sich nach dem Laplace-Ansatz zu:

$$P(A) = \frac{\#\{6\}}{\#\Omega} = \frac{1}{6}.$$

(b) Es wird eine gerade Augenzahl gewürfelt!

$$B = \{2, 4, 6\}.$$

Hierfür folgt nach Laplace:

$$P(B) = \frac{\#\{2, 4, 6\}}{\#\Omega} = \frac{3}{6} = \frac{1}{2}.$$

(c) Es wird eine Augenzahl < 10 gewürfelt!

$$C = \{1, 2, 3, 4, 5, 6\}.$$

Es gilt nun:

$$P(C) = \frac{\#\Omega}{\#\Omega} = \frac{6}{6} = 1.$$

Der Laplace-Ansatz liefert hier also offenbar sinnvolle Wahrscheinlichkeitsmaße.

Klassische Beispiele für die Anwendung des Laplace'schen Wahrscheinlichkeitsbegriffs sind die in Abschnitt 2.1.3 diskutierten Urnenmodelle (a), (c) und (d).

Man erkennt, dass hier alle elementaren Ereignisse prinzipiell gleichberechtigt vorkommen[4]. Außerdem hat jedes Experiment endlich viele mögliche Ergebnisse. Aus den Tabellen 2.1 und 2.2 ergibt sich für die Wahrscheinlichkeit der Elementarereignisse ω unmittelbar:

- im Modell „Ziehen *mit* Zurücklegen und *mit* Berücksichtigung der Reihenfolge"

$$P(\omega) = \frac{1}{N^k}, \tag{27.1}$$

- im Modell „Ziehen *ohne* Zurücklegen und *mit* Berücksichtigung der Reihenfolge"

$$P(\omega) = \frac{(N-k)!}{N!}, \tag{27.2}$$

- im Modell „Ziehen *ohne* Zurücklegen und *ohne* Berücksichtigung der Reihenfolge"

$$P(\omega) = \frac{1}{\binom{N}{k}}. \tag{27.3}$$

Den Elementarereignissen des Modells „Ziehen mit Zurücklegen ohne Berücksichtigung der Reihenfolge" kann nicht sinnvoll eine Laplace'sche Wahrscheinlichkeit zugeordnet werden, weil die Elementarereignisse aus einer Umordnung von Zugfolgen entstehen, für die die Anzahl der Möglichkeiten nicht immer gleich ist. Dem Leser sei hierzu die Übung 6 anempfohlen.

Folgerungen und Anwendungen

Die drei folgenden Beispiele sollen illustrieren, wie mit Hilfe der Urnenmodelle und des Laplace'schen Ansatzes zur Definition der Wahrscheinlichkeit eines Ereignisses, sinnvolle Wahrscheinlichkeitsmodelle für Experimente mit endlich vielen möglichen Ergebnissen bestimmt werden können.

2.7 Beispiel (Urnenmodelle – Anwendung Zahlenlotto)

Ein Experiment, bei dem sich das Urnenmodell geradezu aufdrängt, ist, wie schon mehrfach angesprochen, das Zahlenlotto.

---

[4] Dies ist eine notwendige Bedingung für die Wahrscheinlichkeitsmaße nach dem Laplace'schen Ansatzes, wie man sich mit einem Blick auf die Definition (25.1) leicht klar macht! Man vergleiche dazu auch die Bemerkungen auf Seite 34.

Mit Hilfe der Erkenntnisse über die Urnenmodelle versuchen wir im vorliegenden Beispiel folgende Frage zu beantworten:

Wie groß ist die Wahrscheinlichkeit 4 oder mehr Richtige zu haben?

Wir bezeichnen dieses Ereignis mit A. Offenbar ist ein geeignetes Modell
für das Zahlenlotto das Urnenexperiment „Ziehen ohne Zurücklegen und
ohne Berücksichtigung der Reihenfolge" mit den Parametern $N = 49$ und
$k = 6$.

Der Ereignisraum Ω hat nach Tabelle 2.2 $\binom{49}{6}$ Elemente. Die zum Ereignis
gehörenden Fälle lassen sich als Vereinigung von drei Teilereignissen A_4
bis A_6 beschreiben, wobei mit A_i das Ereignis „Genau i Richtige" bezeichnet sei.

Es gilt also:

$$A = A_4 \cup A_5 \cup A_6.$$

Es ist klar, dass $\#A_6 = 1$ gelten muss. Für das Ereignis A_5 muss man 5
Zahlen aus den 6 gezogenen Zahlen auf seinem Tippschein stehen haben
und eine aus den verbleibenden 43. Um 5 Zahlen aus 6 auszuwählen (wieder ohne Berücksichtigung der Reihenfolge und ohne „Zurücklegen"), hat
man im Modell nach Tabelle 2.2 genau $\binom{6}{5}$ Möglichkeiten. Die Zahl der
Möglichkeiten eine der verbleibenden 43 Zahlen auf dem Tippschein zu
haben ist 43, was genau $\binom{43}{1}$ entspricht.

Es folgt für die Anzahl der Elementarereignisse, die 5 Richtigen entsprechen:

$$\#A_5 = \binom{6}{5}\binom{43}{1}.$$

Mit einer ähnlichen Überlegung erhält man:

$$\#A_4 = \binom{6}{4}\binom{43}{2}.$$

Für die Wahrscheinlichkeit $P(A)$ des Ereignisses A ergibt sich infolgedes-
sen nach (25.1):

$$P(A) = \frac{\binom{6}{6}\cdot\binom{43}{0} + \binom{6}{5}\cdot\binom{43}{1} + \binom{6}{4}\cdot\binom{43}{2}}{\binom{49}{6}} = 9.8714 \cdot 10^{-4}. \qquad (28.1)$$

Die Chance, vier oder mehr Richtige beim Lotto zu haben, ist also ungefähr
1 zu 1000.

Auch die nachfolgenden Beispiele aus der Qualitätssicherung lassen sich mit
einem Urnenmodell beschreiben.

2.8 Beispiel (Urnenmodelle – Anwendung Annahmekontrolle)

Wir betrachten einen Warenposten mit 100 Einheiten und einer Ausschussrate von 4 %, d.h. wir gehen davon aus, dass 4 der 100 Produkte defekt oder unbrauchbar sind.

Es werden nun diesem Posten 10 Einheiten *ohne* Zurücklegen entnommen und wir fragen nach der Wahrscheinlichkeit, höchstens ein defektes Teil zu ziehen.

Offenbar kann dieses Experiment mit dem Urnenmodell „Ziehen ohne Zurücklegen und ohne Berücksichtigung der Reihenfolge" modelliert werden.

Für das Ereignis

$$A = \text{„Es ist kein oder ein Teil der 10 gezogen defekt"}$$

gilt mit ähnlichen Überlegungen wie im Beispiel 2.7:

$$P(A) = \frac{\binom{4}{0}\binom{100-4}{10-0}}{\binom{100}{10}} + \frac{\binom{4}{1}\binom{100-4}{10-1}}{\binom{100}{10}} = 0.9512. \tag{29.1}$$

2.9 Beispiel (Urnenmodelle – Anwendung Annahmekontrolle)

Wir betrachten in diesem Fall nochmals die Ausgangsposition aus Beispiel 2.8 und legen die gezogenen Produkte nach Prüfung wieder zum Warenposten („in die Urne") zurück. Dabei stellen wir sicher, dass wir das gezogene Teil im nächsten Zug nur zufällig wieder ziehen können, d.h. der nächste Zug jeweils von den Ergebnissen des vorherigen unabhängig[5] ist.

Das Ereignis A aus dem vorangegangenen Beispiel lässt sich nun mit Hilfe des Urnenmodells „Ziehen mit Zurücklegen und mit Berücksichtigung der Reihenfolge" modellieren.

Der Ereignisraum Ω des Experiments hat nach Tabelle 2.2, S. 22 die Elementzahl 100^{10}. Es gibt 96^{10} Möglichkeiten 0 defekte Teile zu ziehen und 10 mal $96^9 \cdot 4$ Möglichkeiten genau eines zu ziehen. Daraus ergibt sich

$$P(A) = \frac{96^{10}}{100^{10}} + 10\frac{4}{100}\frac{96^9}{100^9} \tag{29.2}$$
$$= 0.96^{10} + 10 \cdot 0.04 \cdot (0.96)^9 = 0.9418.$$

---

[5] Wir werden diesen Begriff im Laufe des Kapitels noch mathematisch präzisieren und feststellen, dass er in der Wahrscheinlichkeitsrechnung und Statistik von überragender Bedeutung ist!

Die Berechnungsvorschriften für die Wahrscheinlichkeiten aus den Beispielen 2.7 bis 2.9 lassen sich leicht verallgemeinern. Man erhält dann jeweils Formeln, die angeben, wie wahrscheinlich es ist, eine bestimmte Anzahl von $k \leq N$ Elementen bei dem jeweiligen Urnenexperiment zu erhalten.

Im Fall von Beispiel 2.7 bzw. Beispiel 2.8 geht es offenbar um die Bestimmung der Wahrscheinlichkeit für das Ereignis

$A =$ „k von M Richtigen aus $M + N$ Elementen

   bei n Ziehungen *ohne* Zurücklegen und ohne Reihenfolge".

Für dieses Ereignis gilt allgemein:

$$P(A) = \frac{\binom{M}{k}\binom{N}{n-k}}{\binom{N+M}{n}}. \qquad (30.1)$$

Im Fall von Beispiel 2.9 handelt es sich um die Bestimmung der Wahrscheinlichkeit für das Ereignis

$A =$ „k von M Richtigen aus $M + N$ Elementen

   bei n Ziehungen *mit* Zurücklegen und ohne Reihenfolge".

Für dieses Ereignis gilt allgemein:

$$P(A) = \binom{n}{k}\left(\frac{M}{M+N}\right)^k \left(\frac{N}{M+N}\right)^{n-k}. \qquad (30.2)$$

Da die Verhältnisse $p = \frac{M}{M+N}$ und $q = \frac{N}{M+N} = 1-p$ wegen des Zurücklegens bei jeder Ziehung gleich bleiben, ist es bequemer in der Formel (30.2) zu schreiben:

$$P(A) = \binom{n}{k}p^k(1-p)^{n-k}. \qquad (30.3)$$

Die Formeln (30.1) und (30.3) definieren, welche Wahrscheinlichkeit die möglichen Ziehungsergebnisse $1, 2, \cdots, k, \cdots, n$ haben. Man spricht in diesem Fall von einer **Verteilung** oder **Wahrscheinlichkeitsverteilung**. Wir werden diesen Begriff, der einer der zentralen Begriffe der Wahrscheinlichkeitsrechnung und der Statistik ist, im Laufe der nächsten Abschnitte weiter präzisieren.

Die beiden durch (30.1) und (30.3) definierten Verteilungen heißen *Hypergeometrische Verteilung* und *Binomialverteilung*.

Ganz allgemein versteht man unter der **Hypergeometrischen Verteilung** mit den Parametern n, M, N die Funktion[6]

---

[6] Dabei werden in dieser Darstellung die Binomialkoeffizienten der Einfachheit halber auf 0 gesetzt, wenn $k > M$ oder $n - k > N$ ist.

$$h_{n,N,M}(k) = \begin{cases} \dfrac{\binom{M}{k}\binom{N}{n-k}}{\binom{N+M}{n}} & \text{für alle } 0 \le k \le n, \\ \\ 0 & \text{sonst.} \end{cases} \tag{31.1}$$

Die **Binomialverteilung** mit den Parametern n und p wird durch die Funktion

$$h_{n,p}(k) = \begin{cases} \binom{n}{k} p^k (1-p)^{n-k} & \text{für alle } 0 \le k \le n, \\ \\ 0 & \text{sonst} \end{cases} \tag{31.2}$$

definiert.
Beide Verteilungen stehen in der MATLAB Statistics Toolbox unter dem Namen `hygepdf` und `binopdf` zur Verfügung. Wir wollen diese Funktionen im folgenden Beispiel dazu nutzen, diese Verteilungen grafisch in Form eines so genannten **Balkendiagramms** darzustellen.

2.10 Beispiel (Hypergeometrische Verteilung und Binomialverteilung)

Der folgende MATLAB-Code (vgl. die Funktion **HypBinBalken.m** der Begleitsoftware) bestimmt die Werte der Hypergeometrischen Verteilung für die Parameter n, M und N und die Werte für die Binomialverteilung mit den Parametern n und $p = \frac{M}{N+M}$. Das Ergebnis wird anschließend mit Hilfe der Funktion `bar` in Form eines **Balkendiagramms** (oder **Histogramms**) geplottet. Dabei werden die Wahrscheinlichkeiten durch einen Balken repräsentiert, dessen *Fläche* der Wahrscheinlichkeit entspricht. Da die beobachteten Werte im vorliegenden Fall ganzzahlig sind, die Balkenbreite also 1 gewählt werden kann, entspricht die *Höhe* der Balken ebenfalls der darzustellenden Wahrscheinlichkeit.

```
% Umcodierung der Parameter in die (anders definierten!)
% Funktionsparameter der Statistics-Toolbox-Funktionen

m = N+M; k = M; p = M/(M+N);

% Berechnung der Werte der Verteilung für k=-2 bis n+2

x = (-2:1:n+2);
hyp = hygepdf(x,m,k,n);
bin = binopdf(x,n,p);

% Plot der Werte in Form eines Balkendiagramms

mx = max(max(hyp), max(bin));
```

```
subplot(121)
bar(x,hyp);
% ...
xlabel('k', 'FontSize', 14);
ylabel('h_{n,N,M}(k)', 'FontSize', 14);
axis([-2,n+2,0,mx])
subplot(122)
bar(x,bin);
% ...
xlabel('k', 'FontSize', 14);
ylabel('h_{n,p}(k)', 'FontSize', 14);
axis([-2,n+2,0,mx])
```

Das Ergebnis des Aufrufs für die Parameter $n = 6, M = 15$ und $N = 6$ ist in Abbildung 2.1 dargestellt.

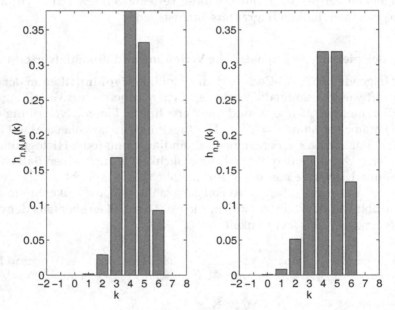

Abb. 2.1: Histogramme für die Hypergeometrische Verteilung (links) und die Binomialverteilung (rechts) in Beispiel 2.10

Mit den MATLAB-Funktionen `hygepdf` und `binopdf` lassen sich auch die gesuchten Wahrscheinlichkeiten in den Beispielen 2.7 bis 2.9 leicht ermitteln.

2.11 Beispiel (Wahrscheinlichkeiten aus Beispiel 2.7 bis 2.9)

Wieder ist bei Verwendung der Hypergeometrischen Verteilung darauf zu achten, dass die Definition (31.1) und die MATLAB-Syntax angepasst werden:

```
% Beispiel Lotto:
% Anpassung der Parameter für  hygepdf
M = 6; N = 43; n=6;
m = N+M;  k = M;


% Berechnung Wahrscheinlichkeit >=4 Richtige

p = hygepdf(4,m,k,n) + hygepdf(5,m,k,n) + hygepdf(6,m,k,n)

p =

    9.8714e-004

% Beispiel 1 Annahmekontrolle:
% Anpassung der Parameter für  hygepdf
M = 4; N = 96; n=10;
m = N+M;  k = M;


% Berechnung Wahrscheinlichkeit <=1 defekte Teile

p = hygepdf(0,m,k,n) + hygepdf(1,m,k,n)

p =

     0.9512

% Beispiel 2 Annahmekontrolle:
% Parameter für  binopdf
M = 4; N = 96; n=10;
defWkt = M/(M+N);


% Berechnung Wahrscheinlichkeit <=1 defekte Teile

p = binopdf(0,n,defWkt) + binopdf(1,n,defWkt)

p =

     0.9418
```

Probleme des Laplace'schen Ansatzes

Der Laplace-Ansatz führt zwar, wie wir in den obigen Beispielen sehen, zu vernünftigen Ergebnissen, hat aber auch seine Tücken. Es ergibt sich bei genauerer Betrachtung nämlich das Problem, dass der Ansatz nur dann sinnvoll ist, falls

(a) alle $\omega \in \Omega$ gleichberechtigt[7] sind,

(b) Ω endlich ist!

Sind diese Bedingungen erfüllt, so nennt man das zu Grunde liegende Zufallsexperiment ein **Laplace-Experiment**.

Es stellt sich damit die Frage, was zu tun ist, wenn eine der Voraussetzungen nicht erfüllt und das Experiment kein Laplace-Experiment ist. Beispielsweise ist die Voraussetzung (a) bei einem Spiel mit gezinkten Würfeln nicht erfüllt. Auch die Voraussetzung der Endlichkeit des Ereignisraums Ω ist in den meisten Fällen problematisch, wie etwa beim Beispiel der Dauerbelastungsprüfung 1.7, wo eine Maximalzahl von Belastungszyklen à-priori nicht sinnvoll festgelegt werden kann. Im Übrigen ist die Voraussetzung (b) nicht nur für zählende Prüfungen, sondern insbesondere für alle Messvorgänge physikalischer Größen problematisch. Diese werden in der Regel als *kontinuierlich veränderlich* angenommen. Der Wertebereich der Zufallsgrößen muss daher im Allgemeinen durch ein Intervall (unendliche Menge) reeller Zahlen dargestellt werden.

2.2.2 Experimenteller Ansatz

Ein möglicher Ansatz, die Probleme im Zusammenhang mit der Laplace'schen Definition zu lösen, ist die Auswertung der Ergebnisse von vielen Wiederholungen des Experiments. Im Beispiel des gezinkten Würfels könnte man etwa sehr viele Würfe mit diesem Würfel auszuführen um festzustellen, ob eine bestimmte Augenzahl *häufiger* vorkommt als eine andere. Dies führt zu einem experimentellen Wahrscheinlichkeitsbegriff der auf der **Stabilisierung** so genannter **relativer Häufigkeiten** beruht.

Wir versuchen, dieser Idee entsprechend, die Wahrscheinlichkeit für ein Ereignis festzulegen.

Sei $A \subset \Omega$ ein Ereignis. Wir „definieren" die „Wahrscheinlichkeit" $P(A)$ *approximativ* durch

$$P(A) \stackrel{n \text{ groß}}{\approx} h_n(A) := \frac{\text{Zahl der Experimente mit Ergebnis } A}{n}. \tag{34.1}$$

Dabei ist n die Gesamtzahl der durchgeführten Experimente und $h_n(A)$ heißt **relative Häufigkeit** des Ereignisses A bei n Versuchen. Die Anzahl der Experimente mit Ergebnis A selbst nennt man die **absolute Häufigkeit** des Ereignisses A.

---

[7] im Laplace'schen Modell sind ja alle $\omega \in \Omega$ wegen $P(\omega) = \frac{1}{\#\Omega}$ *gleich wahrscheinlich!*

Hinter dieser Definition steckt die Beobachtung[8], dass sich die relativen Häufigkeiten für große n stabilisieren. Wir illustrieren dies wiederum anhand eines Würfelbeispiels. Dabei gehen wir davon aus, dass der Würfel vorher präpariert wurde.

2.12 Beispiel (Spiel mit gezinktem Würfel)

Ein Experiment mit 40 Würfen liefere etwa die Wurffolge:

$$6, \ 2, \ 3, \ 1, \ 6, \ 4, \ 6, \ 3, \ 2, \ 5, \ 4, \ 6, \ 2, \ 6, \ 1, \ 3, \ 3, \ 5, \ 4, \ 6$$

$$2, \ 6, \ 3, \ 1, \ 2, \ 3, \ 6, \ 3, \ 6, \ 4, \ 2, \ 4, \ 6, \ 5, \ 3, \ 5, \ 1, \ 4, \ 6, \ 2$$

In Abbildung 2.2 ist die in Gleichung (34.1) definierte relative Häufigkeit $h_n(A)$ für das Ereignis

$$A = \text{„Es wird eine 6 gewürfelt"}$$

und für $n = 1, \ldots, 40$ grafisch dargestellt.

Man erkennt deutlich, dass sich die relative Häufigkeit für große Wurfanzahlen n offenbar einem Wert um 0.28 herum annähert. Die *Wahrscheinlichkeit*, eine 6 zu würfeln scheint also gegenüber der Laplace'schen Wahrscheinlichkeit $\frac{1}{6} = 0.166$ deutlich erhöht[9] zu sein.

2.13 Beispiel (Urnenexperiment)

Laut Tabelle 2.2 ist die Wahrscheinlichkeit, beim Ziehen dreier (k) von 1 bis 5 (= N) nummerierter Elemente im Urnenexperiment „Ziehen mit Zurücklegen und ohne Berücksichtigung der Reihenfolge" das Ergebnis $(1, 2, 3)$ zu erhalten, gleich $\frac{3!}{N^k} = \frac{6}{5^3} = \frac{6}{125} = 0.048$.

Mit Hilfe der Funktion **UrnenExp2Ziehung.m** aus Beispiel 2.5 soll dieses Ergebnis experimentell gegengeprüft werden. Dazu verwenden wir die Funktion **UrnenExp2StabHfg.m** der Begleitsoftware, welche das Experiment der Ziehung für eine vorgegebene Zahl von Versuchen vornimmt und die relative Häufigkeit eines vorgegebenen Ereignisses berechnet.

Wir berechnen die relativen Häufigkeiten des Ereignisses $(1, 2, 3)$ in Schritten zu 500 Versuchen bis zu 20000 Versuchen (vgl. Datei **BspUrnenExp2StabHfg.m**):

---

[8] Diese Beobachtung ist mathematisch durch einen entsprechenden Satz, das so genannte „Gesetz der großen Zahlen" (vgl. Abschnitt 2.8.1, S. 129ff) abgesichert!

[9] Welcher Wert tatsächlich sinnvollerweise angenommen werden kann und wie sicher diese Annahme dann ist, kann einer solch einfachen Betrachtung natürlich nicht entnommen werden. Mit der Klärung dieser Fragen befasst sich die mathematische Statistik. Wir werden hierauf in Kapitel 5 zurückkommen.

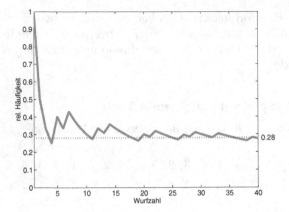

Abb. 2.2: Relative Häufigkeit der Augenzahl 6 im Beispiel 2.12

```
% Vorinitialisierung der relativen Häufigkeiten
Hfgk = [];

% Aufruf von UrnenExp2StabHfg.m in Schritten
% zu 500 Versuchen
for versuche = 500:500:20000
    [relH] = UrnenExp2StabHfg([1 2 3], versuche, 5, 3);
    Hfgk = [Hfgk, relH];
end;

% Ergebnis grafisch darstellen und dem Laplace-Wert 0.048
% gegenüberstellen
trials = (1:1:40);
plot( trials , Hfgk, 'r-', trials , ...
        0.048*ones(1,length(Hfgk)), 'b-', 'LineWidth', 3);
```

Das Ergebnis einer solchen Simulation ist in Abbildung 2.3 dargestellt.

Man erkennt, dass sich die relative Häufigkeit zwar sehr nahe um den theoretischen Wert 0.048 herum bewegt (sich „stabilisiert"), aber nicht im eigentlichen Sinne gegen ihn „konvergiert".

Probleme des experimentellen Ansatzes

Die Definition des Wahrscheinlichkeitsmaßes über relative Häufigkeiten ist ebenfalls problematisch. Aus diesem Grunde ist das Wort „Definition" auch in Anführungszeichen gesetzt worden. Eine Definition im mathematisch exakten Sinne ist nämlich nicht möglich, denn:

(a) $h_n(A)$ ist für jedes n selbst *zufällig*!

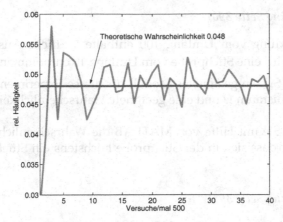

Abb. 2.3: Relative Häufigkeiten des (Elementar-)Ereignisses $(1, 2, 3)$ aus Beispiel 2.13

(b) Die Konvergenz von $h_n(A)$ ist mathematisch (und auch experimentell) *nicht gesichert*!

(c) $P(A)$ ist auch nicht empirisch *exakt* ermittelbar, da das Experiment hierfür prinzipiell unendlich oft wiederholt werden müsste.

Trotzdem können die beiden oben diskutierten Ansätze, wie wir sehen werden, als *Modell* dienen, wie ein exaktes Wahrscheinlichkeitsmaß *axiomatisch definiert* werden muss. Grundlage sind die *Eigenschaften*, die sich aus der Beobachtung der in beiden Ansätzen definierten „Maße" ergeben.

2.2.3 Übungen

Übung 5 (*Lösung Seite 389*)

Entscheiden Sie, ob es sich bei den Würfelexperimenten aus Beispiel 2.1 und 2.2 um Laplace-Experimente handelt. Begründen Sie Ihre Entscheidung.

Übung 6 (*Lösung Seite 390*)

Begründen Sie anhand des Beispieles 2.4, warum dem Urnenmodell „Ziehen mit Zurücklegen und ohne Berücksichtigung der Reihenfolge" sinnvoll keine Laplace'sche Wahrscheinlichkeit zugeordnet werden kann.

Übung 7 (*Lösung Seite 390*)

Bestimmen Sie mit Hilfe der Funktion hygepdf der MATLAB Statistics Toolbox ein Histogramm für die Verteilung des Lotto-Spiels „6 aus 49".

Die folgenden Übungen behandeln ein typisches Problem aus dem Bereich der statistischen Qualitätskontrolle.

Übung 8 (*Lösung Seite 390*)

Eine Warensendung vom Umfang 100 enthalte 5 Stücke Ausschuss. Zur Überprüfung wird eine Stichprobe vom Umfang 10 entnommen.

(a) Bestimmen Sie ein geeignetes Modell für dieses Experiment, indem Sie einen Ereignisraum Ω und eine geeignete Wahrscheinlichkeitsverteilung angeben.
(b) Bestimmen Sie mit Hilfe von MATLAB die Wahrscheinlichkeit des Ereignisses A, dass sich in der Stichprobe höchstens ein Stück Ausschuss befindet.

Übung 9 (*Lösung Seite 391*)

Eine Warensendung vom Umfang 100 enthalte 5 Stücke Ausschuss. Zur Kontrolle der Qualität der Sendung wird 10 Mal ein Stück entnommen, überprüft und dann wieder zurückgelegt.

(a) Bestimmen Sie ein geeignetes Modell für dieses Experiment, indem Sie einen Ereignisraum Ω und eine geeignete Wahrscheinlichkeitsverteilung angeben.
(b) Bestimmen Sie mit Hilfe von MATLAB die Wahrscheinlichkeit des Ereignisses A, dass sich in der Stichprobe höchstens ein Stück Ausschuss befindet.

Übung 10 (*Lösung Seite 392*)

Betrachten Sie die Ergebnisse aus den Übungen 8 und 9 und interpretieren Sie diese.

2.3 Axiomatische Definition der Wahrscheinlichkeit

Die prinzipiellen Probleme der in Abschnitt 2.2 vorgestellten Ansätze zur Definition der Wahrscheinlichkeit eines Ereignisses machen die Verwendung der dort vorgestellten Definitionen für allgemeine Situationen unmöglich.
Die Lösung dieses Problems geht auf den russischen Mathematiker A.N. Kolmogorov zurück [17], dem es gelang, mit Hilfe eines geeigneten Axiomensystems ein sicheres mathematisches Fundament für die Wahrscheinlichkeitsrechnung zu legen.

2.3.1 Der abstrakte Wahrscheinlichkeitsbegriff

Das Studium der Eigenschaften von Ereignissen und Häufigkeiten, etwa von Ereignissen in einem Laplace-Experiment, legt die folgende *axiomatische* Festlegung der Begriffe *Ereignis*, *Wahrscheinlichkeit* und *Wahrscheinlichkeitsraum* nahe:

Es sei Ω eine Menge (die „Elementarereignisse") und $\mathcal{A}$ ein Mengensystem aus Ω (die „Ereignisse"), welche den weiter unten formulierten Bedingungen eines **Ereignismengensystems** genügen.

Eine Funktion

$$P : \quad \mathcal{A} \to [0, 1] \qquad (39.1)$$

mit den Eigenschaften

$$P(\Omega) = 1 \qquad (39.2)$$

und

$$P(\overset{\infty}{\underset{i=1}{\cup}} A_i) = \sum_{i=1}^{\infty} P(A_i) \qquad (39.3)$$
$$\text{mit } A_i \in \mathcal{A} \text{ und } A_i \cap A_j = \emptyset, \text{ falls } i \neq j,$$

heißt ein **Wahrscheinlichkeitsmaß** (auf Ω, resp. $\mathcal{A}$).

Für jedes $A \in \mathcal{A}$ (Ereignis) heißt $P(A)$ die **Wahrscheinlichkeit von** A.

Die Komponenten Ω, $\mathcal{A}$ und P bilden einen **Wahrscheinlichkeitsraum** $(\Omega, \mathcal{A}, P)$.

Dass ein Wahrscheinlichkeitsmaß eine Größe zwischen 0 und 1 liefern soll, ist eine natürliche Forderung, die ebenso von den Eigenschaften des Laplace'schen Maßes vorgezeichnet wird, wie die Eigenschaft, dass die ganze Ereignismenge Ω die Wahrscheinlichkeit 1 haben möge.

Falls sich ein Ereignis aus *unvereinbaren* Teilereignissen zusammensetzt, so kann man im Laplace'schen Modell die Wahrscheinlichkeit dieses Ereignisses immer dadurch berechnen, dass man die Wahrscheinlichkeiten der Teilereignisse addiert. Dies ergibt sich aus der Tatsache, dass sich die „günstigen" Fälle für ein Ereignis notwendigerweise aus den günstigen Fällen der Teilereignisse rekrutieren. Von dieser Eigenschaft hatten wir auch in Beispiel 2.7 Gebrauch gemacht, als wir das Ereignis „4 oder mehr Richtige" gedanklich in drei unvereinbare Teilereignisse aufteilten und jeweils die günstigen Fälle für diese Teilereignisse mit Hilfe der Urnenmodelle zählten.

Diese Eigenschaft wird in (39.3) aufgegriffen und zum Axiom erhoben. Neu ist dabei lediglich, dass man die Eigenschaft auch für (abzählbar) *unendlich viele* unvereinbare Teilereignisse fordert.

Das im Axiomensystem erwähnte Mengensystem $\mathcal{A}$ der Ereignisse bedarf noch einer Erklärung. Auf Grund der Eigenschaften, die sich aus den logischen Verknüpfungen von Ereignissen ergeben (vgl. Seite 19) sind Komplementmengen von Ereignismengen wieder selbst Ereignismengen. Selbstverständlich ist der Ereignisraum Ω selbst ein Ereignis (das „sichere" Ereignis). Ebenso sind (endliche) Vereinigungen von Ereignissen wieder Ereignisse. Erweitert man die letzte Eigenschaft auf (abzählbar) *unendliche* Vereinigungen von Ereignissen, damit auch die in Axiom (39.3) vorkommenden Mengen Ereignisse sind, so hat man die drei Eigenschaften[10], durch die ein Mengensystem $\mathcal{A}$ von Ereignissen gekennzeichnet ist.

Bei einem Laplace-Experiment umfasst $\mathcal{A}$ *alle* Teilmengen (die so genannte *Potenzmenge*) von Ω! Dies lässt sich aus den obigen Eigenschaften leicht ermitteln.

Überhaupt ist die Potenzmenge ein Mengensystem, die alle geforderten Eigenschaften erfüllt.

Leider kann man die Potenzmenge nicht immer als Ereignismengensystem verwenden! Bei Ereignissen, die durch reelle Teilmengen beschrieben werden, gibt es mathematische Probleme, die dies ausschließen, da in diesem Fall kein vernünftiges Wahrscheinlichkeitsmaß mehr definiert werden kann. So kann zum Beispiel das sehr wichtige Wahrscheinlichkeitsmaß, welches jedem abgeschlossenen Teilintervall von $[0, 1]$ seine Länge als Wahrscheinlichkeit zuordnet, nicht sinnvoll auf die Potenzmenge von $[0, 1]$ übertragen werden. Dies macht die etwas kompliziert erscheinende Definition des Ereignismengensystems $\mathcal{A}$ erforderlich[11].

Für die Praxis spielen solche Überlegungen Gott sei Dank keine Rolle, da man das Wahrscheinlichkeitsmaß nicht auf dem Ereignismengensystem $\mathcal{A}$ definieren muss, sondern auf anderem Wege gewinnen kann, wie wir später sehen werden.

Daher wird das Ereignismengensystem $\mathcal{A}$ im Folgenden nicht weiter erwähnt und auf die Diskussion der damit verbundenen mathematischen Probleme kann verzichtet werden.

2.3.2 Grundlegende Folgerungen

Die *axiomatischen Festlegungen* für das Wahrscheinlichkeitsmaß stellen gewissermaßen *Minimalanforderungen* dar, die garantieren, dass alle geläufigen Eigenschaften, die ein solches Maß haben sollte, erfüllt sind.

Aus den axiomatischen Eigenschaften können sofort die in Tabelle 2.4 angegebenen einfachen Eigenschaften für das Wahrscheinlichkeitsmaß P gefolgert werden.

Wir wollen nicht im Einzelnen auf alle in Tabelle 2.4 aufgelisteten Eigenschaften eingehen. Die meisten von ihnen sind aus den Überlegungen zum Laplace'schen Modell ohnehin schon bekannt und anschaulich klar. Zum besseren Verständnis beachte man die in der zweiten Tabellenspalte angegebenen Kommentare.

Betrachten wir lediglich exemplarisch den *Additionssatz*:

---

[10] Der interessierte Leser sei an dieser Stelle auf die einschlägige Literatur [11] verwiesen, wo er alles Wissenswerte unter dem Stichwort σ-*Algebra* zusammengetragen findet.

[11] Eine Konsequenz daraus ist, dass in solchen Fällen nicht jedem Ereignis im Sinne der Definition von Seite 15 eine Wahrscheinlichkeit zugeordnet werden kann. Zum Glück sind diese Ereignisse jedoch sehr „exotisch" und damit für praktische Anwendungen irrelevant.

Tabelle 2.4: Elementare Eigenschaften des Wahrscheinlichkeitsmaßes P

Eigenschaft	Kommentar
$P(A \cup B) = P(A) + P(B)$ falls $A \cap B = \varnothing$	Wenn sich A und B ausschließen (**unvereinbar** sind), addieren sich die Wahrscheinlichkeiten (*Additionssatz* für unvereinbare Ereignisse).
$P(A^C) = 1 - P(A)$	Ein Ereignis und sein komplementäres Ereignis bilden zusammen das sichere Ereignis.
$P(\varnothing) = 0$	Das unmögliche Ereignis tritt nie auf.
$A \subseteq B \Rightarrow P(A) \leq P(B)$	Ein Ereignis, das mehr Elementarereignisse umfasst, ist wahrscheinlicher
$P\left(\bigcup\limits_{k=1}^{n} A_i\right) \leq \sum\limits_{k=1}^{n} P(A_i)$	Die Wahrscheinlichkeit eines beliebig aus Teilereignissen zusammengesetzten Ereignisses ist höchstens gleich der Summe der Einzelwahrscheinlichkeiten der Teilereignisse.
$P(A \cup B) = P(A) + P(B) - P(A \cap B)$	Der *Additionssatz* für beliebige Ereignisse.
Gilt $A_1 \supseteq A_2 \supseteq \ldots A_\infty = \bigcap A_i$, so folgt $P(A_\infty) = \lim\limits_{i \to \infty} P(A_i)$	Erweiterung einer Eigenschaft, die bei endlichen Mengen stets gegeben ist, auf den allgemeinen Fall.
Gilt $A_1 \subseteq A_2 \subseteq \ldots A_\infty = \bigcup A_i$, so folgt $P(A_\infty) = \lim\limits_{i \to \infty} P(A_i)$	Erweiterung einer Eigenschaft, die bei endlichen Mengen stets gegeben ist, auf den allgemeinen Fall.

Zunächst einmal lässt sich jede Vereinigung zweier Mengen („Ereignisse") $A \cup B$ wie folgt als Vereinigung *disjunkter*[12] Mengen („unvereinbarer Ereignisse") darstellen:

$$A \cup B = \tilde{A} \cup B \quad \text{mit} \quad \tilde{A} = A \backslash (A \cap B). \tag{41.1}$$

Da $\tilde{A}$ und B disjunkt sind, folgt aus der axiomatischen Eigenschaft in Gleichung (39.3), dass

$$P(A \cup B) = P(\tilde{A} \cup B) = P(\tilde{A}) + P(B). \tag{41.2}$$

Da A sich als disjunkte Vereinigung

$$A = \tilde{A} \cup (A \cap B) \tag{41.3}$$

darstellen lässt, folgt aus dem gleichen Axiom

$$P(A) = P(\tilde{A}) + P(A \cap B). \tag{41.4}$$

Die Zusammenfassung der Gleichungen (41.2) und (41.4) liefert den in Tabelle 2.4 angegebenen Additionssatz.
Ein kleines Beispiel soll die Anwendung des Additionssatzes illustrieren.

---

[12] Zwei Mengen A, B heißen disjunkt, wenn $A \cap B = \varnothing$ ist.

2.14 Beispiel (Additionssatz)

Wir betrachten dazu die Ereignisse A und E im Beispiel 2.1, S. 16 des Wurfs mit zwei fairen Würfeln.

Für das Ereignis $M = A \cup E$ gilt:

$$
M = \left\{ \begin{array}{lllll}
(4,4), & (4,5), & (4,6) \\
(1,4), & (1,5), & (1,6), & (2,3), & (2,4), \\
(2,5), & (3,2), & (3,3), & (3,4), & (4,1), \\
(4,2), & (4,3), & (5,1), & (5,2), & (6,1)
\end{array} \right\}.
$$

Da es sich bei diesem Beispiel um ein Laplace-Experiment handelt (vgl. Übung 5), folgt, dass $P(M) = P(A \cup E) = \frac{\#M}{\#\Omega} = \frac{18}{36} = \frac{1}{2}$ ist. Andererseits ist $P(A) = \frac{6}{36} = \frac{2}{12}$ und $P(E) = \frac{15}{36} = \frac{5}{12}$. Die Menge $A \cap E$ enthält nur die Elemente $(4,1)$, $(4,2)$, $(4,3)$ und hat somit die Laplace'sche Wahrscheinlichkeit $P(A \cap E) = \frac{3}{36} = \frac{1}{12}$.

Offenbar gilt

$$
\begin{aligned}
P(A \cup E) &= \frac{1}{2} = \frac{6}{12} = \frac{2}{12} + \frac{5}{12} - \frac{1}{12} \\
&= P(A) + P(E) - P(A \cap E).
\end{aligned}
$$

Etwas komplizierter ist die Sachlage im Modell des Beispiels 2.2, da hier kein Laplace-Experiment mehr vorliegt. Das Wahrscheinlichkeitsmaß kann jedoch sinnvoll durch das Auszählen der Fälle im Laplace'schen Modell definiert werden (vgl. Übung 11).

Für das Ereignis $E = \{5,6,7\}$ aus Beispiel 2.2 und das Ereignis $F = \{2,5\}$ ergibt sich mit dem in Übung 11 ermittelten Wahrscheinlichkeitsmaß:

$$
\begin{aligned}
P(F \cup E) = P(\{2,5,6,7\}) &= \frac{1}{36} + \frac{4}{36} + \frac{5}{36} + \frac{6}{36} \\
&= \left(\frac{1}{36} + \frac{4}{36} \right) + \left(\frac{4}{36} + \frac{5}{36} + \frac{6}{36} \right) - \frac{4}{36} \\
&= P(F) + P(E) - P(\{5\}) \\
&= P(F) + P(E) - P(F \cap E).
\end{aligned}
$$

Die Wahrscheinlichkeit $P(F \cup E)$ lässt sich also auch in diesem Fall nach dem Additionssatz bestimmen.

Mit Hilfe der axiomatischen Wahrscheinlichkeitsdefinition ist es nun möglich, die in den Abschnitten 2.2.1 und 2.2.2 erwähnten Probleme zu lösen. Betrachten wir dazu erneut das Glücksradbeispiel 1.3, S. 4 aus Kapitel 1.

2.15 Beispiel (Wahrscheinlichkeitsmaß für das Glücksrad)

Für dieses Beispiel treten die Probleme des Laplace'schen Ansatzes, ebenso wie die des Ansatzes der Stabilisierung der Häufigkeiten deutlich zu Tage. Wahrscheinlichkeiten können in diesem Fall nur sinnvoll mit Hilfe des axiomatischen Ansatzes bestimmt werden.

Im Falle des Glücksrades definieren wir als Wahrscheinlichkeitsraum $\Omega = [0, 2\pi]$, das Intervall der möglichen Winkelstellungen des Glücksradzeigers in rad.

Das Wahrscheinlichkeitsmaß definiert man nun zunächst auf allen Segmenten des Glücksrades (Teilintervalle von $[0, 2\pi]$) durch

$$P([a,b]) = \frac{b-a}{2\pi} \quad \text{für alle } [a,b] \subseteq [0, 2\pi]. \tag{43.1}$$

Diese Definition trägt der Tatsache Rechnung, dass es bei einem „fairen" Glücksrad gleich wahrscheinlich ist, in welchem Segment einer vorgegebenen Länge $b - a$ der Zeiger zum Stehen kommt.

Die Menge der Ereignisse $\mathcal{A}$ ergibt sich nun aus allen möglichen Komplementen und Vereinigungen von Intervallen (Segmenten) der Form $[a,b]$ aus $[0, 2\pi]$ und P muss (und kann) theoretisch auf die entstehenden Ereignismengen erweitert werden.

Die so definierte Funktion P ist das Wahrscheinlichkeitsmaß der so genannten **Gleichverteilung** auf $[0, 2\pi]$.

Das Ereignismengensystem $\mathcal{A}$ wird jedoch in der Praxis gar nicht näher bestimmt und die Kenntnis von $\mathcal{A}$ ist für die praktische Verwendbarkeit von P auch nicht von Nöten.

Der Grund dafür ist die folgende Überlegung. Das Wahrscheinlichkeitsmaß P lässt sich mit Hilfe einer geeigneten, auf ganz $\mathbb{R}$ definierten, reellen Funktion $f(x)$, der so genannten Dichtefunktion, auf folgende Art und Weise beschreiben

$$P((-\infty, x]) = F(x) := \int_{-\infty}^{x} f(\tau)\, d\tau \quad \text{für alle } x \in \mathbb{R}. \tag{43.2}$$

Im vorliegenden Beispiel muss $f(x)$ dabei folgendermaßen definiert werden, damit sich aus Gleichung (43.2) die Gleichverteilung gemäß Gleichung (43.1) ergibt (vgl. Abbildung 2.4):

$$f(x) = \begin{cases} 0 & \text{für} \quad x < 0, \\ \frac{1}{2\pi} & \text{für} \quad x \in [0, 2\pi], \\ 0 & \text{für} \quad x > 2\pi. \end{cases} \tag{43.3}$$

Man überzeugt sich nun leicht, dass damit die Definition aus Gleichung (43.1) erfüllt wird, denn:

$$P([a,b]) = F(b) - F(a) = \int_{-\infty}^{b} f(x)\,dx - \int_{-\infty}^{a} f(x)\,dx$$

$$= \int_{a}^{b} f(x)\,dx = \frac{1}{2\pi} \int_{a}^{b} dx \qquad (44.1)$$

$$= \frac{b-a}{2\pi} \quad \text{für alle } [a,b] \subseteq [0, 2\pi]$$

Man beachte, dass aus der Gleichung (43.2) insbesondere folgt, dass $P(\alpha) = 0$ ist für jede Zahl $\alpha \in [0, 2\pi]$, denn

$$P(\{\alpha\}) = P([\alpha,\alpha]) = \int_{\alpha}^{\alpha} f(x)\,dx = 0. \qquad (44.2)$$

Dies ergibt sich auch aus der vorletzten Eigenschaft von Tabelle 2.4, wenn man Segmente A_i konstruiert, die immer kleiner werden und stets den Winkel α enthalten (vgl. Übung 12).

Damit ist die Wahrscheinlichkeit, dass der Zeiger bei einer bestimmten Winkelstellung stehen bleibt, für jeden Winkel gleich null!

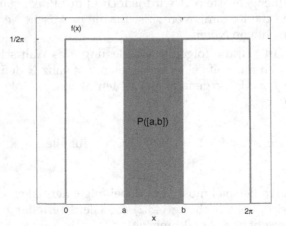

Abb. 2.4: Dichte der Gleichverteilung im Intervall $[0, 2\pi]$ und Wahrscheinlichkeit $P([a,b])$ für ein Teilintervall $[a,b] \subseteq [0, 2\pi]$

Das letzte Ergebnis aus Beispiel 2.15 erscheint auf den ersten Blick paradox, da doch der Zeiger offensichtlich bei jedem Spiel „irgendwo" zum Stehen kommt. Bei näherer Überlegung scheint Gleichung (44.2) dann aber doch sinnvoll zu sein. Dies merkt man spätestens dann, wenn man versucht, den Zeiger in mehreren Versuchen und in endlicher Zeit *genau* bei einem bestimmten vorgegebenen Winkel, etwa π, zum Stehen bringen zu lassen. Dies wird praktisch nicht gelingen, was das Ergebnis aus Gleichung (44.2) plausibel[13] macht.

Die Einführung der in Gleichung (43.2) definierten Funktionen $f(x)$ und $F(x)$ und die damit verbundene Erweiterung des Wahrscheinlichkeitsmaßes auf ganz $\mathbb{R}$ bietet rechnerische Vorteile. Diese Funktionen erlauben die Berechnung von Wahrscheinlichkeiten für alle praktisch relevanten Ereignisse sowie Berechnung von damit verbundenen Kenngrößen mittels *Integrationstheorie*. Statt des ohnehin nicht praktisch darstellbaren Wahrscheinlichkeitsraums $(\Omega, \mathcal{A}, \mathcal{P})$ sind dann lediglich die Funktionen $f(x)$ und $F(x)$ anzugeben. Diese kennzeichnen das Modell dann vollständig.

Wir werden auf diese Funktionen, die für Wahrscheinlichkeitsrechnung und Statistik grundlegende Werkzeuge darstellen, im Detail in Abschnitt 2.5 zurückkommen.

2.3.3 Übungen

Übung 11 (*Lösung Seite 392*)

Bestimmen Sie ein sinnvolles Wahrscheinlichkeitsmaß für den Ereignisraum Ω aus Beispiel 2.2, S. 17 und stellen Sie dies mit Hilfe von MATLAB grafisch dar.

Übung 12 (*Lösung Seite 392*)

Konstruieren Sie das in Beispiel 2.15, S. 43 erwähnte Mengensystem A_n, $n \in \mathbb{N}$ so, dass die Eigenschaft $P(\{\alpha\}) = 0$ aus der Tabelle 2.4 abgeleitet werden kann.

Übung 13 (*Lösung Seite 393*)

Geben Sie im Beispiel 2.2, S. 17, das Komplementärereignis zu $E = \{5, 6, 7\}$ an und berechnen Sie die Wahrscheinlichkeit des Ereignisses mit Hilfe des Wahrscheinlichkeitsmaßes aus Übung 11.

---

[13] In der Tat handelt es sich bei der Gleichverteilung ja um ein *Modell* der Wirklichkeit und die Frage ist immer, ob ein Modell gut zur Wirklichkeit passt oder nicht. Dieses Modell passt offenbar sehr gut, auch wenn es zu der etwas paradoxen Situation kommt, dass ein Zustand, den man doch beobachtet, die Wahrscheinlichkeit *null* hat. Die Ereignisse „befindet sich in einem Segment $[a, b]$" werden jedenfalls durch dieses Modell befriedigend und der Anschauung entsprechend beschrieben.

2.4 Stochastische Unabhängigkeit und bedingte Wahrscheinlichkeit

In den betrachten Beispielen setzte die Modellierung des Problems immer den Entwurf eines, auch in einfachen Fällen schon relativ komplizierten, Wahrscheinlichkeitsraums Ω voraus.

In der Praxis ist diese Vorgehensweise jedoch nicht erforderlich, da mathematische Begriffe zur Verfügung stehen, mit denen die explizite Konstruktion des Wahrscheinlichkeitsraums vermieden werden kann. Diese Begriffe werden in diesem und in dem darauf folgenden Abschnitt entwickelt.

Auf die explizite Formulierung eines Wahrscheinlichkeitsraums werden wir in Zukunft nur ausnahmsweise und zu Illustrationszwecken zurückgreifen.

2.4.1 Bedingte Wahrscheinlichkeit und Bayes'scher Satz

Sehr oft wird die Analyse von Experimenten mit mehrfacher Wiederholung dadurch vereinfacht, dass man das Ergebnis eines Experiments als *Bedingung* des darauf folgenden auffassen kann. Die Wahrscheinlichkeit eines Ereignisses beim darauf folgenden Experiment kann dann als so genannte *bedingte Wahrscheinlichkeit* aufgefasst werden.

Betrachten wir als einfaches Beispiel das schon mehrfach verwendete Modell eines Wurfs mit zwei Würfeln (Beispiel 2.1):

2.16 Beispiel (Wurf mit zwei Würfeln – bedingt)

Das Ereignis E, dass die Augensumme zwischen 5 und 7 liegt, kann im Laplace'schen Modell durch die explizite Angabe der möglichen Augenkombinationen beschrieben werden (s. Seite 17). Daraus lässt sich durch Auszählen leicht die Wahrscheinlichkeit $\frac{15}{36}$ ermitteln.

Das Ereignis E lässt sich aber auch unter einem anderen Blickwinkel betrachten. Zunächst wird die Augenzahl des *ersten* Würfels festgelegt. Danach wird für den *zweiten* Würfel nach den verbleibenden Möglichkeiten gefragt das Ereignis E zu erzeugen.

Diese Sichtweise läuft auf die folgende Dekomposition von E in *unvereinbare* Teilereignisse hinaus:

$$E = \left\{ \begin{array}{lllll} (1,4), & (1,5), & (1,6), & (2,3), & (2,4), \\ (2,5), & (3,2), & (3,3), & (3,4), & (4,1), \\ (4,2), & (4,3), & (5,1), & (5,2), & (6,1) \end{array} \right\}$$

$$= \{(1,4),\ (1,5),\ (1,6)\} \cup \{(2,3),\ (2,4),\ (2,5)\} \qquad (46.1)$$

$$\cup \{(3,2),\ (3,3),\ (3,4)\} \cup \{(4,1),\ (4,2),\ (4,3)\}$$

$$\cup \{(5,1),\ (5,2)\} \cup \{(6,1)\}$$

$$:= E_1 \cup E_2 \cup E_3 \cup E_4 \cup E_5 \cup E_6.$$

Die Ereignisse E_i stellen dabei Teilereignisse von E dar, die das Auftreten von E *unter einer Bedingung* B_i beschreiben. Im vorliegenden Fall ist dies die Festlegung einer bestimmten Augenzahl für den ersten Würfel.

Die Ereignisse B_i können im Raum Ω durch die Mengen

$$B_i = \{(i, *) \mid * = \text{„beliebig"}\}$$

beschrieben werden, wobei i die Augenzahl des ersten Würfels kennzeichnet.

Da für das Eintreffen eines Ereignisses E_i die Ereignisse B_i und E gleichzeitig auftreten müssen, ist offenbar $E_i = E \cap B_i$.

Die Dekomposition (46.1) lässt sich dann schreiben als:

$$E = (E \cap B_1) \cup (E \cap B_2) \cup (E \cap B_3)$$
$$\cup (E \cap B_4) \cup (E \cap B_5) \cup (E \cap B_6). \tag{47.1}$$

Da die Ereignisse B_i und damit auch die Ereignisse $E_i = E \cap B_i$ nach Konstruktion *unvereinbar* sind, folgt aus Tabelle 2.4:

$$P(E) = P(E \cap B_1) + P(E \cap B_2) + P(E \cap B_3)$$
$$+ P(E \cap B_4) + P(E \cap B_5) + P(E \cap B_6). \tag{47.2}$$

Dies kann auch explizit nachgerechnet werden, denn es gilt:

$$P(E) = \frac{15}{36}$$
$$= \frac{3}{36} + \frac{3}{36} + \frac{3}{36} + \frac{3}{36} + \frac{2}{36} + \frac{1}{36} \tag{47.3}$$
$$= P(E \cap B_1) + P(E \cap B_2) + P(E \cap B_3)$$
$$+ P(E \cap B_4) + P(E \cap B_5) + P(E \cap B_6).$$

Liegt eines der Ereignisse B_i fest, so kann E *unter der Bedingung* B_i mit einem eigenen Modell beschrieben werden. Beispielsweise gilt für B_1, dass alle zulässigen Wurfkombinationen durch

$$\Omega_1 := \{(1,1), (1,2), (1,3), (1,4), (1,5), (1,6)\}$$

beschrieben werden. Das ursprüngliche Ereignis E wird unter dieser Restriktion (also in Ω_1) durch die Elemente von E_1 beschrieben. Man bezeichnet das entsprechende Ereignis *von* Ω_1 als $E|B_1$ („E unter der Bedingung B"). Offenbar hat dieses Ereignis die (Laplace'sche) Wahrscheinlichkeit

$$P(E|B_1) = \frac{1}{2}.$$

Da B_1 die Wahrscheinlichkeit $\frac{1}{6}$ hat, gilt:

$$P(E \cap B_1) = \frac{3}{36} = \frac{1}{12} = \frac{1}{6} \cdot \frac{1}{2} = P(B_1) \cdot P(E|B_1). \tag{48.1}$$

Da diese Überlegung analog für alle B_i durchgeführt werden kann, folgt aus Gleichung (47.2):

$$\begin{aligned} P(E) &= P(B_1) \cdot P(E|B_1) + P(B_2) \cdot P(E|B_2) + P(B_3) \cdot P(E|B_3) \\ &\quad + P(B_4) \cdot P(E|B_4) + P(B_5) \cdot P(E|B_5) + P(B_6) \cdot P(E|B_6) \\ &= \sum_{k=1}^{6} P(B_k)P(E|B_k). \end{aligned} \tag{48.2}$$

Die Wahrscheinlichkeit von E lässt sich also aus den bedingten Wahrscheinlichkeiten und den bekannten Wahrscheinlichkeiten für die Bedingungen bestimmen. Dies führt in vielen Anwendungsfällen zu eine einfacheren Bestimmung der Wahrscheinlichkeiten.

Die in Gleichung (48.1) aufgestellte Formel gilt allgemein und kann zur Definition der *bedingten Wahrscheinlichkeit* erhoben werden:

Sind A und B Ereignisse eines Wahrscheinlichkeitsraums (Ω, P), so gilt:

$$P(A \cap B) = P(B)P(A|B) = P(A)P(B|A). \tag{48.3}$$

Dabei heißt

$$P(A|B) = \frac{P(A \cap B)}{P(B)} \quad \text{für} \quad P(B) > 0 \tag{48.4}$$

die **bedingte Wahrscheinlichkeit** von A unter der Bedingung B.

Wie das Beispiel 2.16 zeigt, gelten (48.3) und (48.4) automatisch für Laplace-Experimente. Sie werden durch die obigen Definitionen auf allgemeine Wahrscheinlichkeitsräume übertragen.

Auch die Gleichung (47.2) gilt damit allgemein. Sie ist in der nachfolgenden Formulierung als **Formel von der totalen Wahrscheinlichkeit** bekannt:

Ist $B_1, B_2, \ldots, B_n$ eine Zerlegung des Wahrscheinlichkeitsraums (Ω, P) in *unvereinbare* Ereignisse (d.h. $B_i \cap B_j = \emptyset$ für alle $1 \leq i \neq j \leq n$), so folgt für alle Ereignisse A:

$$P(A) = \sum_{k=1}^{n} P(B_k)P(A|B_k). \tag{48.5}$$

Auf Grund der Symmetrie in Gleichung (48.3) gilt offenbar:

$$P(B|A) = \frac{P(A \cap B)}{P(A)} = \frac{P(B)P(A|B)}{P(A)}. \tag{48.6}$$

Dies bedeutet, dass die Wahrscheinlichkeit von B unter der Bedingung A „rückwirkend"[14] angegeben werden kann, wenn man die absoluten und bedingten Wahrscheinlichkeiten von A und B kennt. Wie dies in der Praxis sinnvoll eingesetzt werden kann, illustriert Beispiel 2.19.

Gleichung (48.6) ist in seiner nachfolgenden allgemeinen Form als der **Satz von Bayes** oder als die **Bayes'sche Formel** bekannt:

Sind $A, B_1, B_2, \ldots, B_n$ wie in (48.5) definiert und ist darüber hinaus $P(A) > 0$, so gilt:

$$P(B_j|A) = \frac{P(B_j)P(A|B_j)}{\sum_{k=1}^{n} P(B_k)P(A|B_k)} \quad \text{für alle } 1 \le j \le n. \qquad (49.1)$$

Wir wollen den Begriff der bedingten Wahrscheinlichkeit im Folgenden nochmals anhand eines Zufallsexperiments mit kontinuierlichem Merkmal beleuchten.

2.17 Beispiel (Glücksrad – bedingt)

Gesucht sei die Wahrscheinlichkeit, dass der Zeiger im Winkelbereich $[0, \frac{\pi}{4}]$ stehen bleibt (Ereignis A), wenn man nur Zeigerstellungen im 1. Quadranten berücksichtigt (Ereignis B).

Gesucht ist somit die bedingte Wahrscheinlichkeit

$$P(A|B) = \frac{P(A \cap B)}{P(B)} \qquad (49.2)$$

mit

$$A \cap B = [0, \frac{\pi}{4}] \cap [0, \frac{\pi}{2}] = [0, \frac{\pi}{4}],$$
$$B = [0, \frac{\pi}{2}]. \qquad (49.3)$$

Da die Glücksradzeigerstellung im Intervall $[0, 2\pi]$ gleichverteilt ist, gilt:

$$P(A \cap B) = \int_0^{\frac{\pi}{4}} \frac{1}{2\pi} \, dx = \frac{\pi}{8\pi} = \frac{1}{8},$$
$$P(B) = \int_0^{\frac{\pi}{2}} \frac{1}{2\pi} \, dx = \frac{\pi}{4\pi} = \frac{1}{4}. \qquad (49.4)$$

Damit folgt aus Gleichung (49.2) dass

---

[14] Man spricht von einer Wahrscheinlichkeit „a posteriori", also im Nachhinein.

$$P(A|B) = \frac{1/8}{1/4} = \frac{1}{2},\qquad\qquad (50.1)$$

was durchaus der Anschauung entspricht.

Als Erläuterung der Anwendungsmöglichkeit der Bayes'schen Sätze betrachten wir das folgende Beispiel.

2.18 Beispiel (Annahmekontrolle – Anwendung der Bayes'schen Formel)

Wir betrachten eine Menge von 10 zu prüfenden Produkten, von der bekannt sei, dass sich darunter genau 2 *defekte* befinden. Es werden zwei Teile
gezogen und geprüft.

Die Stichprobe entspricht dem Urnenmodell „Ziehen ohne Zurücklegen
und ohne Reihenfolge" und die Zahl der gezogenen defekten Teile ist nach
Beispiel 2.8 hypergeometrisch verteilt.

Gesucht sei die Wahrscheinlichkeit, dass beim ersten Mal ein defektes Teil
gezogen wurde, *unter der Bedingung*, dass genau ein defektes Teil gezogen
wurde. Dazu definieren wir *verbal* die Ereignisse

$B = $ „Es wird bei Ziehung 1 ein defektes Teil gezogen",

$A = $ „Es wird genau ein defektes Teil gezogen",

ohne im Einzelnen den Wahrscheinlichkeitsraum und die Mengen A und
B anzugeben.

Unter Berücksichtigung dieser Definitionen ist also $P(B|A)$ gesucht!

Da wir die Wahrscheinlichkeiten von B und A sowie die bedingte
Wahrscheinlichkeit $P(A|B)$ kennen, können wir $P(B|A)$ mit Hilfe der
Bayes'schen Formel (48.6) berechnen.

Offenbar ist $P(B) = \frac{1}{5}$, $P(A) = \frac{1}{5} \cdot \frac{8}{9} + \frac{4}{5} \cdot \frac{2}{9} = \frac{16}{45}$ und $P(A|B) = \frac{8}{9}$. Damit
folgt:

$$P(B|A) = \frac{P(B)P(A|B)}{P(A)} = \frac{\frac{1}{5} \cdot \frac{8}{9}}{\frac{16}{45}} = \frac{1}{2}.\qquad\qquad (50.2)$$

Das Ergebnis $\frac{1}{2}$ ist anschaulich klar, denn wir haben zwei Möglichkeiten,
genau ein defektes Teil zu ziehen, beim ersten und beim zweiten Mal.
Beide Chancen sind gleich wahrscheinlich, wie die Berechnung von $P(A)$
zeigt.

Wir betrachten ein weiteres Beispiel.

---

[15] Die in diesem Beispiel genannten Ausschussraten sind natürlich unrealistisch hoch. So
schlechte Maschinen würde man nicht einsetzen. Im vorliegenden Fall und in weiteren Bei-

2.19 Beispiel (Anwendung der Bayes'schen Formel)

Drei Maschinen fertigen gleiche Teile, die anschließend vermischt zum Endverbraucher gelangen.

Von der Gesamtproduktion entfallen dabei auf die erste Maschine 20%, auf die zweite 50% und auf die dritte 30% der Teile. Dabei ist bekannt, dass die erste Maschine einen Fehleranteil von 4%, die zweite einen von 1% und die dritte einen Ausschussanteil[15] von 3% hat.

Wir wollen zwei Fragen beantworten:

(a) Wie groß ist der Ausschussanteil der Gesamtproduktion?

(b) Wie groß ist die Wahrscheinlichkeit, dass ein Ausschussanteil der Gesamtproduktion von der ersten Maschine kommt?

Bezeichnen wir die verschiedenen Ereignisse mit

$$B_i = \text{„Maschine } i \text{ fertigt''},$$
$$A = \text{„Ein Teil aus der Gesamtproduktion ist Ausschuss''},$$

so folgt aus der Formel der totalen Wahrscheinlichkeit (48.5) für die Ausschusswahrscheinlichkeit der Gesamtproduktion:

$$\begin{aligned}
P(A) &= P(B_1)P(A|B_1) + P(B_2)P(A|B_2) + P(B_3)P(A|B_3) \\
&= 0.2 \cdot 0.04 + 0.5 \cdot 0.01 + 0.3 \cdot 0.03 \\
&= 0.022.
\end{aligned} \tag{51.1}$$

Damit ist die Antwort auf Frage (a): 2.2%.

Um Frage (b) zu beantworten verwenden wir die Bayes'sche Formel (48.5). Gesucht ist nämlich die Wahrscheinlichkeit $P(B_1|A)$. Wohlgemerkt lässt sich die Frage *nicht* durch die Angabe 0.04 beantworten, denn das ist nur der Ausschussanteil unter den von der ersten Maschine *alleine* produzierten Teile!

Nach (48.6) gilt:

$$P(B_1|A) = \frac{P(B_1) \cdot P(A|B_1)}{P(A)} = \frac{0.2 \cdot 0.04}{0.022} = 0.3636. \tag{51.2}$$

Der Anteil, den Maschine 1 somit zum Gesamtausschuss beiträgt, beläuft sich auf 36.4%!

---

spielen sind die Werte so hoch gewählt, um in den Formeln nicht mit zu kleinen Zahlen hantieren zu müssen. Für das Prinzip des Rechengangs spielt die Größenordnung keine Rolle.

Kleinere Aufgabenstellungen, die sich in unvereinbare Teilereignisse und bedingte Ereignisse zerlegen lassen, können besonders bequem und übersichtlich auf grafische Art mit Hilfe der so genannten **Ereignisbaummethode** gelöst werden.

Dazu trägt man für jedes aufeinander folgende Teilexperiment die möglichen Ergebnisse in Form eines Graphen mit den Ereignissen als Knoten auf und schreibt die zugehörigen Ereigniswahrscheinlichkeiten an die Kanten. Zur Berechnung der Gesamtwahrscheinlichkeit des gesuchten Ereignisses muss man einfach die Wahrscheinlichkeiten der für das Ereignis relevanten Kanten multiplizieren und anschließend addieren.

Die Abbildung 2.5 erläutert diese Technik anhand einer Modifikation des Annahmekontrollbeispiels 2.9, S. 29. Statt 10 Einheiten ziehen wir jedoch lediglich zwei Einheiten und fragen nach der Wahrscheinlichkeit des Ereignisses, *kein* oder *ein* defektes Teil zu ziehen.

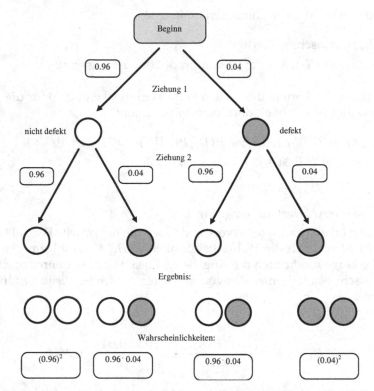

Abb. 2.5: Ereignisbaummethode, durchgeführt für eine Modifikation des Annahmekontrollbeispiels 2.9

Natürlich könnte diese Wahrscheinlichkeit wieder über das Modell „Ziehen mit Zurücklegen und ohne Reihenfolge" mit Hilfe der Binomialverteilung und den Parametern $n = 2$ und $p = 0.04$ auf folgende Art bestimmt werden:

$$P(A) = \sum_{k=0}^{1} \binom{n}{k} p^k (1-p)^{n-k}$$

$$= \binom{2}{0} p^0 (1-p)^2 + \binom{2}{1} p(1-p) \tag{53.1}$$

$$= (0.96)^2 + 2 \cdot 0.04 \cdot 0.96 = 0.9984.$$

Der Vorgehensweise in Abbildung 2.5 liegt jedoch die Idee zu Grunde, die beiden Ziehungen als zwei getrennte Experimente aufzufassen und bei der zweiten Ziehung für jede Möglichkeit die bedingte Wahrscheinlichkeit anzugeben (s. Formel der totalen Wahrscheinlichkeit).

Multipliziert man die Wahrscheinlichkeiten an den Pfaden, so erhält man die Wahrscheinlichkeiten der einzelnen Elementarereignisse des ursprünglichen Experiments. Für die gesuchte Wahrscheinlichkeit müssen diese lediglich geeignet addiert werden.

2.4.2 Stochastische Unabhängigkeit

Von eminenter Bedeutung sind die Fälle, bei denen *keine* Abhängigkeit zwischen den Ereignissen gegeben ist, aus denen sich ein interessierendes Gesamtereignis zusammensetzt.

Dies ist insbesondere in der Statistik von Interesse, wo der zentrale Begriff der (einfachen) *Stichprobe* von dieser Eigenschaft abhängt (vgl. Abschnitt 5.2).

Ereignisse mit der genannten Eigenschaft heißen *stochastisch unabhängig*!

Genauer muss der Begriff der Unabhängigkeit folgendermaßen festgelegt werden: Zwei Ereignisse A, B in einem Wahrscheinlichkeitsraum (Ω, P) heißen **stochastisch unabhängig**, wenn gilt:

$$P(A|B) = P(A) \tag{53.2}$$

oder äquivalent (für $P(A) > 0$ resp. $P(B) > 0$)

$$P(A \cap B) = P(A) \cdot P(B). \tag{53.3}$$

Aus Gleichung (53.2) folgt für Ereignisse A, B mit positiver Wahrscheinlichkeit mit Hilfe von Gleichung (48.4) unmittelbar, dass

$$P(A) = P(A|B) = \frac{P(A \cap B)}{P(B)}$$

$$\Longleftrightarrow \quad P(A) \cdot P(B) = P(A \cap B)$$

$$\Longleftrightarrow \quad P(B) \cdot P(A) = P(B \cap A) \tag{53.4}$$

$$\Longleftrightarrow \quad P(B) = \frac{P(A \cap B)}{P(A)} = P(B|A).$$

Damit ist A von B genau dann unabhängig, wenn es auch B von A ist. Dies unterscheidet die stochastische Unabhängigkeit grundlegend von der *funktionalen* Unabhängigkeit. Zu weiteren Erläuterung dieses Unterschiedes verweisen wir auf Beispiel 2.21 unten.

Der entscheidende Punkt am Begriff der stochastischen Unabhängigkeit ist die *Vereinfachung der Berechnung von Wahrscheinlichkeiten*, wenn sich komplexere Experimente in einfache, *unabhängige* Teilexperimente zerlegen lassen. Die Wahrscheinlichkeiten ergeben sich in diesem Fall einfach durch *Produktbildung* aus den Einzelwahrscheinlichkeiten.

Zur Illustration verwenden wir ein schon bekanntes Beispiel aus dem Bereich der statistischen Qualitätskontrolle.

2.20 Beispiel (Annahmekontrollbeispiel)

Wir greifen erneut das Annahmekontrollbeispiel 2.9, S. 29 auf und modifizieren das Beispiel dergestalt, dass statt 10 genau 2 Elemente gezogen werden.

Das geprüfte Produkt wird nach der Prüfung wieder zurückgelegt. Es handelt sich also um das Modell „Ziehen mit Zurücklegen ohne Reihenfolge". Wir gehen bei der nächsten Prüfung davon aus, dass die Menge der geprüften Elemente „gut durchgemischt" wird, damit das Ergebnis der nächsten Prüfung als *unabhängig* vom Ergebnis der ersten angesehen werden[16] kann.

Wir fragen wieder nach der Wahrscheinlichkeit, bei einer Stichprobe vom Umfang 2 höchstens ein defektes Teil zu ziehen. Dieses Ereignis A lässt sich unter dem Gesichtspunkt der Hintereinanderausführung *unabhängiger* Experimente wie folgt modellieren:

Man setze

$B_1 = $ „Es wird ein defektes Teil bei Ziehung 1 gezogen",

$B_2 = $ „Es wird ein defektes Teil bei Ziehung 2 gezogen".

Das gesuchte Ereignis A kann aufgeteilt werden in die Fälle

$A_0 = $ „Die Stichprobe enthält kein defektes Teil",

$A_1 = $ „Die Stichprobe enthält genau ein defektes Teil".

Damit erhält man (ohne im Einzelnen genötigt zu sein den Wahrscheinlichkeitsraum (Ω, P) genau zu modellieren!):

---

[16] Dies ist im Übrigen auch dann ein sehr sinnvolles Modell, wenn bei großen Probenmengen *nicht* mehr zurückgelegt wird. Die Hypergeometrische Verteilung wird, wie bereits früher schon einmal erwähnt, in diesem Fall sehr unhandlich. Es ist dann einfacher von einem Zurücklegen auszugehen, da die bequemere Binomialverteilung oder die später zu besprechende Normalverteilung verwendet werden kann. Der Fehler, der dabei gemacht wird, ist vernachlässigbar. Man vergleiche hierzu auch die Übung 15!

$$A = A_0 \cup A_1 = (B_1^c \cap B_2^c) \cup (B_1 \cap B_2^c) \cup (B_1^c \cap B_2). \qquad (55.1)$$

Die Ereignisse B_1, B_2 und damit auch B_1^c und B_2^c (vgl. Übung 16) sind nach Konstruktion des Experiments stochastisch unabhängig und A_0 und A_1 sind unvereinbar.

Damit erhält man aus (53.3):

$$
\begin{aligned}
P(A) &= P(A_0) + P(A_1) \\
&= P(B_1^c \cap B_2^c) + P(B_1 \cap B_2^c) + P(B_1^c \cap B_2) \\
&= P(B_1^c) \cdot P(B_2^c) + P(B_1) \cdot P(B_2^c) + P(B_1^c) \cdot P(B_2) \\
&= (0.96)^2 + 2 \cdot 0.96 \cdot 0.04 = 0.9984.
\end{aligned}
\qquad (55.2)
$$

Die erhaltene Formel entspricht natürlich wieder der schon aus (29.2) und (53.1) bekannten Auswertung der Binomialverteilung.

Das nachfolgende Beispiel soll zeigen, dass stochastische und funktionale Unabhängigkeit nicht identisch sind, auch wenn dies bei der überragenden Anzahl der Experimente so ist.

2.21 Beispiel (Wurf zweier Würfel)

Wir betrachten zwei Würfel und definieren als ω_i die Augenzahl von Würfel $i = 1, 2$.

Die Ereignisse A und B seien wie folgt definiert:

$$
\begin{aligned}
B &= \{(\omega_1, \omega_2) \mid \omega_1 \text{ gerade}\} \\
&= \{(2, *), (4, *), (6, *) \mid * \text{ beliebig}\}, \\
A &= \{(\omega_1, \omega_2) \mid \omega_1 + \omega_2 \text{ gerade}\}.
\end{aligned}
\qquad (55.3)
$$

B ist also das Ereignis, dass der erste Würfel eine gerade Augenzahl zeigt, A das Ereignis, dass die Augen*summe* gerade ist.

Bei zwei fairen Würfeln haben diese Ereignisse folgende Wahrscheinlichkeit:

$$P(B) = \frac{1}{2}, \quad P(A) = \frac{1}{2}. \qquad (55.4)$$

Das Ereignis, dass beide Würfel eine gerade Augenzahl anzeigen, also

$$A \cap B = \{(\omega_1, \omega_2) \mid \omega_1, \omega_2 \text{ gerade}\},$$

hat die Wahrscheinlichkeit

$$P(A \cap B) = \frac{1}{4}. \qquad (55.5)$$

> Damit gilt $P(A \cap B) = P(A)P(B)$ und die Ereignisse A, B sind nach Definition (53.3) *stochastisch* unabhängig, obwohl doch offenbar B teilweise A bestimmt, somit A *funktional* von B abhängig ist! Andererseits hat das Ergebnis von A nicht notwendig bestimmenden Einfluss auf B!

Stochastische Unabhängigkeit ist aber, im Gegensatz zur funktionalen Unabhängigkeit, nach Gleichung (53.4) stets eine *symmetrische* Eigenschaft!

2.4.3 Übungen

Übung 14 (*Lösung Seite 393*)

Beantworten Sie die Fragestellungen aus Beispiel 2.19 unter Verwendung eines Ereignisbaumes.

Übung 15 (*Lösung Seite 394*)

Zwei Maschinen M_1 und M_2 produzieren in großen Mengen Stanzteile des selben Typs. Die Maschine M_1 liefert 60% der Produktion mit 1% Ausschuss und die Maschine M_2 liefert 40% der Produktion mit 2% Ausschuss.

(a) Wie groß ist die Wahrscheinlichkeit, dass ein Stanzteil der Gesamtproduktion nicht den Toleranzen entspricht (Ausschuss)?
(b) Wie groß ist der Anteil der einwandfreien Teile der Produktion?
(c) Wie groß ist die Wahrscheinlichkeit, dass ein Ausschussteil von der Maschine M_1 produziert wurde?
(d) Wie groß ist die Wahrscheinlichkeit, dass bei einer Stichprobe von 20 Teilen der Gesamtproduktion mehr als 3 Ausschussteile zu finden sind? (Verwenden Sie zur Beantwortung dieser Frage MATLAB!)

Übung 16 (*Lösung Seite 395*)

Zeigen Sie, dass die Behauptung aus Beispiel 2.20 richtig ist, dass aus der stochastischen Unabhängigkeit von B_1 und B_2 die stochastische Unabhängigkeit von B_1^c und B_2^c sowie von B_1 und B_2^c und von B_1^c und B_2 folgt.

Übung 17 (*Lösung Seite 396*)

Erläutern Sie anhand eines Beispiels den Unterschied zwischen den Begriffen *unvereinbar* und *unabhängig*.

2.5 Zufallsvariablen und Verteilungen

In den vorangegangenen Abschnitten wurde bereits erwähnt, dass es in den meisten Anwendungsfällen unvorteilhaft ist das Zufallsexperiment mit Wahrscheinlichkeitsräumen zu modellieren.

Wie in der überwiegenden Anzahl der bisher behandelten Beispiele, kommt es nicht so sehr auf die Beschreibung der Ergebnisse des Zufallsexperimentes selbst an, sondern auf *Werte von Funktionen* von diesen möglichen Ergebnissen. Diese Funktionswerte repräsentieren Werte von interessierenden *Merkmalen* des Zufallsexperiments.

Beispiele hierfür sind etwa die „Zahl der defekten Stücke" bei einem Annahmekontrollexperiment oder die „Augensumme von Würfeln" bei einem Wurf mit zwei oder mehr Würfeln.

Letztendlich ist es in diesen Fällen besser, das Ergebnis des Experiments mit dem Wert dieser Funktion zu identifizieren und Wahrscheinlichkeiten hierfür anzugeben.

Diese Sichtweise führt auf die Begriffe der *Zufallsvariablen* und der *Verteilung*, welche in der Praxis die Modellierung durch Wahrscheinlichkeitsräume komplett ersetzen.

2.5.1 Zufallsvariablen

Betrachten wir zunächst den Begriff der (reellen) Zufallsvariablen.

Eine (reelle) **Zufallsvariable** X ist eine Funktion

$$X : (\Omega, \mathcal{A}, P) \to \mathbb{R} \tag{57.1}$$

(also eine Funktion, deren Werte vom Zufall abhängen) mit der Eigenschaft, dass die Ereignisse

$$X^{-1}(I) := \{\omega \in \Omega \mid X(\omega) \in I\} \tag{57.2}$$

für jedes Intervall $I = (a, b]$ zum Ereignismengensystem $\mathcal{A}$ gehören.

Diese Bedingung stellt sicher, dass den Ereignissen $X^{-1}(I)$ („X nimmt Werte im Intervall I an") mit dem zugehörigen Wahrscheinlichkeitsmaß P stets eine Wahrscheinlichkeit zugeordnet werden kann.

In der Praxis verwendet man Ereignismengensysteme und Wahrscheinlichkeitsmaße, für die die Bedingung stets erfüllt ist. Sie wird daher in den nachfolgenden Beispielen als gegeben angenommen und nicht weiter überprüft.

Die Definition der reellen Zufallsvariablen lässt sich entsprechend auf vektorielle Merkmale (Wertebereich $\mathbb{R}^n$) übertragen. Man spricht in diesem Fall von einer **vektorwertigen Zufallsvariablen**.

Im Folgenden werden wir fast ausschließlich reelle Zufallsvariablen betrachten. Wenn wir daher (ohne Zusatz) von Zufallsvariablen sprechen, so sind stets reelle Zufallsvariablen gemeint.

2.22 Beispiel (Zufallsvariablen)

In den bisherigen Beispielen wurden bereits Zufallsvariablen und Werte von Zufallsvariablen betrachtet, ohne dass dieser Begriff explizit verwendet wurde. In den Beispielen 2.8, S. 29 und 2.1, S. 16 etwa, betrachteten wir die Ereignisse

A = „Die Zahl der defekten Teile bei einer Ziehung von n Teilen ist 1",

B = „Die Augenzahl bei einem Wurf von zwei Würfeln ist 11".

Dies bedeutet, dass für diese Ereignisse der *numerische Wert* eines bestimmten Merkmals von Interesse war.

Aber auch beim Glücksradbeispiel 1.3, S. 4 kam es letztendlich nicht auf die Zeigerstellung (Elementarereignis) an, sondern auf den aus diesem Ereignis resultierenden Gewinn, auch wenn dieser in dem Fall des Ereignisses

C = „Zeigerstellung α rad multipliziert mit 10000 ist gleich 24517.98".

mit dem Elementarereignis $\alpha \in [0, 2\pi]$ direkt identifiziert werden kann.

Wir werden diese Ereignisse im Folgenden mit Hilfe von Zufallsvariablen beschreiben. Dazu definieren wir X, Y und Z wie folgt:

X = „Zahl der defekten Teile bei einer Ziehung von n Teilen",

Y = „Augenzahl bei einem Wurf von zwei Würfeln",

Z = „Zeigerstellung α rad multipliziert mit 10000".

Die Ereignisse A, B und C können dann über Wertemengen dieser Zufallsvariablen formuliert werden:

$$A = \{\omega \in \Omega \mid X(\omega) = 1\},$$
$$B = \{\omega \in \Omega \mid Y(\omega) = 11\},$$
$$C = \{\omega \in \Omega \mid Z(\omega) = 24517.98\}.$$

Die explizite Modellierung des Wahrscheinlichkeitsraums Ω ist dafür allerdings meist nicht notwendig. Daher kann man sich bei der Beschreibung der Ereignisse auch auf die Kurzform $(X = 1), (Y = 11)$ bzw. $(Z = 24517.98)$ beschränken.

Auf den ersten Blick scheint in der neuen Beschreibungsform kein Unterschied zur alten Modellierung zu bestehen. Wir werden jedoch später sehen, dass diese Modifikation der Sichtweise entscheidende Vereinfachungen nach sich zieht.

Die im vorangegangenen Beispiel vorgestellten Zufallsvariablen X, Y auf der einen und Z auf der anderen Seite unterscheiden sich in einem wesentlichen Detail. Die möglichen Werte von X und Y sind endlich, können also „durchgezählt", d.h. mit Zahlen aus $\mathbb{N}$ indiziert werden. Die Wahrscheinlichkeiten der möglichen Werte der Zufallsvariablen addieren sich zu 1.

Bei den Werten von Z verhält sich dies anders, da die Werte aus einem reellen Kontinuum (hier einem Intervall) kommen[17]. Die Wahrscheinlichkeiten der möglichen Werte von Z lassen sich nicht zu 1 addieren. Nach Übung 12 hat ein einzelner Wert von Z sogar die Wahrscheinlichkeit 0, sodass sich die Wahrscheinlichkeit innerhalb eines Werteintervalls von Z nie sprunghaft ändern kann.

Wir werden zwischen diesen beiden Kategorien unterscheiden. Im ersten Fall sprechen wir von einer **diskreten Zufallsvariablen**, im zweiten von einer **stetigen Zufallsvariablen** (vgl. dazu die genaue Definition auf Seite 71).

Diskrete Zufallsvariablen spielen etwa in der statistischen Qualitätskontrolle bei so genannten *zählenden Prüfungen* eine Rolle, wo es, wie bei der Annahmekontrolle, auf das *Auszählen von Fällen* ankommt. Stetige Zufallsvariablen kommen dagegen in natürlicher Weise bei *messenden Prüfungen* vor, etwa bei der Prüfung von Maßen, die prinzipiell alle Werte in einem bestimmten Intervall einnehmen können.

Diskrete Zufallsvariablen müssen jedoch nicht immer endlich sein, wie das nächste Beispiel zeigt.

2.23 Beispiel (Diskrete Zufallsvariable)

Folgende Zufallsvariable, die einen Versuch beim Wurf mit 3 Würfeln beschreibt, ist ebenfalls eine *diskrete* Zufallsvariable.

$V = $ „Zahl der Versuche, bis die Augensumme der drei Würfel $= 18$ ist".

Die Zufallsvariable hat unendlich viele mögliche Werte.

Eine Beschränkung des Wertebereichs auf endlich viele Würfe ist nicht sinnvoll, da nicht klar ist, welche Wurfzahl hierfür ausgezeichnet werden sollte. Für jede auch noch so große Zahl wäre eine Wurffolge denkbar, die diese („zufällig") überschreitet!

Die Zufallsvariable ist aber diskret, da sie „abzählbar" viele mögliche Werte hat (der Wertebereich wird ja durch $\mathbb{N}$ beschrieben).

Das obige Beispiel ist ein Prototyp für alle Experimente, bei denen auf ein Ereignis „gewartet" wird, etwa die Zahl der Klienten an einem Schalter pro Stunde oder die Zahl der zerfallenden radioaktiven Isotope pro Zeiteinheit.

---

[17] Bekanntlich können reelle Intervalle nicht „durchgezählt" werden. In der Mathematik sagt man, dass das Intervall *überabzählbar unendlich viele* Werte enthält.

Weitere Beispiele für eine *stetige Zufallsvariable* wären etwa die Zeit bis zum Bruch eines mechanisch beanspruchten Bauteils im Fahrzeug („Lebensdauer") oder die Reißfestigkeit von Kunststofffolien oder dergleichen mehr.

2.5.2 Verteilungen

Für die Berechnung von Wahrscheinlichkeiten im Zusammenhang mit Zufallsvariablen ist von Interesse, welchen Wert eine Zufallsvariable annimmt oder in welchem Wertebereich eine Zufallsvariable Werte annimmt. Diese Ereignisse haben eine Wahrscheinlichkeit, die sich (gemäß (57.2)) aus der Wahrscheinlichkeit der zugrunde liegenden Ereignisse im Ereignisraum $(\Omega, \mathcal{A}, P)$ ergibt.

Für die Zufallsvariablen im Abschnitt 2.5.1 können etwa folgende Fragen von Interesse sein:

- Wie häufig ist $X \leq 3$ (werden ≤ 3 defekte Teile gezogen)?
- Wie oft kommt $Y = 12$ vor (werden 2 Sechsen geworfen)?
- Wie wahrscheinlich ist $Z \in [10000, 20000]$ (liegt der Gewinn zwischen 10000 und 20000)?
- Wie wahrscheinlich sind $V = 30$ Versuche?

Wie man sieht werden die relevanten Ereignisse durch Werte der Zufallsvariablen beschrieben, also bei reellen Zufallsvariablen durch entsprechende Teilmengen von $\mathbb{R}$.

Die Bestimmung der Wahrscheinlichkeiten dieser Ereignisse führt nun unmittelbar zu dem Begriff der *Verteilung einer Zufallsvariablen*:
Sei

$$X : (\Omega, \mathcal{A}, P) \to \mathbb{R}$$

eine reelle Zufallsvariable[18].

Nach Definition sind alle Urbilder von X der Intervalle $I = (a, b]$ und damit auch alle Urbilder der daraus durch Schnitt, Komplementbildung und (abzählbare) Vereinigung erzeugbaren Teilmengen A von $\mathbb{R}$ (Mengensystem $\mathcal{J}$) wieder Ereignisse.

Dann heißt die Funktion

$$P_X : \mathcal{J} \to [0, 1] \tag{60.1}$$

mit

$$P_X(A) \stackrel{\text{def.}}{=} P(X \in A) \stackrel{\text{def.}}{=} P(\{\omega \in \Omega \,|\, X(\omega) \in A\}) \quad \text{für alle } A \in \mathcal{J} \tag{60.2}$$

(also die Wahrscheinlichkeit, dass X Werte in A annimmt) die **Verteilung** von X.

Die Definition der Verteilung einer Zufallsvariablen ist in der vorliegenden Form noch unpraktisch. In den folgenden beiden Abschnitten wird dieses Problem behoben.

---

[18] Wir lassen die vektorwertigen Zufallsvariablen zunächst einmal außen vor.

2.5.3 Diskrete Verteilungen

Ziel ist es für konkrete Berechnungen handliche Verteilungen zu entwickeln. Dies gelingt für diskrete Zufallsvariablen sofort mit Hilfe der Definition. Der Wertebereich einer *diskreten* (reellen) Zufallsvariablen ist nach Definition eine Menge

$$W_X = \{x_1, x_2, x_3, \ldots, x_n, \ldots \mid x_i \in \mathbb{R}\}.$$

In diesem Fall ist P_X durch die Werte

$$P_X(x_i) := P(X = x_i) := P(\{\omega \in \Omega \mid X(\omega) = x_i\}) \qquad (61.1)$$

bestimmt!

Denn kennt man die Wahrscheinlichkeit, dass X die Werte x_i annimmt für jedes $i \in \mathbb{N}$, so braucht man diese Wahrscheinlichkeiten für beliebige Teilmengen A von W_X nur aufzusummieren. Dies folgt aus dem Axiom (39.3). Es gilt dann:

$$P_X(A) = \sum_{x_i \in A} P_X(x_i). \qquad (61.2)$$

Die Wahrscheinlichkeit eines Ereignisses A ist für *diskrete* Zufallsvariablen also immer die (endliche oder Reihen-) Summe über die Einzelwahrscheinlichkeiten der Elemente von A.

Wir illustrieren dies an einigen Beispielen:

2.24 Beispiel (Verteilung eines fairen Würfels)

Wie in Abschnitt 2.5.2 bereits erläutert, fassen wir die geworfene Augenzahl als Wert einer Zufallsvariablen auf einem (nicht näher bezeichneten) Wahrscheinlichkeitsraum (Ω, P) auf:

$$X : (\Omega, P) \longrightarrow \{x_1 = 1, x_2 = 2, \ldots, x_6 = 6\} \subset \mathbb{R}. \qquad (61.3)$$

Es gilt nun für einen fairen Würfel

$$P_X(x_1) = P_X(1) = P(X(\omega) = x_1 = 1) = \frac{1}{6} \qquad (61.4)$$

und ebenso

$$P_X(x_i) = P_X(i) = P(X(\omega) = x_i = i) = \frac{1}{6} \quad \text{für alle } i = 1, \ldots, 6. \quad (61.5)$$

Damit ist die diskrete Verteilung dieser Zufallsvariablen vollständig beschrieben und es kann die Wahrscheinlichkeit jedes Ereignisses A mit Hilfe der Formel (61.2) berechnet werden.

Die Wahrscheinlichkeit des Ereignisses

$$A = \text{„Es wird eine gerade Augenzahl geworfen"}$$

ergibt sich demnach zu

$$P_X(A) = \sum_{x_i \text{ gerade}} P_X(x_i) = P_X(2) + P_X(4) + P_X(6) = \frac{3}{6} = \frac{1}{2}. \qquad (62.1)$$

Das Ergebnis bestätigt offensichtlich die Anschauung.

2.25 Beispiel (Verteilung zweier fairer Würfel)

Wir fassen auch hier wieder die geworfene Augenzahlsumme als Wert einer Zufallsvariablen auf einem (nicht näher bezeichneten) Wahrscheinlichkeitsraum (Ω, P) auf:

$$X : (\Omega, P) \longrightarrow \{x_1 = 2, x_2 = 3, \dots, x_{11} = 12\} \subset \mathbb{R}. \qquad (62.2)$$

Es gilt nun für zwei faire Würfel (vgl. Übung 11):

$$
\begin{aligned}
P_X(x_1) &= P_X(2) = \frac{1}{36}, \\
P_X(x_2) &= P_X(3) = \frac{1}{36} + \frac{1}{36} = \frac{2}{36}, \\
P_X(x_3) &= P_X(4) = \frac{1}{36} + \frac{1}{36} + \frac{1}{36} = \frac{3}{36}, \\
&\cdots \\
P_X(x_{11}) &= P_X(11) = \frac{1}{36} + \frac{1}{36} = \frac{2}{36}, \\
P_X(x_{12}) &= P_X(12) = \frac{1}{36}.
\end{aligned}
\qquad (62.3)
$$

Dabei ist die Anzahl der Möglichkeiten eine gewisse Augensumme zu würfeln berücksichtigt. Beispielsweise kann die Augensumme 4 nur durch die Wurfkombinationen $(1,3), (2,2), (3,1)$ entstehen. Alle Kombinationen haben beim fairen Würfel die gleiche (Laplace'sche) Wahrscheinlichkeit $\frac{1}{36}$.

Die Verteilung einer diskreten Zufallsvariablen stellt man am besten in Form eines *Balkendiagramms* (*Histogramms*) dar (vgl. Beispiel 2.10, S. 31). Für die vorliegende Verteilung ist ein solches Balkendiagramm in Abbildung 8.1, S. 393 wiedergegeben.

Die Wahrscheinlichkeit des Ereignisses

$$A = \text{„Es wird eine gerade Augensumme geworfen"}$$

ergibt sich nach Gleichung (61.2) zu

$$P_X(A) = \sum_{x_i \text{ gerade}} P_X(x_i)$$

$$= P_X(2) + P_X(4) + \ldots + P_X(12) \tag{63.1}$$

$$= \frac{1}{36}(1 + 3 + 5 + 5 + 3 + 1) = \frac{18}{36} = \frac{1}{2}.$$

Ein sehr einleuchtendes Ergebnis!

2.26 Beispiel (Verteilung der Wurfanzahl zweier fairer Würfel)

Wir betrachten nun die Zufallsvariable

$Y =$ „Anzahl der Würfe mit zwei fairen Würfeln, bis die Augenzahl 12 erscheint".

Für einen (das Experiment beschreibenden) Wahrscheinlichkeitsraum (Ω, P) ist diese Zufallsvariable eine Funktion:

$$Y : (\Omega, P) \longrightarrow \mathbb{N} \subset \mathbb{R}. \tag{63.2}$$

Prinzipiell ist die Anzahl der Versuche, die wir brauchen, *unbegrenzt*. Der Zahlbereich $\mathbb{N}$ ist also, wie schon im Abschnitt 2.5.2 erläutert, das richtige Modell für den Bildbereich von Y.

Die Augensumme 12 tritt nur dann auf, wenn beide Würfel eine 6 zeigen. Die Wahrscheinlichkeit dieser Kombination ist beim fairen Würfel $\frac{1}{36}$. Somit ist auch die Wahrscheinlichkeit, dass die Augensumme beim 1. Wurf beobachtet wird ($Y = 1$), genau $\frac{1}{36}$.

Tritt dies Ereignis erst beim 2. Mal ein, so muss vorher eine andere Kombination geworfen worden sein. Dieses Ereignis hat logischerweise die Wahrscheinlichkeit $1 - \frac{1}{36} = \frac{35}{36}$. Da beide Versuche unabhängig sind, ist die Wahrscheinlichkeit für $Y = 2$ demnach $\frac{35}{36} \cdot \frac{1}{36}$ und so fort.

Allgemein erhält man mit dieser Überlegung:

$$P_Y(x_n) = P_Y(n) = \frac{1}{36}\left(\frac{35}{36}\right)^{n-1}. \tag{63.3}$$

Abbildung 2.6 stellt die Verteilung von Y grafisch in Form eines Balkendiagramms dar.

Sind wir nun etwa an der Frage interessiert, wie groß die Wahrscheinlichkeit ist, dass die 12 *innerhalb der ersten 10 Würfe* geworfen wird (Ereignis A), so ergibt sich aus (61.2) und (63.3):

$$P_Y(A) = \sum_{k=1}^{10} P_Y(k)$$

$$= P_Y(1) + P_Y(2) + \ldots + P_Y(10)$$

$$= \frac{1}{36} \cdot \left(\left(\frac{35}{36}\right)^0 + \left(\frac{35}{36}\right)^1 + \ldots + \left(\frac{35}{36}\right)^9 \right) \tag{64.1}$$

$$= \frac{1}{36} \sum_{k=0}^{9} \left(\frac{35}{36}\right)^k = \frac{1}{36} \frac{1 - \left(\frac{35}{36}\right)^{10}}{1 - \frac{35}{36}} = 0.2455.$$

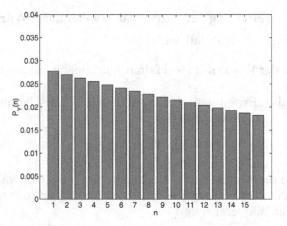

Abb. 2.6: Verteilung der Wurfanzahl bis zum Erscheinen der Augensumme 12 für einen Wurf mit zwei fairen Würfeln (Balkendiagrammdarstellung)

Bei der in diesem Beispiel hergeleiteten Verteilung handelt es sich um einen Spezialfall der so genannten **Geometrischen Verteilung**. Sie ist generell die Verteilung von Zufallsvariablen, die das „Warten auf einen Erfolg" beschreiben. Hat das Eintreten des Erfolgs die Wahrscheinlichkeit p, so ist die Geometrische Verteilung durch die Gleichung

$$h_p(k) = p\,(1-p)^{k-1} \quad \text{für alle } k \in \mathbb{N} \tag{64.2}$$

gegeben.

Die Verteilung steht in der MATLAB Statistics Toolbox unter dem Namen `geopdf` zur Verfügung[19].

---

[19] Mit leicht veränderter Definition. Der Definitionsbereich beginnt bei $k = 0$.

2.27 Beispiel (Geometrische Verteilung mit MATLAB)

Die Frage aus Beispiel 2.26 lässt sich mit Hilfe von `geopdf` folgendermaßen beantworten:

```
n = 10;              % Zahl der Würfe
p = 1/36;            % Wahrscheinlichkeit einer 12

wkt = 0;             % Vorinitialisierung
for k=1:10           % Einzelwahrscheilichkeiten summieren
    wkt = wkt + geopdf(k-1, p );
end;

wkt

wkt =

    0.2455
```

Mit Hilfe der Funktion `geocdf`, die die so genannte *Verteilungsfunktion*
der Geometrischen Verteilung berechnet, lässt sich die Summationsschlei-
fe umgehen. Wir werden auf den Begriff der Verteilungsfunktion in Abschnitt 2.5.5 zu sprechen kommen.

Um etwas praxisnähere Beispiele zu diskutieren, greifen wir nun noch einmal die Annahmekontrollmodelle aus Beispiel 2.8, S. 29 und 2.9, S. 29 auf.

2.28 Beispiel (Annahmekontrollmodell – Beispiel 2.8)

Das Experiment aus Beispiel 2.8 lässt sich mit Hilfe der Zufallsvariablen

$$X = \text{„Zahl der gezogenen defekten Teile"}$$

ohne nähere Angabe des Wahrscheinlichkeitsraums (Ω, P) modellieren.
Die Ereignisse A, A_0 und A_1 sind mit X folgendermaßen zu formulieren:

$$A_0 = (X = 0), \quad A_1 = (X = 1), \quad A = (X \leq 1).$$

X ist, wie wir aus Beispiel 2.8 bereits wissen, hypergeometrisch verteilt. Es
gilt:

$$P(A_0) = P_X(0) = \frac{\binom{4}{0}\binom{100-4}{10-0}}{\binom{100}{10}},$$

$$P(A_1) = P_X(1) = \frac{\binom{4}{1}\binom{100-4}{10-1}}{\binom{100}{10}}.$$

(65.1)

Allgemein ist $P_X(k)$ durch die Gleichung (31.1) der *Hypergeometrischen Verteilung* gegeben.

2.29 Beispiel (Annahmekontrollmodell – Beispiel 2.9)

Das Experiment aus Beispiel 2.9, S. 29 lässt sich ebenfalls mit Hilfe der Zufallsvariablen

$$Y = \text{„Zahl der gezogenen defekten Teile”}$$

modellieren.

Die Ereignisse A, A_0 und A_1 stellen sich mit Y wie folgt dar:

$$A_0 = (Y = 0), \quad A_1 = (Y = 1), \quad A = (Y \leq 1).$$

Es gilt:

$$
\begin{aligned}
P(A_0) &= P_Y(0) = (0.96)^{10}, \\
P(A_1) &= P_Y(1) = 10 \cdot (0.04) \cdot (0.96)^{10-1}.
\end{aligned}
\tag{66.1}
$$

Die Wahrscheinlichkeiten ergeben sich aus den Überlegungen zu (29.2).

Allgemein gilt für n *unabhängige* Experimente mit dem Merkmal A und mit der Merkmalswahrscheinlichkeit $P(A) = p$ (man spricht in diesem Fall von einem so genannten **Bernoulli-Experiment**), dass die Zufallsvariable

$$Y = \text{„Zahl der Beobachtungen mit Ausgang } A\text{”}$$

die in (31.2) definierte *Binomialverteilung* hat.

Ein Spezialfall der Binomialverteilung ist die so genannte **Bernoulli-Verteilung**. Dies ist die Verteilung einer Zufallsvariablen X, die *nur zwei möglichе Werte* hat (die also ein Bernoulli-Experiment beschreibt).

Im Allgemeinen können diese beiden Alternativen mit den Zahlwerten 0 und 1 identifiziert werden. Dabei ist die Wahrscheinlichkeit, dass X den Wert 1 annimmt, gleich p. Die Zufallsvariable hat unter diesen Bedingungen die **Bernoulli-Verteilung**

$$
h_p(k) = \begin{cases}
1 - p & \text{für} \quad k = 0, \\
p & \text{für} \quad k = 1, \\
0 & \text{für} \quad k \notin \{0, 1\}.
\end{cases}
\tag{66.2}
$$

Generell sollte abschließend bemerkt werden, dass die Wertebereiche W_X von *diskreten* Zufallsvariablen immer mit den natürlichen Zahlen $\mathbb{N}$ (oder den ganzen Zahlen $\mathbb{Z}$) und ihren endlichen Teilmengen identifiziert werden können.

Man kann daher i.A. davon ausgehen, dass diskrete Zufallsvariablen immer *natürliche Zahlen* als Werte haben. Dementsprechend werden diskrete Verteilungen in ihrer, von konkreten Zufallsvariablen unabhängigen, Standardform immer als Funktionen von $\mathbb{N}$ angegeben!

2.5.4 Stetige Verteilungen

Für *stetige* Verteilungen ist die Vorgehensweise aus Gleichung (61.2) *ausgeschlossen!*

Der Grund lässt sich leicht mit Hilfe von Beispiel 2.15, S. 43 plausibel machen. Dort wird gezeigt, dass die Zeigerstellungen des Glücksrades ein im Intervall $[0, 2\pi]$ gleichverteiltes Wahrscheinlichkeitsmaß P haben und dass speziell für eine Winkelstellung α gilt, dass $P\{\alpha\} = 0$ ist.

Übertragen auf die Terminologie der Zufallsvariablen Z (vgl. S. 58) bedeutet dies, dass

$$P_Z(x) = P(Z = x = \alpha \cdot 10000) = P\{\alpha\} = 0 \quad \text{für alle } x \in [0, 2\pi \cdot 10000].$$

Somit kann für keine Teilmenge A von $[0, 2\pi \cdot 10000]$ der Wert der Verteilung in der Form von (61.2) berechnet werden!

Andererseits zeigt das Beispiel 2.15, S. 43 klar, dass für Segmente des Glücksrades sehr wohl sinnvolle Wahrscheinlichkeiten angegeben werden können. Es wird dort auch gezeigt, wie diese Wahrscheinlichkeiten mit Hilfe geeigneter reeller Funktionen $f(x)$ und $F(x)$ berechnet werden können.

Die Vorgehensweise in Beispiel 2.15, S. 43 weist den Weg, wie Verteilungen für stetige Zufallsvariablen allgemein definiert werden müssen.

2.5.5 Verteilungsdichte und Verteilungsfunktion

Für reelle Zufallsvariablen X, insbesondere solche mit nicht diskreten Verteilungen, legt die Vorgehensweise in Beispiel 2.15 nahe, die Verteilung mit Hilfe der Ereignisse $(X \leq x)$ wie folgt zu charakterisieren:

Sei

$$X : (\Omega, P) \longrightarrow \mathbb{R}$$

eine reelle Zufallsvariable. Dann heißt die Funktion

$$F_X(x) = P(X \leq x) \quad \text{für alle } x \in \mathbb{R} \tag{67.1}$$

die **Verteilungsfunktion** von X.

Die Verteilungsfunktion lässt sich sowohl für diskrete als auch für Zufallsvariablen mit einem Wertekontinuum definieren.

Zwei Beispiele sollen den Begriff der Verteilungsfunktion illustrieren.

2.30 Beispiel (Verteilungsfunktion der Gleichverteilung)

Die Winkelstellung Z des Glücksradzeigers[20] ist gemäß Beispiel 2.15, S. 43 *gleichverteilt* im Intervall $[0, 2\pi]$.

Nach (43.2) und (43.3) lässt sich die Verteilungsfunktion von Z mit Hilfe einer im Intervall $[0, 2\pi]$ konstanten Funktion $f(x)$ auf folgende Art beschreiben[21]:

$$F_Z(x) = P(Z \leq x) = P((-\infty, x])$$

$$= \int\limits_{-\infty}^{x} f(\tau)\, d\tau = \int\limits_{-\infty}^{x} \mathrm{rect}_{2\pi}(\tau)\frac{1}{2\pi}\, d\tau$$

$$= \begin{cases} 0 & \text{falls} \quad x \leq 0, \\ \frac{x}{2\pi} & \text{falls} \quad x \in [0, 2\pi], \\ 1 & \text{falls} \quad x > 2\pi \end{cases} \qquad \text{für alle } x \in \mathbb{R}.$$

(68.1)

Die Funktion $F_Z(x)$, welche in Abbildung 2.7 dargestellt ist, ist die *Verteilungsfunktion der Gleichverteilung* im Intervall $[0, 2\pi]$.

Mit Ihrer Hilfe lassen sich alle Wahrscheinlichkeiten von Ereignissen der Form $Z(\omega) \in [a, b] \subseteq [0, 2\pi]$ und von daraus zusammengesetzten Ereignissen wie in Gleichung (44.1) berechnen.

Unter MATLAB steht die Verteilungsfunktion der Gleichverteilung in der Funktion `unifcdf` zur Verfügung. Die Abbildung 2.7 wurde beispielsweise mit folgenden MATLAB-Anweisungen erzeugt:

```
x = (-1:0.01:2*pi+1);              % Werteber. d. Darst.
Pz = unifcdf(x, 0, 2*pi);          % Werte d. Vert.funkt.
plot(x, Pz, 'r-', 'LineWidth', 3); % Plot der Ergebnisse
axis([-1,2*pi+1,-0.1,1.1])         % Anpassung der Achsen
xlabel('x')                        % Beschriftung Plot
ylabel('F_Z(x)=P(Z\textbackslash{}leq x)')
```

Die wichtigsten Verteilungen sind in der Statistics Toolbox von MATLAB integriert und können von dort bequem abgerufen werden. Sie tragen alle, wie auch `unifcdf`, das Kürzel `cdf` für „Cumulative Distribution Funktion[22]"

---

[20] Wir identifizieren für den Moment einmal die Winkelstellung α mit dem „Gewinn" $\alpha \cdot 10000$.

[21] Mit $\mathrm{rect}_{2\pi}(x)$ wird dabei die Rechteckfunktion im Intervall $[0, 2\pi]$ bezeichnet.

[22] (Summierte) Verteilungsfunktion

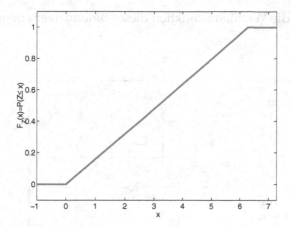

Abb. 2.7: Verteilungsfunktion der Gleichverteilung im Intervall $[0, 2\pi]$

am Namensende. Welche Funktionen konkret zur Verfügung stehen, darüber gibt der Aufruf von `help stats` Auskunft.

2.31 Beispiel (Verteilungsfunktionen mit MATLAB)

Die folgende MATLAB-Befehlssequenz erzeugt die schon bekannte und in Abbildung 2.8 dargestellte Binomialverteilung $B(10, 0.3, k)$ und die zugehörige Verteilungsfunktion:

```
p=0.3;                   % Parameter p der Binomialverteil.
N=10;                    % Parameter N der Binomialverteil.
n=(-2:1:12);             % Wertebereich der Darstellung
bindist=binopdf(n,N,p);  % Berechnung der Binomialverteil.
x=(-2.0:0.1:12);         % Wertebereich der Darstellung
binvert=binocdf(x,N,p);  % Berechnung der Binomialvertei-
                         % lungs-Funktion;
                         % NaNs auf 0 setzen !!
binvert(isnan(binvert))=0;
subplot(211)             % Plotten der Funktionen
h = stem(n, bindist,'r-');
set(h, 'LineWidth', 3);
xlabel('n'); ylabel('P(X=n)')
subplot(212)
plot(x, binvert, 'r-', 'LineWidth', 3)
xlabel('x'); ylabel('P(X\leq x)')
```

Die Binomialverteilung selbst ist diesmal, statt in einem Histogramm, in Form eines so genannten **Stabdiagramms** dargestellt (vgl. Abbildung 2.8), um den diskreten Charakter der Verteilung besser deutlich zu machen.

Darunter ist die Verteilungsfunktion dieser Binomialverteilung wiedergegeben.

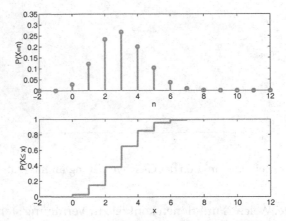

Abb. 2.8: Binomialverteilung $B(10, 0.3, k)$ und zugehörige Verteilungsfunktion

Man erkennt, dass die Binomialverteilung eine monoton ansteigende *Trep-penfunktion* als Verteilungsfunktion hat.

Dies gilt für *alle* diskreten Verteilungen.

Auch die Verteilungsfunktion der Gleichverteilung ist eine monoton steigen-de Funktion.

Allgemein lässt sich der Begriff der Verteilungsfunktion durch die oben be-obachteten Eigenschaften (neu und unabhängig von einer Zufallsvariablen) definieren:

Eine Verteilungsfunktion

$$F : \mathbb{R} \longrightarrow [0, 1]$$

hat folgende Eigenschaften:

(a) F ist monoton wachsend.

(b) $\lim\limits_{x \to -\infty} F(x) = 0$, $\quad \lim\limits_{x \to \infty} F(x) = 1$.

(c) $F(b) - F(a) = P(a < X \le b)$
    für jede Zufallsvariable X mit Verteilungsfunktion F.

Umgekehrt ist jede Funktion F mit den Eigenschaften (a) und (b) eine **Ver-teilungsfunktion**[23].

---

[23] Die Frage ist natürlich, ob es ein sinnvolles Zufallsexperiment gibt, welches durch diese Ver-teilungsfunktion modelliert wird.

Man beachte die Ähnlichkeit von Eigenschaft (c) zum Hauptsatz der Differential- und Integralrechnung. Diese kommt, wie wir unten sehen werden, auch nicht von ungefähr.

Die Beispiele zeigen, dass für diskret verteilte Zufallsvariablen X stets gilt:

$$F_X(x) = P(X \le x) = \sum_{x_i \le x} P(X = x_i). \tag{71.1}$$

Die letzte Teil der Gleichung (71.1) kann auch als „Integral" über eine diskrete Funktion interpretiert werden. Nimmt man diese Sichtweise an, so erscheint die folgende Definition *stetiger Verteilungsfunktionen*, die uns i.Ü. auch schon aus Beispiel 2.15, S. 43 geläufig ist, als natürliche Verallgemeinerung:

Eine Zufallsvariable X mit Verteilungsfunktion $F_X(x)$ heißt **stetig** (**stetig verteilt**), wenn es eine stückweise stetige positive **Dichtefunktion** $f_X(x) : \mathbb{R} \longrightarrow \mathbb{R}$, $f_X \ge 0$ gibt, mit

$$F_X(x) = P(X \le x) = \int_{-\infty}^{x} f_X(t)\, dt. \tag{71.2}$$

Eine wichtige Folgerung aus dieser Definition ist die Tatsache, dass $F_X(x)$ dann i.A. differenzierbar[24] ist und $F_X'(x) = f_X(x)$ gilt. Dies macht die Berechnungen der Integrale (71.2) und damit der Wahrscheinlichkeiten $P(a < X \le b)$ mit Hilfe des Hauptsatzes der Differential- und Integralrechnung möglich, wie oben bereits erwähnt wurde.

Wir illustrieren dies an einem weiteren wichtigen Beispiel, das in der Anwendung eine große Rolle spielt. Wir lernen dabei zugleich eine neue stetige Verteilungsdichte kennen.

2.32 Beispiel (Lebensdauer – Exponentialverteilung)

Wir betrachten im Folgenden die Zufallsvariable

$$Y = \text{„Lebensdauer eines Gerätes"}.$$

Die Verteilung dieser Zufallsvariablen kann unter der Voraussetzung, dass keine Alterungsprozesse berücksichtigt werden (nur spontane Ausfälle) und die beobachtete Ausfallrate $\lambda \frac{1}{\text{Zeiteinheit}}$ als konstant angenommen werden kann, durch die folgende Verteilungsfunktion beschrieben werden (vgl. Anhang A.1):

$$F_Y(t) = P(Y \le t) = 1 - e^{-\lambda t} \quad \text{für alle } t \ge 0. \tag{71.3}$$

---

[24] Ist die Dichtefunktion stückweise stetig, so ist die Verteilungsfunktionen selbst stückweise differenzierbar. Die Dichte der Gleichverteilung ist ein Beispiel für eine stückweise stetige Verteilungsdichte.

Für Zeitpunkte $t \leq 0$ ist der Wert der Verteilungsfunktion natürlich 0, da Lebensdauern ja nicht negativ werden können.

Die Verteilungsfunktion $P(Y \leq t)$ ist offenbar differenzierbar und somit hat Y die *stetige Verteilungsdichte*

$$f_Y(t) = \begin{cases} \lambda \cdot e^{-\lambda t} & \text{für alle } t \geq 0, \\ 0 & \text{für alle } t \leq 0. \end{cases} \tag{72.1}$$

Abbildung 2.9 zeigt den Verlauf von $f_Y(t)$ oberhalb von $t = 0$ für den Parameter $\lambda = \frac{1}{2}$.

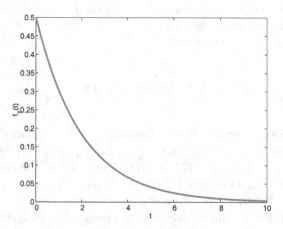

Abb. 2.9: Exponentialverteilungsdichte für den Parameter $\lambda = \frac{1}{2}$

Die durch die Dichte (72.1) und Verteilungsfunktion (71.3) definierte stetige Verteilung heißt **Exponentialverteilung** mit Parameter λ.

Mit Hilfe von MATLAB lassen sich die Werte der Exponentialverteilung leicht bestimmen, wie das folgende Beispiel zeigt.

2.33 Beispiel (zur Exponentialverteilung)

Es sei bekannt, dass die Lebensdauer eines Produkts mit dem Parameter $\lambda = \frac{1}{2}$ exponentialverteilt[25] ist.

Wir berechnen die Wahrscheinlichkeit des Ereignisses A, dass das Produkt in einem Zeitraum zwischen 3 und 5 Zeiteinheiten ausfällt, d.h.

$$P(A) = P(3 < Y \leq 5). \tag{72.2}$$

---

[25] λ hat die Einheit 1/Zeiteinheit. Die Zeiteinheit ist dabei jeweils geeignet zu wählen bzw. der Parameter ist an die gewählte Zeiteinheit richtig anzupassen.

Dabei werde die Zufallsvariable der Lebensdauer mit Y bezeichnet. Mit
Hilfe der Verteilungsdichte errechnet sich diese Wahrscheinlichkeit zu

$$P(A) = P(3 < Y \leq 5) = \int\limits_{3}^{5} \lambda e^{-\lambda t}\, dt$$

$$= \int\limits_{3}^{5} \frac{1}{2} e^{-\frac{1}{2}t}\, dt = -e^{-\frac{1}{2}t}\Big|_{3}^{5} = e^{-\frac{3}{2}} - e^{-\frac{5}{2}} \qquad (73.1)$$

$$= (1 - e^{-\frac{5}{2}}) - (1 - e^{-\frac{3}{2}})$$

$$= F_Y(5) - F_Y(3) = 0.1410.$$

Wir versuchen dieses Ergebnis mit Hilfe von MATLAB zu verifizieren. Dazu kann die Funktion `expcdf` der Statistics Toolbox verwendet werden,
die die Verteilungs*funktion* der Exponentialverteilung bereitstellt. Die folgende MATLAB-Befehlsfolge bestätigt die Berechnungen aus (73.1).

```
a=3;                    % Untere Grenze
b=5;                    % Obere Grenze
lambda=1/2;             % Der Parameter ist unter MATLAB
                        % reziprok definiert, daher:
Wkt = expcdf(b,1/lambda)-expcdf(a,1/lambda)

Wkt =

    0.1410
```

Dabei ist zu beachten, dass MATLAB leider den Parameter der Exponentialverteilung anders definiert, als wir dies in Definition (72.1) getan haben. MATLAB verwendet den reziproken Wert. Daher muss bei Aufruf
von `expcdf` der Parameter mit `1/lambda` eingegeben werden.

2.5.6 Funktionen von Zufallsvariablen

Kennt man Dichte und Verteilungsfunktion einer Zufallsvariablen, so ist es
in den meisten Fällen nicht schwierig, Dichte und Verteilungsfunktion von
Funktionen von Zufallsvariablen zu bestimmen. Dies läuft auf simple Integra-
tionstechnik hinaus. Als Illustration betrachten wir zunächst eine einfache
Werteskalierung.

2.34 Beispiel (Funktionen von Zufallsvariablen)

Sei beispielsweise Y die Zufallsvariable „Lebensdauer von Geräten in Tagen". Y habe die Verteilungsdichte $f_Y(t)$ und die Verteilungsfunktion $F_Y(t)$, etwa die Exponentialverteilung.

Nehmen wir nun an, wir wollten die Lebensdauer statt in Tagen in Jahren angeben. Die zugehörige Zufallsvariable X lässt sich dann mit Hilfe von Y als

$$X = \frac{1}{365}Y \tag{74.1}$$

angeben.

Allgemein handelt es sich hierbei um eine Werteskalierung der Form

$$X = aY, \quad a > 0. \tag{74.2}$$

Für die Verteilungsfunktion von X ergibt sich dann nach Definition (67.1):

$$
\begin{aligned}
F_X(x) = P(X \leq x) &= P(aY \leq x) \\
&= P(Y \leq \frac{x}{a}) \quad (a > 0) \\
&= F_Y(\frac{x}{a}).
\end{aligned}
\tag{74.3}
$$

Die Werteskalierung hat somit eine Skalierung der Verteilungsfunktion (und damit auch der Dichte) zur Folge.

Für die Verteilungsdichte von X erhält man aus (74.3):

$$
\begin{aligned}
f_X(x) &= \frac{d}{dx} F_X(x) \\
&= \frac{d}{dx} F_Y(\frac{x}{a}) = \frac{1}{a} f_Y(\frac{x}{a}).
\end{aligned}
\tag{74.4}
$$

Das Ergebnis aus Beispiel 2.34 lässt sich wie folgt auf generelle Funktionen von Zufallsvariablen verallgemeinern:

Sei Y eine Zufallsvariable mit Verteilungsfunktion $F_Y(t)$ und sei[26]

$$g : \mathfrak{W}(F_Y(t)) \longrightarrow \mathbb{R}$$

eine stückweise stetige *eindeutig umkehrbare* Funktion, d.h. g besitze eine *Umkehrfunktion*

$$g^{-1} : \mathfrak{R}(g) \longrightarrow \mathbb{R}.$$

---

[26] Mit $\mathfrak{W}$ wird der Wertebereich einer reellen Funktion bezeichnet und mit $\mathfrak{R}$ das Bild einer reellen Funktion.

Sei ferner

$$X = g(Y).$$

Dann hat X die Verteilungsfunktion

$$F_X(x) = \begin{cases} F_Y(g^{-1}(x)) & \text{falls} \quad x \in \mathfrak{R}(g), \\ 0 & \text{falls} \quad x \notin \mathfrak{R}(g). \end{cases} \tag{75.1}$$

2.35 Beispiel (Translation und Skalierung von Zufallsvariablen)

Betrachten wir in Erweiterung von Beispiel 2.34 eine gleichzeitige Translation[27] und Skalierung der Zufallsvariablen Y in der Form

$$X = aY + b, \quad a > 0, b \in \mathbb{R}. \tag{75.2}$$

Die Transformationsfunktion $g(y) = ay + b$ hat die Umkehrfunktion $g^{-1}(x) = \frac{x-b}{a}$. Mit Hilfe von (75.1) ergibt sich nun für die Verteilung von X:

$$F_X(x) = F_Y(\frac{x-b}{a}). \tag{75.3}$$

Eine interessante Möglichkeit für die Anwendung des Resultates aus Beispiel 2.35 ist die Normierung parametrisierter Verteilungen auf Standardparameter, was die Tabellierung von solchen Verteilungen möglich macht.
Wir werden darauf im Zusammenhang mit der Normalverteilung später zurückkommen.
Eine weitere interessante Möglichkeit ist die künstliche Erzeugung „beliebig" verteilter Zufallswerte mit Hilfe eines Zufallszahlengenerators. Auch MATLAB macht von dieser Möglichkeit Gebrauch, um die Zufallszahlengeneratorfunktionen der Statistics Toolbox zu erzeugen (vgl. Kommando `help stats`). Grundlage ist ein Generator, der im Intervall $[0, 1]$ *gleichverteilte* Werte erzeugt[28].
Exemplarisch wollen wir in Kapitel 3 zeigen, wie mit Hilfe dieses Generators und des Transformationsgesetzes (75.1) *exponentialverteilte* Zufallszahlen erzeugt werden können.
Exponentialverteilte Zufallszahlen werden im Übrigen durch die MATLAB-Funktion `exprnd` bereitgestellt.

---

[27] Translation (lat.): Verschiebung
[28] Auf die Methode, wie nun dieser Zufallsgenerator erzeugt wird, soll hier nicht eingegangen werden.

2.5.7 Vektorwertige Zufallsvariablen

Oft ist es notwendig, mehrere zufällige Merkmale als eine gemeinsame Größe aufzufassen, das heißt *vektorwertige Zufallsvariablen* zu betrachten. Ein Beispiel hierfür ist die Messung von Last/Drehzahl-Kombinationen (Beispiel 1.10, S. 11).

Auch auf diesen Fall können die Konzepte der Verteilungsfunktion und der Verteilungsdichte übertragen werden. Wir wollen allerdings im Folgenden hierauf nicht näher eingehen und erwähnen diese Tatsache an dieser Stelle nur der Vollständigkeit halber.

Als Illustration soll ein einfaches Beispiel genügen.

2.36 Beispiel (Die 2-dimensionale Gleichverteilung)

Ein Zufallsvektor

$$\vec{X} = (X_1, X_2) : (\Omega, P) \longrightarrow \mathbb{R}^2$$

mit Verteilungsfunktion

$$F_{\vec{X}}(x_1, x_2) = P(X_1 \leq x_1, X_2 \leq x_2)$$

$$= \begin{cases} 0 & \text{falls} \quad x_1 < 0 \text{ oder } x_2 < 0, \\ x_1 \cdot x_2 & \text{falls} \quad x_1, x_2 \in [0, 1], \\ x_1 & \text{falls} \quad x_1 \in [0, 1], x_2 > 1, \\ x_2 & \text{falls} \quad x_2 \in [0, 1], x_1 > 1, \\ 1 & \text{sonst} \end{cases} \tag{76.1}$$

und Verteilungsdichte

$$f_{\vec{X}}(x_1, x_2) = \begin{cases} 1 & \text{falls} \quad x_1, x_2 \in [0, 1], \\ 0 & \text{sonst} \end{cases} \tag{76.2}$$

heißt **gleichverteilt auf** $[0, 1] \times [0, 1]$.

Die Abbildung 2.10 zeigt Verteilungsdichte und Verteilungsfunktion dieser zweidimensionalen Verteilung in perspektivischer Darstellung.

2.5.8 Übungen

Übung 18 (*Lösung Seite 396*)

(a) Formulieren Sie das *sichere Ereignis* für die Zufallsvariable

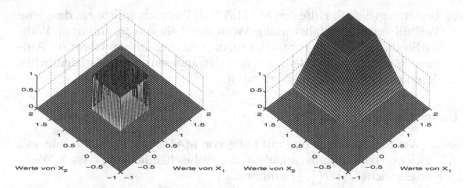

Abb. 2.10: Verteilungsdichte und Verteilungsfunktion der zweidimensionalen
Gleichverteilung auf $[0, 1] \times [0, 1]$

$$Y = \text{„Anzahl der Würfe mit zwei fairen Würfeln,}$$

bis die Augenzahl 12 erscheint"

sprachlich und formal (d.h. unter Verwendung der Zufallsvariablen)!

(b) Prüfen Sie mit Hilfe der in Beispiel 2.26, S. 63 definierten Geometrischen
Verteilung (64.2) nach, dass die Wahrscheinlichkeit des sicheren Ereignisses tatsächlich 1 ist.

(c) Überprüfen Sie das Ergebnis aus Teil (b) approximativ mit Hilfe von
MATLAB.

Hinweis: ganz nützlich ist für die Lösung von Teil (b) dieser Aufgabe ein
Blick auf die Summation geometrischer Reihen.

Übung 19 (*Lösung Seite 398*)

Berechnen Sie analytisch und mit Hilfe von MATLAB die Wahrscheinlichkeit, dass eine mit Parameter $\lambda = 2$ *exponentialverteilte* Zufallsvariable X
Werte oberhalb von 1.5 annimmt.

Übung 20 (*Lösung Seite 398*)

Lebensdauern *mit* Berücksichtigung von Alterungsprozessen werden statt
mit der Exponentialverteilung mit der so genannten **Weibull-Verteilung** beschrieben (vgl. Abschnitt 2.7.2, S. 108).

Betrachten Sie die MATLAB-Funktionen weibpdf und weibcdf für die Verteilungsdichte und die Verteilungsfunktion der Weibull-Verteilung.

(a) Ermitteln Sie, für welche Parameterkombinationen die Weibull-
Verteilung mit der Exponentialverteilung übereinstimmt und welcher
der Weibull-Parameter somit den Alterungsprozess beschreibt. Plotten
Sie beide Verteilungsdichten zum Vergleich!

(b) Bestimmen Sie mit Hilfe von MATLAB die Wahrscheinlichkeit, dass eine Weibull-verteilte Zufallsvariable Werte oberhalb von 1.5 annimmt. Wählen Sie dazu den einen Parameter so, dass das Ergebnis mit dem aus Aufgabe 19 verglichen werden kann und den anderen so, dass ein deutliches Alterungsphänomen zu erkennen ist.

Übung 21 (*Lösung Seite 400*)

Bestimmen Sie analytisch und mit Hilfe von MATLAB für eine im Intervall $[0, 2]$ gleichverteilte Zufallsvariable X die Wahrscheinlichkeit, dass X Werte im Wertebereich $[0, \frac{1}{4}] \cup [\frac{1}{3}, \frac{1}{2}]$ annimmt.

Übung 22 (*Lösung Seite 400*)

Sei

$$Y = \text{„Lebensdauer eines Gerätes in Tagen"}$$

mit dem Parameter $\lambda = \frac{1}{200} \frac{1}{\text{Tage}}$ exponentialverteilt.

Bestimmen Sie die Verteilung der Zufallsvariablen X, die die Lebensdauer in Jahren angibt. Berechnen Sie Verteilungsdichte und Verteilungsfunktion und bestimmen Sie damit die Wahrscheinlichkeit, dass ein Gerät eine Lebensdauer von mehr als 1.5 Jahren hat. Überprüfen Sie Ihre Rechnung mit einer entsprechenden Berechnung für Y und testen Sie Ihre Ergebnisse mit einer MATLAB-Berechnung.

Übung 23 (*Lösung Seite 401*)

Beantworten Sie die Frage des Chevalier de Meré aus Beispiel 1.1, S. 2.

2.6 Unabhängige Zufallsvariablen

Eine überragende Bedeutung in der Wahrscheinlichkeitstheorie und Statistik haben Experimente, deren Ergebnisse *unabhängig* voneinander betrachtet werden können. Der Unabhängigkeitsbegriff ist hier im wahrscheinlichkeitstheoretischen Sinne zu verstehen (vgl. Abschnitt 2.4.2, S. 53ff).

Der Grund für diese Bedeutung liegt in der Gleichung (53.3), die sich auf die so genannten *unabhängigen Zufallsvariablen* übertragen lässt und so deren mathematische Behandlung vergleichsweise einfach macht.

Die Definition des Begriffs der *unabhängigen Zufallsvariablen* leitet sich unmittelbar aus dem entsprechenden Begriff für Ereignisse ab:

Seien

$$X, Y : (\Omega, P) \longrightarrow \mathbb{R}$$

zwei (reelle) Zufallsvariablen.

X und Y heißen **(stochastisch) unabhängig**, wenn für alle Intervalle $(a, b] \subset \mathbb{R}$ und $(c, d] \subset \mathbb{R}$ die Ereignisse

$$(a < X \leq b) = \{\omega \in \Omega \mid X(\omega) \in (a, b]\} \qquad (79.1)$$

und

$$(c < Y \leq d) = \{\omega \in \Omega \mid Y(\omega) \in (c, d]\} \qquad (79.2)$$

(stochastisch) unabhängig (im Sinne der Definition stochastisch unabhängiger Ereignisse) sind!

Mit Hilfe von (53.3) lässt sich zeigen:

Genau dann sind zwei (reelle) Zufallsvariablen X und Y *unabhängig*, wenn für die Verteilungsfunktionen von X, Y und (X, Y) gilt:

$$F_{(X,Y)}(x, y) = F_X(x) \cdot F_Y(y). \qquad (79.3)$$

Die Verteilungsfunktion des Zufallsvektors (X, Y) ist also im Unabhängigkeitsfall das Produkt der Verteilungsfunktionen von X und Y.

Aus Gleichung (79.3) folgt dann, dass die Verteilungsdichte des Zufallsvektors auch das Produkt der Verteilungsdichten von und X und Y ist[29]:

$$f_{(X,Y)}(x, y) = f_X(x) \cdot f_Y(y). \qquad (79.4)$$

Natürlich übertragen sich diese Eigenschaften gleichlautend für einen Vektor von n unabhängigen Zufallsvariablen $\vec{X} = (X_1, X_2, \cdots, X_n)$, d.h. es gilt beispielsweise für die Verteilungsdichte $f_{\vec{X}}$ von $\vec{X}$:

$$f_{\vec{X}}(x_1, x_2, \cdots, x_n) = f_{X_1}(x_1) \cdot f_{X_2}(x_2) \cdots f_{X_n}(x_n). \qquad (79.5)$$

Aus diesen Gleichungen ergeben sich einige, für die Berechnungen mit unabhängigen Zufallsvariablen wichtige, Folgerungen:

(a) einfache Verteilungsdichteberechnung für Zufallsvektoren mit stochastisch unabhängigen Komponenten,
(b) einfache Wahrscheinlichkeitsberechnung für Zufallsvektoren mit stochastisch unabhängigen Komponenten,
(c) einfache Kennwertberechnung für Summen und Produkte von Zufallsvariablen (s.u.).

---

[29] Für diskrete Zufallsvektoren überträgt sich Gleichung (79.4) gleichlautend auf die Verteilungen!

Die Folgerungen (a) und (b) werden, wie wir in Kapitel 5 sehen werden, insbesondere für die Anwendungen in der mathematischen Statistik wesentlich sein. Dort betrachtet man, ausgehend vom Begriff der *(einfachen) Stichprobe*, immer einen Vektor von n unabhängigen Zufallsvariablen. Die Unabhängigkeit der Variablen erlaubt es dann, die i.A. schwierige Berechnung der Verbundverteilungen des Zufallsvektors mit Hilfe von Gleichung (79.4) auf sehr einfache Weise auf die bekannten Einzelverteilungen der Komponenten zurückzuführen. Wahrscheinlichkeiten und Kennwerte können damit wesentlich einfacher bestimmt werden.

2.6.1 Summen unabhängiger Zufallsvariablen

Von großer praktischer Bedeutung sind Experimente, bei denen die interessierenden Merkmale als *Summen* von unabhängigen Zufallsvariablen aufgefasst werden können.

Wir haben bereits, ohne dies unter diesem Gesichtspunkt explizit zu betrachten, Beispiele für solche Situationen kennen gelernt, von denen wir eines noch einmal aufgreifen.

2.37 Beispiel (Annahmekontrolle – Summe unabh. Zufallsvariablen)

Gegeben sei wieder ein Warenposten mit 100 Einheiten und einer bekannten Ausschussrate von 4 %. Bei einer stichprobenartigen Kontrolle werden diesem Posten 2 Einheiten mit Zurücklegen und Durchmischen entnommen.

Die Frage, die im Folgenden beantwortet werden soll, ist wieder die nach der Wahrscheinlichkeit *kein* oder *ein* defektes Teil in der Stichprobe zu haben (vgl. Beispiel 2.9, S. 29).

Hierzu modellieren wir das Experiment mit Hilfe der Zufallsvariablen:

$$X_i = \text{„Zahl der defekten Teile bei Ziehung } i = 1,2\text{“}.$$

Die Zufallsvariablen beschreiben das Ergebnis der zwei Ziehungen. Auf Grund der Auslegung des Experiments (Ziehen, Zurücklegen *und Durchmischen*) können diese beiden Zufallsvariablen als *stochastisch unabhängig* angenommen werden.

Die Betonung liegt auf „angenommen". Es gibt statistische Tests auf Unabhängigkeit, auf die wir aber hier nicht eingehen wollen. An dieser Stelle genügt die *Modellannahme*, dass beide Ziehungen wirklich unabhängig sind. Diese wird gestützt durch die Art des Zufallsexperiments, hier das Durchmischen des Postens nach dem Zurücklegen. In der Regel ist dieses Durchmischen bei großen Posten aber nicht einmal nötig, um die Unabhängigkeitsannahme abzusichern.

Modellannahmen sind im Übrigen ein wichtiges Element in der Wahrscheinlichkeitsrechnung und Statistik. Sie müssen vorgenommen werden, um überhaupt quantitative Aussagen über ein Zufallsexperiment machen zu können.

Beide Zufallsvariablen X_1 und X_2 sind nach Konstruktion Bernoulli-verteilt mit dem Parameter $p = 0.04$, haben also nach (66.2) die Verteilung

$$f_{X_i}(k) = \begin{cases} 1 - p & \text{falls} \quad k = 0, \\ p & \text{falls} \quad k = 1, \\ 0 & \text{falls} \quad k \notin \{0,1\}. \end{cases} \tag{81.1}$$

Mit diesen Definitionen ist die Wahrscheinlichkeit, höchstens ein defektes Teil in der Stichprobe zu haben

$$\begin{aligned} P(X_1 + X_2 \le 1) = P(X_1 = 0, X_2 = 0) \\ + P(X_1 = 1, X_2 = 0) + P(X_1 = 0, X_2 = 1). \end{aligned} \tag{81.2}$$

Da X_1 und X_2 *unabhängig* sind, folgt aus Gleichung (79.4) und der Tatsache, dass die Verteilungen von X_1 und X_2 identisch sind (f_X):

$$\begin{aligned} P(X_1 + X_2 \le 1) &= f_{X_1}(0) \cdot f_{X_2}(0) + f_{X_1}(1) \cdot f_{X_2}(0) + f_{X_1}(0) \cdot f_{X_2}(1) \\ &= f_X^2(0) + 2 f_X(1) f_X(0) \\ &= (1 - p)^2 + 2p(1 - p) \\ &= (0.96)^2 + 2 \cdot 0.96 \cdot 0.04 = 0.9984. \end{aligned} \tag{81.3}$$

Das Ergebnis stimmt natürlich mit (53.1) überein.

Der erste Teil der Gleichung (81.3) kann auf alle diskreten Verteilungen und auch auf Verteilungsdichten unabhängiger, stetig verteilter Zufallsvariablen verallgemeinert werden.

Wir geben diese Resultate ohne weitere Herleitung an:

Seien X und Y unabhängige diskrete Zufallsvariablen mit Verteilungen $f_X(k)_{k \in \mathbb{Z}}$ und $f_Y(j)_{j \in \mathbb{Z}}$.

Dann gilt für die **Verteilung** $f_Z(n)_{n \in \mathbb{Z}}$ **der Summenvariablen** $Z = X + Y$:

$$f_Z(n) = (f_X * f_Y)(n) = \sum_{k=-\infty}^{\infty} f_X(k) \cdot f_Y(n - k). \tag{81.4}$$

Seien X und Y unabhängige, stetige verteilte Zufallsvariablen mit Verteilungsdichten $f_X(x)$ und $f_Y(y)$.

Dann gilt für die **Verteilungsdichte** $f_Z(z)_{z \in \mathbb{R}}$ **der Summenvariablen** $Z = X + Y$:

$$f_Z(z) = (f_X * f_Y)(z) = \int\limits_{-\infty}^{\infty} f_X(\tau) \cdot f_Y(z - \tau)\, d\tau. \qquad (82.1)$$

$(f_X * f_Y)(n)$ und $(f_X * f_Y)(z)$ heißen **diskrete** resp. **kontinuierliche Faltung** von f_X und f_Y.

Zwei weitere Beispiele sollen die Berechnungsvorschrift für Verteilungen von Summenvariablen illustrieren. Im ersten Beispiel wird das Ergebnis aus Beispiel 2.37 verallgemeinert.

2.38 Beispiel (Summe unabh., Bernoulli-verteilter Zufallsvariablen)

Seien X und Y zwei unabhängige und mit Parameter p Bernoulli-verteilte Zufallsvariablen (vgl. Gleichung (81.1)).

Gesucht ist die Verteilung $f_Z(n)$ der Summenvariablen $Z = X + Y$.

Nach Gleichung (81.4) gilt für $f_Z(n)$:

$$
\begin{aligned}
f_Z(n) &= (f_X * f_Y)(n) \\
&= \sum_{k=-\infty}^{\infty} f_X(k) \cdot f_Y(n - k) \\
&= \sum_{k=0}^{1} f_X(k) f_Y(n - k) \qquad \text{für alle } n \in \mathbb{Z}.
\end{aligned}
\qquad (82.2)
$$

Die Werte der Verteilungen in der letzten Gleichung sind sämtlich 0 außer für $n = 0, 1, 2$. Damit folgt:

$$
\begin{aligned}
f_Z(n) &= (f_X * f_Y)(n) \\[2mm]
&= \begin{cases} f_X(0) f_Y(n - 0) + f_X(1) f_Y(n - 1) & \text{falls} \quad n \in \{0, 1, 2\}, \\ 0 & \text{falls} \quad n \notin \{0, 1, 2\} \end{cases}
\end{aligned}
$$

$$(82.3)$$

$$
= \begin{cases}
(1 - p)^2 & \text{falls} \quad n = 0, \\
(1 - p)p + p(1 - p) & \text{falls} \quad n = 1, \\
0 + p^2 & \text{falls} \quad n = 2, \\
0 & \text{falls} \quad n \notin \{0, 1, 2\}
\end{cases}
$$

ist die Verteilung der Summenvariablen Z.

Im zweiten Beispiel sollen Zufallsvariablen mit Verteilungsdichten betrachtet werden.

2.39 Beispiel (Summe unabh., exponentialverteilter Zufallsvariablen)

Wir betrachten mit X und Y zwei unabhängige und mit den Parametern λ_1 und $\lambda_2 \neq \lambda_1$ exponentialverteilte Zufallsvariablen.

Nach Gleichung (72.1) haben X und Y (oberhalb von 0) folgende Verteilungsdichten:

$$f_X(x) = \lambda_1 \cdot e^{-\lambda_1 x},$$
$$f_Y(y) = \lambda_2 \cdot e^{-\lambda_2 y}.$$

Sonst haben die beiden Dichten den Wert 0.

Gesucht ist die Verteilungsdichte $f_Z(z)$ der Summenvariablen $Z = X + Y$.
Nach Gleichung (82.1) gilt für $f_Z(z)$:

$$f_Z(z) = (f_X * f_Y)(z) \tag{83.1}$$

$$= \int_{-\infty}^{\infty} f_X(\tau) \cdot f_Y(z - \tau) \, d\tau \tag{83.2}$$

$$= \int_{0}^{z} \lambda_1 e^{-\lambda_1 \tau} \cdot \lambda_2 e^{-\lambda_2(z-\tau)} \, d\tau$$

$$= \lambda_1 \lambda_2 e^{-\lambda_2 z} \int_{0}^{z} e^{-\lambda_1 \tau} \cdot e^{\lambda_2 \tau} \, d\tau$$

$$= \lambda_1 \lambda_2 e^{-\lambda_2 z} \left[\frac{1}{\lambda_2 - \lambda_1} e^{(\lambda_2 - \lambda_1)\tau} \right]\Big|_{0}^{z}$$

$$= \frac{\lambda_1 \lambda_2}{\lambda_2 - \lambda_1} e^{-\lambda_2 z} \left[e^{(\lambda_2 - \lambda_1)z} - 1 \right]$$

$$= \frac{\lambda_1 \lambda_2}{\lambda_2 - \lambda_1} \left[e^{-\lambda_1 z} - e^{-\lambda_2 z} \right]. \tag{83.3}$$

Dem Leser seien dazu auch die Übungen 25 und 38 empfohlen.

Die Verteilung dieser Summenvariablen könnte in der Anwendung für eine Konfiguration interessant sein, bei der eine Komponente mit exponentialverteilter Lebensdauer *nach Ausfall* durch eine andere Komponente mit ebenfalls exponentialverteilter Lebensdauer ersetzt wird. Gefragt wird nach der Gesamtfunktionsdauer des Gerätes.

Natürlich zeigen die Beispiele auch, dass die Bestimmung der Summenverteilung unter Umständen sehr mühsam sein kann.

Mit Hilfe von MATLAB lässt sich dies jedoch vereinfachen, wie das folgende
Beispiel zeigt.

2.40 Beispiel (Summenverteilungen mit MATLAB)

Wir berechnen im Folgenden mit Hilfe von MATLAB die Summe
n *Bernoulli-verteilter* Zufallsvariablen. Der Parameter p der Bernoulli-
Verteilung sei dabei für alle Zufallsvariablen gleich.

Die Berechnung kann mit Hilfe der Funktion **sumBernoulli.m** der Begleitsoftware durchgeführt werden:

```
function [verteilung] = sumBernoulli(p, n)
%
% Verteilung der Summe n unabhängiger Bernoulli-verteilter
% Zufallsvariablen und Plot als Balkendiagramm

vrtBernoulli = [1-p, p];

% Schleife zur Erzeugung der Summenverteilung

verteilung = vrtBernoulli;
for k=2:n
    verteilung = conv(vrtBernoulli, verteilung);
end;

% Plot der Summenverteilung

% ...
```

Die eigentliche Faltungsberechnung wird dabei von der MATLAB-
Funktion conv übernommen.

Zur Überprüfung der Ergebnisse der obigen Berechnung greifen wir auf
das Beispiel 2.38, S. 82 zurück.

Für den Parameter $p = \frac{1}{4}$ ergibt sich aus Gleichung (82.3):

$$f_Z(n) = \begin{cases} (\frac{3}{4})^2 = 0.5625 & \text{falls} & n = 0, \\ 2 \cdot \frac{3}{4} \cdot \frac{1}{4} = 0.3750 & \text{falls} & n = 1, \\ (\frac{1}{4})^2 = 0.0625 & \text{falls} & n = 2, \\ 0 & \text{falls} & n \notin \{0, 1, 2\}. \end{cases} \tag{84.1}$$

Dies bestätigt der Aufruf:

```
verteilung = sumBernoulli(0.25, 2)
```

```
verteilung =

    0.5625      0.3750      0.0625
```

Die folgende MATLAB-Sequenz (s. **BspsumBernoulli.m**) berechnet die Verteilung der Summenvariablen für $p = \frac{1}{2}$ und verschiedene n und stellt das Ergebnis in Form eines Histogramms dar (Abbildung 2.11).

```
subplot(221)
verteilung = sumBernoulli(0.5, 10);
subplot(222)
verteilung = sumBernoulli(0.5, 50);
subplot(223)
verteilung = sumBernoulli(0.5, 100);
subplot(224)
verteilung = sumBernoulli(0.5, 200);
```

Man erkennt, dass sich die Form der Summenverteilung für große n nicht mehr wesentlich ändert. Dieses Phänomen ist für alle Summenverteilungen von Summen unabhängiger, identisch verteilter Zufallsvariablen zu beobachten. Wir werden hierauf in Abschnitt 2.8.2 noch einmal zurückkommen.

2.6.2 Kennwerte unabhängiger Zufallsvariablen

In der Praxis erhält man über Zufallsgrößen oft schon dann eine signifikante Information, wenn man aus den beobachteten Daten bestimmte charakteristische *Kenngrößen* ableitet. Ein Beispiel ist der *Mittelwert* von beobachteten Zufallsgrößen, der in vielen Fällen schon sehr viel Information beinhaltet. Im Rahmen der Diskussion statistischer Methoden werden wir in Kapitel 5 detailliert auf die Frage eingehen, wie man die Werte von Kenngrößen bestimmt.

Eng verknüpft mit diesen statistischen Kenngrößen sind meist entsprechende *Kennwerte der Verteilungen* der Zufallsvariablen.

Diese hängen, wie wir sehen werden, in vielen Fällen mehr oder weniger direkt mit den Parametern der Verteilungen zusammen, sind also in gewissem Sinne auch Bestimmungsgrößen der Verteilungen.

Einige dieser charakteristischen Kennwerte sollen im Folgenden hergeleitet und beschrieben werden.

Das folgende Beispiel soll zunächst ein Gefühl dafür vermitteln, um welche Kennwerte es dabei geht und wie man diese ermitteln könnte.

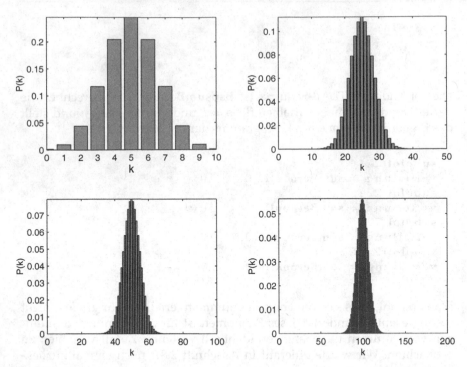

Abb. 2.11: Verteilung der Summe Bernoulli-verteilter Zufallsvariablen für $p = \frac{1}{2}$ und $n = 10, 50, 100, 200$.

2.41 Beispiel (Gewinnaussichten bei gezinktem Würfel)

Wir betrachten ein Spiel mit einem gezinkten Würfel, welches zwei Spieler A und B nach folgenden Regeln austragen:

- falls Augenzahl 1 geworfen wird, zahlt A dem Gegner B 110 €,
- falls Augenzahl 2 geworfen wird, zahlt A dem Gegner B 100 €,
- falls Augenzahl 3 geworfen wird, wird neu gespielt,
- bei Augenzahl 4 oder 5 erhält A von B 100 €,
- bei Augenzahl 6 erhält A von B 110 €.

Der Würfel ist unfair, denn die Augenzahl des Würfels hat die in Abbildung 2.12 dargestellte Wahrscheinlichkeitsverteilung.

Die uns im Folgenden interessierende Frage ist, welchen Gewinn der Spieler A „auf lange Sicht" zu erwarten hat.

Dazu definieren wir die Zufallsvariable

$$X = \text{„Gewinn des Spielers } A \text{ bei einem Wurf"}.$$

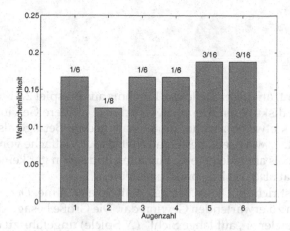

Abb. 2.12: Verteilung des unfairen Würfels aus Beispiel 2.41

Als Maß für einen „Gewinn auf lange Sicht" kann der *mittlere Gewinn bei einem Spiel* angesehen werden. Bei der Ermittlung dieses Wertes muss nun berücksichtigt werden, dass der Würfel unfair ist.

Um diesem Aspekt Rechnung zu tragen liegt es nahe, den Gewinn[30] für jeden Spielausgang *mit der Wahrscheinlichkeit, dass dieser Spielausgang vorkommt, zu gewichten.*

Mit diesem Ansatz erhält man für den mittleren Gewinn $\overline{G}$:

$$\begin{aligned}
\overline{G} &= P(X = -110) \cdot (-110) + P(X = -100) \cdot (-100) \\
&\quad + P(X = 0) \cdot 0 + P(X = 100) \cdot 100 + P(X = 110) \cdot 110 \\
&= \frac{1}{6}(-110) + \frac{1}{8}(-100) + \left(\frac{1}{6} + \frac{3}{16}\right)100 + \frac{3}{16}110 \qquad (87.1) \\
&= \left(\frac{3}{16} - \frac{1}{6}\right)110 + \left(\frac{1}{6} + \frac{3}{16} - \frac{1}{8}\right)100 \\
&= \frac{1}{48}110 + \frac{11}{48}100 = \frac{1210}{48} = 25.2083.
\end{aligned}$$

Im Mittel hat A also einen Gewinn von 25.21 € zu erwarten.

Mit Hilfe von MATLAB lässt sich dieses Ergebnis mit den folgenden drei Zeilen berechnen:

```
v     = [1/6,  1/8, 1/6, 1/6, 3/16, 3/16];
SpGWA = [-110  -100  0   100   100   110];
Mw = v*SpGWA'
```

---

[30] Verluste werden als negative Gewinne eingerechnet.

Mw =

25.2083

Es ist interessant, an dieser Stelle das Ergebnis aus Beispiel 2.41 noch ein wenig in Ruhe zu diskutieren. Der oben berechnete mittlere Gewinn mutet auf den ersten Blick etwas bizarr an, da niemals andere Beträge als 100 € und 110 € den Besitzer wechseln. Bestenfalls hat also A Vielfache von 10 € in seiner Kasse, niemals aber kleinere € -Einheiten und schon gar keine EuroCent-Beträge. Was hat also das Ergebnis zu bedeuten?

Der Einwand ist richtig! *Diesen* Betrag erhält Spieler A nie. Dennoch stellt er *ein Maß* für den zu erwartenden Gewinn dar. Die Größe besagt, dass sich der Gewinn von Spieler A „auf lange Sicht" (N Spiele) ungefähr zu einem (zum 10 € -Raster passenden) N-fachen dieses Betrages aufsummieren wird.

Das Beispiel ist sehr lehrreich. Man kann erkennen, dass man, selbst wenn man Kennwerte bestimmen kann, immer noch in der jeweiligen Situation prüfen muss, ob dieser Kennwert auch eine sinnvolle Aussage liefert. Wir werden im Folgenden noch weitere Beispiele hierfür kennen lernen.

Zunächst jedoch betrachten wir ein weiteres, diesmal im Ergebnis etwas weniger irritierendes Beispiel.

2.42 Beispiel (Ausfallzeiten von Geräten)

Wir betrachten erneut die exponentialverteilte Zufallsvariable X der Lebensdauer der Geräte aus Beispiel 2.32, S. 71 und interessieren uns für die Frage, was wohl die *mittlere Lebensdauer* der Geräte ist.

Die Frage wird ähnlich wie im vorangegangenen Beispiel beantwortet: „Addiere" die Einzelausfallzeiten (Werte von X), gewichtet mit der Ausfallwahrscheinlichkeit!

Natürlich können wir die Einzelausfallzeiten nicht tatsächlich addieren, da es sich ja bei der Lebensdauer um eine kontinuierliche Größe handelt. Wir müssen hier die Verallgemeinerung der Addition, also die Integration, bemühen und berechnen den gesuchten Kennwert durch:

$$\int_{-\infty}^{\infty} x \cdot f_X(x)\, dx$$

$$= \int_{0}^{\infty} \underbrace{x}_{Ausfallzeit} \cdot \underbrace{\lambda e^{-\lambda x}\, dx}_{Wkt.\, der\, Ausfallzeit} \qquad (88.1)$$
$$\underbrace{\phantom{\int_{0}^{\infty} x}}_{Summe}$$

$$= \lambda \int_{0}^{\infty} x e^{-\lambda x}\, dx = \lambda \left[\frac{e^{-\lambda x}}{(-\lambda)^2}(-\lambda x - 1) \right]\Bigg|_{0}^{\infty}$$

$$= -\frac{1}{\lambda}\,[0 - 1] = \frac{1}{\lambda}.$$

Die mittlere Ausfallzeit für ein Gerät ist also $\frac{1}{\lambda}$ Zeiteinheiten.

Berücksichtigt man wie die Exponentialverteilung in Anhang A.1, S. 517 hergeleitet wird, ist dieses Ergebnis plausibel. Dort wird λ als *Ausfallrate*, also der durchschnittliche Anteil der Ausfälle pro Zeiteinheit definiert. Die mittlere Lebensdauer ist demnach genau der reziproke Wert, was unsere Rechnung bestätigt.

Erwartungswert

Die Beispiele legen die Definition des folgenden Begriffes nahe:
Sei

$$X : (\Omega, P) \longrightarrow \mathbb{R}$$

eine (reelle) Zufallsvariable mit diskreter Verteilung $f(k) = P(X = x_k)_{k \in \mathbb{Z}}$ oder mit Verteilungsdichte $f(x)$, die der Bedingung $\sum_{k=-\infty}^{\infty} |x_k| f(k) < \infty$ resp.

$\int_{-\infty}^{\infty} |x| f(x)\, dx < \infty$ genügen.

Dann heißt

$$\mathbb{E}(X) = \sum_{k=-\infty}^{\infty} x_k \cdot f(k) \tag{89.1}$$

bzw.

$$\mathbb{E}(X) = \int_{-\infty}^{\infty} x \cdot f(x)\, dx \tag{89.2}$$

der **Erwartungswert** von X.

Der Erwartungswert ist also die mit der Auftretenswahrscheinlichkeit gewichtete „Summe" (der *Mittelwert*) der möglichen Werte der Zufallsvariablen.

Momente

Weitere Informationen über die Art der Wahrscheinlichkeitsverteilung einer Zufallsvariablen X geben die so genannten *Momente*.

Sie geben etwa über die „Breite" der Verteilung (Streuung der X-Werte, s.u.) oder die „Schiefe" der Verteilung (Asymmetrie der Werteverteilung von X um den Mittelwert herum) Auskunft und sind wie folgt definiert:
Sei

$$X : (\Omega, P) \longrightarrow \mathbb{R}$$

eine (reelle) Zufallsvariable.

Dann heißt $\mathbb{E}(X^k)$ (falls er existiert) **das k-te Moment** von X.

In der Praxis kommen neben dem ersten aber meist nur das zweite und dritte Moment, selten das vierte Moment, zur Anwendung.

Varianz und Streuung

Von spezieller Bedeutung ist das zweite Moment in folgender Form:
Sei

$$X : (\Omega, P) \longrightarrow \mathbb{R}$$

eine (reelle) Zufallsvariable. Dann heißt

$$\mathbb{V}(X) = \mathbb{E}\left((X - \mathbb{E}(X))^2\right) \tag{90.1}$$

die **Varianz** von X und

$$\sigma = \sigma(X) = \sqrt{\mathbb{V}(X)} \tag{90.2}$$

die **Streuung** von X.

Wie die Namen schon sagen und wie auch aus der obigen Definition hervorgeht, *messen* in einem gewissen Sinne die beiden Größen Varianz und Streuung *die Abweichungen der Zufallsvariablen vom Mittelwert*, genauer:

Die Varianz ist die mittlere quadratische Abweichung vom Mittelwert!

Die Streuung ist ein von der Varianz abgeleitetes mittleres Abweichungsmaß. Durch die Wurzelbildung wird die Größe bezogen auf die physikalische Einheit von X und dadurch vergleichbar mit den tatsächlichen Werten von X.

2.43 Beispiel (Annahmekontrollmodell)

Es ist nun schon hinreichend bekannt, dass die Zufallsvariable

$$X = \text{„Zahl der defekten Teile bei } n \text{ Ziehungen"}$$

binomialverteilt ist mit den Parametern n und p (der Defektwahrscheinlichkeit).

Der Erwartungswert berechnet sich nach Definition (89.1) zu

$$\mathbb{E}(X) = \sum_{k=0}^{n} x_k \cdot P(X = x_k) \qquad (91.1)$$

mit $x_k = k$, die Anzahl der gezogenen defekten Teile.

Man erhält mit der Definition der Binomialverteilung (30.3) und mit $q = 1 - p$:

$$\begin{aligned}
\mathbb{E}(X) &= \sum_{k=0}^{n} k \cdot \binom{n}{k} p^k (1-p)^{n-k} \\
&= \sum_{k=0}^{n} k \binom{n}{k} p^k q^{n-k} \qquad (91.2) \\
&= np \sum_{k=0}^{n-1} \binom{n-1}{k} p^k q^{n-k-1} \\
&= np(p+q)^{n-1} = np.
\end{aligned}$$

Die Varianz ergibt sich mit Gleichung (90.1) und unter Verwendung der allgemeinen binomischen Formel zu:

$$\begin{aligned}
\mathbb{V}(X) &= \sum_{k=0}^{n} (k-np)^2 \binom{n}{k} p^k q^{n-k} \\
&= \sum_{k=0}^{n} \binom{n}{k} k^2 p^k q^{n-k} - \sum_{k=0}^{n} \binom{n}{k} 2npk p^k q^{n-k} \\
&\quad + \sum_{k=0}^{n} \binom{n}{k} n^2 p^2 p^k q^{n-k} \\
&= pn(q+pn) - 2np \sum_{k=0}^{n} \binom{n}{k} k p^k q^{n-k} \qquad (91.3) \\
&\quad + n^2 p^2 \sum_{k=0}^{n} \binom{n}{k} p^k q^{n-k} \\
&= npq + p^2 n^2 - 2n^2 p^2 + n^2 p^2 = npq.
\end{aligned}$$

Die Herleitung in (91.3) *gilt in ganz allgemeiner Form für alle Verteilungen*, denn sie besagt nichts anderes, als dass

$$\begin{aligned}
\mathbb{V}(X) &= \mathbb{E}\left((X - \mathbb{E}(X))^2 \right) \\
&= \mathbb{E}\left(X^2 - 2X\mathbb{E}(X) + (\mathbb{E}(X))^2 \right)
\end{aligned}$$

$$= \mathbb{E}(X^2) - 2\left(\mathbb{E}(X)\right)^2 + \left(\mathbb{E}(X)\right)^2 \qquad (92.1)$$
$$= \mathbb{E}(X^2) - \left(\mathbb{E}(X)\right)^2$$

Die Varianz lässt sich also berechnen, indem man das Quadrat des Erwartungswerts vom zweiten Moment abzieht!

Zur Bestimmung von $\mathbb{E}(X^2)$ bräuchte man theoretisch die Verteilung von X^2, die man mit Hilfe von (75.1) ermitteln könnte. Man kann jedoch allgemein zeigen, dass für eine diskrete Zufallsvariable X mit Verteilung $f(j)_{j \in \mathbb{Z}}$ gilt:

$$\mathbb{E}(X^k) = \sum_{j=-\infty}^{\infty} x_j^k \cdot f(j). \qquad (92.2)$$

Für stetig verteilte Zufallsvariable X mit Verteilungsdichte $f(x)$ gilt entsprechend:

$$\mathbb{E}(X^k) = \int_{-\infty}^{\infty} x^k \cdot f(x)\, dx. \qquad (92.3)$$

Betrachten wir noch einmal das Glücksradmodell und die Gleichverteilung, um auch ein Beispiel für eine Zufallsvariable mit stetiger Verteilung durchzurechnen.

2.44 Beispiel (Glücksradmodell)

Bekannt ist, dass die Zufallsvariable

$$X = \text{„Winkelstellung des Glücksradzeigers"}$$

gleichverteilt im Intervall $[0, 2\pi]$ ist.

Mit Hilfe der Verteilungsdichte (43.3) und Definition (89.2) ergibt sich für den Erwartungswert:

$$\mathbb{E}(X) = \int_0^{2\pi} x \frac{1}{2\pi} dx = \frac{1}{2\pi}\, \frac{1}{2} x^2 \Big|_0^{2\pi} = \frac{1}{2\pi}\, \frac{4\pi^2}{2} = \frac{2\pi^2}{2\pi} = \pi. \qquad (92.4)$$

Die Varianz ergibt sich aus:

$$\mathbb{V}(X) = \int_0^{2\pi} (x - \pi)^2 \frac{1}{2\pi}\, dx$$

$$= \int_0^{2\pi} x^2 \frac{1}{2\pi}\, dx - 2\pi \int_0^{2\pi} x \frac{1}{2\pi}\, dx + \pi^2 \int_0^{2\pi} \frac{1}{2\pi}\, dx \qquad (92.5)$$

$$= \mathbb{E}(X^2) - 2\left(\mathbb{E}(X)\right)^2 + \left(\mathbb{E}(X)\right)^2$$

$$= \frac{1}{2\pi}\,\frac{1}{3}x^3\bigg|_0^{2\pi} - 2\pi^2 + \pi^2 = \frac{8}{6}\pi^2 - \pi^2 = \frac{1}{3}\pi^2.$$

Dies liefert für die Streuung

$$\sigma(X) = \frac{\pi}{\sqrt{3}} \tag{93.1}$$

entsprechend ca. 104°.

Man beachte, dass der Mittelwert (92.4) in diesem Beispiel nicht sehr aussagekräftig ist, da sich die Streuung laut Gleichung (93.1) fast über den gesamten Winkelbereich erstreckt.

Mit Hilfe der Funktionsgruppe Statistics der MATLAB Statistics Toolbox lassen sich Erwartungswert und Varianz für die gängigen Verteilungen leicht bestimmen.

2.45 Beispiel (Erwartungswert und Varianz mit MATLAB)

Wir berechnen Mittelwert und Varianz der Hypergeometrischen Verteilung $h_{n,N,M}(k)$ mit den Parametern $M = 10$, $N = 40$ und $n = 8$:

```
M = 10; N=40; n=8;          % Ausgangsparameter
m = N+M; k = M;             % Umcodierung der Parameter
                            % Erwartungswert EW, Varianz Var
[EW, Var] = hygestat(m, k, n)

EW =

      1.6000

Var =

      1.0971
```

Beim Ziehen von $n = 8$ Elementen aus $M + N = 50$ ohne Zurücklegen, werden also im Mittel 1.6 der $N = 10$ ausgezeichneten Elemente gezogen.

Kennwerte bei Skalierung und Translation

Wenn alle Werte einer Zufallsvariablen X mit einem festen Wert beaufschlagt werden, dann sollte sich auch der Mittelwert um genau um diesen Wert ändern. Jedoch sollte diese Operation keinen Einfluss auf die Verteilung der

Werte um den (neuen) Mittelwert herum haben, mit anderen Worten, die
Streuung sollte sich nicht ändern. Andererseits sollten sich Mittelwert und
Streuung bei Skalierung aller Werte entsprechend mit skalieren.

Das folgende Resultat gibt diese anschaulichen Vorstellungen wieder:

Sei

$$X : (\Omega, P) \longrightarrow \mathbb{R}$$

eine (reelle) Zufallsvariable mit Erwartungswert $\mathbb{E}(X)$ und Varianz $\mathbb{V}(X)$.
Dann gilt für die Zufallsvariable $Y = aX + b$ mit $a, b \in \mathbb{R}$:

(a) $\mathbb{E}(Y) = a\mathbb{E}(X) + b$,

(b) $\mathbb{V}(Y) = a^2\mathbb{V}(X)$,

(c) $\sigma(Y) = |a|\sigma(X)$.

Die Aussage aus Teil (a) folgt direkt aus der Linearität des Integrals und der
Summe.

Aussage (b) erhält man mit

$$
\begin{aligned}
\mathbb{E}(Y^2) &= \mathbb{E}\big((aX + b)^2\big) \\
&= \mathbb{E}\big(a^2 X^2 + 2abX + b^2\big) \\
&= a^2\mathbb{E}(X^2) + 2ab\mathbb{E}(X) + b^2
\end{aligned}
\tag{94.1}
$$

und (vgl. Teil (a))

$$(\mathbb{E}(Y))^2 = a^2\,(\mathbb{E}(X))^2 + 2ab\mathbb{E}(X) + b^2, \tag{94.2}$$

denn damit folgt nach Gleichung (92.1):

$$
\begin{aligned}
\mathbb{V}(Y) &= \mathbb{E}(Y^2) - (\mathbb{E}(Y))^2 \\
&= a^2\mathbb{E}(X^2) - a^2\,(\mathbb{E}(X))^2 \\
&= a^2\left(\mathbb{E}(X^2) - (\mathbb{E}(X))^2\right) = a^2\mathbb{V}(X).
\end{aligned}
\tag{94.3}
$$

Teil (c) ergibt sich durch Wurzelziehung aus Teil (b).

Die obigen Resultate werden in Berechnungen mit Kennwerten von Verteilungen sehr häufig benötigt.

Für eine Zufallsvariable X mit Erwartungswert $\mu := \mathbb{E}(X)$ und Varianz
$\sigma^2 := \mathbb{V}(X)$ folgt aus den Gleichungen (a) und (b) unmittelbar:

$$\mathbb{E}\left(\frac{X - \mu}{\sigma}\right) = 0 \tag{94.4}$$

und

$$\mathbb{V}\left(\frac{X - \mu}{\sigma}\right) = 1. \tag{95.1}$$

Eine Anwendung dieses speziellen Resultats ergibt sich im Zusammenhang mit der Tabellierung der in Abschnitt 2.7.2 zu besprechenden *Normalverteilung*, die eine herausragende Stellung in der Wahrscheinlichkeitsrechnung und Statistik einnimmt. Diese Verteilung hängt nur von $\mu := \mathbb{E}(X)$ und $\sigma^2 := \mathbb{V}(X)$ ab.

Aus den Gleichungen (94.4) und (95.1) folgt, dass es in diesem Fall genügt, die Verteilung mit den Parametern $\mu = 0$ und $\sigma = 1$ zu tabellieren (vgl. Tabelle B.1, S. 523 in Anhang B)! Für andere Parameterkombinationen ergibt sich die Verteilung dann durch eine einfache Rücktransformation (vgl. hierzu Übung 35 und Abschnitt 2.7.3, S. 123).

Quantile und Median

In statistischen Betrachtungen kommt es oft darauf an, dass Aussagen mit einer gewissen statistischen Sicherheit α (meist $\alpha = 99\%$ oder $\alpha = 95\%$) gemacht werden. In den entsprechenden Berechnungen läuft dies immer auf die Frage hinaus, für welchen Wert u_α die Verteilung der betrachteten Zufallsvariablen X Werte oberhalb oder unterhalb von u_α mit der vorgegebenen Sicherheit annimmt.

Der Wert u_α, für den gilt

$$F_X(u_\alpha) = P(X \leq u_\alpha) \leq \alpha, \tag{95.2}$$

heißt das **einseitige α-Quantil** der Verteilung von X.

Mit Hilfe von MATLAB lassen sich die Quantile für die gängigen Verteilungen leicht bestimmen. Hierzu stellt MATLABs Statistics Toolbox die Funktionsgruppe Critical Values of Distribution functions bereit, mit denen die inversen Verteilungsfunktionen $F_X^{-1}(y)$ berechnet werden können. Ein Beispiel soll die Verwendung dieser Funktionen illustrieren.

2.46 Beispiel (Berechnung von Quantilen mit MATLAB)

Wir berechnen das 95%-Quantil der Exponentialverteilung mit Parameter $\lambda = 2$ mit Hilfe folgender MATLAB-Anweisungen:

```
lambda = 2;
p = 0.95;
u_95 = expinv(p,1/lambda)

u_95 =

    1.4979
```

Mit der Probe

$$P(X \leq u_{95}) = 1 - e^{-\lambda u_{95}} = 1 - e^{-2 \cdot 1.4979} = 1 - 0.05 = 0.95$$

lässt sich dieses Ergebnis analytisch bestätigen.

Ein weiterer, oft genutzter Kennwert ergibt sich als Spezialfall aus der obigen Quantildefinition.

Der Wert u_{50}, also das 50%-Quantil, wird der **Median** genannt.

Der *Median* ist also derjenige Wert, für den die Zufallsvariable X mit gleicher Wahrscheinlichkeit (nämlich $\frac{1}{2}$) Werte oberhalb und unterhalb annimmt, denn

$$P(X \leq u_{50}) = \frac{1}{2} = 1 - \frac{1}{2} = 1 - P(X \leq u_{50}) = P(X > u_{50}). \qquad (96.1)$$

Insbesondere bei unsymmetrischen Verteilungen ist der Wert oft aussagekräftiger als der Mittelwert, etwa bei der Exponentialverteilung. Hierzu das folgende MATLAB-Beispiel:

```
lambda = 2;                    % Mittelwert = 1/lambda
p = 0.50;

u_50 = expinv(p,1/lambda)   % Median

u_50 =

    0.3466
                               % Erwartungswert EW, Varianz Var
[EW,Var] = expstat(1/lambda)

EW =

    0.5000

Var =

    0.2500
```

Die mittlere Lebensdauer ist also $\frac{1}{2}$, aber 50% aller Geräte fallen schon vor dem Zeitpunkt 0.3466 aus (also nach ca. $\frac{1}{3}$ Zeiteinheiten).

Korrelationskoeffizienten

Ein weiterer Kennwert, der etwas über den *linearen Zusammenhang* zweier Zufallsvariablen aussagt, ist der so genannte *Korrelationskoeffizient*.

Seien

$$X, Y : (\Omega, P) \longrightarrow \mathbb{R}$$

zwei (reelle) Zufallsvariablen. Dann heißt

$$\rho(X, Y) = \frac{\mathbb{E}((X - \mathbb{E}(X))(Y - \mathbb{E}(Y)))}{\sigma(X)\sigma(Y)} \qquad (97.1)$$

der **Korrelationskoeffizient** von X und Y.

Wie schon angedeutet, misst der Korrelationskoeffizient den Grad des linearen Zusammenhangs zweier Zufallsvariablen, denn es gilt:

Genau dann gilt $Y = aX + b$ für zwei reelle Zahlen a und b, wenn gilt:

$$\rho(X, Y) = 1 \qquad (97.2)$$

oder

$$\rho(X, Y) = -1. \qquad (97.3)$$

Falls für zwei Zufallsvariablen X und Y

$$\rho(X, Y) = 0 \qquad (97.4)$$

ist, so heißen X und Y **unkorreliert**.

Sind X und Y stochastisch unabhängig, so folgt stets, dass X und Y auch unkorreliert sind.

Die Umkehrung der obigen Implikation gilt i.A. nicht. Dies liegt daran, dass, wie erwähnt, der Korrelationskoeffizient lediglich den *linearen* Zusammenhang misst, nicht jedoch den Zusammenhang überhaupt (vgl. Übung 34).

Es sei an dieser Stelle jedoch erwähnt, dass für die bereits angesprochene *Normalverteilung* die Äquivalenz gilt, d.h. zwei normalverteilte Zufallsvariablen sind genau dann unabhängig, wenn sie unkorreliert sind.

2.6.3 Kennwerte von Summen und Produkten

In diesem Abschnitt wird nochmals deutlich, welche Bedeutung *unabhängige* Zufallsvariablen haben.

Diese gestatten nämlich die einfache Berechnung der Kennwerte von Summen und Produkten von Zufallsvariablen mit Hilfe der ursprünglichen Kennwerte, wie das nachfolgende Resultat zeigt:

Seien

$$X, Y : (\Omega, P) \longrightarrow \mathbb{R}$$

zwei (reelle) Zufallsvariablen. Dann gilt stets:

$$\mathbb{E}(X + Y) = \mathbb{E}(X) + \mathbb{E}(Y). \tag{98.1}$$

Sind X und Y zusätzlich *unabhängig*, so gilt:

$$\mathbb{E}(X \cdot Y) = \mathbb{E}(X) \cdot \mathbb{E}(Y), \tag{98.2}$$
$$\mathbb{V}(X + Y) = \mathbb{V}(X) + \mathbb{V}(Y). \tag{98.3}$$

Die letzten beiden Gleichungen folgen unmittelbar aus der Gleichung (79.4) für Verteilungsdichten (resp. Verteilungen). Auf einen genauen Nachweis soll aber an dieser Stelle verzichtet werden. Stattdessen werden die Vorteile der Anwendungen des vorangegangenen Satzes lieber anhand von Beispielen erläutert.

2.47 Beispiel (Annahmekontrollbeispiel)

Nach Beispiel 2.37, S. 80 lässt sich ein Annahmekontrollexperiment mit Ziehen, Prüfen und Zurücklegen als Summe der Zufallsvariablen

$$X_i = \text{„Ergebnis der Ziehung bei Zug } i"$$

modellieren, wobei:

$$X_i = \begin{cases} 0 & \text{falls} \quad \text{Teil o.k.,} \\ 1 & \text{falls} \quad \text{Teil defekt.} \end{cases} \tag{98.4}$$

Dann gilt für die Zufallsvariable

$$X = \text{„Zahl der defekten Teile bei } n \text{ Zügen",}$$

dass

$$X = X_1 + X_2 + \ldots + X_n = \sum_{i=1}^{n} X_i$$

ist. Da die X_i unabhängig und mit Parameter p Bernoulli-verteilt sind, folgt aus den Rechenregeln für die Kennwerte unabhängiger Zufallsvariablen bezüglich des Erwartungswertes (Gleichung (98.1)):

$$\mathbb{E}(X) = \mathbb{E}\left(\sum_{i=1}^{n} X_i\right) = \sum_{i=1}^{n} \mathbb{E}(X_i)$$
$$= \sum_{i=1}^{n} p = np. \tag{98.5}$$

Für die Varianz folgt aus Gleichung (98.3):

$$\mathbb{V}(X) = \mathbb{V}\left(\sum_{i=1}^{n} X_i\right) = \sum_{i=1}^{n} \mathbb{V}(X_i)$$

$$= \sum_{i=1}^{n} p(1-p) = np(1-p).$$

(99.1)

Erwartungswert und Varianz der binomialverteilten Summenvariablen X lassen sich somit viel leichter errechnen als in Beispiel 2.43.

2.48 Beispiel (Ausfallzeiten von Geräten)

Man betrachte zwei unabhängige, mit Parameter λ_1 und λ_2 exponential-verteilte Zufallsvariablen X und Y.
Wir untersuchen, welchen Erwartungswert und welche Varianz die Summenvariable $Z := X + Y$ hat. Nach (98.1) und (98.3) erhält man

$$\mathbb{E}(Z) = \mathbb{E}(X+Y) = \mathbb{E}(X) + \mathbb{E}(Y)$$

$$= \frac{1}{\lambda_1} + \frac{1}{\lambda_2} = \frac{\lambda_1 + \lambda_2}{\lambda_1 \lambda_2}$$

(99.2)

und

$$\mathbb{V}(Z) = \mathbb{V}(X+Y) = \mathbb{V}(X) + \mathbb{V}(Y).$$

(99.3)

Die Varianz einer exponentialverteilten Zufallsvariablen mit Parameter λ wurde bislang noch nicht berechnet. Wir verwenden die Formel (92.1) und berechnen zunächst:

$$\mathbb{E}\left(X^2\right) = \int_0^\infty x^2 \lambda e^{-\lambda x}\, dx$$

$$= \frac{1}{\lambda^2}\left(-\lambda^2 x^2 e^{-\lambda x} + 2\lambda x e^{-\lambda x} + 2e^{-\lambda x}\right)\Big|_0^\infty$$

$$= \frac{1}{\lambda^2}(0 + 0 + 2) = \frac{2}{\lambda^2}.$$

(99.4)

Damit folgt

$$\mathbb{V}(X) = \mathbb{E}(X^2) - (\mathbb{E}(X))^2 = \frac{2}{\lambda^2} - \frac{1}{\lambda^2} = \frac{1}{\lambda^2}$$

(99.5)

und

$$\mathbb{V}(Z) = \frac{1}{\lambda_1^2} + \frac{1}{\lambda_2^2} = \frac{\lambda_1^2 + \lambda_2^2}{\lambda_1^2 \lambda_2^2}$$

(99.6)

für die Varianz der Summenvariablen Z.

2.6.4 Übungen

Übung 24 (*Lösung Seite 402*)

Es seien X_1, X_2 und X_3 drei unabhängige, Bernoulli-verteilte Zufallsvariablen.
Bestimmen Sie die Verteilung des Zufallsvektors $\vec{X} = (X_1, X_2, X_3)$ und die
Wahrscheinlichkeit, dass $\vec{X}$ die Werte $\{(1, *, 0), * = \text{beliebig}\}$ annimmt.

Übung 25 (*Lösung Seite 403*)

Bestimmen Sie für die exponentialverteilten Zufallsvariablen aus Beispiel
2.39 die Verteilung der Summenvariablen $Z = X + Y$ im Fall, dass X und Y
identisch verteilt sind, d.h. im (dort ausgeschlossenen) Fall $\lambda_1 = \lambda_2$.

Übung 26 (*Lösung Seite 403*)

Schreiben Sie ein MATLAB-Programm, mit dessen Hilfe Sie die Verteilung
der Summe identisch exponentialverteilter Zufallsvariablen (approximativ)
berechnen können.

Beachten Sie dabei, dass sie nur endlich viele Stützstellenwerte der Exponentialverteilung heranziehen können. Wählen Sie die Stützstellen so, dass alle
signifikanten Werte der Verteilung erfasst werden.

Übung 27 (*Lösung Seite 404*)

Bestimmen Sie analytisch und mit Hilfe von MATLAB den Erwartungswert
der Summenvariablen Z aus Beispiel 2.38, S. 82 für den Parameter $p = \frac{1}{4}$.

Übung 28 (*Lösung Seite 405*)

Stellen Sie mit Hilfe der Bemerkungen zu Gleichung (92.3) eine Formel zur
Berechnung der Varianz $\mathbb{V}(X)$ einer diskreten bzw. einer stetigen Zufallsvariablen auf. Die Formel soll also $\mathbb{V}(X)$ direkt mit Hilfe der Verteilung bzw.
der Verteilungsdichte von X angeben!

Übung 29 (*Lösung Seite 406*)

Seien X und Y zwei *unabhängige* Zufallsvariablen. Bestimmen Sie aus den
Erwartungswerten und den Varianzen dieser Zufallsvariablen den Erwartungswert und die Varianz der *Differenz* $X - Y$ der beiden Zufallsvariablen.

Übung 30 (*Lösung Seite 406*)

Betrachten Sie eine binomialverteilte Zufallsvariable X mit den Parametern $p = 0.1$ und $n = 5$ und eine davon unabhängige binomialverteilte Zufallsvariable Y mit den Parametern $p = 0.5$ und $n = 4$. Bestimmen Sie mit Hilfe von MATLAB die Verteilung der Summenvariablen $Z = X + Y$ sowie deren Erwartungswert, Varianz und Streuung.

Übung 31 (*Lösung Seite 407*)

Berechnen Sie den Erwartungswert und die Varianz einer im Intervall $[a, b]$ *gleichverteilten* Zufallsvariablen X.
Überprüfen Sie ihr Ergebnis mit Hilfe von MATLAB für verschiedene Intervalle $[a, b]$.

Übung 32 (*Lösung Seite 409*)

Berechnen Sie mit Hilfe von MATLAB das 90%-Quantil der Geometrischen Verteilung mit Parameter $p = \frac{1}{4}$.
Überprüfen Sie das Ergebnis analytisch.

Übung 33 (*Lösung Seite 409*)

Bestimmen Sie mit Hilfe von MATLAB den Median der Hypergeometrischen Verteilung aus Beispiel 2.45, S. 93.

Übung 34 (*Lösung Seite 410*)

Geben Sie ein Beispiel für zwei Zufallsvariablen an, die zwar unkorreliert aber nicht unabhängig sind.

Übung 35 (*Lösung Seite 411*)

Rechnen Sie die Gleichungen (94.4) und (95.1) nach und bestimmen Sie anschließend, wie umgekehrt eine Zufallsvariable Y mit den Parametern $\mu = 0$ und $\sigma = 1$ skaliert werden muss, damit die resultierende Variable X den Erwartungswert 3 und die Varianz 4 hat.

Übung 36 (*Lösung Seite 411*)

Rechnen Sie nach, dass eine Bernoulli-verteilte Zufallsvariable mit Parameter p den Erwartungswert p und die Varianz $p(1 - p)$ hat.
Überprüfen Sie Ihr Ergebnis mit MATLAB.

Übung 37 (*Lösung Seite 412*)

Beantworten Sie die Fragen aus Beispiel 1.3, S. 4.

Übung 38 (*Lösung Seite 413*)

Stellen Sie das Ergebnis aus Beispiel 2.39, Gleichung (83.3) für verschiedene
Parameter λ_1, λ_2 mit Hilfe von MATLAB grafisch dar.

2.7 Weitere spezielle Verteilungen und ihre Anwendungen

Im Laufe der vorangegangenen Abschnitte wurden bereits einige Verteilungen und Verteilungsdichten hergeleitet und definiert.

In der Tabelle 2.5 sind diese Verteilungen mit ihren wichtigsten Merkmalen zusammengefasst.

Tabelle 2.5: Bisher behandelte Verteilungen und Verteilungsdichten

Verteilung	Art	Definition	MATLAB	Anwendung
Bernoulli-Verteilung	diskret	Gleichung (66.2)	binopdf, binocdf (mit $n = 1$)	Ja/Nein-Experimente
Identische Verteilung	diskret	Gleichung (61.5) (fairer Würfel)	p*ones(1,n)	Fairer Würfel, faire Spiele mit diskretem Ausgang, Zufallsgeneratoren
Hypergeometrische Verteilung	diskret	Gleichung (31.1)	hygepdf, hygecdf	Annahmekontrolle für kleine Lose, Urnenexperimente ohne Zurücklegen, Lotto
Binomialverteilung	diskret	Gleichung (31.2)	binopdf, binocdf	Annahmekontrolle, Urnenexperimente mit Zurücklegen
Geometrische Verteilung	diskret	Gleichung (64.2)	geopdf, geocdf	Warten auf ersten Erfolg, Warten auf Eintreffen eines Ereignisses
Gleichverteilung	stetig	Gleichung (43.3) (für $[0, 2\pi]$)	unifpdf, unifcdf	Zufallsgeneratoren, Glücksrad
Exponentialverteilung	stetig	Gleichung (72.1)	exppdf, expcdf	Lebensdauer bei konstanten Ausfallraten

Im Folgenden sollen einige weitere wichtige Verteilungen und ihre Anwendungen diskutiert werden. Besonderes Augenmerk wird dabei natürlich auf die die Praxis beherrschende *Normalverteilung* gelegt.

2.7.1 Diskrete Verteilungen

Die Liste der diskreten Verteilungen aus Tabelle 2.5 soll lediglich um zwei weitere ergänzt werden.

Die Poisson-Verteilung

Die *Poisson-Verteilung* wird auch die Verteilung der „seltenen Ereignisse" genannt. Bekannt geworden ist diese Verteilung als Verteilung des Zerfalls von radioaktiven Isotopen. Dabei ist die Zahl der zerfallenen Teilchen pro Zeitintervall die interessierende Größe. Man geht dabei davon aus, dass es sich beim Zerfall in dem Sinne um ein „seltenes Ereignis" handelt, dass in einem (kurzen) Zeitintervall vergleichsweise wenig Zerfälle beobachtet werden.
Wir wollen im Folgenden aber ein anderes, vielleicht eingängigeres Beispiel betrachten. Dabei formulieren wir das Experiment gleich in Form einer Zufallsvariablen.

2.49 Beispiel (Verkehrszählung)

Bei einer Verkehrszählung wird die Anzahl der vorbeikommenden Fahrzeuge ermittelt. Die interessierende Größe sei dabei

$X = $ „Zahl n der pro Zeitintervall vorbeikommenden Fahrzeuge".

Dabei wird für ein vorgegebenes Zeitintervall (z.B. 1 min) und für jedes $n \in \mathbb{N}$ festgehalten, wir oft genau n Fahrzeuge in diesem Zeitraum vorbeifuhren! Die Zahl der beobachteten Zeitintervalle mit genau n Fahrzeugen kann zur Schätzung der Wahrscheinlichkeit des Ereignisses $X = n$ herangezogen werden.
Anschaulich ist klar, dass desto weniger Intervalle beobachtet werden, in denen genau n Fahrzeuge vorbei fahren, je größer die Zahl n ist. Die Beobachtung von n Fahrzeugen im Zeitintervall wird damit für $n \gg 1$ ein seltenes Ereignis! So wird man etwa an einer Straße in einer Wohngegend vergleichsweise viel häufiger 0 Fahrzeuge pro Zeitintervall beobachten als 20.

Wir diskutieren noch ein anderes Beispiel dieser Art.

2.50 Beispiel (Qualitätskontrolle)

Wir betrachten

$Y = $ „Zahl der defekten Teile bei der Prüfung eines Warenpostens".

Dabei gehen wir von einem großen Posten von Teilen aus, für die eine sehr kleine Defektwahrscheinlichkeit, etwa $p = 0.0005$, angenommen werden kann. Wenn man nun zur Prüfung eine Anzahl n (z.B. $n = 10000$) von Teilen herausgreift, so ist anschaulich klar, dass das Ereignis, k defekte Teile zu ziehen, für große k auf Grund der geringen Defektwahrscheinlichkeit ein seltenes Ereignis ist.

Die in den beiden vorangegangenen Beispielen definierten Zufallsvariablen haben eine spezielle diskrete Verteilung, die so genannte *Poisson-Verteilung*. Sie lässt sich relativ leicht als Grenzverteilung der Binomialverteilung herleiten (vgl. dazu auch Abschnitt 2.8.4) [18]. In der Tat müsste im vorangegangenen Beispiel 2.50 nach den bisherigen Erkenntnissen für die Zufallsvariable eine Binomialverteilung angesetzt werden. Allerdings wäre die Berechnung der Werte dieser Verteilung auf Grund der großen Binomialkoeffizienten und der kleinen Wahrscheinlichkeiten recht schwierig.

Die Berechnung der Poisson-Verteilung ist, wie die folgende Definition zeigt, einfacher:

Die diskrete Verteilung mit

$$f_P(k) = \frac{\mu^k}{k!} e^{-\mu}, \quad k \in \mathbb{N}_0 \tag{104.1}$$

heißt **Poisson-Verteilung** mit Parameter μ.

Man kann zeigen (vgl. Übung 39, S. 126):

Ist die Zufallsvariable X Poisson-verteilt mit Parameter μ, so gilt:

$$\mathbb{E}(X) = \mu. \tag{104.2}$$

Damit ist der Erwartungswert der einzige Parameter der Verteilung!

Die Poisson-Verteilung kann mit Hilfe der MATLAB-Funktionen `poisspdf` und `poisscdf` bequem berechnet und grafisch dargestellt werden.

Die Abbildung 2.13, die mit den MATLAB-Anweisungen (vgl. Datei **PoissonVert.m**)

```
mu = 3;                 % Parameter der Poisson-Verteilung
n = 20;                 % erste n mögliche Werte der
                        % Zufallsvariablen
k = (-2:1:n+2);         % Wertebereich der Darstellung
                        % Berechnung der Werte der Verteilung
poiss = poisspdf(k,mu);


                        % Plot der Werte in Form eines
                        % Stabdiagramms
stem(k, poiss, 'r-');
xlabel('k','FontSize', 14); ylabel('f_P(k)','FontSize', 14);
% ...
```

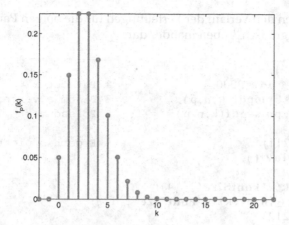

Abb. 2.13: Die Poisson-Verteilung für $\mu = 3$

gewonnen wurde, stellt exemplarisch die Poisson-Verteilung für den Parameter $\mu = 3$ in Form eines Stabdiagramms dar.

Die Poisson-Verteilung kann, wie oben bereits erwähnt, als Grenzverteilung der Binomialverteilung hergeleitet werden (vgl. Abschnitt 2.8.4, S. 137ff).

Eine Faustregel besagt, dass man eine gute Übereinstimmung zwischen der Binomialverteilung mit den Parametern n und p und der Poisson-Verteilung mit Parameter $\mu = np$ erhält, wenn n und p in etwa den Bedingungen

$$np < 10 \text{ und } n > 1500p \qquad (105.1)$$

genügen [18]. Dies bedeutet, dass die Binomialverteilung immer dann erfolgreich durch die Poisson-Verteilung mit Parameter $\mu = np$ ersetzt werden kann, wenn große n und kleine „Erfolgs"-Wahrscheinlichkeiten vorliegen, wie im Beispiel 2.50.

2.51 Beispiel (Qualitätskontrolle – Fortsetzung)

In Beispiel 2.50 ist $n = 10000$ und $p = 0.0005$. Nach Definition (30.3) und Gleichung (91.2) ist der Mittelwert μ der (eigentlich binomialverteilten) Zufallsvariablen Y gleich $np = 5$. Außerdem ist n deutlich größer als $1500p = 0.75$.

Damit sind die Bedingungen für eine gute Approximation der Binomialverteilung durch die (in diesem Falle wesentlich einfacher zu berechnende) Poisson-Verteilung erfüllt.

Zum Vergleich der beiden Verteilungen greifen wir im vorliegenden Fall auf die MATLAB Statistics Toolbox zurück. Die nachfolgenden Anweisun-

---

[31] Die Anweisungen zur Anpassung der Liniendicke etc. werden hier weggelassen. Man vergleiche dazu die Datei **BinPoiss.m** der Begleitsoftware.

gen berechnen den Verlauf der Verteilungen für die obigen Parameter und stellen diese grafisch[31] übereinander dar:

```
k=(0:1:30);
n=10000;  p=1/2000;              % Parameter
binvrt = binopdf(k,n,p);        % Binomialverteilung
poivrt = poisspdf(k,n*p);       % Poissonverteilung

subplot(211)                    % Ergebnis plotten
stem(k,binvrt);
% ...
xlabel('k','FontSize', 14);
ylabel('h_{n,p}(k)','FontSize', 14);
subplot(212)
stem(k,poivrt);
% ...
xlabel('k','FontSize', 14);
ylabel('f_P(k)','FontSize', 14);
```

Das Ergebnis ist in Abbildung 2.14 dargestellt und zeigt die Übereinstimmung der beiden diskreten Verteilungen.

Numerisch kann das Ergebnis folgendermaßen dargestellt werden:

```
[binvrt', poivrt']
```

Auf die Abbildung der resultierenden Zahlenkolonnen soll allerdings verzichtet werden.

Die Pascal-Verteilung

Die folgende Verteilung spielt ebenfalls in der Qualitätskontrolle eine Rolle und ist eine Verallgemeinerung der bereits besprochenen Geometrischen Verteilung.

Im vorliegenden Fall beobachtet man beim Experiment „Ziehen mit Zurücklegen und ohne Reihenfolge", wie oft man über k Züge hinaus ziehen muss, um k „Erfolge" (also etwa defekte Teile bei einer Qualitätsprüfung) zu haben. Die Pascal-Verteilung gibt für jede zusätzliche Anzahl n von Zügen die entsprechende Wahrscheinlichkeit an.

Offenbar entspricht die Fragestellung für $k = 1$ der Situation „Warten auf einen Erfolg", für die die Geometrische Verteilung das geeignete Modell ist.

Wir wollen die Formel für die *Pascal-Verteilung* nicht allgemein herleiten, sondern anhand eines Beispiels motivieren.

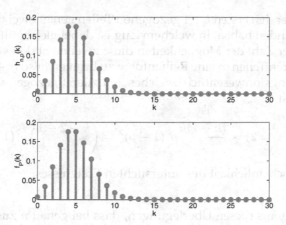

Abb. 2.14: Die Approximation der Binomialverteilung (oben) durch die Poisson-Verteilung (unten) für $\mu = np = 5$

2.52 Beispiel (Qualitätskontrolle – Pascal-Verteilung)

Wir betrachten bei einer Qualitätsprüfung die Zufallsvariable

$$X = \text{„Zahl } n \text{ der zusätzlichen Prüfungen,}$$
$$\text{um genau } k \text{ defekte Teile zu finden''.}$$

Die Prüfung besteht aus einer Folge von unabhängigen (Bernoulli-)Experimenten mit „Erfolgs"-Wahrscheinlichkeit p (hier die Defektwahrscheinlichkeit). Wir fragen nach der Zahl der Versuche, bis k „Erfolge" erzielt werden. Es ist klar, dass hierfür mindestens k Prüfungen notwendig sind. Von Interesse ist nun die Zahl der *zusätzlich* notwendigen Prüfungen. Unter Verwendung der oben definierten Zufallsvariablen X, untersuchen wir zunächst einige Spezialfälle:

- $X = 0$ (keine zusätzliche Prüfung): Es werden also k defekte Teile bei k Prüfungen gefunden. Damit gilt für die Wahrscheinlichkeit dieses Ereignisses auf Grund der Unabhängigkeit der Prüfungen

$$P(X = 0) = p^k.$$

- $X = 1$ (eine zusätzliche Prüfung): Es werden k defekte bei $k + 1$ Prüfungen gefunden. Dafür gibt es genau k Möglichkeiten. Somit gilt

$$P(X = 1) = k \cdot p^k (1 - p).$$

- $X = 2$ (zwei zusätzliche Prüfungen): Es werden k defekte bei $k + 2$ Prüfungen gefunden. Dafür gibt es genau $\frac{(k+1)k}{2}$ Möglichkeiten, denn man

muss unter den ersten $k+1$ gezogenen Teilen genau zwei nicht defekte
Teile gefunden haben. In welchem Zug ist dabei gleichgültig. Dies entspricht der Zahl der Möglichkeiten diese zwei nicht defekten Teile mit
den anderen Teilen in eine Reihenfolge zu bringen (also $(k+1)k$). Dabei
ist allerdings unwesentlich, welches Teil zuerst gezogen wird (Faktor
$\frac{1}{2}$). Also ist

$$P(X = 2) = \frac{(k+1)k}{2}p^k(1-p)^2 = \binom{k+2-1}{2}p^k(1-p)^2$$

die Wahrscheinlichkeit des untersuchten Ereignisses.

Allgemein folgt aus diesen Überlegungen, dass bei genau n zusätzlich notwendigen Prüfungen n nicht defekte Teile bei den $k + n - 1$ vorausgegan-
genen Prüfungen gezogen worden sein müssen. Dabei ist die Reihenfolge
gleichgültig. Damit ergibt sich nach den entsprechenden Überlegungen für
Urnenmodelle (vgl. Tabelle 2.2, S. 22), dass X die nachfolgend definierte diskrete Verteilung besitzt:

$$f_{Ps}(n) = \binom{k+n-1}{n}p^k(1-p)^n, \quad n \in \mathbb{N}_0. \tag{108.1}$$

Diese diskrete Verteilung heißt **Pascal-Verteilung** oder **Negative Binomialverteilung** mit den Parametern k und p.

MATLABs Statistics Toolbox stellt die Negative Binomialverteilung (Pascal-
Verteilung) mit den Funktionen `nbinpdf` und `nbincdf` zur Verfügung.

Die Abbildung 2.15 zeigt exemplarisch den Verlauf der Verteilung für die
Parameter $k = 2$ und $p = 0.5$. Sie wurde mit den folgenden Anweisungen
berechnet (vgl. Datei **NBin.m** der Begleitsoftware):

```
vals =( -2:1:20);
k=2;   p=1/2;                    % Parameter
nbinvrt = nbinpdf(vals,k,p);     % Negative Binomialverteil.
% ...
stem(k,nbinvrt);                 % Ergebnis plotten
xlabel('n'); ylabel('f_{Ps}(n)');
```

2.7.2 Stetige Verteilungen

Die Liste der stetigen Verteilungen in Tabelle 2.5 war noch recht kurz. Stetige Verteilungen spielen aber in der Praxis meist die größere Rolle. Dies gilt
insbesondere für die so genannte *Normalverteilung*.

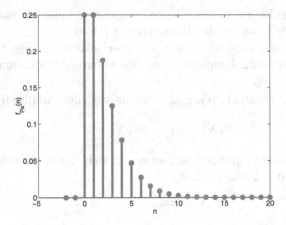

Abb. 2.15: Die Pascal-Verteilung für $k = 2$ und $p = 0.5$

Die Normalverteilung

Die *Normalverteilung* ist die wohl die wichtigste Verteilung der Wahrschein-lichkeitsrechnung und Statistik.

Ihre überragende Bedeutung verdankt sie zahllosen Anwendungen. So ist in fast allen Messvorgängen oder zufälligen Prozessen, bei denen ein *Sollwert* eingehalten werden muss, die Normalverteilung ein angemessenes Modell.

Der tiefere Grund für das häufige Auftreten dieser Verteilung wird im Ab-schnitt 2.8.2, S. 131ff klar, wo erläutert wird, dass diese Verteilung immer dann zwingend vorkommt, wenn sich viele gleichartige zufällige Prozes-se aufsummieren. Ein Beispiel hierfür ist die Rauschspannung eines Wider-stands, die als (summierter) Effekt der unregelmäßigen Bewegung einer Un-zahl von Elektronen aufgefasst werden kann.

Ein weiteres Beispiel ist die Messung der Abmaße eines produzierten Werk-stücks (vgl. Beispiel 1.4). Bei solchen Fertigungsprozessen kann man oft da-von ausgehen, dass Abweichungen vom Sollwert das Resultat einer Überla-gerung von vielen kleinen unsystematischen Störungen ist. Dann ist es i.A. eine sinnvolle Annahme die gefertigten Maße als *normalverteilt* anzusehen.

Im Anhang A.2, S. 518 werden die angesprochenen Prinzipien mit Hilfe ei-nes Gedankenexperiments erfasst und dazu genutzt, die Normalverteilung herzuleiten.

Dieser Herleitung kann entnommen werden, dass die Verteilungsdichte auf folgende Art definiert werden muss:

$$f_{NV}(x) = N(\mu, \sigma^2) = \frac{1}{\sigma\sqrt{2\pi}}e^{-\frac{1}{2\sigma^2}\cdot(x-\mu)^2}, \quad x \in \mathbb{R} \qquad (109.1)$$

Die stetige Verteilung mit dieser Verteilungsdichte heißt **Normalverteilung**
oder **Gauß-Verteilung** mit den Parametern[32] μ und σ.

Die Verteilung ist also durch zwei Parameter gekennzeichnet. Diese haben,
auch das ist dem Gedankenexperiment aus Anhang A.2 zu entnehmen, eine
spezielle Bedeutung.

Für eine mit den Parametern μ und σ normalverteilte Zufallsvariable X gilt:

$$\mathbb{E}(X) = \mu, \qquad \mathbb{V}(X) = \sigma^2. \tag{110.1}$$

Trägt man die Dichte grafisch auf, so ergibt sich die berühmte **Gauß´sche
Glockenkurve** (s. Abbildung 2.16).

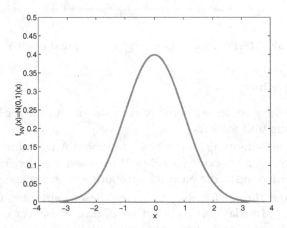

Abb. 2.16: Verteilungsdichte der Normalverteilung („Gauß'sche Glockenkurve") für
die Parameter $\mu = 0$ und $\sigma = 1$ (Standard-Normalverteilung)

Auf Grund der allgemeinen Normierungsvorschriften (94.4) und (95.1) lassen sich die Normalverteilungen $N(\mu, \sigma^2)$ durch entsprechende Skalierun-
gen auf die Normalverteilung mit Parameter $\mu = 0$ und $\sigma = 1$ zurückführen
(vgl. dazu auch die Bemerkungen auf Seite 95, die Übung 35, S. 101 und den
Abschnitt 2.7.3, S. 123ff).

Die in Abbildung 2.16 dargestellte Verteilung $N(0, 1)$ wird daher auch
Standard-Normalverteilung genannt.

MATLAB stellt in der Statistics Toolbox die Funktionen `normpdf` und `norm-
cdf` für Verteilungsdichte und Verteilungsfunktion der Normalverteilung
zur Verfügung.

---

[32] Man beachte, dass im Folgenden stets die Bezeichnung $N(\mu, \sigma^2)$ verwendet wird. Die zweite
Zahl ist also im vorliegenden Buch immer die *Varianz!*

2.53 Beispiel (Berechnung der Normalverteilung mit MATLAB)

Die folgende MATLAB-Sequenz berechnet den Wert $P(-2 < X \leq 1.5)$ für eine standard-normalverteilte Zufallsvariable X und eine Zufallsvariable Y mit Verteilungsdichte $N(1, 4)$:

```
a=-2;   b=1.5;                  % Intervallgrenzen
                                % P(-2 < X <= 1.5) mit normcdf
                                % (ohne Parameter = N(0,1))
wkt1 = normcdf(b)-normcdf(a)


wkt1 =

    0.9104

                                % P(-2 < Y <= 1.5) mit normcdf
                                % für Parameter mu=1, sigma=2
                                % beachte: MATLABs 2. Parameter
                                % ist die Streuung!
wkt2 = normcdf(b, 1, sqrt(4))-normcdf(a, 1, sqrt(4))

wkt2 =

    0.5319
```

Von Interesse ist natürlich auch die Funktionen norminv (inverse Verteilungsfunktion) zu Berechnung der Quantile der Normalverteilung.

2.54 Beispiel (Berechnung der Quantile der Normalvert. mit MATLAB)

Die folgende MATLAB-Sequenz berechnet das 90%Quantil u_{90} und den Medianwert u_{50} einer $N(1, 4)$-verteilten Zufallsvariablen:

```
mu=1;   sigma=sqrt(4);   % Parameter der Normalverteilung
                         % 90%-Quantil der Normalverteil.
                         % für Parameter mu=1, sigma=2
u_90 = norminv(0.9, mu, sigma)

u_90 =

    3.5631
                         % Median der Normalverteilung
                         % für Parameter mu=1, sigma=2
median = norminv(0.5, mu, sigma)
```

> median =
>
>   1

Der Median stimmt also mit dem Mittelwert überein.

Betrachtet man die Abbildung 2.16, so stellt man fest, dass die Normalver-
teilungsdichten offenbar symmetrisch um den Mittelwert sind. Der Median
stimmt also nicht nur in dem obigen Beispiel sondern auch im allgemeinen
Fall mit dem Mittelwert überein.

Die Lognormal-Verteilung

In vielen Fällen ist einer Zufallsgröße nach oben oder nach unten eine
Schranke gesetzt, sodass sie nur nach einer Seite frei Werte annehmen kann.
Das beste Beispiel hierfür sind Zufallsvariablen, die einen Zeitwert liefern.
Es i.A., wie etwa bei der Modellierung von Wartezeiten, nicht sinnvoll, ne-
gative Zeiten in Betracht zu ziehen.
Die Werte solcher Zufallsvariablen sind dann meist um irgendeinen Wert
ober- oder unterhalb der natürlichen Schranke konzentriert und nehmen
Werte weit weg von dieser Konzentrationsstelle mit immer geringer werden-
der Wahrscheinlichkeit an. Ein Beispiel wäre bei Belastungsversuchen von
Bauteilen die Bruchzeit (angegeben in Belastungszyklen). Die Verteilungs-
dichte (oder Verteilung) einer solchen Zufallsvariablen weist dann eine cha-
rakteristische Schiefe auf (vgl. Abbildung 2.17).
Werte von Zufallsgrößen, die solchen Randbedingungen unterliegen, lassen
sich oft als *multiplikative* Überlagerung vieler zufälliger Einflussgrößen auf-
fassen.
Da jedoch bekanntlich $\ln(a \cdot b) = \ln(a) + \ln(b)$ ist, hat man es mit der *additiven*
Überlagerung vieler zufälliger Einflussgrößen zu tun, wenn man statt der
Zufallsvariablen X die Zufallsvariable $\ln(X)$ betrachtet!
Solche Zufallsvariablen sind allerdings, wie im vorangegangenen Unterab-
schnitt erwähnt, normalverteilt.
Die Zufallsvariable X hat in diesem Fall die Verteilungsdichte:

$$f_{logNV}(x) = \begin{cases} 0 & \text{falls} \quad x \leq 0, \\ \frac{1}{x\sigma\sqrt{2\pi}} e^{-\frac{1}{2\sigma^2}\cdot(\ln(x)-\mu)^2} & \text{falls} \quad x > 0. \end{cases} \tag{112.1}$$

Dies ist die Dichte der so genannten **Logarithmischen Normalverteilung**
oder auch kurz **Lognormal-Verteilung** mit den Parametern μ und σ.
Oft wird diese stetige Verteilung zur Annäherung der Verteilung von eigentlich diskreten Variablen herangezogen, wie etwa bei den oben erwähnten
Belastungszyklen oder wie im folgenden Beispiel.

2.55 Beispiel (Wortlänge in englischen Texten)

C.B. Williams entdeckte bei der Untersuchung von 600 Sätzen in einem Roman G.B. Shaws, dass die Wortlänge X (gemessen in Buchstaben) der folgenden Verteilung genügte [30]:

$$f_{logNV}(x) = \begin{cases} 0 & \text{falls } x \leq 0, \\ \frac{1}{x \cdot 0.29\sqrt{2\pi}} e^{-\frac{1}{2 \cdot 0.29^2} \cdot (\ln(x) - 1.4)^2} & \text{falls } x > 0. \end{cases} \quad (113.1)$$

Mit anderen Worten, die Wortlänge ist lognormal-verteilt mit den Parametern $\mu = 1.4$ und $\sigma = 0.29$.

Die Parameter sind natürlich nicht mehr so direkt mit den Kennwerten der Zufallsvariablen verknüpft, wie bei der Normalverteilung. Es gelten folgende Beziehungen:

$$\mathbb{E}(X) = e^{\mu + \frac{\sigma^2}{2}}, \qquad \mathbb{V}(X) = e^{2\mu + \sigma^2}[e^{\sigma^2} - 1], \quad (113.2)$$

$$u_{50} = e^{\mu}, \qquad m = e^{\mu - \sigma^2}. \quad (113.3)$$

Dabei ist m der so genannte **Modalwert**. Hierunter versteht man den Wert, für den die Verteilungsdichte ihr Maximum einnimmt.

MATLAB stellt in der Statistics Toolbox die Funktionen `lognpdf` und `logncdf` für Verteilungsdichte und Verteilungsfunktion der Lognormal-Verteilung und die Funktionen `logninv` und `lognstat` für die Berechnung der Quantile und der Kennwerte zur Verfügung.

2.56 Beispiel (Berechnung der Lognormal-Verteilung mit MATLAB)

Die folgende MATLAB-Sequenz (vgl. Datei **BspLogNormal.m**) berechnet die Dichte der Lognormal-Verteilung für die Parameter aus Beispiel 2.55, stellt diese grafisch dar (s. Abbildung 2.17) und berechnet Mittelwert, Varianz und Streuung der dort definierten Zufallsvariablen X:

```
x=(0:0.01:10);              % Wertebereich von X
mu = 1.4; sigma = 0.29;     % Parameter der Lognormal-
                            % Verteilung
                            % zugehör. Verteilungsdichte
dichte = lognpdf(x, mu, sigma);
                            % grafische Darstellung
plot(x,dichte,'r-','LineWidth',4);
xlabel('x', 'FontSize', 14);
ylabel('f_{LogNV}(x)', 'FontSize', 14);
axis([0,10,0,0.4])
```

```
                              % Berechnung von Erwartungswert,
                              % Varianz und Streuung
[EW, Var] = lognstat(mu, sigma)

EW =

      4.2294


Var =

      1.5694

sigma = sqrt(Var)

      1.2528
```

Die durchschnittliche Wortlänge des untersuchten Textes war also ca. 4 Buchstaben mit einer Streuung von ca. einem Buchstaben.

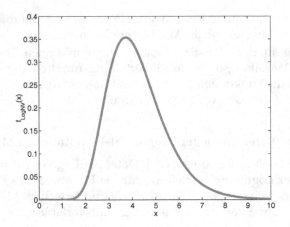

Abb. 2.17: Verteilungsdichte der Lognormal-Verteilung für die Parameter $\mu = 1.4$ und $\sigma = 0.29$

Die Weibull-Verteilung

Die **Weibull-Verteilung** wurde bereits in Übung 20 als verallgemeinerte Lebensdauerverteilung vorgestellt.

Sie ist (vgl. die zugehörige Lösung auf Seite 398) durch die Verteilungsdichte

$$f_{T,b}(t) = \begin{cases} 0 & \text{für} \quad t < 0, \\ \frac{b}{T^b} t^{b-1} e^{-\frac{1}{T^b} t^b} & \text{für} \quad t \in [0, \infty) \end{cases} \tag{115.1}$$

und durch die Verteilungsfunktion

$$F_{T,b}(t) = \begin{cases} 0 & \text{für} \quad t < 0, \\ 1 - e^{-\left(\frac{t}{T}\right)^b} & \text{für} \quad t \in [0, \infty) \end{cases} \tag{115.2}$$

definiert. Dabei sind b und T positive Konstanten.

Die Weibull-Verteilung lässt sich auf ähnliche Weise herleiten, wie die Exponentialverteilung (vgl. Anhang A.1, S. 517).

Man geht dabei nicht von einer konstanten Ausfallrate aus, sondern von einer *zeitabhängigen* Ausfallrate $\lambda(t)$ mit

$$\lambda(t) = \frac{b}{T} \left(\frac{t}{T}\right)^{b-1}, \qquad t \geq 0. \tag{115.3}$$

Mit dem Parameter b kann gesteuert werden, ob die Rate zeitlich abfällt ($b < 1$) oder zeitlich ansteigt ($b > 1$). Im ersten Falle modelliert man das Ausfallverhalten von Maschinen und Geräten, bei denen *Frühausfälle* dominieren und die immer weniger ausfallen, wenn sie einmal eingefahren sind. Im zweiten Fall modelliert man Maschinen und Geräte, die zuerst gut funktionieren, bei denen aber mit der Zeit die *Verschleißausfälle* zunehmen. Die Konstante T ist ein Zeitparameter.

Die Details der Herleitung können dem Anhang A.3, S. 520 entnommen werden.

Außer der Modellierung von Alterungsprozessen gibt es jedoch auch andere Beispiele, bei denen die Weibull-Verteilung ein sinnvolles Modell liefert:

2.57 Beispiel (Fahrten in gebirgigem Gelände)

Wir betrachten die Zufallsvariable

$$Y = \text{„Prozentualer Anteil von Gebirgsfahrten"}$$

von Fahrern eines bestimmten Autotyps.

Das bedeutet, dass Y den Prozentsatz p angibt, mit dem Fahrer eines bestimmten Autotyps im Gebirge fahren.

Die Verteilung $P(Y = p)$ gibt die Wahrscheinlichkeit an, mit der dieser Prozentsatz angenommen wird.

Die Prozentsätze $[0\%, 100\%]$ bilden zwar ein endliches Intervall, jedoch kann die Verteilung bei geeigneter Parametrisierung in guter Näherung durch die Verteilungsdichte einer Weibull-Verteilung modelliert werden.

Der Prozentsatz der Bergfahrten kann als „Verweildauer" interpretiert werden und somit Y in einem verallgemeinerten Sinn als Verweildauer- oder Lebensdauer-Variable. Die Häufigkeit für kleine Prozentsätze ist dabei i.A. hoch (kurze Verweildauer in den Bergen), da Bergfahrten eigentlich eher seltener sind und nimmt für höhere Prozentzahlen stark ab.

Aus den statistischen Daten lassen sich beispielsweise folgende Parameter für die Weibull-Verteilung ableiten:

$$b = 0.444, \quad T = 0.767.$$

Man erkennt, dass wegen $b < 1$ mehr mit kurzen Verweildauern (geringer Prozentsatz p) zu rechnen ist, was mit der Anschauung übereinstimmt.

Für die Kennwerte von Weibull-verteilten Zufallsvariablen lässt sich folgendes errechnen[33]:

$$\mathbb{E}(X) = T \cdot \Gamma\left(1 + \frac{1}{b}\right), \mathbb{V}(X) = T^2 \cdot \left[\Gamma\left(1 + \frac{2}{b}\right) - \Gamma^2\left(1 + \frac{1}{b}\right)\right], \quad (116.1)$$

$$u_{50} = T \cdot (\ln(2))^{\frac{1}{b}}, \qquad m = T \cdot e^{\frac{1}{b}\ln\left(\frac{b-1}{b}\right)}, \quad b > 1. \quad (116.2)$$

Dabei bezeichnet $\Gamma(x)$ die so genannte **Gamma-Funktion**:

$$\Gamma(x) = \int_0^\infty e^{-t}t^{x-1}\, dt. \quad (116.3)$$

Die von MATLAB in der Statistics Toolbox für die Weibull-Verteilung zur Verfügung gestellten Funktionen sind `weibpdf`, `weibcdf`, `weibinv` und `weibstat`.

2.58 Beispiel (Berechnung der Weibull-Verteilung mit MATLAB)

Die folgende MATLAB-Sequenz (vgl. **weibulltestBspFahrten.m**) berechnet die Dichte der Weibull-Verteilung für die Parameter aus Beispiel 2.57, stellt diese grafisch (vgl. Abbildung 2.18) dar und berechnet Mittelwert und Varianz der dort definierten Zufallsvariablen Y:

```
x=(0:0.01:100);        % Wertebereich von Y
b = 0.444;  T=0.767;   % Parameter der Weibull-Verteilung

a = 1/(T^b);           % Anpassung der Parameter auf die
                       % MATLAB-Definition !!
```

---

[33] Man beachte, dass der Modalwert für $b < 1$ nicht existiert, da die Dichte bei 0 gegen ∞ strebt.

```
                          % Berechnung Weibull-Verteilungs-
                          % dichte
pdfwb = weibpdf(x, a, b);
                          % grafische Darstellung
% ...
                          % Berechnung von Erwartungswert und
                          % Varianz
[EW, Var] = weibstat(a, b);
```

Für Erwartungswert ergibt sich:

EW =

   1.9598

Im Mittel werden also nur ca. 2% aller Fahrten im Gebirge durchgeführt!

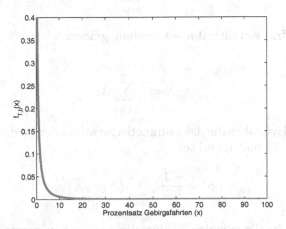

Abb. 2.18: Verteilungsdichte der Weibull-Verteilung für die Parameter $T = 0.767$
und $b = 0.444$

Chi-Quadrat-Verteilung

Die folgende Verteilung ist eine sehr wichtige Verteilung in der *statistischen Testtheorie* (vgl. Kapitel 5, S. 171ff).

Sie heißt *Chi-Quadrat-Verteilung* und ist die Verteilung der Summe der Quadrate unabhängiger, standard-normalverteilter Zufallsvariablen. Sie wird u.a. dazu benutzt um anhand von Stichproben zu überprüfen, ob die zu Grunde liegende Zufallsvariable einer bestimmten Verteilung genügt oder nicht.

Unter der **Chi-Quadrat-Verteilung mit** $n \in \mathbb{N}$ **Freiheitsgraden** versteht man
die stetige Verteilung mit der Verteilungsdichte

$$f_{\chi^2}(x) = \begin{cases} \frac{1}{2^{n/2}\Gamma(\frac{n}{2})} x^{\frac{n}{2}-1} e^{-\frac{x}{2}} & \text{für } x \geq 0, \\ 0 & \text{für } x < 0. \end{cases} \qquad (118.1)$$

Dabei bezeichnet $\Gamma(x)$ wieder die in Gleichung (116.3) definierte Gamma-
Funktion.

2.59 Beispiel (Chi-Quadrat-Verteilung)

Die Chi-Quadrat-Verteilung kommt u.a. in folgenden Zusammenhängen
vor:

- Sind die Zufallsvariablen X_k für alle $1 \leq k \leq n$ standard-normalverteilt
  und unabhängig, so ist die Zufallsvariable

$$Y = \sum_{k=1}^{n} X_k^2 \qquad (118.2)$$

  Chi-Quadrat-verteilt mit $n - 1$ Freiheitsgraden.
- Bezeichne

$$\overline{X} = \frac{1}{n} \sum_{k=1}^{n} X_k \qquad (118.3)$$

  die Zufallsvariable, die das arithmetische Mittel der Werte von Zufallsvariablen X_k bildet, und sei

$$S^2 = \frac{1}{n-1} \sum_{k=1}^{n} \left(X_k - \overline{X} \right)^2. \qquad (118.4)$$

  Sind die Zufallsvariablen X_k für alle $1 \leq k \leq n$ normalverteilt und
  unabhängig, so ist die Zufallsvariable

$$Y = \frac{n-1}{\sigma^2} S^2 \qquad (118.5)$$

  Chi-Quadrat-verteilt mit $n - 1$ Freiheitsgraden.
  Die Chi-Quadrat-Verteilung ist also die Verteilung der (normierten)
  mittleren quadratischen Abweichung der Stichprobenwerte unabhängiger, normalverteilter Zufallsvariablen X_k von Stichprobenmittelwert.
- Die Chi-Quadrat-Verteilung ist eine Näherung der Verteilung der Testvariablen χ^2 beim Test auf Verteilungsfunktionen mit Hilfe des so genannten Chi-Quadrat-Test (vgl. Kapitel 5).

> Die Variable S^2 kommt als so genannte *Schätzvariable* vor und dient zur Ermittlung (Schätzung) der Varianz normalverteilter Größen anhand von Stichproben.
>
> Diesem Thema werden wir uns in Kapitel 5 zuwenden.

Anhand des Beispiels erkennt man, dass die Zahl der *Freiheitsgrade* n angibt, aus wie vielen Quadraten normalverteilter Größen sich der Wert der Chi-Quadrat-verteilten Zufallsvariablen zusammensetzt.

Für Erwartungswert, Varianz und Modalwert einer Chi-Quadrat-verteilten Zufallsvariablen mit n Freiheitsgraden erhält man:

$$\mathbb{E}(X) = n, \qquad \mathbb{V}(X) = 2n, \qquad m = n - 2 \quad (\text{für } n > 1). \tag{119.1}$$

Medianwert und Quantile sind nicht so einfach zu bestimmen. Die Werte können allerdings den Quantiltabellen für die Chi-Quadrat-Verteilung (vgl. Anhang B, S. 523) entnommen oder sehr einfach numerisch mit MATLAB berechnet werden.

Für die Chi-Quadrat-Verteilung stehen in der Statistics Toolbox von MATLAB die Funktionen `chi2pdf`, `chi2cdf`, `chi2inv` und `chi2stat` zur Verfügung.

2.60 Beispiel (Berechnung der Chi-Quadrat-Verteilung mit MATLAB)

Die folgende MATLAB-Sequenz (vgl. Datei **chi2Beispiel.m**) berechnet die Dichte der Chi-Quadrat-Verteilung für den Parameter $n = 6$, stellt diese grafisch dar (vgl. Abbildung 2.19) und berechnet Mittelwert, Varianz, Median und Modalwert einer Zufallsvariablen X mit dieser Verteilung:

```
x=(0:0.001:30);              % Wertebereich von X
n = 6;                       % Parameter der Chi-Quadrat-Vert.
                             % (Zahl der Freiheitsgrade)

                             % Dichte der Chi-Quadrat-Vert.
pdfchi2 = chi2pdf(x, n);

                             % grafische Darstellung
plot(x, pdfchi2,'r-','LineWidth',4);
xlabel('x', 'FontSize', 14);
ylabel('f_{\textbackslash{}chi^2}(x)', 'FontSize', 14);
axis([0,30,0,1.1*max(pdfchi2)])

                             % Berechnung von Erwartungswert
                             % und Varianz
[EW, Var] = chi2stat(n)
```

```
EW =

     6

Var =

     12

u_50 = chi2inv(0.5,n)        % Berechnung des Medianwertes

u_50 =

     5.3481

                              % Berechnung des Modalwertes
[m,i] = max(pdfchi2);
m=x(i)

m =

     4
```

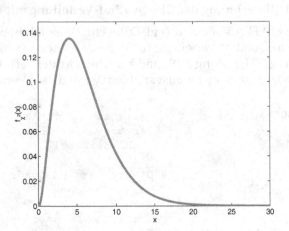

Abb. 2.19: Verteilungsdichte der Chi-Quadrat-Verteilung für 6 Freiheitsgrade

Zur Illustration der Anwendung der Chi-Quadrat-Verteilung betrachten wir Werte (Realisierungen) x_k von $n = 10$ unabhängigen $N(1,4)$-verteilten Zufallsvariablen X_k. Es soll die Frage beantwortet werden, wie groß die Wahrscheinlichkeit ist, dass die Summe der quadratischen Abweichungen vom arithmetischen Mittelwert $\overline{x} = \frac{1}{n} \sum\limits_{k=1}^{n} x_k$ höchstens 5 beträgt.

2.61 Beispiel (zur Anwendung der Chi-Quadrat-Verteilung)

Der arithmetische Mittelwert $\overline{x}$ ist ein Wert der in Gleichung (118.3) definierten Zufallsvariablen $\overline{X}$.

Wenn uns die *Summe der quadratischen Abweichungen* vom arithmetischen Mittelwert interessiert, betrachten wir einen Wert der Zufallsvariablen

$$\sum_{k=1}^{n} \left(X_k - \overline{X} \right)^2 = (n-1)S^2. \tag{121.1}$$

Nach Gleichung (118.5) besitzt die Variable

$$Y = \frac{n-1}{\sigma^2} S^2 \tag{121.2}$$

für $n = 10$ eine Chi-Quadrat-Verteilung mit 9 Freiheitsgraden.
Damit folgt

$$P((n-1)S^2 \le 5) = P\left(\sigma^2 Y \le 5\right) = P\left(Y \le \frac{5}{\sigma^2}\right) = P\left(Y \le \frac{5}{4}\right) \tag{121.3}$$

für eine Chi-Quadrat-verteilte Zufallsvariable Y mit 9 Freiheitsgraden.

Mit Hilfe von MATLABs Funktion `chi2cdf`, welche die Verteilungsfunktion der Chi-Quadrat-Verteilung berechnet, kann die gesuchte Wahrscheinlichkeit leicht bestimmt werden:

```
wkt = chi2cdf(5/4,9)

wkt =

    0.0014
```

Zum Abschluss des Abschnitts wollen wir noch zwei wichtige stetige Verteilungen angeben, die in der statistischen Schätztheorie und in der Testtheorie im Zusammenhang mit den Parametern der Normalverteilung eine Rolle spielen, ohne jedoch genauer auf deren Herleitung oder deren Eigenschaften einzugehen.

Die Student- oder t-Verteilung

Die folgende Verteilung spielt eine Rolle im Zusammenhang mit der Schätzung von Mittelwerten normalverteilter Größen *bei unbekannter Varianz* (vgl. Kapitel 5, S. 171):

$$f_t(x) = \frac{\Gamma\left(\frac{n+1}{2}\right)}{\sqrt{n\pi}\,\Gamma\left(\frac{n}{2}\right)} \cdot \frac{1}{\left(1 + \frac{x^2}{n}\right)^{(n+1)/2}}, \qquad x \in \mathbb{R}. \qquad (122.1)$$

Die stetige Verteilung mit dieser Verteilungsdichte heißt **Student-Verteilung** oder auch **t-Verteilung** mit n Freiheitsgraden.

Die Student-Verteilung ergibt sich als Verteilung der Variablen

$$T = \frac{X}{\sqrt{Y/n}}, \qquad (122.2)$$

wobei X standard-normalverteilt und Y Chi-Quadrat-verteilt mit n Freiheitsgraden ist.

Erwartungswert, Varianz, Median- und Modalwert von t-verteilten Zufallsvariablen mit n Freiheitsgraden ergeben sich zu:

$$\mathbb{E}(X) = 0, \qquad \mathbb{V}(X) = \frac{n}{n-2} \quad \text{für alle } n > 2, \qquad (122.3)$$

$$u_{50} = 0, \qquad m = 0. \qquad (122.4)$$

Für die t-Verteilung stehen in der Statistics Toolbox von MATLAB die Funktionen `tpdf`, `tcdf`, `tinv` und `tstat` zur Verfügung. Tabellierte Werte von Quantilen dieser Verteilung findet man in Anhang B.

Die Dichte einer t-verteilten Zufallsvariablen mit $n = 6$ Freiheitsgraden zeigt exemplarisch Abbildung 2.20.

Die Fisher- oder F-Verteilung

Die so genannte **F-Verteilung** mit (m, n) Freiheitsgraden spielt eine Rolle im Zusammenhang mit dem Vergleich der Varianzen normalverteilter Größen (vgl. dazu insbesondere die Methoden der so genannten *Varianzanalyse*, in Kapitel 5, Abschnitt 5.5).

Sie ist definiert durch die Verteilungsdichte

$$f_F(x) = \begin{cases} \dfrac{\Gamma\left(\frac{m+n}{2}\right)}{\Gamma\left(\frac{m}{2}\right)\Gamma\left(\frac{n}{2}\right)} m^{\frac{m}{2}} n^{\frac{n}{2}} \dfrac{x^{(m-2)/2}}{(mx+n)^{(m+n)/2}} & \text{für alle } x \geq 0, \\ 0 & \text{für alle } x < 0. \end{cases} \qquad (122.5)$$

Die F-Verteilung ergibt sich als Verteilung der Variablen

$$V = \frac{X_1/m}{X_2/n}, \qquad (122.6)$$

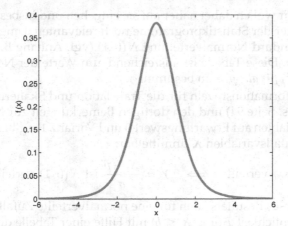

Abb. 2.20: Verteilungsdichte der t-Verteilung für 6 Freiheitsgrade

wobei X_1 und X_2 jeweils Chi-Quadrat-verteilt sind mit m resp. n Freiheits-graden.

Für die F-Verteilung stehen in der Statistics Toolbox von MATLAB die Funktionen fpdf, fcdf, finv und fstat zur Verfügung. Auch die wichtigsten Quantile dieser Verteilung sind in Anhang B tabelliert.

Die Dichte einer F-verteilten Zufallsvariablen mit $n = 6, m = 3$ Freiheitsgraden zeigt exemplarisch Abbildung 2.21.

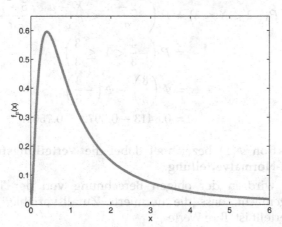

Abb. 2.21: Verteilungsdichte der F-Verteilung für $n = 6, m = 3$ Freiheitsgrade

2.7.3 Umgang mit der Normalverteilung

Die Normalverteilung stellt, wie bereits in Abschnitt 2.7.2 erwähnt, die mit Abstand wichtigste Verteilung in der Wahrscheinlichkeitsrechnung und der

Statistik dar. Wir wollen daher näher auf sie eingehen und insbesondere den, auch im Zeitalter der Statistikprogramme noch relevanten, Umgang mit der tabellierten Standard-Normalverteilung $N(0, 1)$ (vgl. Anhang B, Tabelle B.1, S. 523) einüben. Diese Tabelle ist ausreichend, um Werte der Normalverteilungen $N(\mu, \sigma^2)$ *für alle* μ, σ zu bestimmen.

Aus den Transformationsregeln für die Translation und Skalierung von Zufallsvariablen (s. Seite 94) und den dortigen Bemerkungen zur Normierung von Zufallsvariablen auf Erwartungswert 0 und Varianz 1 ergibt sich für normalverteilte Zufallsvariablen X unmittelbar:

$$X \text{ ist } N(\mu, \sigma^2)\text{-verteilt} \quad \Longleftrightarrow \quad Y = \frac{X - \mu}{\sigma} \text{ ist } N(0, 1)\text{-verteilt.} \quad (124.1)$$

In der Folge dieses Resultats kann für eine normalverteilte Zufallsvariable X jede Wahrscheinlichkeit $P(a < X \leq b)$ mit Hilfe einer Tabelle der Standard-Normalverteilung ermittelt werden.

2.62 Beispiel (Umgang mit der Tabelle der Standard-Normalverteilung)

Sei X eine $N(2, 9)$-verteilte Zufallsvariable.

(a) Wir berechnen zunächst die Wahrscheinlichkeit, dass X Werte zwischen -2 und 5 annimmt, also $P(-2 < X \leq 5)$.
    Es gilt

$$P(-2 < X \leq 5) = P\left(\frac{-2 - \mu}{\sigma} < \frac{X - \mu}{\sigma} \leq \frac{5 - \mu}{\sigma}\right)$$

$$= P\left(-\frac{4}{3} < Y \leq \frac{3}{3}\right) \quad (124.2)$$

$$= \Phi\left(\frac{3}{3}\right) - \Phi\left(-\frac{4}{3}\right)$$

$$= 0.8413 - 0.0972 = 0.7501.$$

Die **Funktion** $\Phi(x)$ bezeichnet dabei die **Verteilungsfunktion der Standard-Normalverteilung**.

Offenbar wird in der obigen Berechnung von der Tatsache Gebrauch gemacht, dass die normierte Zufallsvariable Y standardnormalverteilt ist. Ihre Werte

$$\Phi(y) = P(Y \leq y) = P(-\infty < Y \leq y) \quad (124.3)$$

können der Tabelle der Standard-Normalverteilung entnommen werden.

Man beachte weiterhin, dass für die Normalverteilung auf Grund ihrer Symmetrie zum Mittelwert gilt:

$$\Phi(-y) = P(-\infty < Y \le -y)$$
$$= 1 - P(-\infty < Y \le y) = 1 - \Phi(y).$$ (125.1)

Alle Werte können also aus einer einseitigen, ab Mittelwert 0 tabellierten Tabelle der kumulativen Standard-Normalverteilung $\Phi(x)$ abgelesen werden (vgl. Anhang B und Übung 44, S. 126).

(b) Wir berechnen ein um $\mu = 2$ symmetrisches Intervall, in dem 90% der Werte von X liegen.

Gesucht ist somit ein Intervall der Form $[\mu - c, \mu + c]$, sodass

$$P(\mu - c \le X \le \mu + c) = 0.9$$ (125.2)

ist.

Es gilt (vgl. Übung 43):

$$P(\mu - c \le X \le \mu + c) = P\left(\frac{-c}{\sigma} \le \frac{X - \mu}{\sigma} \le \frac{c}{\sigma}\right)$$
$$= P\left(-\frac{c}{3} \le Y \le \frac{c}{3}\right) = P\left(-\frac{c}{3} < Y \le \frac{c}{3}\right)$$
$$= \Phi\left(\frac{c}{3}\right) - \Phi\left(-\frac{c}{3}\right)$$ (125.3)
$$= \Phi\left(\frac{c}{3}\right) - \left(1 - \Phi\left(\frac{c}{3}\right)\right)$$
$$= 2\Phi\left(\frac{c}{3}\right) - 1 \overset{!}{=} 0.9.$$

Dies ist äquivalent zu

$$\Phi\left(\frac{c}{3}\right) = \frac{1.9}{2} = 0.95$$ (125.4)

und ein Blick auf die Tabelle der Standard-Normalverteilung liefert

$$\frac{c}{3} = 1.645 \quad \Longleftrightarrow \quad c = 4.935.$$ (125.5)

Damit ist $[-2.935, 6.935]$ das gesuchte Intervall.

Aus der Tabelle der Standard-Normalverteilung liest man folgende *Faustregeln für eine $N(\mu, \sigma^2)$-verteilte Zufallsvariable X* ab:

$$P(\mu - \sigma < X \le \mu + \sigma) \approx 0.680 \overset{\triangle}{=} 68.0\%$$ (125.6)
$$P(\mu - 2\sigma < X \le \mu + 2\sigma) \approx 0.955 \overset{\triangle}{=} 95.5\%$$ (125.7)
$$P(\mu - 3\sigma < X \le \mu + 3\sigma) \approx 0.997 \overset{\triangle}{=} 99.7\%$$ (125.8)

Somit liegen etwa 99.7% aller Werte einer normalverteilten Zufallsvariablen in einem Intervall der Breite $\pm 3\sigma$ um dem Mittelwert herum.

Die approximativ in den Gleichungen (125.6) bis (125.8) festgelegten Bereiche der Normalverteilung bezeichnet man als die σ-, 2σ- **und** 3σ-**Grenzen der Normalverteilung**. Diese Werte sind oft ein wichtiges Hilfsmittel, um die Kennwerte einer normalverteilten Größe anhand beobachteter Häufigkeiten schnell überschlägig abzuschätzen.

2.7.4 Übungen

Übung 39 (*Lösung Seite 414*)

Rechnen Sie nach, dass eine mit Parameter μ Poisson-verteilte Zufallsvariable X den Erwartungswert μ hat (vgl. Gleichung (104.2)).

Übung 40 (*Lösung Seite 414*)

Erläutern Sie, inwiefern die Pascal-Verteilung als Verallgemeinerung der Geometrischen Verteilung aufgefasst werden kann. Definieren Sie dazu passende Zufallsvariablen und parametrisieren Sie die Pascal-Verteilung geeignet. Überprüfen Sie ihre Berechnungen mit MATLAB.

Übung 41 (*Lösung Seite 415*)

Die Summe zweier unabhängiger normalverteilter Zufallsvariablen ist ebenfalls wieder *normalverteilt*.

Überprüfen Sie dieses Resultat mit Hilfe der MATLAB-Funktion conv numerisch an einem Beispiel.

Welchen Erwartungswert und welche Varianz hat die Summenvariable?

Übung 42 (*Lösung Seite 416*)

Beim Roulette ist gerade die Zahl 13 geworfen worden.

Berechnen Sie mit Hilfe von MATLAB die Wahrscheinlichkeit, dass die 13 innerhalb der nächsten 10 Spiele noch zwei Mal geworfen wird.

Übung 43 (*Lösung Seite 417*)

Begründen Sie, warum in Gleichung (125.3) gilt:

$$P\left(-\frac{c}{3} \leq Y \leq \frac{c}{3}\right) = P\left(-\frac{c}{3} < Y \leq \frac{c}{3}\right).$$

Übung 44 (*Lösung Seite 417*)

Sei X eine $N(2,4)$-verteilte Zufallsvariable.

Bestimmen Sie mit Hilfe von MATLAB

(a) die Wahrscheinlichkeit $P(-\infty < X \leq 3)$,

(b) die Zahl x, für die X 95% seiner Werte im Intervall $[2 - x, 2 + x]$ annimmt.

Übung 45 (*Lösung Seite 418*)

Plotten Sie mit Hilfe von MATLAB die Dichten der Normalverteilungen mit Erwartungswert $\mu = 0$ und den Varianzen $\sigma^2 = 1, 4, 9$ in einer Grafik aufeinander.

Übung 46 (*Lösung Seite 418*)

Begründen Sie, warum die MATLAB-Funktion normstat der Statistics Toolbox albern ist!

Übung 47 (*Lösung Seite 419*)

Für die Geräte einer Firma werden hauptsächlich Verschleißausfälle gemeldet. Die Lebensdauer X der Geräte kann als Weibull-verteilt mit Parameter $b = 2$ angenommen werden.

Bestimmen Sie analytisch und dann mit Hilfe von MATLAB

(a) den Parameter T, wenn der Anteil der Ausfälle nach einem Jahr bei 0.2% liegt,

(b) die mittlere Lebensdauer der Geräte,

(c) die Anzahl der Reklamationen wegen Geräteausfall innerhalb der ersten beiden Jahre.

Übung 48 (*Lösung Seite 421*)

Bestimmen Sie mit Hilfe von MATLAB die Wahrscheinlichkeit, dass eine t-verteilte Zufallsvariable X mit $n = 5$ Freiheitsgraden Werte im Intervall $[-1, 3]$ annimmt.

Übung 49 (*Lösung Seite 421*)

Bestimmen Sie mit Hilfe der Tabelle B.1 der Standard-Normalverteilung die Wahrscheinlichkeit, dass eine $N(3, 1)$-verteilte Zufallsvariable X Werte im Intervall $[0, 2]$ annimmt.

Überprüfen Sie Ihre Berechnung mit MATLAB.

Übung 50 (*Lösung Seite 422*)

Bestimmen Sie mit Hilfe der Tabelle der Standard-Normalverteilung den Wert x, den eine $N(3, 1)$-verteilte Zufallsvariable mit 92%-iger Sicherheit unterschreitet.
Überprüfen Sie Ihre Berechnung mit MATLAB.

Übung 51 (*Lösung Seite 422*)

Schätzen Sie auf einfache Weise den Wertebereich ab, in dem nahezu alle Werte einer $N(3, 1)$-verteilten Zufallsvariablen X zu finden sind.
Überprüfen Sie Ihre Berechnung mit MATLAB.

Übung 52 (*Lösung Seite 423*)

Die so genannte *Dreieckverteilung* im Intervall $[a, b]$ hat die Verteilungsdichte

$$f(x) = \begin{cases} \frac{4(x-a)}{(b-a)^2} & \text{für} \quad a \leq x \leq \frac{a+b}{2}, \\ \frac{4(b-x)}{(b-a)^2} & \text{für} \quad \frac{a+b}{2} \leq x \leq b, \\ 0 & \text{sonst.} \end{cases} \qquad (128.1)$$

Bestimmen Sie Erwartungswert und Varianz einer Zufallsvariablen X mit dieser Verteilung.

Übung 53 (*Lösung Seite 423*)

Die so genannte *Trapezverteilung* im Intervall $[0, R]$ mit Parameter $0 < \gamma \leq 1$ hat die Verteilungsdichte

$$f(x) = \begin{cases} \frac{4x}{(1-\gamma^2)R^2} & \text{für} \ 0 \leq x \leq \frac{1-\gamma}{2}R, \\ \frac{2}{(1+\gamma)R} & \text{für} \ \frac{1-\gamma}{2}R \leq x \leq \frac{1+\gamma}{2}R, \\ \frac{2}{(1+\gamma)R} - \frac{4}{(1-\gamma^2)R^2}\left(x - \frac{1+\gamma}{2}R\right) & \text{für} \ \frac{1+\gamma}{2}R \leq x \leq R, \\ 0 & \text{sonst.} \end{cases} \qquad (128.2)$$

Plotten Sie mit Hilfe von MATLAB die Verteilungsdichte für $R = 1$ und jeweils die Parameter $\gamma = \frac{1}{3}$ und $\gamma = \frac{1}{2}$. Bestimmen Sie anschließend *numerisch* Erwartungswert und Varianz einer Zufallsvariablen X, die einer Verteilung mit diesen Parametern genügt.

2.8 Grenzwertsätze

In diesem Abschnitt sollen einige grundlegende Resultate der Wahrscheinlichkeitsrechnung behandelt werden, die unter dem Stichwort „Grenzwertsätze" Ergebnisse wiedergeben, die von weitreichender theoretischer und praktischer Bedeutung sind.

Eine herausragende Stellung nimmt hierbei zweifellos der zentrale Grenzwertsatz ein, der eine Erklärung für die bereits früher erwähnte Tatsache liefert, dass die Normalverteilung eine überragende Rolle in Wahrscheinlichkeitsrechnung und Statistik spielt.

Wir werden jedoch bei der Vorstellung der Resultate auf die meist komplizierten mathematischen Herleitungen verzichten und diese stattdessen mit MATLAB-Simulationen illustrieren.

Zunächst soll mit einem Ergebnis begonnen werden, das die Grundlage für den in Abschnitt 2.2.2, S. 34ff besprochenen Ansatz lieferte, Wahrscheinlichkeiten über stabilisierte Häufigkeiten zu definieren.

2.8.1 Das Gesetz der großen Zahlen

Im Beispiel 2.12, S. 35 wurde gezeigt, wie sich relative Häufigkeiten eines Ereignisses A verhalten, wenn das A zu Grunde liegende Experiment sehr oft wiederholt wird. Es ist immer eine gewisse *Stabilisierung* der relativen Häufigkeit zu beobachten, auch wenn die Konvergenz gegen einen Wert im eigentlichen Sinne nicht nachgewiesen werden kann.

2.63 Beispiel (Stabilisierung relativer Häufigkeiten)

Zur Illustration simulieren wir ein solches Zufallsexperiment. Dabei wird einer der MATLAB-Zufallsgeneratoren verwendet um das Zufallsexperiment anzutreiben. Im vorliegenden Fall ist dies die Funktion randn zur Erzeugung normalverteilter Zufallszahlen.

Die folgende MATLAB-Funktion **ggzexp.m** erzeugt n standard-normalverteilte Zufallszahlen, berechnet die Anzahl x derjenigen Zufallszahlen, die kleiner als -1 sind und gibt die relative Häufigkeit $\frac{x}{n}$ dieses Ereignisses zurück:

```
function [relH] = ggzexp(n)
%
%  ...
%

randn('state',sum(100*clock));% Zufallsgenerator neu
                              % initialisieren
y = randn(1,n);               % n Zufallszahlen erzeugen
less = y < -1;                % Bestimmen, welche <-1
                              % sind
x = sum(less);                % Anzahl dieser Zahlen
                              % bestimmen
relH = x/n;                   % relative Häufigkeit
                              % zurückliefern
```

Ein Aufruf dieser Funktion für $n = 10^k, k = 1, \cdots, 7$ mit

```
erg = []; its = logspace(1,7,7);
for n=its
    erg = [erg, ggzexp(n)];
end;
```

liefert:

```
erg =

    0.0000    0.0600    0.1470    0.1568    0.1576
    0.1587    0.1585
```

Wir vergleichen dieses Ergebnis mit einer theoretischen Überlegung. Sei Y die standard-normalverteilte Zufallsvariable, welche den Zufallsgenerator repräsentiert. Dann ist das Ereignis A, dessen relative Häufigkeit geprüft wird, nichts anderes als $(Y < -1)$.

Die Auftretenswahrscheinlichkeit dieses Ereignisses lässt sich mit Hilfe der Verteilungsfunktion $\Phi(x)$ der Standard-Normalverteilung berechnen zu

$$p = \Phi(-1).$$

Mit Hilfe von MATLAB berechnet man:

```
normcdf(-1)

ans =

    0.1587
```

Man sieht, dass die letzten Werte des obigen Ergebnisses in der Nähe dieses theoretischen Wertes liegen. Man sieht ferner, dass offenbar beim obigen Versuch der Wert für $n = 10^7$ etwas schlechter ist als der für $n = 10^6$. Es kann sich also bei der „Konvergenz" der relativen Häufigkeiten nicht um eine Konvergenz im üblichen Sinne handeln (vgl. dazu auch Beispiel 2.13).

Trotzdem „konvergieren" die relativen Häufigkeiten in irgendeiner Form offenbar gegen den theoretischen Wert der Wahrscheinlichkeit des Ereignisses A.

Würde man das Experiment des obigen Beispiels oft wiederholen, so würde man feststellen, dass der berechnete Häufigkeitswert für große n nicht sehr oft weit vom theoretischen Wert abweicht. Dies ist die Form der „Konvergenz", die gemeint ist.

Betrachtet man das obige Experiment, so beobachten wir für jedes $n \in \mathbb{N}$ eine Zufallsvariable X_n. Diese repräsentieren, ohne Berücksichtigung des Normierungsfaktors $\frac{1}{n}$, die Summe der Ergebnisse von n Bernoulli-verteilten Zufallsvariablen mit Parameter $p = P(A)$. Die Zufallsvariablen X_n sind damit nach Beispiel 2.43, S. 90 *binomialverteilt* mit den Parametern n und p.

Für einen solchen Fall kann der in Beispiel 2.63 beobachtete Effekt wie folgt formuliert werden:

Für jede (auch noch so kleine) Zahl $\varepsilon > 0$ gilt:

$$\lim_{n \to \infty} P\left(\left|\frac{1}{n}X_n - p\right| < \varepsilon\right) = 0. \tag{131.1}$$

Für große n ist also *die Wahrscheinlichkeit* der relativen Häufigkeit $\frac{1}{n}X_n$ weiter als ein vorgegebenes Maß (ε) vom theoretischen Wert p abzuweichen nahezu 0. Die Konvergenz in diesem Sinne nennt man **stochastische Konvergenz** und das in Gleichung (131.1) niedergelegte Resultat heißt das (Bernoulli'sche) **schwache Gesetz der großen Zahlen**.

Das *schwache Gesetz der Großen Zahlen* gibt es auch noch in etwas allgemeineren Formulierungen, die allerdings hier nicht behandelt werden sollen. Der interessierte Leser sei hierfür auf Übung 54 und auf [11] verwiesen.

2.8.2 Der zentrale Grenzwertsatz

Die überragende Bedeutung der Normalverteilung ergibt sich, wie schon mehrfach erwähnt, aus der Tatsache, dass viele (physikalische) Prozesse durch unsystematische zufällige Abweichungen gekennzeichnet sind. Wie aus dem Gedankenexperiment in Anhang A.2, S. 518ff hervorgeht, ist die *Normalverteilung* ein geeignetes Modell zur Beschreibung dieser zufälligen Vorgänge.

Diese Regellosigkeit kann in vielen Fällen auch so interpretiert werden, dass sie aus der *Überlagerung sehr vieler unabhängiger, gleichartiger Zufallsprozesse* entsteht, deren Verteilung nicht unbedingt bekannt sein muss. So ist etwa die (normalverteilte) Temperaturspannung an einem elektrischen Widerstand als Überlagerung der zufälligen Bewegungen der Elektronen des Widerstandes zu begreifen. Die (i.A. unbekannte) zufällige örtliche Verteilung der Elektronen überlagert sich zu einer (normalverteilten) Gesamtverteilung, die als Spannung messbar ist.

Für diese Beobachtung gibt es eine mathematische Formulierung, die nachfolgend ohne Herleitung zitiert werden soll. Dieses Resultat, der so genannte **zentrale Grenzwertsatz**, stellt eine der herausragenden Aussagen der Wahrscheinlichkeitsrechnung dar:

Man betrachte eine Folge $(X_n)_{n \in \mathbb{N}}$ *unabhängiger*, identisch verteilter[34] Zufallsvariablen mit endlicher Varianz $\sigma^2 \neq 0$.

Es sei ferner $\mu = \mathbb{E}(X_n)$ der (gemeinsame) Erwartungswert der Zufallsvariablen und

$$Z_n = \frac{\sum\limits_{i=1}^{n} X_i - n\mu}{\sigma\sqrt{n}} \tag{132.1}$$

eine Folge *normierter Summenvariablen*.

Dann gilt für die Verteilungsfunktionen $F_n(x)$ der Summenvariablen Z_n:

$$\lim_{n \to \infty} F_n(x) = \Phi(x) \quad \text{für alle } x \in \mathbb{R}. \tag{132.2}$$

Die Grenzverteilung einer Überlagerung sehr vieler unabhängiger, identisch verteilter Zufallsvariablen ist also *eine Normalverteilung*!

Überlagert man also viele unabhängige Zufallsvariablen $X_k, k = 1, \cdots, n$ mit Erwartungswert μ und Varianz $\sigma^2 \neq 0$ – eine Situation die in der Statistik beim Ziehen von Stichproben häufig vorkommt – so ist diese Überlagerung annähernd $N(n\mu, n\sigma^2)$-verteilt!

Wir illustrieren diese Situation wieder mit Hilfe eines MATLAB-Beispiels.

2.64 Beispiel (Zentraler Grenzwertsatz)

In Abschnitt 2.6.1, S. 80ff wurde dargelegt, dass sich die Verteilung (Verteilungsdichte) einer Summe unabhängiger Zufallsvariablen durch die Faltung ihrer Verteilungen (Verteilungsdichten) berechnen lässt.

Der folgende MATLAB-Code (vgl. Dateien **sumGeoV.m** und **BspsumGeoV.m** der Begleitsoftware) führt diese Berechnung für eine Überlagerung n *geometrisch verteilter* Zufallsvariablen X_n mit Parameter $p = 0.3$ durch und stellt das Ergebnis für $n = 200$ grafisch dar (vgl. Abbildung 2.22):

```
grenze = geoinv(0.9999, p);       % Approximation des
                                  % Wertebereiches
                                  % bis zum 99,99%-Quantil
                                  % Achtung: Approximations-
                                  % fehler!
x = (0:1:grenze);
GeoV = geopdf(x,p);               % Werte der Verteilung

% Schleife zur Erzeugung der Summenverteilung
```

---

[34] d.h. alle Zufallsvariablen haben die gleiche Verteilung.

```
verteilung = GeoV;
for k=2:n
    verteilung = conv(GeoV, verteilung);
end;

% Plot der Summenverteilung

bar((0:1:length(verteilung)-1), verteilung);
axis([0, length(verteilung), 0, max(verteilung)]);
```

Aufruf der Funktion:

```
% Berechnung und Plot der Summenverteilung von n
% geometrisch verteilten Zufallsvariablen

n = 200; p = 0.3;
[verteilung] = sumGeoV(p, n);

% Plot der approximierenden Normalverteilung
% in die Grafik

hold
[M,V] = geostat(p);
x = (0:1:length(verteilung)-1);
y = normpdf(x, n*M, sqrt(n*V));
plot(x,y,'r-','LineWidth',5);
mx = max(max(y),max(verteilung));

% Darstellung innerhalb der 4sigma-Grenzen

axis([n*M-4*sqrt(n*V),n*M+4*sqrt(n*V)-1,0,mx])
```

Abbildung 2.22 zeigt so gut wie keinen Unterschied mehr zwischen dem Histogramm der Summenvariablen und der approximierenden Normalverteilung.

Der *zentrale Grenzwertsatz* führt dazu, dass einige sehr kompliziert zu handhabende Verteilungen, wie etwa die Hypergeometrische Verteilung oder die Binomialverteilung, aber auch andere, stetige Verteilungen, wie etwa die Chi-Quadrat-Verteilung (vgl. Übung 55), im Grenzfall der Normalverteilung zustreben. In Folge dessen können diese Verteilungen in konkreten Berechnungen oft durch die Normalverteilung ersetzt werden.

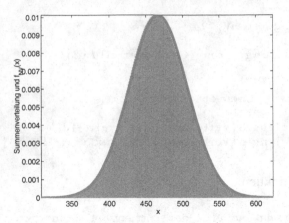

Abb. 2.22: Summenverteilung der Überlagerung von $n = 200$ geometrisch verteilter Zufallsvariablen mit Parameter $p = 0.3$ und approximierende Normalverteilung

2.8.3 Der Satz von Moivre-Laplace

Ein Spezialfall des zentralen Grenzwertsatzes formuliert die oben erwähnte Annäherung der Binomialverteilung durch die Normalverteilung.

Wir betrachten dazu eine Folge von *binomialverteilten* Zufallsvariablen Y_n mit (gemeinsamem) Parameter p und Parameter n.

Nach Beispiel 2.47 kann jedes Y_n als Summe unabhängiger, Bernoulli-verteilter Zufallsvariablen X_i aufgefasst werden. Dann haben die auf den Mittelwert 0 und die Varianz 1 normierten binomialverteilten Zufallsvariablen

$$Z_n = \frac{\sum\limits_{i=1}^{n} X_i - np}{\sqrt{np(1-p)}} = \frac{Y_n - np}{\sqrt{np(1-p)}}$$

die Form von (132.1).

Nach dem zentralen Grenzwertsatz ist die Verteilung der Z_n für große n annähernd die Standard-Normalverteilung! Damit sind die Y_n asymptotisch[35] normalverteilt mit den Parametern $\mu = np$ und $\sigma^2 = np(1-p)$.

Dies zeigt, dass man die Binomialverteilung für große n getrost durch die Normalverteilung $N(np, np(1-p))$ ersetzen kann.

Dies ist die Aussage des so genannten **Satzes von Moivre-Laplace**.

Wir wollen dies durch ein konkretes Beispiel untermauern.

---

[35] d.h. für große n näherungsweise

2.65 Beispiel (Satz von Moivre-Laplace)

Dazu nehmen wir an, wir haben bei einer Annahmekontrollprüfung aus einem großen Warenposten mit Defektwahrscheinlichkeit $p = 0.2$ genau $n = 100$ Teile entnommen und geprüft. Wir wollen wissen, wie groß die Wahrscheinlichkeit ist, unter den gegebenen Bedingungen weniger als 15 defekte Teile zu erhalten. Wir suchen also

$$P(Y_n \leq 15). \tag{135.1}$$

Bekanntlich ist die Zufallsvariable Y_n in diesem Fall binomialverteilt mit den Parametern n und p und man erhält für die gesuchte Wahrscheinlichkeit:

$$P(Y_n \leq 15) = \sum_{k=0}^{15} \binom{100}{k} 0.2^k \cdot 0.8^{100-k}. \tag{135.2}$$

Mit Hilfe der MATLAB-Funktion `binocdf` erhält man leicht:

```
P = binocdf(15,n,p)

P =

    0.1285
```

Die Berechnung der Summe von Hand ist wegen der großen Binomialkoeffizienten und Potenzen nahezu unmöglich.

Auf Grund des Satzes von Moivre-Laplace kann man das Ergebnis jedoch, zumindest näherungsweise, mit Hilfe einer Tabelle der Standard-Normalverteilung (vgl. Anhang B) auf folgende Weise erhalten:

$$
\begin{aligned}
P(Y_n \leq 15) &= P(0 \leq Y_n \leq 15) \\
&= P\left(\frac{0 - 100 \cdot 0.2}{\sqrt{100 \cdot 0.2 \cdot 0.8}} \leq Z_n \leq \frac{15 - 100 \cdot 0.2}{\sqrt{100 \cdot 0.2 \cdot 0.8}} \right) \\
&\approx \Phi(-\frac{5}{4}) - \Phi(-\frac{20}{4}) \approx \Phi(5) - \Phi(1.25) \\
&= 1 - 0.8944 = 0.1056.
\end{aligned}
\tag{135.3}
$$

So recht begeistern kann dieses Ergebnis allerdings nicht.

Eine *Faustregel* [18] besagt, dass erst für $np(1-p) > 9$ i.A. eine gute Approximation durch die Normalverteilung gegeben ist. Im vorliegenden Fall ist diese Bedingung mit $np(1-p) = 16$ eingehalten. Es kommt aber als Fehlerquelle hinzu, dass wir eine diskrete mit einer stetigen Verteilung approximieren.

Zur Verbesserung des Ergebnisses kann man *Korrektursummanden* einführen, die sich aus der Abbildung 2.23 für den Satz von Moivre-Laplace motivieren.

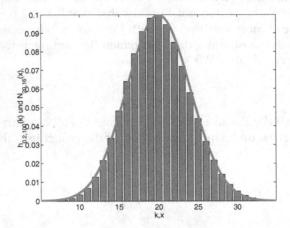

Abb. 2.23: Approximation der Binomialverteilung $h_{100,0.2}(k)$ durch die Dichte der Normalverteilung $N(20,16)(x)$

Man kommt offenbar zu einer besseren Approximation, wenn man berücksichtigt, dass die Balken in der Balkendiagrammdarstellung an den Grenzen des Intervalls, in dem die Normalverteilung approximieren soll, über den Graph der Normalverteilung hinausragen.

Dies führt für große n und mittlere p zu der i.A. besseren Approximation

$$P(a \leq Y < b) \approx \Phi\left(\frac{b - np + 0.5}{\sqrt{np(1-p)}}\right) - \Phi\left(\frac{a - np - 0.5}{\sqrt{np(1-p)}}\right). \qquad (136.1)$$

2.66 Beispiel (Satz von Moivre-Laplace – Korrekturterme)

Im obigen Beispiel erhalten wir dann

$$P(Y_n \leq 15) = P(0 \leq Y_n \leq 15)$$

$$= P\left(\frac{-100 \cdot 0.2 - 0.5}{\sqrt{100 \cdot 0.2 \cdot 0.8}} \leq Z_n \leq \frac{15 - 100 \cdot 0.2 + 0.5}{\sqrt{100 \cdot 0.2 \cdot 0.8}}\right) \qquad (136.2)$$

$$\approx \Phi(-\frac{9}{8}) - \Phi(-\frac{41}{8}) \approx \Phi(5.125) - \Phi(1.125)$$

$$= 1 - 0.8697 = 0.1303.$$

Dieses Ergebnis kommt dem „exakten" Ergebnis 0.1285 schon wesentlich näher als der Wert 0.1056.

Man sollte allerdings erwähnen, dass der Gewinn durch die Korrekturterme nicht in allen Fällen so gut ist wie im obigen Beispiel.

Falls der Wert von p relativ klein ist, bietet sich im Übrigen eine andere Näherung an, die im nachfolgenden Abschnitt diskutiert werden soll.

2.8.4 Der Poisson'sche Satz

Der (lokale) **Poisson'sche Grenzwertsatz** beinhaltet die folgende Aussage:

Sei X_n eine Folge von binomialverteilten Zufallsvariablen mit den Parametern n und p_n. Sei ferner $\lambda > 0$ eine Zahl mit der Eigenschaft

$$\lim_{n \to \infty} np_n = \lambda. \tag{137.1}$$

Dann gilt für die Binomialverteilungen $h_{n,p_n}(k)$:

$$\lim_{n \to \infty} h_{n,p_n}(k) = \frac{\lambda^k}{k!} e^{-\lambda} \quad \text{für alle } k \in \mathbb{N}_0. \tag{137.2}$$

Die Werte der Binomialverteilungen konvergieren also für jedes k gegen die der Poisson'schen Verteilung.

Damit gilt für die Zufallsvariablen X_n:

$$\lim_{n \to \infty} P(X_n = k) = \frac{\lambda^k}{k!} e^{-\lambda} \quad \text{für alle } k \in \mathbb{N}_0. \tag{137.3}$$

In der Praxis wird man in den seltensten Fällen Experimente konstruieren, bei denen die resultierenden Zufallsvariablen X_n die Voraussetzungen des Poisson'schen Satzes erfüllen.

Die praktische Bedeutung dieses Resultats liegt eher in der folgenden Betrachtungsweise:

Für große n müssen die Parameter p_n entsprechend klein werden, damit die Voraussetzung aus Gleichung (137.1) erfüllt werden kann. Das bedeutet, dass man die Verteilung einer binomialverteilten Zufallsvariablen mit großen n und sehr kleinen p durch die Poisson-Verteilung mit $\lambda = np$ gut annähern kann.

Eine Faustregel für eine gute Annäherung wurde in Gleichung (105.1) angegeben. Das Beispiel 2.51, S. 105 zeigt, dass die Annäherung i.A. sehr gut ist.

2.8.5 Übungen

Übung 54 (*Lösung Seite 425*)

Eine Verallgemeinerung des Bernoulli'schen Gesetzes der Großen Zahlen stammt von Chintchin und lautet wie folgt:

Ist Y_n eine Folge von identisch verteilten, unabhängigen Zufallsvariablen mit Erwartungswert μ, dann konvergieren die arithmetischen Mittel

$$X_n = \frac{1}{n} \sum_{k=1}^{n} Y_n$$

stochastisch gegen μ.

(a) Erklären Sie, inwiefern dieses Resultat eine Verallgemeinerung des Bernoulli'schen Gesetzes ist.

(b) Schreiben Sie ein MATLAB-Programm, mit dem Sie die obige Aussage für $N(3, 1)$-verteilte Zufallsvariablen X_n überprüfen.

Übung 55 (*Lösung Seite 426*)

Eine Folge von Zufallsvariablen Y_n heißt **asymptotisch normalverteilt**, wenn die Verteilungsfunktionen der Variablen, ähnlich wie die der Variablen X_n und Z_n im zentralen Grenzwertsatz, gegen die Verteilungsfunktion einer Normalverteilung konvergieren.

(a) Begründen Sie, warum eine Folge von Chi-Quadrat-verteilten Zufallsvariablen X_n mit n Freiheitsgraden asymptotisch normalverteilt ist.

(b) Probieren Sie mit Hilfe von MATLAB aus, ab welchem Freiheitsgrad n sich die Chi-Quadrat-Verteilung gut durch eine Normalverteilung annähern lässt.

Übung 56 (*Lösung Seite 427*)

Berechnen Sie unter Verwendung des Satzes von Moivre-Laplace die Wahrscheinlichkeit, bei 4000 Münzwürfen 2024 Mal oder noch öfter „Kopf" zu erhalten.

Überprüfen Sie das Ergebnis mit MATLAB.

3 Monte-Carlo-Simulationen

In diesem Kapitel soll mit der so genannten *Monte-Carlo-Methode* ein wichtiges Anwendungsgebiet des in Kapitel 2 erarbeiteten Begriffs- und Methodenapparats detaillierter beleuchtet werden.

3.1.1 Monte-Carlo-Methode

Der **Begriff Monte-Carlo-Methode**[1] kennzeichnet eine Klasse von Verfahren, bei denen man mit Hilfe von Zufallsgeneratoren Lösungen von Problemen „auslost".

Dabei können die zu lösenden Probleme selbst zufälliger Natur sein oder es können deterministische Probleme behandelt werden, für die ein adäquates stochastisches Modell entworfen wird.

Ein einfaches Beispiel der letzten Kategorie soll das Prinzip der Verfahren veranschaulichen.

3.1 Beispiel (Bestimmung eines Flächeninhalts)

Abbildung 3.1 zeigt eine Fläche F, welche innerhalb eines durch die Seitenlängen a und b (im Beispiel jeweils 1) definierten Rechtecks liegt und durch einen Polygonzug definiert wird. Aufgabe ist es, den Flächeninhalt von F zu bestimmen.

Die Bestimmung eines Flächenintegrals ist eine Standardaufgabe, etwa im Zusammenhang mit Schwerpunktsberechnungen oder Trägheitsmomentberechnungen.

Im Allgemeinen wird die Aufgabe dadurch erschwert, dass die Randkurve nicht analytisch vorgegeben ist, oder die (in unserem Fall mögliche) Berechnung über die Einteilung in Teilflächen zu aufwändig wäre.

Die *Idee des Monte-Carlo-Verfahrens* ist es die Fläche „auszulosen".

Dazu bestimmt man mit Hilfe eines Zufallsgenerators N in der rechteckigen Grundfläche *gleichverteilte* Punkte und zählt die Zahl M der in die Fläche fallenden Punkte.

Anschaulich ist klar, dass das Verhältnis $\frac{M}{N}$ ein Maß für den Anteil der Fläche F in der Grundfläche darstellt, deren Flächeninhalt einfach ab ist. Somit ist

$$\tilde{F} = \frac{M}{N} \cdot a \cdot b \qquad (139.1)$$

eine *Schätzung* des Flächeninhalts von F!

Es ist mit Hilfe von MATLAB ein Leichtes, gleichverteilte Punkte in einem Rechteck zu erzeugen und den Flächeninhalt auf diese Weise zu schätzen.

---

[1] Da es sich um Losverfahren handelt, lag es offenbar nahe, die Methoden mit der Spielbank in Monte-Carlo in Verbindung zu bringen.

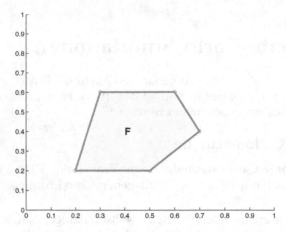

Abb. 3.1: Berechnung eines Flächeninhalts

Die Funktion **MCFlaeche.m** des Begleitmaterials löst diese Aufgabe. Der folgende Programmausschnitt gibt die wesentlichen Schritte wieder:

```
Treffer = 0;                        % Vorinitialisierungen
MCPoints = [];
rand('state',sum(100*clock));       % Zufallsgenerator initialis.

for k=1:N                           % Zahl der Iterationen
                                    % Zufallspunkt im Rechteck
                                    % [0,a]x[0,b] bestimmen
    X = [a*rand(1,1), b*rand(1,1)];
                                    % Punkte merken
    MCPoints = [MCPoints; [X,0]];
                                    % Prüfen, ob er innerhalb des
                                    % Polygonzugs liegt
    if istDrin(X,a,b,polygon)
        Treffer = Treffer +1;       % wenn ja, Trefferz. erhöhen
        MCPoints(k,3) = 1;          % Treffer merken
    end;
end;

% Fläche berechnen

F = a*b*Treffer/N;
```

Die MATLAB-Funktion rand erzeugt im Intervall $[0, 1]$ gleichverteilte Zufallszahlen. Damit können im Rechteck $[0, a] \times [0, b]$ gleichverteilte Punkte X erzeugt werden.

Die Hauptschwierigkeit liegt bei diesem Beispiel in der Beantwortung der Frage, ob der Punkt *innerhalb* oder *außerhalb* des Polygons liegt. Diese Frage ist nicht so leicht zu beantworten. Der entsprechende Algorithmus ist in der Funktion **istDrin.m** implementiert. Wir wollen jedoch an dieser Stelle nicht auf ihn eingehen und bitten den interessierten Leser den reichlich kommentierten Quelltext von **istDrin.m** zu konsultieren.

Jedes Mal, wenn diese Funktion eine 1 (Punkt ist innerhalb) zurückliefert, wird die Trefferzahl erhöht. Am Schluss wird die Fläche nach der Formel (139.1) berechnet und zurückgeliefert.

Mit Hilfe der Funktionen **polyput.m** und des Skripts **Aufruf_MCFlaeche.m** kann ein Polygonzug mit der Maus gezeichnet und das Ergebnis der Monte-Carlo-Flächenberechnung visualisiert werden.

Abbildung 3.2 zeigt das Ergebnis einer solchen Simulation für die in Abbildung 3.1 dargestellte Fläche.

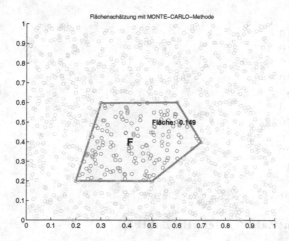

Abb. 3.2: Punkte der Monte-Carlo-Simulation und geschätzte Fläche

In diesem Lauf wurden 1000 Zufallspunkte berechnet. Sehr gut ist die Gleichverteilung der Punkte in der rechteckigen Grundfläche zu erkennen.

Der Näherungswert 0.148 liegt nahe dem exakten Wert 0.15. Wir werden uns weiter unten der Frage widmen, wie die Güte der Monte-Carlo-Schätzung abgeschätzt werden kann.

Zuvor soll die Methode noch an einem weiteren, ähnlich gearteten Beispiel illustriert werden.

3.2 Beispiel (Berechnung der Zahl π)

Die Methoden aus Beispiel 3.1 könnten natürlich in ähnlicher Weise dazu verwendet werden den Flächeninhalt eines Kreises zu bestimmen. Über die bekannte Formel für den Flächeninhalt eines Kreises liefert dies dann eine Näherung der Kreiszahl π. Die Flächenbestimmung nach der Monte-Carlo-Methode ist sogar einfacher, da es leichter ist zu entscheiden, ob ein

Punkt innerhalb eines Kreises liegt als innerhalb eines geschlossenen Polygonzugs.

Das MATLAB-Programm **MCPi.m** ist für die Aufgabe konzipiert π nach dem soeben skizzierten Verfahren zu schätzen.

Ein wiederholter Aufruf mit 1000 Zufallspunkten liefert folgendes Ergebnis:

```
ZahlPi = [];
for k=1:10
     [ZahlPi] = [ZahlPi; MCPi(1000)]
end

ZahlPi =

    3.1440
    3.1840
    3.1560
    3.1440
    3.1960
    3.0720
    3.0720
    3.1480
    3.0800
    3.1440

% Durchschnittswert berechnen

DPi = sum(ZahlPi)/length(ZahlPi)

DPi =

    3.1340
```

Das Ergebnis weicht in der zweiten Dezimalstelle vom exakten Wert von π ab.

Wie bereits erwähnt, ist es wesentlich, dass die erzeugten Zufallspunkte *gleichverteilt* in der Grundfläche erzeugt werden. Dies zeigt auch das folgende Beispiel.

Das MATLAB-Programm **MCPiGauss.m** modifiziert das Programm **MCPi.m** dergestalt, dass die Zufallspunkte mit einem Gauß-verteilten Zufallsgenerator erzeugt werden. Dadurch häufen sich allerdings die erzeugten Punkte in der Nähe des Nullpunktes.

Ein Aufruf mit 1000 Zufallspunkten liefert in diesem Fall:

```
ZahlPiG = MCPiGauss(1000)
```

```
ZahlPiG =

    3.9640
```

Dies ist ein offensichtlich falsches Ergebnis!

Güte einer Monte-Carlo-Schätzung

Bezüglich der Güte einer Monte-Carlo-Berechnung kann eine generelle Aussage gemacht werden. Den Schlüssel zu dieser Aussage liefert der Zentrale Grenzwertsatz (s. Abschnitt 2.8.2).

Bezeichnen wir mit

$$X = \text{ „Zahl der Treffer bei einer Monte-Carlo-Schätzung”}$$

und mit

$$X_i = \text{ „Ergebnis beim i-ten Versuch”},$$

so folgt für den mit der Monte-Carlo-Methode geschätzten Parameter, dass er ein Wert der Zufallsvariablen

$$Y = \frac{1}{n}X = \frac{1}{n}\sum_{k=1}^{n} X_i \qquad (143.1)$$

ist.

Bekanntlich ist jedoch X_i eine Bernoulli-verteilte Zufallsvariable mit Parameter p, wobei p die (problemabhängige) Trefferwahrscheinlichkeit ist.

Nach dem Zentralen Grenzwertsatz ist X als Überlagerung identisch verteilter, unabhängiger Zufallsvariablen asymptotisch $N(n\mu, n\sigma^2)$-verteilt, wobei μ der Erwartungswert und σ^2 die Varianz der zu Grunde liegenden Verteilung ist.

Im vorliegenden Fall ist nach Übung 36

$$\mu = \mathbb{E}(X_i) = p, \quad \sigma^2 = \mathbb{V}(X_i) = p(1-p) \quad \text{für alle } i \leq n. \qquad (143.2)$$

Nach den Skalierungsregeln (s. Seite 94) für Erwartungswert und Varianz ist Y für große n näherungsweise eine $N(\mu, \frac{\sigma^2}{n})$-verteilte und $Y - \mu$ eine $N(0, \frac{\sigma^2}{n})$-verteilte Zufallsvariable.

Auf Grund der 3σ-Regel (125.8) gilt dann für die Differenz der Monte-Carlo-Schätzung Y und des zu schätzenden Parameters μ, dass

$$P(-3\frac{\sigma}{\sqrt{n}} < Y - \mu \leq 3\frac{\sigma}{\sqrt{n}}) \approx 0.997. \qquad (143.3)$$

Die Gleichung (143.3) kann nun als Anhaltspunkt dafür herangezogen werden, wie viele Versuche n man machen muss, um mit großer Sicherheit (99.7%) eine Schätzung des Parameters μ mit vorgegebener Genauigkeit ε zu erhalten.

Der Ansatz

$$\varepsilon = 3\frac{\sigma}{\sqrt{n}} \iff n = \left(3\frac{\sigma}{\varepsilon}\right)^2 \tag{144.1}$$

führt auf die Abschätzung

$$n \geq 9\frac{\sigma^2}{\varepsilon^2}. \tag{144.2}$$

Wir wollen dieses Ergebnis anhand der Beispiele 3.1 und 3.2 illustrieren.

3.3 Beispiel (Simulationsdauer bei vorgegebener Genauigkeit)

In beiden Fällen sei eine Genauigkeit von $\varepsilon = 10^{-3}$ gefordert.

Im Beispiel 3.1 ergibt sich

$$\mu = p = \frac{F}{ab} \quad \text{und} \quad \sigma^2 = p(1 - p) = \frac{F}{ab}\left(1 - \frac{F}{ab}\right). \tag{144.3}$$

Leider geht die zu berechnende Fläche F in σ und damit in die Abschätzung (144.2) ein, sodass diese grob geschätzt werden muss. In Abbildung 3.1 ist zu erkennen, dass die gesuchte Fläche von einem Rechteck der Seitenlängen 0.4 und 0.5 eingeschlossen werden kann. Der entsprechende Flächeninhalt 0.2 kann in (144.3) zur Berechnung von σ verwendet werden. Man erhält mit $a = 1, b = 1$ den Schätzwert $\sigma^2 = 0.2(1 - 0.2) = 0.16$ und aus (144.2) die Abschätzung

$$n \geq 9 \cdot 0.16 \cdot 10^6 = 1440000. \tag{144.4}$$

Im Beispiel 3.2 erhält man

$$\mu = p = \frac{\pi}{4} \quad \text{und} \quad \sigma^2 = p(1 - p) = \frac{\pi}{4}\left(1 - \frac{\pi}{4}\right) = 0.1685. \tag{144.5}$$

Daraus ergibt sich die Abschätzung

$$n \geq 9 \cdot 0.1685 \cdot 10^6 = 1516500. \tag{144.6}$$

Im Folgenden soll dieses Ergebnis mit Hilfe der Funktion **MCPi.m** getestet werden:

```
ZahlPi  =  MCPi(1516500)

ZahlPi  =

    3.1420

differenz  =  ZahlPi−pi

differenz  =

    4.4493e−004
```

Die Simulationsdauer erfüllt also die Genauigkeitsanforderung.

Es sollte abschließend bemerkt werden, dass die Abschätzung auf der Grundlage der 3σ-Grenze i.A. zu einem zu hohen Aufwand führt. In der Praxis (vgl. [31]) begnügt man sich daher mit geringeren Sicherheiten und erhält einen geringeren Aufwand (s. Übung 58).

3.1.2 Simulation von Zufallsgrößen

In den Beispielen aus Abschnitt 3.1.1 wurde gezeigt, wie die Monte-Carlo-Methode zur Berechnung *deterministischer* Größen und Parameter herangezogen werden kann.

Als stochastische Methode eignet sie sich allerdings auch hervorragend zur Simulation komplexer *zufälliger* Vorgänge!

Um solche Vorgänge zu simulieren, ist es allerdings notwendig Werte von Zufallsgrößen (Zufallszahlen) zu erzeugen, die einer *vorgegebenen Verteilung* genügen.

Die Statistics Toolbox von MATLAB bietet bereits eine Reihe solcher Zufallszahlengeneratoren für die gängigen Verteilungen an, wie etwa exprnd für die Exponentialverteilung, normrnd für die Normalverteilung und viele andere mehr.

Falls jedoch die Verteilung der zu simulierenden Zufallsvariablen nicht zu den angebotenen Zufallsgeneratoren passt, so müssen die Zufallszahlen mit einem Zufallsgenerator für die Gleichverteilung und der in Abschnitt 2.5.6 skizzierten Transformationstechnik erzeugt werden.

Wir beschränken uns in den folgenden Betrachtungen auf *stetige* Zufallsvariablen (für ein diskretes Beispiel sei auf Übung 59 verwiesen).

Wir betrachten im Folgenden eine Verteilungsdichte $f(y)$ mit zugehöriger Verteilungsfunktion $F(y)$.

Es soll ferner angenommen werden, dass die Verteilungsdichte $f(y)$ auf einem Intervall $[a, b]$ stetig[2] und positiv ist. In diesem Fall ist dann $F(y)$ dort streng monoton wachsend.

---

[2] a und b dürfen dabei durchaus auch die Werte $\pm\infty$ annehmen.

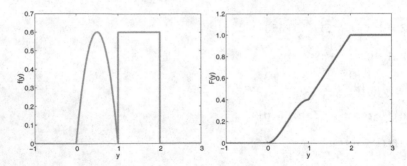

Abb. 3.3: Beispiel einer stetigen Verteilungsdichte $f(y)$ und der zugehörigen
Verteilungsfunktion $F(y)$

Abbildung 3.3 verdeutlicht diesen Sachverhalt anhand eines Beispiels (vgl.
dazu auch Übung 60).

Da $F(y)$ eine streng monoton wachsende Funktion von $[a, b]$ nach $[0, 1]$ (Wertebereich jeder Verteilungsfunktion, s. Abschnitt 2.5.5) ist, hat die Gleichung

$$F(y) = x \qquad (146.1)$$

für alle $x \in [0, 1]$ eine eindeutige Lösung, die entweder analytisch oder numerisch ermittelt werden kann. Es gilt also

$$y = F^{-1}(x). \qquad (146.2)$$

Ist nun x der Wert einer *gleichverteilten* Zufallsvariablen X, so ist y durch den
Zusammenhang (146.2) der Wert einer Zufallsvariablen Y.

Wegen

$$P(Y \leq y) = P(F^{-1}(X) \leq y) = P(X \leq F(y)) = F(y) \qquad (146.3)$$

(letzteres, weil X *gleichverteilt* ist und $F(y) \in [0, 1]$ ist) ist offenbar $F(y)$ die
Verteilungsfunktion $F_Y(y)$ der konstruierten Zufallsvariablen Y!

Erzeugt man somit *gleichverteilte Zufallszahlen* und transformiert diese gemäß
Gleichung (146.2), so haben die entstehenden Zufallszahlen die *gewünschte*
vorgegebene *Verteilung*.

Wir wollen diesen Vorgang an einem Beispiel erläutern, bei dem Gleichung
(146.1) *analytisch* gelöst werden kann.

3.4 Beispiel (Erzeugung exponentialverteilter Zufallszahlen)

Nach (72.1) ist

$$F(y) = 1 - e^{-\lambda y} \quad \text{für alle } y \geq 0 \qquad (146.4)$$

die Verteilungsfunktion der Exponentialverteilung mit Parameter λ.
Die Lösung der Gleichung (146.1) ergibt in diesem Fall

$$1 - e^{-\lambda y} = x \iff y = -\frac{1}{\lambda}\ln(1-x) \quad \text{für alle } 1 > x \geq 0 \qquad (147.1)$$

Mit Hilfe der Funktionen **getExpVar.m** und des Skripts **Aufruf_getExpVar.m** kann die Erzeugung der Zufallszahlen nach Gleichung (147.1) simuliert und visualisiert werden.

Der nachfolgende Ausschnitt aus **getExpVar.m** gibt die wesentlichen Anweisungen wieder:

```
for k=1:N                    % Zahl der Iterationen
                             % (Gleichvert.) Zufallspunkt
                             % im Intervall [0,1] bestimmen
    x = rand(1,1);
                             % Transformationsformel
    y = -(1/lambda)*log(1-x);
                             % Wert speichern
    ExpZahlen = [ExpZahlen; y];
end;
```

Die Abbildung 3.4 gibt das Ergebnis eines Aufrufs von **Aufruf_getExpVar.m** wieder, bei dem 2000 Zufallszahlen für den Parameter $\lambda = 2$ erzeugt wurden.

Zugleich ist die theoretische Verteilungsdichte für den Parameter eingezeichnet. Man erkennt eine sehr gute Übereinstimmung!

3.1.3 Anwendungsbeispiel: Bediensystem

Abschließend soll ein etwas komplexeres Anwendungsbeispiel [31] diskutiert werden um die Vorteile der Monte-Carlo-Methode in einem besseren Rahmen zu demonstrieren. Im Allgemeinen wird man nämlich die Monte-Carlo-Methode nur in „hoffnungslosen Fällen" einsetzen, d.h. wenn das Problem so kompliziert ist, dass konventionelle Lösungsverfahren versagen oder keine solchen anwendbar sind.

3.5 Beispiel (Simulation eines n-kanaligen Bediensystems)

In diesem Beispiel betrachtet man n „Kanäle" an denen zu bestimmten Zeiten T_k „Bedienwünsche" auftreten, die in einer festen Zeit t_b abgearbeitet werden.

Wegen der letzten Eigenschaft ist es wohl weniger geeignet, sich Telefonkanäle und menschliche Operatoren als Bediener vorzustellen, sondern

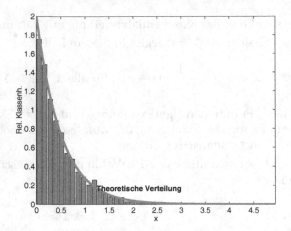

Abb. 3.4: Histogramm von 2000 exponentialverteilten Zufallszahlen und die
theoretische Verteilungsdichte für $\lambda = 2$

eher eine Abfüllanlage mit n Abfüllstutzen, denen maschinell gleich große
Behälter zugeführt werden.

Die Bedienwünsche treten zufällig auf (z.B. Behälter werden unregelmäßig
von Menschen in die Maschine eingeführt) und müssen als Zufallsprozess
modelliert werden.

Das System ist so ausgelegt, dass immer die Station 1 zuerst „bedient". Ist
diese nicht dazu in der Lage, weil sie belegt ist, wird der Bedienwunsch
an die nächste Station weitergereicht. Diese bearbeitet ihn oder reicht ihn
ihrerseits weiter. Im schlimmsten Fall sind alle Stationen belegt und der
Bedienwunsch kann nicht erfüllt werden.

Interessante Fragestellungen sind in diesem Zusammenhang dann:

- Wie groß ist die mittlere Anzahl *unerfüllter* Bedienwünsche in einem
  gegebenen Zeitraum T?
- Wie groß ist die Wahrscheinlichkeit der Ablehnung eines Bedien-
  wunschs?
- Wie groß ist die mittlere Anzahl *erfüllter* Bedienwünsche in einem gegebenen Zeitraum T?

und so weiter.

Solche Fragestellungen sind sehr komplex und können i.A. nur mit einer
Simulation beantwortet werden.

Dazu müssen wir zunächst bezüglich der Bedienanforderung eine sinnvolle Annahme treffen. Eine sinnvolle Annahme ist beispielsweise, dass es sich
um einen so genannten *Poisson-Strom* handelt. Dies bedeutet, dass die *Zeitab-*

stände zwischen den Anforderungen mit einem Parameter λ exponentialverteilt sind. Der mittlere Zeitabstand ist dabei $T_m = \frac{1}{\lambda}$.

Der Algorithmus [31] ist in der MATLAB-Funktion **bedienSys.m** der Begleitsoftware implementiert. Die Anweisungen sollen hier aus Platzgründen nicht wiedergegeben werden.

Die Funktion berechnet für eine Anzahl (Kn1) von Kanälen, eine feste Bedienzeit (bz) und eine vorgegebene Simulationsdauer (Tmax) für mehrere (vers) Simulationen die durchschnittliche Zahl der *abgelehnten* und *angenommenen* Bedienwünsche. Der Parameter λ des Poisson-Stroms kann ebenfalls vorgegeben werden.

Zur Erzeugung der exponentialverteilten Zufallszahlen für die Simulation der Zeitabstände zwischen den Bedienwünschen wird die Funktion exprnd der MATLAB Statistics Toolbox verwendet.

Der Aufruf

```
vers = 10; Knl = 10; bz = 2;      % Parameter setzen
T_m = 2; Tmax = 1000;             % lambda = 1/T_m


                                  % Simulieren
[dabg, dang] = bedienSys(vers, Knl, bz, 1/T_m, Tmax)


dabg =

   30.6000


dang =

   486.5000
                                  % Ablehnungswkt in %
ablWkt = 100*dabg/(dabg+dang)


ablWkt =

   5.9176
```

liefert exemplarisch das Ergebnis für einen Parametersatz.

Die Tabelle 3.1 gibt einige Ergebnisse wieder, die auf diese Weise mit verschiedenen Parametern bei 10 Kanälen und einer Beobachtungszeit von $T = 1000$ Zeiteinheiten errechnet wurden.

Der Leser ist angehalten, mit dem Programm **bedienSys.m** zu experimentieren. In diesem Zusammenhang sei auf die Übung 61 hingewiesen.

Tabelle 3.1: Simulationsergebnisse Bediensystem für 10 Kanäle und
Beobachtungszeit $T = 1000$

	mittl. Zahl der Annahmen	mittl. Zahl der Ablehnungen	Ablehnungswahrscheinlichkeit (%)
Mittlere Ankunftszeit $T_m = 2$, Bedienzeit $t_b = 2$	486.5	30.6	5.92
Mittlere Ankunftszeit $T_m = 2$, Bedienzeit $t_b = 4$	482.4	42.3	8.06
Mittlere Ankunftszeit $T_m = 2$, Bedienzeit $t_b = 0.5$	494.9	10.8	2.14
Mittlere Ankunftszeit $T_m = 3$, Bedienzeit $t_b = 2$	326.6	16.2	4.73

3.1.4 Übungen

Übung 57 (*Lösung Seite 428*)

Interpretieren Sie das Ergebnis des Laufes von **MCPiGauss.m** auf Seite 142.

Übung 58 (*Lösung Seite 429*)

Untersuchen Sie, wie in den Überlegungen zur Güte einer Monte-Carlo-Schätzung von S. 143 ein Intervall $[-\gamma, \gamma]$ gewählt werden muss, damit *in der Hälfte aller Fälle* der Abstand des Wertes des Monte-Carlo-Schätzers Y und des zu schätzenden Parameters μ, also $y - \mu$, innerhalb dieses Intervalls liegt.

Schätzen Sie auf der Grundlage dieser Überlegung für eine Genauigkeit von 10^{-3} den Aufwand für die Berechnung in Beispiel 3.1 neu.

Übung 59 (*Lösung Seite 430*)

Erzeugen Sie mit Hilfe des Zufallsgenerators `rand` *Poisson*-verteilte Zufallszahlen.

Entwerfen Sie das Verfahren und schreiben Sie dazu ein geeignetes MATLAB-Programm.

Übung 60 (*Lösung Seite 432*)

Die Verteilungsdichte aus Abbildung 3.3 hat die Form

$$f(y) = \begin{cases} \alpha \cdot y(1-y) & \text{für alle } y \in [0,1], \\ \frac{\alpha}{4} & \text{für alle } y \in [1,2], \\ 0 & \text{sonst} \end{cases} \qquad (151.1)$$

mit $\alpha = \frac{12}{5}$.

Erzeugen Sie mit Hilfe eines geeigneten MATLAB-Programms Zufallszahlen, die dieser Verteilung genügen. Verwenden Sie zur Lösung der Gleichung (146.1) das numerische Verfahren `fzero` zur numerischen Bestimmung der Nullstelle einer reellen Funktion!

Hinweis: Ermitteln Sie zuerst analytisch die Verteilungsfunktion $F(y)$ und setzen Sie diese in eine MATLAB-Funktion um. Schreiben Sie dann eine allgemeine MATLAB-Funktion, mit der die Werte einer reellen Funktion um eine Konstante (z.B c) verschoben werden können. Nutzen Sie diese Funktion dann, um die zu lösende Gleichung $F(y) = c$ in Form eines Nullstellenproblems an `fzero` übergeben zu können.

Übung 61 (*Lösung Seite 434*)

Untersuchen Sie mit Hilfe von **bedienSys.m** die Abhängigkeit des Bediensystems aus Abschnitt 3.1.3 von der Anzahl der Kanäle und stellen Sie das Ergebnis grafisch dar.

Verwenden Sie dabei die Parameter $t_b = 2$, $T_m = 2$ und $T = 1000$ und mitteln Sie über 10 Simulationen.

4 Statistische Tolerierung

In den folgenden Abschnitten soll ein weiteres interessantes Anwendungsfeld für die Methoden der Wahrscheinlichkeitsrechnung angeschnitten werden. Dies ist die Berechnung so genannter geometrischer Maßketten in der Konstruktion.

4.1.1 Tolerierung geometrischer Maßketten

Technische Produkte sind zum weitaus größten Teil aus einzelnen Komponenten zusammengesetzt, die für das Produkt entweder speziell angefertigt oder zugekauft werden. Bei der Konstruktion solcher Produkte muss berücksichtigt werden, dass die Komponenten in ihren *geometrischen Dimensionen* i.A. nicht genau die geforderten Abmaße (Sollmaße) haben, sondern dass ihre tatsächlichen Maße (Istmaße) fertigungsbedingt immer *zufallsbedingten Schwankungen* unterworfen sind.

Da aus Kostengründen – zugekaufte Teile sind meist preiswerter als Sonderanfertigungen – eine gewisse *Austauschbarkeit* der Teile gewährleistet werden muss, muss der Konstrukteur bei der Bemaßung der Komponenten eine „Sicherheitsreserve" vorsehen. Er muss Abweichungen vom Sollmaß, so genannte *Toleranzen*, zulassen (tolerieren).

Toleranzen werden als maximale zulässige Abweichungen vom Sollmaß nach oben und nach unten festgelegt. Um dem Konstrukteur diese Arbeit zu erleichtern, sind Bereiche für die Toleranzen (Toleranzfelder) in ISO- und DIN-Normen klassifiziert und mit speziellen Bezeichnungen und Codierungen tabelliert [13]. Für weitere Details verweisen wir an dieser Stelle auf die einschlägige Spezialliteratur.

Maßketten

Schließt man mehrere Komponenten, wie im Beispiel der Konstruktion der Baugruppe in Abbildung 4.1, zu einem Produkt zusammen, so entsteht durch die geometrischen Abmaße der Komponenten eine so genannte *Maßkette*.

In einer Maßkette resultiert aus den einzelnen Maßen ein im Allgemeinen funktionsbestimmendes Maß, das so genannte *Schließmaß*. Dieses muss einer gewissen Toleranz, der *Schließmaßtoleranz*, genügen um eben diese Funktion des Produktes sicherzustellen. Im Beispiel ist das Schließmaß die Breite eines Spalts, in den ein Schließring eingepasst werden muss.

Das Schließmaß kann ganz allgemein als Funktion

$$M_s = f(M_1, M_2, \ldots, M_n) \tag{153.1}$$

von n unabhängigen Maßen, also als Funktion mehrerer Variablen dargestellt werden.

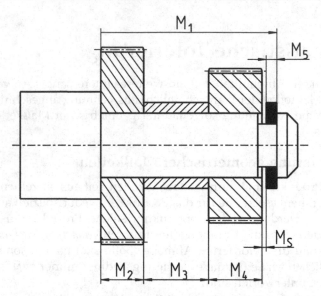

Abb. 4.1: Ausschnitt einer Baugruppe einer Maschine mit zugehörigem Maßplan

Ergeben sich die Schließmaße durch Addition bzw. Subtraktion der einzelnen Maße, so ist die Funktion f *linear* und man spricht von einer **linearen Maßkette**. Ansonsten drückt f einen *nichtlinearen* Zusammenhang aus und man spricht folglich von einer **nichtlinearen Maßkette**.

4.1 Beispiel (Lineare Maßkette)

Im Beispiel der Baugruppe von Abbildung 4.1 ergibt sich das Schließmaß M_s zu

$$M_s = M_1 - M_2 - M_3 - M_4 - M_5. \tag{154.1}$$

In der Addition der Maße wird dabei ein Maß (hier M_1) positiv gezählt, wenn seine Vergrößerung zur Vergrößerung des Schließmaßes beiträgt, falls alle anderen Maße unverändert bleiben. Wird das Schließmaß dagegen kleiner, wenn ein Maß bei sonst gleichbleibenden Bedingungen vergrößert wird, so wird das Maß mit negativem Vorzeichen aufaddiert. In Abbildung 4.1 z.B. verkleinert sich die verbleibende Spaltbreite M_s, falls die Schließringbreite M_5 vergrößert wird.

Die Situation wird üblicherweise in einer grafischen Darstellung visualisiert, in der Zählrichtung und Größe der Maße in Form einer geschlossenen Kette von Pfeilen repräsentiert werden. Die Abbildung 4.2 illustriert dies für die Baugruppe aus Abbildung 4.1.

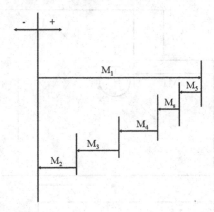

Abb. 4.2: Symbolische Darstellung der Maßkette für die in Abbildung 4.1
wiedergegebene Baugruppe

4.2 Beispiel (Nichtlineare Maßkette)

In Abbildung 4.3 auf der nächsten Seite ist ein Beispiel für eine nichtlineare
Maßkette dargestellt.

Hierbei handelt es sich um eine rechteckige Metallplatte, aus der in der linken oberen Ecke ein rechteckiges Stück herausgeschnitten ist und in deren
Inneren sich eine Bohrung befinden soll.

Der Mittelpunkt der Bohrung soll dabei genau auf dem Schnittpunkt der
eingezeichneten Diagonalen liegen. Das funktionsbestimmende Schließmaß M_s soll in diesem Fall der horizontale Abstand der Bohrung (genauer
des Mittelpunkts der Bohrung) zum rechten Rand der Platte sein.

Das Schließmaß hängt offenbar in nichtlinearer Weise von den anderen
Maßen ab, denn es ist

$$M_s = \cos(\alpha) \cdot d, \tag{155.1}$$

wobei d der Abstand der rechten unteren Ecke zum Mittelpunkt der Bohrung sein soll.

Mit ein wenig konventioneller Vektorrechnung (vgl. Übung 62, S. 167) errechnet man für den Abstand d:

$$d = \left| \frac{1}{(M_2 - M_4)M_1 + M_2(M_1 - M_3)} \right| \\ \cdot M_1 M_2 \sqrt{(M_2 - M_4)^2 + (M_1 - M_3)^2} \tag{155.2}$$

und für den Cosinus des von der Unterkante und der Diagonale eingeschlossenen Winkels α:

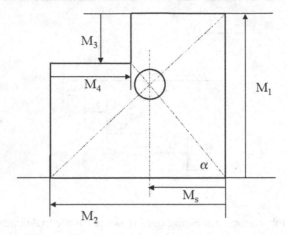

Abb. 4.3: Beispiel einer nichtlinearen Maßkette

$$\cos(\alpha) = \frac{M_2(M_2 - M_4)}{M_2\sqrt{(M_2 - M_4)^2 + (M_1 - M_3)^2}}$$

$$= \frac{M_2 - M_4}{\sqrt{(M_2 - M_4)^2 + (M_1 - M_3)^2}}.$$

(156.1)

Da offenbar $M_2 > M_4$ und $M_1 > M_3$ ist, kann der Betrag in Gleichung (155.2) weggelassen werden und man erhält insgesamt mit den Gleichungen (155.1) und (156.1) für das Schließmaß den Zusammenhang

$$M_s = \frac{M_1 M_2 (M_2 - M_4)}{(M_2 - M_4)M_1 + M_2(M_1 - M_3)}.$$

(156.2)

Dies ist eine rationale Funktion in vier Variablen. Damit besteht zwischen M_s und den übrigen Maßen ein *nichtlinearer* Zusammenhang und es handelt sich folglich um eine nichtlineare Maßkette.

4.1.2 Toleranzanalyse und Toleranzsynthese

Wird das Schließmaß als funktionsbestimmendes Maß vorgegeben, so ist es das Ziel der Konstruktion, die Toleranzen, also die zulässigen Abweichungen, der anderen Maße so zu wählen, dass die vorgegebene Toleranz des Schließmaßes erfüllt wird. Man spricht bei diesem Vorgang von **Toleranzsynthese**. Die Toleranzsynthese beantwortet also die Fragestellung, welche maximalen Abweichungen T_k für ein Maß M_k einer Komponente zugelassen werden dürfen, damit eine vorgegebene maximale Gesamtabweichung T_s des Schließmaßes $M_s = f(M_1, M_2, \ldots, M_n)$ eingehalten werden kann.

Sind umgekehrt die Toleranzen der Maßkette gegeben, so kann daraus mit verschiedenen Verfahren die resultierende Schließmaßtoleranz ermittelt werden. In diesem Zusammenhang spricht man von einer **Toleranzanalyse**. Die Toleranzanalyse beantwortet die Frage, wie groß der Einfluss einzelner Abweichungen in der Maßkette auf die Gesamtabweichung des Schließmaßes ist.

Sowohl Toleranzanalyse als auch Toleranzsynthese sind sehr wesentliche und wichtige Hilfsmittel bei der Bemaßung einer Konstruktion, da die Toleranzen die *Kosten der Fertigung* stark beeinflussen.

Abbildung 4.4 zeigt, dass die Toleranzbreite *exponentiell* in die Kosten der Fertigung eingeht [23].

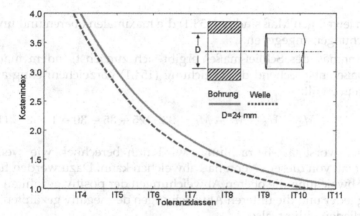

Abb. 4.4: Kosten in Abhängigkeit von den ISO-Toleranzklassen am Beispiel von Bohrung und Welle [23]

Die ISO-Toleranzklassen IT4 bis IT11 entsprechen bei dem gegebenen Durchmesser D einer geometrisch ansteigenden Reihe von 6 μm bis 130 μm [13]. Wie die Grafik zeigt, ist die Fertigung eines Teils bei einer Toleranz von 6 μm erheblich teurer, als bei 130 μm oder einem der Zwischenwerte.

Ziel der Konstruktion muss es daher sein, die Toleranzen der Maßkette möglichst weit zu wählen, um Kosten zu sparen.

Entscheidenden Einfluss hierauf hat das *Tolerierungsverfahren*. Dies ist die Art und Weise, wie bei der Toleranzsynthese die Einzeltoleranzen aus der geforderten Schließmaßtoleranz abgeleitet werden.

Arithmetische Tolerierung

Der einfachste und für die Sicherstellung von Funktion und Austauschbarkeit sicherste Ansatz ist eine „worst-case-Betrachtung". Dabei werden die Maße der Maßkette so toleriert, dass die Schließmaßtoleranz selbst im Falle der ungünstigsten Abweichungskombinationen noch eingehalten werden kann.

Wir verdeutlichen das Verfahren, welches auch **arithmetische Tolerierung** genannt wird, zunächst anhand einer Toleranzanalyse für eine lineare Maßkette.

4.3 Beispiel (Arithmetische Toleranzanalyse einer linearen Maßkette)

Wir betrachten das Beispiel der Baugruppe aus Abbildung 4.1 und definieren die Maße wie folgt (alle Maße in mm):

$$M_1 = 93^{+0.3}_{-0.3}, \quad M_2 = 25^{+0.5}_{-0.0},$$
$$M_3 = 35^{+0.2}_{-0.2}, \quad M_4 = 30^{+0.0}_{-0.2}, \tag{158.1}$$
$$M_5 = 1^{+0.15}_{-0.15}.$$

Zu dem jeweiligen Maß sind in (158.1) die maximalen oberen und unteren Abweichungen angegeben.

Das Nennmaß des Schließmaßes ergibt sich zunächst, indem man alle Nennmaße entsprechend der Gleichung (154.1) vorzeichenrichtig aufaddiert. Man erhält:

$$M_s = M_1 - M_2 - M_3 - M_4 - M_5 = 93 - 25 - 35 - 30 - 1 = 2. \tag{158.2}$$

In einer „worst-case-Betrachtung" wird nun berechnet, wie weit das Schließmaß von diesem Nennmaß abweichen kann. Dazu werden für die obere Abweichung die oberen Abweichungen der positiv gezählten Maßkettenglieder und die unteren Abweichungen der negativ gezählten Maßkettenglieder addiert, also:

$$G_o = 0.3 + 0.0 + 0.2 + 0.2 + 0.15 = 0.85. \tag{158.3}$$

Analog verfährt man für die untere Abweichung:

$$G_u = 0.3 + 0.5 + 0.2 + 0.0 + 0.15 = 1.15. \tag{158.4}$$

Daraus errechnet sich $M_s = 2^{+0.85}_{-1.15}$ und eine Schließmaßtoleranz von $T_s = 0.85 - (-1.15) = 2.0$.

Das gleiche Ergebnis für die Schließmaßtoleranz ergibt sich, wenn man die Toleranzen der Baugruppen mit

$$T_s = \sum_{k=1}^{n} T_k = 0.6 + 0.5 + 0.4 + 0.2 + 0.3 = 2.0 \tag{158.5}$$

einfach aufaddiert.

Will man im Falle einer Toleranzsynthese, beispielsweise bei Vorgabe von $T_s = 1$, nach diesem Verfahren tolerieren, so kann man die Toleranzen entweder alle entsprechend skalieren oder einzelne Toleranzen verengen.

4.1.3 Statistische Tolerierung

Arithmetische Tolerierung führt auf Grund des „worst-case"-Ansatzes bei vorgegebener Schließmaßtoleranz oft zu sehr engen Maßtoleranzen innerhalb der Maßkette und unter Umständen zu unnötig hohen Kosten.

An dieser Stelle kommt endlich die Wahrscheinlichkeitsrechnung ins Spiel. Lässt man die Forderung nach absoluter Austauschbarkeit zu Gunsten des statistischen Ansatzes dahingehend fallen, dass die Toleranzgrenzen mit einer gewissen (i.A. sehr kleinen Wahrscheinlichkeit, etwa $1 - 0.9973 = 0.0027$, entsprechend 0.27%) verletzt werden dürfen, so können die Maßtoleranzen oft kostengünstig aufgeweitet werden.

Bei diesem Ansatz, der so genannten **statistischen Tolerierung**, wird das Schließmaß

$$\hat{M}_s = f\left(\hat{M}_1, \hat{M}_2, \dots, \hat{M}_n\right) \tag{159.1}$$

als Funktion von *unabhängigen* Zufallsvariablen $\hat{M}_k$ aufgefasst. $\hat{M}_s$ ist somit selbst wieder eine Zufallsvariable und falls die Verteilung dieser Zufallsvariablen bekannt ist, kann der statistische Toleranzbereich über deren Quantile bestimmt werden.

Normalverteilte lineare Maßketten

Wir wollen die Idee der statistischen Tolerierung zunächst am Beispiel der linearen Maßkette aus Beispiel 4.3 illustrieren.

4.4 Beispiel (Statistische Toleranzanalyse einer linearen Maßkette)

Es soll zunächst angenommen werden, dass alle Maße $\hat{M}_k$ *normalverteilt* sind mit den Parametern M_k (Erwartungswert, Sollmaß) und σ_k^2 (Varianz). In diesem Fall folgt bei einer *linearen Maßkette* zunächst auf Grund der Kennwertsätze (98.1) und (98.3) für unabhängige Zufallsvariable

$$\mathbb{E}\left(\hat{M}_s\right) = \mathbb{E}\left(\sum_{k=1}^{n} \pm \hat{M}_k\right) = \sum_{k=1}^{n} \pm \mathbb{E}\left(\hat{M}_k\right) = \sum_{k=1}^{n} \pm M_k = M_s \tag{159.2}$$

und

$$\mathbb{V}\left(\hat{M}_s\right) = \mathbb{V}\left(\sum_{k=1}^{n} \pm \hat{M}_k\right) = \sum_{k=1}^{n} \mathbb{V}\left(\hat{M}_k\right) = \sum_{k=1}^{n} \sigma_k^2 =: \sigma_s^2. \tag{159.3}$$

Da Summen von normalverteilten Zufallsvariablen wieder normalverteilt sind, ist $\hat{M}_s$ normalverteilt mit den Parametern M_s und σ_s^2.

Die Abweichungen werden nach der obigen Definition toleriert, wenn 99.73% der tatsächlichen Schließmaße durch die Toleranzgrenzen erfasst werden. Dies entspricht bei normalverteilten Größen nach (125.8) den 3σ-Grenzen der Normalverteilung.

Der Toleranzbereich ist bei der statistischen Tolerierung normalverteilter, linearer Maßketten also

$$T_s = 6\sigma_s = 6 \cdot \sqrt{\sum_{k=1}^{n} \sigma_k^2}. \qquad (160.1)$$

Wir greifen an dieser Stelle noch einmal die Zahlenwerte aus Beispiel 4.3, S. 158 auf und nehmen an, dass die Teile mit Maß M_1, M_3 und M_5 in einem fähigen Prozess mit Prozessfähigkeit $C_p = 1,33$ hergestellt wurden. Der einschlägigen Literatur [32] entnimmt man, dass dieses bedeutet, dass die Toleranzgrenzen den 4σ-Grenzen der Normalverteilung entsprechen. Wir nehmen ferner an, dass $\hat{M}_2$ die Verteilung $N\left(25.2, \left(\frac{4}{60}\right)^2\right)$ und $\hat{M}_4$ die Verteilung $N\left(29.9, \left(\frac{2}{60}\right)^2\right)$ hat und somit die 3σ-Grenzen innerhalb des technischen Toleranzbereiches liegen (vgl. 158.1).

Gemäß den Gleichungen (159.2) und (159.3) erhält man für das Schließmaß

$$M_s = 93 - 25.2 - 35 - 29.9 - 1 = 1.9 \qquad (160.2)$$

und

$$\sigma_s^2 = \left(\frac{0.6}{8}\right)^2 + \left(\frac{4}{60}\right)^2 + \left(\frac{0.4}{8}\right)^2 + \left(\frac{2}{60}\right)^2 + \left(\frac{0.3}{8}\right)^2 = 0.0151. \qquad (160.3)$$

Damit ist $\sigma_s = 0.1228$ die Streuung des Schließmaßes und der 6σ-Bereich hat eine Breite von 0.7370.

Für eine Prozessfähigkeit von $C_p = 1$, welche der Einhaltung der 3σ-Grenzen entspricht, ist der in Beispiel 4.3, S. 158 ermittelte Toleranzbereich von 2.0 also zu hoch!

Die Toleranzen der Maßkette könnten bei dieser Anforderung beispielsweise *alle* um den Faktor

$$\gamma = \frac{2.0}{0.7370} = 2.7138 \qquad (160.4)$$

aufgeweitet werden. Diese Form der *Toleranzsynthese* wird auch **Methode der proportionalen Skalierung** genannt.

In der Literatur [23] sind noch andere Methoden der Synthese diskutiert, deren Erläuterung an dieser Stelle jedoch zu weit führen würde.
Beispiel 4.4 illustriert jedoch die Möglichkeiten der statistischen Tolerierung.

Allgemeine lineare Maßketten

Etwas komplizierter als im Falle normalverteilter Maße stellt sich die Situation im dem Fall dar, in dem die Maße *unterschiedliche* Verteilungen und auch von der Normalverteilung verschiedene Verteilungen aufweisen. Die Spannweiten bzw. die 99.73%-Quantile der Maße stimmen in diesen Fällen nicht mehr mit den 3σ- bzw. 4σ-Grenzen der Verteilungen überein.

Beispielsweise folgt aus Übung 31, S. 101, dass für die Streuung σ einer im Intervall $[a, b]$ *gleichverteilten* Zufallsvariablen X gilt:

$$\sigma = \frac{b - a}{\sqrt{12}}. \tag{161.1}$$

Damit ist das Verhältnis des Bereichs R der möglichen Werte (Spannweite), also $R = b - a$, und der Streuung σ gleich

$$\frac{R}{\sigma} = \frac{b - a}{(b - a)/\sqrt{12}} = \sqrt{12} = 3.4641 \tag{161.2}$$

und nicht 6, wie bei der Normalverteilung, wenn man dort für R die 3σ-Grenze ansetzt.

Besteht eine Baugruppe aus sehr vielen (gleichartigen) Komponenten, welche eine lineare Maßkette bilden, so ist auf Grund des *Zentralen Grenzwertsatzes* (vgl. Abschnitt 2.8.2) das Schließmaß annähernd normalverteilt und man kann in guter Näherung mit den 3σ-Grenzen arbeiten. Ist jedoch die Zahl der Komponenten klein und sind die Verteilungen der Maße $\hat{M}_k$ verschieden von der Normalverteilung, so ist diese Approximation nicht mehr zulässig.

Verteilungen der Maße $\hat{M}_k$, die von der Normalverteilung verschieden sind, können in der Praxis durchaus vorkommen. So führt z.B. Verschleiß von Werkzeugen zu stetigen Änderungen der Fertigungsparameter, sodass sich so genannte *Mischverteilungen* ergeben. Gängige Mischverteilungen sind nach [23] die *Gleichverteilung*, die *Trapezverteilung* (vgl. Übung 53, S. 128) und die *Dreieckverteilung* (vgl. Übung 52, S. 128).

Auch können Vermischungen von verschiedenen Losen zu Mischverteilungen führen.

Falls die (unabhängigen) Maßvariablen $\hat{M}_k$ einer (linearen) Maßkette unterschiedliche Verteilungen haben, so ergibt sich die Verteilung des Schließmaßes $\hat{M}_s$ auf Grund von (81.4) und (82.1) aus der *Faltung* der einzelnen Verteilungen bzw. Verteilungsdichten!

Aus der so berechneten Schließmaßverteilung kann dann die Toleranz (z.B. der 99.73%-Bereich) errechnet werden.

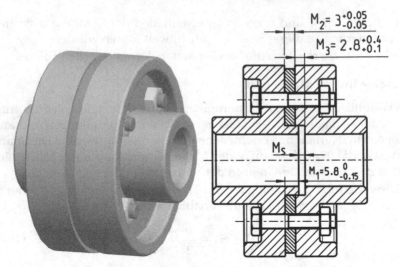

Abb. 4.5: Scheibenkupplung mit zugehöriger Konstruktionszeichnung [23]

4.5 Beispiel (Schließmaßtoleranz für eine allgemeine lineare Maßkette)

Wir betrachten exemplarisch eine lineare Maßkette

$$M_s := M_0 = -M1 + M2 + M3, \tag{162.1}$$

welche sich aus der Bemaßung der in Abbildung 4.5 dargestellten Konstruktionszeichnung einer Scheibenkupplung [23] ergibt.

Die Zufallsvariablen $\hat{M}_1$ und $\hat{M}_3$ der Maße M_1, M_3 seien dabei gleichverteilt innerhalb des angegebenen Toleranzbereiches und $\hat{M}_2$ sei dreieckverteilt im angegebenen Toleranzbereich.

Wir berechnen die Faltung der Verteilungsdichten nicht analytisch, sondern mit Hilfe von MATLAB (vgl. Dateien **triangpdf.m** und **LinSmassBsp.m** der Begleitsoftware). Die MATLAB-Funktion `unifpdf` wird zur Berechnung der Werte der Gleichverteilung verwendet. Die zur Berechnung der Schließmaßverteilung nach (82.1) nötige Faltung wird numerisch mit der Funktion `conv` durchgeführt. Zur Bestimmung der 99.73-Quantile der Schließmaßverteilung muss die berechnete Schließmaßverteilungsdichte numerisch aufintegriert werden. Hierzu wird die Funktion `cumtrapz` verwendet:

```
% Berechnung der Werte der Verteilungsdichten; alle
% Dichten werden auf einen Mittelwert 0 zentriert
% und im Intervall [-0.5, +0.5] mit einer Genauigk.
% von dx = 0.0001 dargestellt
```

```
dx = 0.0001;                 % Diskretisierungsschrittweite
interv = (-0.5:dx:0.5);      % Intervalldiskretisierung
                             % Gleichvert. 0-zentriert
m1 = unifpdf(interv,-0.15/2,+0.15/2);
                             % Gleichvert. 0-zentriert
m3 = unifpdf(interv,-0.3/2,+0.3/2);
                             % Dreieckvert. 0-zentriert
m2 = triangpdf(interv,-0.05,+0.05);

% Faltung der drei Verteilungsdichten (beachte:
% für die Approximation des INTEGRALS muss mit der
% Diskretisierungsschrittweite multipliziert werden!

v1 = dx*conv(m1,m2);
verg = dx*conv(v1, m3);

% Berechnung des Vektors der Urbilder

N = (length(verg)-1)/2;
x = (-N*dx:dx:N*dx);

% Berechnung von Soll- und Mittelwert des Schließmaßes

sollw = -5.8 + 2.8 + 3
mw = -5.8+0.15/2 + 2.8+0.1+0.15 + 3

% Verschiebung der Urbildwerte in den richtigen
% Wertebereich der Maße (des Schließmaßes)

xSM = mw + x;

% Grafische Darstellung der Dichte des Schließmaßes

plot(xSM,verg,'r-','LineWidth',5);
mx = max(verg);
axis([-N*dx+mw, N*dx+mw, 0, mx])
xlabel('x')
ylabel('f(x)')

% Berechnung der zweiseitigen 99.73-Quantile
% (Toleranzbereich); beachte: Verteilung hier symmetrisch,
% daher zweiseitiges 99.73%-Quantil = einseitiges
% (1+0.9973)/2%-Quantil!

F = dx*cumtrapz(verg);    % Verteilungsfunktion
drunter = (F<(1-0.9973)/2);
drueber = (F>1-(1-0.9973)/2);
hlf = xSM((~drunter)&(~drueber));
GuStat = min(hlf)         % untere Toleranzgrenze
```

```
GoStat = max( hlf )        % obere Toleranzgrenze
TStat = GoStat–GuStat      % Toleranz
```

Der Nachteil des Verfahrens ist, dass die Schrittweite sehr klein gewählt werden muss, um numerische Fehler, die bei der Approximation des Faltungsintegrals durch die Faltungssumme entstehen, zu vermeiden. Auch die Berechnung der Verteilungsfunktion mit cumtrapz führt bei zu großer Schrittweite zu numerischen Ungenauigkeiten und damit zu falschen Werten für die statistische Toleranzanalyse.

Ein Aufruf der obigen Anweisungen liefert die in Abbildung 4.6 dargestellte Verteilungsdichte für das Schließmaß und die nachfolgenden Werte für die Toleranzen:

```
LinSmassBsp

sollw =

     0

mw =

     0.3250

GuStat =

     0.0936

GoStat =

     0.5499

TStat =

     0.4563
```

Nichtlineare Maßketten

Schwierig wird die Toleranzanalyse und erst recht die Toleranzsynthese, wenn es sich um nichtlineare Maßketten handelt, da dann die Zusammenhänge (81.4) und (82.1) für die Berechnung der Schließmaßverteilung nicht zur Verfügung stehen.
Ein möglicher Ansatz ist, die Verteilung über eine *Monte-Carlo-Simulation* (vgl. Kapitel 3) zu ermitteln. Wir wollen dieses Verfahren anhand des Beispiels 4.2, S. 155 erläutern.

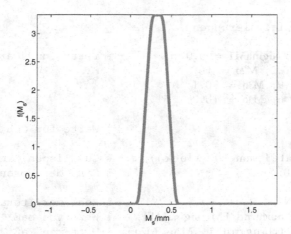

Abb. 4.6: Verteilungsdichte des Schließmaßes $M_s = -M1 + M2 + M3$

4.6 Beispiel (Monte-Carlo-Analyse einer nichtlinearen Maßketten)

In Beispiel 4.2 wurde für die betrachtete Platte mit Bohrung eine nichtlineare Maßkette mit vier Maßen M_1 bis M_4 und dem Schließmaß

$$M_s = \frac{M_1 M_2 (M_2 - M_4)}{(M_2 - M_4)M_1 + M_2(M_1 - M_3)} \qquad (165.1)$$

ermittelt.

Wir nehmen für die Maße folgende Werte an (alle Maße in mm):

$$M_1 = 80^{+0.3}_{-0.3}, \quad M_2 = 100^{+0.8}_{0.0},$$
$$M_3 = 30^{+0.2}_{-0.2}, \quad M_4 = 40^{+0.1}_{-0.4}.$$

Wir nehmen weiter an, dass die Maße wie folgt verteilt sind:

- M_1 ist $N(80, (0.075)^2)$-verteilt,
- M_2 ist dreieckverteilt im Intervall [100.2, 100.7],
- M_3 ist gleichverteilt im Intervall [29.9, 30.1],
- M_4 ist gleichverteilt im Intervall [39.6, 40.0].

Die nachfolgenden MATLAB-Anweisungen (vgl. Datei **MCTolBsp.m** der Begleitsoftware) ermitteln die Verteilungsdichte der Schließmaßverteilung mit Hilfe einer Monte-Carlo-Simulation und stellen sie grafisch dar. Dabei werden die Zufallsgeneratoren `normrnd` und `unifrnd` der MATLAB Statistics Toolbox zur Erzeugung der normal- und gleichverteilten Zufallszahlen benutzt. Die dreieckverteilten Zufallszahlen werden mit Hilfe der in Abschnitt 3.1.2, S. 145 dargestellten Technik (vgl. Datei **triangrnd.m**) erzeugt:

```
% Vorinitialisierungen

EM1 = 80; sigmaM1 = 0.075;        % Verteilungsparameter
M2u = 100.2; M2o = 100.7;
M3u = 29.9; M3o = 30.1;
M4u = 39.6; M4o = 40.0;

Ms = [];                          % Werte für Schließmaße

rand('state',sum(100*clock));     % Zufallsgen. initialis.
N = 50000;                        % Zahl der Versuche

for k=1:N                         % Zahl der Iterationen
    m1 = normrnd(EM1,sigmaM1);    % Wert von Maß 1
    m2 = triangrnd(1, M2u, M2o);  % Wert von Maß 2
    m3 = unifrnd(M3u, M3o);       % Wert von Maß 3
    m4 = unifrnd(M4u, M4o);       % Wert von Maß 4

                                  % neues Schließmaß
                                  % berechnen
    Ms = [Ms, m1*m2*(m2-m4)/((m2-m4)*m1+m2*(m1-m3))];
end;
```

Ein Aufruf der obigen Anweisungen mit **MCTolBsp.m** berechnet eine Folge von Schließmaßen und liefert das in Abbildung 4.7, S. 168 dargestellte Histogramm der Schließmaßverteilung.

Man erkennt, dass die Normalverteilung für das Schließmaß offenbar eine gute Näherung gewesen wäre. Dies war aber auf Grund der Nichtlinearität des Zusammenhangs im Vorhinein nicht so klar!

Für die Kennwerte ergibt sich (vgl. dazu auch Kapitel 5):

```
mw = mean(Ms)               % Schätzung des Mittelwertes

mw =

    49.3598

streuung = std(Ms)          % Schätzung der Streuung

streuung =

    0.0865

F = cumsum(emdist)*dx;      % Schätzung der Verteilungsfunk.
                            % Bestimmung der 99.73%-Quantile
unten = (F<(1-0.9973)/2);
oben = (F>1-(1-0.9973)/2);
```

```
mitte = (~unten)&(~oben);
innen = F(mitte);
bereich = bins(mitte);
Gu = min(bereich)            % unteres 99.73%-Quantil


Gu =

    49.1151

Go = max(bereich)            % oberes 99.73%-Quantil

Go =

    49.5811

TolStat = Go-Gu              % Statistische Toleranz

TolStat =

    0.4660

6*streuung                   % Kontrollrechnung:
                             % 6*sigma-Bereich

ans =

    0.5190
```

Die statistisch ermittelte Toleranz ist etwas kleiner als der sich aus den Kennwerten ergebende 6σ-Bereich, was darauf hindeutet, dass die Verteilung nicht ganz einer Normalverteilung entspricht.

Wir haben uns im vorangegangen Beispiel 4.6 auf eine Toleranzanalyse beschränkt. Weitaus schwieriger ist natürlich im nichtlinearen (wie auch im linearen) Fall die Toleranzsynthese. Hierfür müssten die Parameter der Maßverteilungen angepasst, sprich *optimiert*, werden.

In [23] sind Ansätze hierfür angegeben. Da diese Fragen allerdings an dieser Stelle zu weit führen würden, sei der interessierte Leser auf die Spezialliteratur zu diesem Thema verwiesen.

4.1.4 Übungen

Übung 62 (*Lösung Seite 434*)

Verifizieren Sie für das Beispiel 4.2, S. 155 einer nichtlinearen Maßkette die Gleichungen (155.2) bis (156.2).

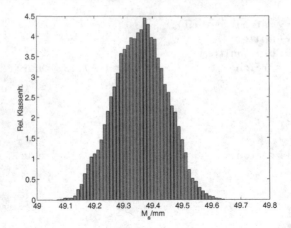

Abb. 4.7: Histogramm der Schließmaßverteilung für die nichtlineare Maßkette aus (156.2)

Betten Sie dabei die Platte in ein Koordinatensystem ein, bei der die rechte untere Ecke auf dem Ursprung liegt. Stellen Sie anschließend Seiten und Diagonalen in vektorieller Form dar und bestimmen Sie den Schnittpunkt der beiden Diagonalen. Errechnen Sie dann daraus die gesuchten Resultate.

Übung 63 (*Lösung Seite 436*)

Betrachten Sie die in Abbildung 4.8 dargestellte Axialfixierung an einem Stirnradantrieb [23].

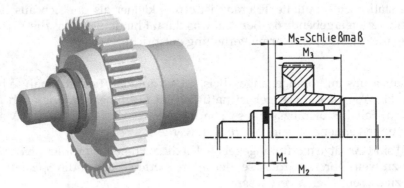

Abb. 4.8: Axialfixierung an einem Stirnradantrieb [23]

(a) Bestimmen Sie die Formel für die Maßkette.
(b) Berechnen Sie für $M_1 = 2^{+0.0}_{-0.1}$, $M_2 = 20^{+0.5}_{-0.5}$ und $M_3 = 16^{+0.6}_{-0.1}$ die Schließmaßtoleranz nach der Methode der arithmetischen Tolerierung.

(c) Berechnen Sie die Schließmaßtoleranz nach der Methode der statistischen Tolerierung, wenn alle Teile mit Prozessfähigkeit $C_p = 1.33$ gefertigt wurden und die Maße normalverteilt sind. Gehen Sie dabei davon aus, dass die Maße im Mittel im Zentrum des technischen Toleranzbereiches liegen. Erläutern Sie anschließend, wie weit die Toleranzen unter dieser Bedingung mindestens aufgeweitet werden können.

(d) Berechnen Sie numerisch mit Hilfe von MATLAB die Schließmaßtoleranz nach der Methode der statistischen Tolerierung, wenn die Maße folgenden Verteilungen genügen:

- M_1 ist dreieckverteilt im Intervall $[1.9, 2.0]$,
- M_2 ist dreieckverteilt im Intervall $[19.5, 20]$,
- M_3 ist gleichverteilt im Intervall $[16.0, 16.4]$.

5 Mathematische Statistik

In diesem Kapitel werden einige Grundlagen der *mathematischen Statistik* dargestellt und es wird ein Einblick in die wichtigsten und gängigsten statistischen Verfahren und deren Anwendungen gegeben.

Die **mathematische Statistik** beschäftigt sich mit der *Ermittlung quantitativer Informationen* über eine Grundgesamtheit von Elementen bzw. über ein zufallsbehaftetes Merkmal X dieser Elemente (Zufallsvariable) *anhand von Stichproben*. Die **Grundgesamtheit** kann dabei mit der Zusammenfassung einer (i.A. großen) Anzahl möglicher Beobachtungswerte des Merkmals, den **Realisierungen** von X, identifiziert werden. So kann beispielsweise die Tagesproduktion von Dichtringen einer Grundgesamtheit und ihr Durchmesser dem interessierenden (zufallsbehafteten) Merkmal X entsprechen.

Eine Stichprobe besteht aus wiederholten Beobachtungen des zufallsbehafteten Merkmals, der durch die Zufallsvariable X modelliert wird. Aufbauend auf dem Begriffsapparat der Wahrscheinlichkeitsrechnung macht die Statistik anhand dieser Beobachtungen Aussagen über die Natur des zufälligen Vorgangs. Diese Aussagen sollen nach Möglichkeit *quantitativer* Art sein. Sie sollten darüber hinaus geeignet sein, den zufälligen Vorgang zu kontrollieren oder zu prognostizieren, also Vorhersagen über diesen Vorgang zu machen.

Da die Grundlage dieser Aussagen neben den beobachteten Daten eine Zufallsvariable und deren Verteilung ist, geht man dabei immer von einem wahrscheinlichkeitstheoretischen *Modell* des zufälligen Vorgangs aus und nimmt an, dass dieses Modell den Vorgang zutreffend beschreibt.

Dieser Ansatz führt zu vielfältigen praktischen Anwendungen. Ein Hauptanwendungsgebiet, die Qualitätskontrolle, wurde in Kapitel 2 schon mehrfach angesprochen. Die mathematische Statistik ist hier in der Lage, quantitative Aussagen über die Qualität der Produkte zu machen, und ist ein wichtiges Hilfsmittel bei der Kontrolle der Fertigungsprozesse.

5.1 Aufgaben der mathematischen Statistik

Wir beginnen zunächst mit einem (kurzen) Überblick über die Aufgaben der mathematischen Statistik. Dabei soll erläutert werden, welche Probleme man in der mathematischen Statistik zu lösen versucht.

Zwei Hauptaufgabengebiete der mathematischen Statistik sind die *Schätztheorie* und die *Testtheorie*.

5.1.1 Schätztheorie

Die so genannte **Schätztheorie** beschäftigt sich mit der *Schätzung von Parametern* oder Eigenschaften *einer Verteilung* auf der Grundlage von Stichproben.

Ein in der Praxis wichtiges Beispiel ist etwa die Schätzung der Parameter μ (Mittelwert) und σ (Streuung) der Normalverteilung. Da diese beiden Parameter die Normalverteilung vollständig bestimmen, gelangt man über die Schätzung der Parameter zur vollständigen Kenntnis der stochastischen Eigenschaften der Grundgesamtheit.

Voraussetzung ist allerdings, dass das wahrscheinlichkeitstheoretische Modell, im Beispiel das „Modell Normalverteilung", für die Grundgesamtheit richtig[1] ist!

Ein wichtiger Aspekt für die sinnvolle Anwendung dieser Schätzwerte ist natürlich, dass man neben den Schätzwerten selbst auch angeben kann, wie gut die Schätzungen sind. Eine weitere Aufgabe der Schätztheorie ist daher auch, *Kriterien für die Güte einer Schätzung* zu formulieren. Mit diesen Kriterien kann dann etwa quantitativ bestimmt werden, wie vertrauenswürdig ein geschätzter Parameter ist, oder es kann damit *der* für die Ermittlung eines vertrauenswürdigen Parameters *notwendige Stichprobenumfang*[2] bestimmt werden.

Die beiden genannten Aspekte werden in den nachfolgenden Abschnitten unter den Stichworten **Punktschätzung** und **Intervallschätzung** konkretisiert werden. Im ersten Fall geht es um die *Ermittlung* eines Modellparameters auf der Grundlage beobachteter Daten, im zweiten Fall um eine Aussage über die *Güte* dieser Schätzung.

Es werden aber nicht nur Parameter von Verteilungen, sondern auch Kenngrößen geschätzt, wie etwa der Medianwert. Oft stimmen die Kenngrößen mit Verteilungsparametern überein, wie beispielsweise bei der Normalverteilung, wo die Parameter mit den Kenngrößen Erwartungswert und Varianz übereinstimmen. In anderen Fällen, wie bei der **Regressionsanalyse**, geht es um die Bestimmung von Parametern eines Modells für einen funktionalen Zusammenhang zwischen Zufallsgrößen.

Eine Erweiterung der Schätztheorie (wie auch der Testtheorie) stellt in gewissem Sinne die so genannte **Entscheidungstheorie** dar. Hierbei geht es um die Minimierung von Verlustfunktionen, die von einer auf der Grundlage von Stichproben getroffenen Entscheidung abhängen. Wir werden im Folgenden allerdings auf diese Theorie sowie ihren Zusammenhang zur Schätz- und Testtheorie nicht näher eingehen. Der interessierte Leser sei auf [18] verwiesen.

5.1.2 Testtheorie

In der **Testtheorie**, deren Methoden, wie wir später sehen werden, oft mit denen der Schätztheorie eng verknüpft sind, beschäftigt man sich mit dem *Testen von Hypothesen über Parameter* und Eigenschaften *einer Verteilung* oder ganz allgemein über ein statistisches Modell.

---

[1] Es gibt auch statistische Verfahren, die die Richtigkeit der Modellannahme zu prüfen versuchen.

[2] Dies ist oft ein ganz wesentlicher Kostenfaktor in der Qualitätssicherung.

Ziel der Tests ist eine *quantitative Aussage über* die *Gültigkeit* des zu Grunde liegenden statistischen Modells.

Damit beantwortet man etwa in der statistischen Qualitätskontrolle solche Fragen wie:

▪ Stimmt die angegebene Defektrate für ein geliefertes Los von Produkten (Eingangsqualitätskontrolle)?

▪ Sind die für eine Produktion definierten Ausschußtoleranzen noch gewahrt (Kontrolle einer laufenden Produktion)?

▪ Ist ein beobachteter Prozess normalverteilt?

Neben dem Test von Parametern einer Verteilung spielt in der Praxis auch die Beantwortung der Frage eine Rolle, ob zwei Zufallsvariablen dieselbe Verteilung haben oder im statistischen Sinne zusammenhängen.

Der Test von *statistischem Zusammenhang* oder von *Korrelation* wird zum Beispiel in der Qualitätskontrolle dazu verwendet, die Frage zu beantworten, ob Produktionsprozesse voneinander unabhängig sind. In der Medizin spielen solche Tests eine große Rolle um beispielsweise zu prüfen, ob ein Medikament wirksam ist oder nicht oder ob eine Krankheit mit Umweltschäden zusammenhängt oder nicht, etc. Die Tests, die die mathematische Statistik hierfür bereitstellt, funktionieren dabei oft auch *ohne* genaue Kenntnis der zu Grunde liegenden Verteilungen (vgl. Abschnitt 5.4.4, S. 249ff).

Daneben sind in der Statistik noch Fragestellungen der Fehlerfortpflanzung (Fehlerrechnung) und der statistischen Signalanalyse von Interesse. Diese Themen werden allerdings im Rahmen dieses Buches nicht angesprochen.

5.2 Stichproben und Stichprobenfunktionen

Wie in der obigen Einleitung definiert, hängt der Begriff der Statistik in direkter Weise vom Begriff der *Stichprobe* ab. Dieser Begriff wurde bereits mehrfach erwähnt und intuitiv verwendet ohne genauer definiert worden zu sein. Dies soll nun nachgeholt werden:

Betrachtet man n beobachtete Werte x_1, x_2, x_3, ..., x_n einer Zufallsvariablen X, so können diese Werte auch als Realisierungen eines Zufallsvektors $(X_1, X_2, X_3, ..., X_n)$ aufgefasst werden. Jede Komponente des Zufallsvektors kann mit X identifiziert werden und hat somit die gleiche Verteilung wie X. Sind die Zufallsvariablen X_1, X_2, X_3, ..., X_n *unabhängig*, so heißt x_1, x_2, x_3, ..., x_n eine **(einfache) Stichprobe** (vom Umfang n) zu X.

Die Modellannahme der Unabhängigkeit der **Stichprobenvariablen** X_i ist dabei für die nachfolgenden Berechnungen wesentlich. Meist versucht man die der Beobachtung der Merkmalswerte x_i zu Grunde liegenden Experimente funktional unabhängig zu gestalten. Ein Beispiel wäre das Durchmischen der Urne vor jeder Ziehung beim Urnenmodell „Ziehen mit Zurücklegen". Weiterhin geht man davon aus, dass die Merkmalswerte x_i aus ei-

ner gegenüber dem **Stichprobenumfang** n großen, meist als unendlich angenommenen, Grundgesamtheit stammen. Dies soll sicherstellen, dass die Eigenschaften der Grundgesamtheit durch die Entnahme der Stichprobe nicht
beeinflusst werden. Für alle Elemente der Grundgesamtheit kann dann angenommen werden, dass sie mit annähernd gleicher Wahrscheinlichkeit in
die Stichprobe aufgenommen werden können. Ferner muss die Stichproben-
entnahme _zufällig_ sein, damit die Stichprobe bezüglich der Grundgesamtheit
als _repräsentativ_ angesehen werden kann, schließlich sollen ja auf Grund der
Stichprobe Rückschlüsse auf die statistischen Eigenschaften der Grundgesamtheit gezogen werden.

Auf die Methoden der Stichprobenerhebung, mit denen sichergestellt wird,
dass eine Stichprobe den obigen Anforderungen genügt, kann an dieser Stelle nicht eingegangen werden. Wir werden die genannten Eigenschaften einer
(einfachen) Stichprobe im Folgenden voraussetzen und verweisen den Leser
für eine Diskussion der Erhebungsmethoden auf [11].

Wie eingangs erwähnt, wollen wir mit Hilfe von Stichproben quantitative
Informationen über eine statistische Grundgesamtheit ermitteln. Dabei ist es
i.A. unerheblich, die Grundgesamtheit genau zu charakterisieren. Wichtig ist
in der Praxis die _Kenntnis der Verteilung_ des interessierenden Merkmales X!
Diese beruht generell auf einer Modellannahme, für die eine gute Anpassung
mit dem beobachteten Phänomen angenommen wird.

Eine Modellannahme selbst wiederum gewinnt man aus übergeordneten
Überlegungen zum modellierten Prozess – man vergleiche dazu etwa die
Herleitungen in Anhang B – und aus dem Vergleich mit den beobachteten
Daten selbst.

Das Modell ist dabei im Allgemeinen durch eine Verteilung definiert, welche ihrerseits oft in direktem Zusammenhang zu bestimmten Kennwerten
der beobachteten Zufallsvariablen, wie Erwartungswert, Varianz oder Median steht oder gar von diesen bestimmt wird. Für die Kennwerte wiederum
kann eine Beziehung zu entsprechenden _Kennwerten für Stichproben_ hergestellt werden. Diese sollen im Folgenden definiert werden.

5.2.1 Empirische Verteilungen

In Kapitel 2 wurde bereits häufiger die Beziehung zwischen dem Begriff der
Wahrscheinlichkeit und dem Begriff der relativen Häufigkeit untersucht (vgl.
Abschnitte 2.2.2, S. 34 und 2.8.1, S. 129).

Die Auftretenswahrscheinlichkeiten von Werten einer Zufallsvariablen X
werden durch die Verteilung von X bestimmt. Dem entspricht die relative
Häufigkeit eines Wertes innerhalb einer Stichprobe. Es liegt deshalb nahe,
den Verteilungsbegriff auf Stichproben zu übertragen. Dies tut man, indem
man die (relative) Häufigkeit des Auftretens der Werte von X innerhalb einer
Stichprobe bestimmt und grafisch darstellt.

Man erhält die so genannte _empirischen Verteilung_ und, durch Bestimmung
der summierten (kumulativen) Häufigkeiten, die _empirische Verteilungsfunk-_

tion, die der Verteilungsfunktion von X entspricht. Die exakte Definition lautet wie folgt:

Seien

$$y_1 < y_2 < y_3 < \ldots < y_m$$

die (aufsteigend) *geordneten verschiedenen* Stichprobenwerte einer Stichprobe

$$x_1, \ x_2, \ x_3, \ \ldots, \ x_n$$

vom **Umfang** n und bezeichne ferner die Zahl n_i, wie oft der Wert y_i innerhalb der Stichprobe vorkommt.

Dann heißt:

$$\tilde{f}(x) = \begin{cases} h_i = \frac{n_i}{n} & \text{für} \quad x = y_i, \ i = 1, \ldots, m, \\ 0 & \text{sonst,} \end{cases} \tag{175.1}$$

die **empirische Verteilung** (oder auch Häufigkeitsfunktion) der Stichprobe und

$$\tilde{F}(x) = \sum_{y_i \leq x} \tilde{f}(y_i) \tag{175.2}$$

die **empirische Verteilungsfunktion** (oder auch kumulative Häufigkeitsfunktion) der Stichprobe.

Die Zahlen n_i sind die so genannten **absoluten Häufigkeiten** von y_i. Die Zahlen h_i heißen die **relativen Häufigkeiten** der Werte y_i innerhalb der Stichprobe.

Man beachte die Analogie zu den Begriffen *Verteilung* und *Verteilungsfunktion* für Zufallsvariablen.

Wir wollen die neuen Begriffe zunächst an einigen Beispielen erläutern:

5.1 Beispiel (Empirische Verteilung)

Wir beginnen mit einem Beispiel aus der Qualitätskontrolle. Im Folgenden betrachten wir die Zufallsvariable

$$X = \text{„Zahl der defekten Teile aus } N \text{ Teilen einer}$$
$$\text{großen Gesamtproduktion mit Ausschussrate } p\text{“}$$

Es ist bekannt (vgl. Kapitel 2), dass X binomialverteilt ist mit den Parametern p und N.

Es werden $n = 20$ Mal (Stichprobenumfang) je $N = 100$ Teile aus der Produktion entnommen und die defekten Teile gezählt.

Das Ergebnis x_1, x_2, x_3, ..., x_n entspreche den in Tabelle 5.1 dargestellten Werten.

Die Werte der Tabelle 5.1 werden nun zunächst gemäß der obigen Definition zu $y_1 < y_2 < y_3 < \ldots < y_m$ in aufsteigender Reihenfolge angeordnet. Dann wird ihre absolute Häufigkeit innerhalb der Stichprobe gezählt. Tabelle 5.2 zeigt das Ergebnis dieses Ordnungsvorgangs.

Offenbar gibt es nur 13 voneinander verschiedene Werte. Die dazu angegebenen relativen Häufigkeiten sind die Werte $\neq 0$ der empirischen Verteilung $\tilde{f}(x)$. Für alle Werte von x, die *nicht* in der Liste „Gezählte defekte Teile" von Tabelle 5.2 vorkommen, ist diese Funktion nach Definition 0.

Sehr viel besser als anhand der Liste aus Tabelle 5.2 kann man den Verlauf der empirischen Verteilung $\tilde{f}(x)$ sowie den der zugehörigen Verteilungsfunktion $\tilde{F}(x)$ anhand einer Grafik erkennen.

Eine geeignete grafische Darstellung der relativen oder absoluten Häufigkeiten ist das *Histogramm*.

Abbildung 5.1 gibt das Histogramm und die *Treppenfunktion* der kumulativen empirischen Verteilung für die Daten aus Tabelle 5.2 wieder.

Tabelle 5.1: Stichprobe „Zahl der defekten Teile"

Nr. der Stichprobe	1	2	3	4	5	6	7	8	9	10
Gezählte defekte Teile	5	9	11	11	6	12	10	12	13	15

Nr. der Stichprobe	11	12	13	14	15	16	17	18	19	20
Gezählte defekte Teile	10	15	9	7	11	14	16	10	12	10

Tabelle 5.2: Geordnete Stichprobe „Zahl der defekten Teile"

Gezählte defekte Teile	5	6	7	9	10	11	12	13	14	15	16
Absolute Häufigkeit	1	1	1	2	4	3	3	1	1	2	1
Relative Häufigkeit	$\frac{1}{20}$	$\frac{1}{20}$	$\frac{1}{20}$	$\frac{2}{20}$	$\frac{4}{20}$	$\frac{3}{20}$	$\frac{3}{20}$	$\frac{1}{20}$	$\frac{1}{20}$	$\frac{2}{20}$	$\frac{1}{20}$

5.2 Beispiel (Empirische Verteilung)

Ein weiteres Beispiel entnehmen wir dem Gebiet der Prüftechnik [18]. Es sei X die Zufallsvariable

$$X = \text{„Zugfestigkeit von Blechen in kg/mm}^2\text{"}$$

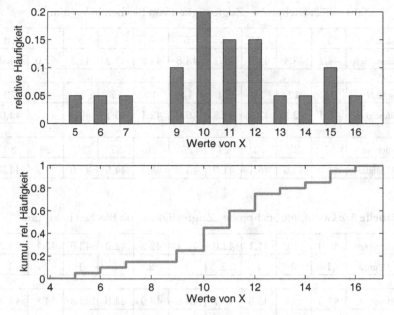

Abb. 5.1: Empirische Verteilung $\tilde{f}(x)$ und zugehörige empirische
Verteilungsfunktion $\tilde{F}(x)$ zur Stichprobe aus Tabelle 5.1

Es werden $n = 30$ (Stichprobenumfang) Bleche auf Zugfestigkeit geprüft.
Das Ergebnis x_1, x_2, x_3, ..., x_n entspreche den in Tabelle 5.3 aufgezeich-
neten Werten.

Nach Anordnung der Werte aus Tabelle 5.3 zu Werten $y_1 < y_2 < y_3 < \cdots <$
y_m in aufsteigender Reihenfolge ergeben sich die absoluten Häufigkeiten
aus Tabelle 5.4.

Abbildung 5.2 gibt die grafische Darstellung der zu Tabelle 5.4 gehörenden
empirischen Verteilung wieder.

Das in Abbildung 5.2 dargestellte Ergebnis ist aber eher enttäuschend. Die
grafische Darstellung gibt nicht viel her, da fast jeder gemessene Wert nur
einmal vorkommt. Dies liegt daran, dass es sich im vorliegenden Fall um
die Werte einer *stetigen* Zufallsvariablen handelt, die ja bekanntlich unendlich viele Werte annehmen kann. Wie man trotzdem mit den vorhandenen
Daten zu sinnvollen Informationen kommen kann, wird in Beispiel 5.4,
S. 181 gezeigt.

Zuvor soll jedoch anhand eines weiteren Beispiels gezeigt werden, wie man
zur Bestimmung der empirischen Verteilungen resp. Verteilungsfunktionen
die Möglichkeiten von MATLAB verwenden kann. Wir greifen dazu Beispiel
5.1 erneut auf.

Tabelle 5.3: Stichprobe „Zugfestigkeit von Blechen in kg/mm^2"

Versuch Nr.	1	2	3	4	5	6	7	8	9	10
Reißfestigkeit	44.2	43.4	41.0	41.1	43.8	44.2	43.2	44.3	42.0	45.0

Versuch Nr.	11	12	13	14	15	16	17	18	19	20
Reißfestigkeit	43.1	42.9	43.9	44.8	46.0	42.1	45.1	40.9	43.7	44.0

Versuch Nr.	21	22	23	24	25	26	27	28	29	30
Reißfestigkeit	43.0	43.6	46.1	41.0	43.3	45.3	44.9	42.0	44.0	44.3

Tabelle 5.4: Geordnete Stichprobe „Zugfestigkeit von Blechen in kg/mm^2"

Reißfestigkeit	40.9	41.0	41.1	42.0	42.1	42.2	42.9	43.0	43.1	43.2
abs. Häufigk.	1	2	1	2	1	2	1	1	1	1

Reißfestigkeit	43.3	43.4	43.6	43.7	43.8	43.9	44.0	44.3	44.8	44.9
abs. Häufigk.	1	1	1	1	1	1	2	2	1	1

Reißfestigkeit	45.0	45.1	45.3	46.0	46.1					
abs. Häufigk.	1	1	1	1	1					

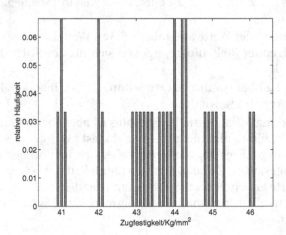

Abb. 5.2: Empirische Verteilung $\tilde{f}(x)$ zur Stichprobe aus Tabelle 5.4

Zur Berechnung einer empirischen Verteilung und einer empirischen Verteilungsfunktion können die MATLAB-Funktionen `hist`, `cumsum` und `cdf-
plot`, sowie `bar` und `stairs` verwendet werden.

hist ist dabei eine Funktion zur Berechnung (und ggf. auch grafischen Darstellung) eines Histogramms, cumsum berechnet die kumulative Summe eines Vektors, cdfplot berechnet direkt die empirische Verteilungsfunktion, bar und stairs sind Grafikfunktionen für Balkendiagramme und Treppenfunktionen.

Diese Funktionen werden in der nachfolgenden Funktion distempDiskret (Datei **distempDiskret.m** der Begleitsoftware) eingesetzt, mit der empirische Verteilung und empirische Verteilungsfunktion für Daten einer *diskret verteilten* Zufallsvariablen berechnet werden können.

5.3 Beispiel (Empirische Verteilung mit MATLAB)

Betrachten wir nochmals die Werte aus Tabelle 5.1 und die zugehörigen geordneten Werte aus Tabelle 5.2. Die nachfolgende MATLAB-Funktion **distempDiskret.m** berechnet empirische Verteilung und empirische Verteilungsfunktion für die im Vektor data zu übergebende Stichprobe und stellt das Ergebnis auf Wunsch grafisch dar (Parameter plotten$\neq 0$).

```
function [vals, emdist, cemdist] = ...
                    distempDiskret(data, plotten)
%
% ...
%

% Eingangsdatenvektor data = (y_1,...,y_n) mit
% MATLAB-Funktion sort aufsteigend sortieren

sortdata = sort(data);

% Erkennen, ob Werte mehrfach vorkommen
% Dazu wird MATLABs diff-Funktion verwendet

diffdata = (diff(sortdata)~=0);

% Die verschiedenen Werte aus sortdata extrahieren
% Es entsteht ein aufsteigend sortierter Datenvektor
% x_1 bis x_m

mehrfach = logical([1,diffdata]);
vals = sortdata(mehrfach);

% Berechnung der absoluten Häufigkeiten mit Hilfe der
% hist-Funktion. Die absoluten Häufigkeiten werden dabei
% über den TATSÄCHLICH VORKOMMENDEN WERTEN aufgetragen.

[anz,binpos] = hist(data, vals);
```

```
% Berechnung der relativen Häufigkeiten
emdist = anz/length(data);

% Kumulative Häufigkeiten, also empirische Verteilungs-
% funktion ermitteln

cemdist=[0, cumsum(emdist), 1];

% Plot des Ergebnisses, falls gewünscht
%
% ...
%
```

Die Funktion **distempDiskret.m** verwendet zur Histogrammdarstellung die MATLAB-Funktion `hist`. Diese Funktion berechnet in der Form

```
hist(x,y)
```

die absoluten Häufigkeiten der Daten in x bezüglich der Werte in y und stellt diese grafisch dar. Dabei muss sichergestellt sein, dass y *aufsteigend sortierte Zahlen enthält*. Die Werte von x werden den durch y definierten Intervallen zugeordnet, falls sie unter den Werten von y nicht direkt vorkommen (man vergleiche dazu den nachfolgend diskutierten Begriff der *Merkmalsklasse*).

Innerhalb von **distempDiskret.m** wird y (`vals`) so konstruiert, dass der Vektor nur aus den aufsteigend sortierten Werten besteht, die in x (`data`) tatsächlich vorkommen. Auf diese Weise berechnet `hist` genau die in (175.1) definierten absoluten Häufigkeiten.

Die empirische Verteilungsfunktion wird direkt unter Verwendung von `cumsum` durch Aufsummation der in `emdist` abgelegten relativen Häufigkeiten bestimmt. Alternativ könnte für diesen Zweck auch die Funktion `cdfplot` der Statistics Toolbox verwendet werden.

Die Aufrufsequenz

```
defkt=[5 9 11 11 6 12 10 12 13 15 10 ...
                 15 9 7 11 14 16 10 12 10];
[vals, emdist, cempdist]= distempDiskret(defkt, 1);
```

liefert zu den Daten aus Tabelle 5.1 das in Abbildung 5.1 dargestellte Ergebnis.

Wie bereits ausgangs von Beispiel 5.2 erwähnt, kann es sein, dass die empirische Verteilung keine sinnvolle Information ergibt, da fast jeder Wert nur mit absoluter Häufigkeit 1 vorkommt. Dies ist insbesondere bei *stetigen* Zufallsvariablen der Fall. Wir stehen also vor dem Problem, dass die nach Gleichung (175.1) definierten empirischen Verteilungen resp. Verteilungsfunktionen *für stetige Merkmale* i.A. nicht aussagekräftig sind!

Man löst dieses Problem durch die Bildung von **Merkmalsklassen**! Das bedeutet, dass man einzelne Stichprobenwerte aus einem bestimmten Wertebereich zu einer Werteklasse K zusammenfasst. Mit diesen Klassenwerten kann man dann meist aussagekräftigere empirische Verteilungen bilden.

Die Idee ist also, die Definitionen von $\tilde{f}$ und $\tilde{F}$ auf Merkmalsklassen zu übertragen. Dazu teilt man den Wertebereich der Stichprobe in m *aufeinander folgende* Klassen (Intervalle) $K_1, \cdots, K_m$ ein und definiert die empirische Verteilung $\tilde{f}$ und die empirische Verteilungsfunktion $\tilde{F}$ in diesem Fall durch:

$$\tilde{f}(x) = \begin{cases} h_i = \frac{n_i}{n} & \text{für} \quad x = z_i, \; i = 1, \ldots, m, \\ 0 & \text{sonst} \end{cases} \tag{181.1}$$

und

$$\tilde{F}(x) = \sum_{z_i \leq x} \tilde{f}(z_i). \tag{181.2}$$

Die Zahlen n_i und h_i repräsentieren in diesem Fall die **absolute** und die **relative Klassenhäufigkeit** der i-ten *Klasse* und die Zahl z_i ist die **Klassenmitte** der i-ten Klasse.

Man ordnet also die Häufigkeiten einer Klasse *formal* den Klassenmitten zu und trägt die Werte als Stabdiagramm[3] oder als Balkendiagramm (Histogramm) über diesen Klassenmitten auf.

Das nachfolgende Beispiel verdeutlicht die Vorgehensweise:

5.4 Beispiel (Empirische Verteilung – Merkmalsklassenbildung)

Betrachten wir erneut Beispiel 5.2 und die Daten aus Tabelle 5.3.

Wir teilen nun den Wertebereich der Zufallsvariablen X in Klassen ein und zählen, wie viele Werte der Stichprobe in die jeweilige Klasse fallen.

Im vorliegenden Fall bilden wir Klassen der **Klassenbreite** 1 um ganzzahlige Zugfestigkeitswerte herum. Wir teilen die Daten dabei in 6 Klassen mit *Klassenmitten* 41 bis 46 ein und zählen die Häufigkeit der Zugehörigkeit zu einer Klasse, die so genannte *absolute Klassenhäufigkeit*. Teilt man durch den Stichprobenumfang, so erhält man die *relative Klassenhäufigkeit*. Das Ergebnis ist für das vorliegende Beispiel in Tabelle 5.5 zusammengefasst.

---

[3] Eigentlich entspricht die Stabdiagrammdarstellung genau der Definition aus (181.1). Wir bevorzugen im Folgenden jedoch der besseren optischen Wirkung wegen die Darstellung als *Balkendiagramm*.

Die grafische Darstellung dieses Ergebnisses (vgl. Abbildung 5.3) ist jetzt wesentlich aussagekräftiger und lässt die zu Grunde liegende Normalverteilung der Daten bereits erahnen.

Tabelle 5.5: Absolute und relative Klassenhäufigkeiten für die Stichprobe „Zugfestigkeit von Blechen in kg/mm^2"

Klassen	< 40.5	$40.5 - 41.5$	$41.5 - 42.5$	$42.5 - 43.5$	$43.5 - 44.5$	$44.5 - 45.5$	$45.5 - 46.5$	> 46.5
abs. Klassenh.	0	4	3	6	10	5	2	0
rel. Klassenh.	0	$\frac{4}{30}$	$\frac{3}{30}$	$\frac{6}{30}$	$\frac{10}{30}$	$\frac{5}{30}$	$\frac{2}{30}$	0

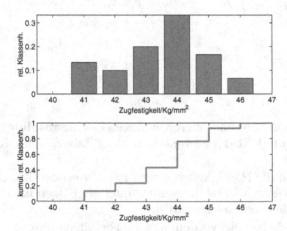

Abb. 5.3: Empirische Verteilung $\tilde{f}(x)$ und Verteilungsfunktion $\tilde{F}(x)$ zur Stichprobe aus Tabelle 5.1 für die Klassen aus Tabelle 5.5

Histogrammdarstellung und empirische Verteilungsfunktion können im Fall einer *stetigen Verteilung* nicht mehr mit der auf *diskrete Merkmale* ausgelegten Funktion **distempDiskret.m** erzeugt werden.

Das nachfolgende Beispiel zeigt, wie das Ergebnis aus Beispiel 5.4 und Abbildung 5.3 mit Hilfe von MATLAB und der Funktion **distempStetig.m** der Begleitsoftware leicht ermittelt werden kann. Diese Funktion greift ebenfalls auf die MATLAB-Funktion `hist` zurück.

5.5 Beispiel (Empirische Klassenhäufigkeiten mit MATLAB)

Die Grafik aus Abbildung 5.3 erhält man durch folgende MATLAB-Anweisungen

```
% Stichprobe

daten=[44.2  43.4  41.0  41.1  43.8  44.2  43.2  44.3  42.0 ...
   45.0  43.1  42.9  43.9  44.8  46.0  42.1  45.1  40.9  43.7 ...
   44.0  43.0  43.6  46.1  41.0  43.3  45.3  44.9  42.0  44.0  44.3];

% Definition der Klassenmitten (und damit auch -breiten)

bins=[40  41  42  43  44  45  46  47];

% Aufruf von distempStetig

[emdist, cemdist]= distempStetig(daten, bins, 1);
```

Für die Bildung von Merkmalsklassen gibt es keine festen Regeln. Folgende Faustregeln haben sich jedoch bewährt [18]:

- Es sollten nach Möglichkeit *äquidistante*[4] und zusammenhängende Klassen gebildet werden.
- Es sollten nach Möglichkeit einfache Klassenmitten (etwa ganze Zahlen) verwendet werden.
- Werte, die als Randpunkte der definierten Klassen vorkommen, sollten je zur Hälfte zu beiden Klassen gezählt werden.
- Die Klassenanzahl K sollte möglichst größer 5 und für Stichprobenumfänge n zwischen 50 und 500 kleiner als $\sqrt{n}$ gewählt werden. Die Klassenanzahl K sollte aber in jedem Fall 30 nicht überschreiten.
- Im Histogramm sollte die *Fläche* des Histogrammbalkens für eine Klasse der relativen Klassenhäufigkeit h_i entsprechen. Es sollte also $h_i = \Delta x \cdot H_i$ gelten, wobei Δx die Klassenbreite und H_i die Balkenhöhe (hier der i-ten Klasse) ist. Dies ermöglicht eine bessere Vergleichbarkeit der empirischen Verteilungen mit den theoretischen Verteilungsdichten (s. Übung 65)!

Alle diese Punkte sind im Beispiel 5.4 berücksichtigt[5] worden. Durch die Tatsache, dass die Klassenbreite auf 1 gesetzt wurde, ist auch die letzte Bedingung erfüllt, da in diesem Fall die Balkenhöhe dem Wert von h_i entspricht. Das MATLAB-Programm **distempStetig.m** nimmt jedoch auch in anderen Fällen die im letzten Punkt geforderte Anpassung der Balkenhöhen automatisch vor.

---

[4] äquidistant = gleicher Abstand. Hier ist gemeint, dass die Werteintervalle für die gewählten Klassen gleich groß sein sollten.

[5] Der Leser wird vielleicht bemerkt haben, dass auf Grund der letzten Faustregel zwischen den Balken in Abbildung 5.3 eigentlich keine Lücke vorhanden sein dürfte. Dies ist richtig! Die Lücken werden durch den verwendeten MATLAB-Befehl bar der besseren optischen Unterscheidung der Balken wegen automatisch eingefügt.

5.2.2 Kennwerte von Stichproben

Empirische Verteilung und Verteilungsfunktion werden eingeführt, um aus dem Vergleich zwischen diesen Funktionen und den entsprechenden Funktionen eines statistischen Modells Rückschlüsse über das beobachtete Merkmal bzw. die Grundgesamtheit zu ziehen. Motiviert wird dies durch Zusammenhänge wie das „Gesetz der großen Zahlen" (vgl. Abschnitt 2.8.1) oder den Satz von Gliwenko [11], der besagt, dass die empirische Verteilungsfunktion (im stochastischen Sinne) gleichmäßig gegen die theoretische Verteilungsfunktion der Grundgesamtheit konvergiert, wenn der Stichprobenumfang beliebig groß wird.

Die wichtigsten Verteilungsklassen sind aber, wie wir in Kapitel 2 gesehen haben, meist durch Parameter charakterisiert, die ihrerseits mit bestimmten Kennwerten der Verteilung zusammenhängen (man vergleiche hierzu den Abschnitt 2.6.2, S. 85 über Kennwerte von Zufallsvariablen).

Es ist deshalb folgerichtig, zur Beurteilung einer Stichprobe entsprechende *Kennwerte*, wie etwa den Mittelwert der Stichprobe, heranzuziehen.

Diese Kennwerte können als *Schätzung* der theoretischen Kennwerte einer zu Grunde liegenden Verteilung herangezogen werden.

Beginnen wir zunächst mit den von den Zufallsvariablen her bekannten Kennwerten Erwartungswert (Mittelwert) und Streuung:

Ist

$$x_1, \; x_2, \; x_3, \; \ldots, \; x_n$$

eine Stichprobe vom Umfang n, so heißt

$$\overline{x} = \frac{1}{n} \sum_{i=1}^{n} x_i \tag{184.1}$$

der **empirische Mittelwert** der Stichprobe und der Wert

$$s^2 = \frac{1}{n-1} \sum_{i=1}^{n} (x_i - \overline{x})^2 \tag{184.2}$$

heißt die **empirische Varianz** der Stichprobe.

Die davon abgeleitete Größe

$$s = \sqrt{\frac{1}{n-1} \sum_{i=1}^{n} (x_i - \overline{x})^2} = \sqrt{s^2} \tag{184.3}$$

heißt die **empirische Streuung** der Stichprobe.

Der empirische Mittelwert entspricht also dem landläufig bekannten **arithmetischen Mittel**. Die empirische Varianz misst offenbar, analog zur Varianzdefinition, die mittlere quadratische Abweichung der Stichprobenwerte vom berechneten empirischen Mittel.

Der empirische Mittelwert ist wegen seiner einfachen Bestimmung ein in der Praxis sehr häufig verwendeter und beliebter statistischer Kennwert. Allerdings ist er nicht in jedem Fall sehr aussagekräftig. Zum Beispiel wäre die Farbmittelwertbildung aller Farbpixel eines Bildes keine Größe, die eine vernünftige Aussage über den Informationsgehalt des Bildes zuließe. Ähnlich gelagert ist es auch bei dem folgenden, eher weniger ernst gemeinten Beispiel.

5.6 Beispiel (Problematik des empirischen Mittels)

Betrachten wir die Zufallsvariable

$X = $ „Jahreseinkommen der Einw. im schweizer Bergdorf Rappenhorst"

Eine Erhebung der Einkommensverhältnisse im genannten Bergdorf[6] (Stichprobe) lieferte das in Tabelle 5.6 nach Einkommensklassen in aufsteigender Reihenfolge geordnete Ergebnis.

Der empirische Mittelwert $\bar{x}$ der Einkommen wurde ebenfalls ermittelt und betrug stolze 1000000 SFr !!

Tabelle 5.6: Verteilung der Jahreseinkommen im Bergdorf Rappenhorst in SFr

Einkommensklasse (in SFr)	$0-25000$	$25000-50000$	$50000-75000$	$75000-100000$	$100000-10$ Mio	>10 Mio
absolute Klassenhäufigkeit	22	260	140	2	0	5

Das Problem des Mittelwerts in Beispiel 5.6 ist offensichtlich, dass dieser Wert alles andere als charakteristisch für die Einkommenssituation im Dorf ist! Die überwiegende Zahl der Einwohner kann von einem solchen „Durchschnittseinkommen" nur träumen und den fünf dort lebenden Millionären ringt dieses Einkommen nur ein müdes Lächeln ab.

Ein geeigneterer Kennwert ist in diesen wie in manchen anderen Fällen der so genannte *Median*.

Für eine Stichprobe x_1, x_2, x_3, $\ldots$, x_n heißt der (Stichproben-)Wert $\tilde{x}$ mit der Eigenschaft

---

[6] Der Name ist frei erfunden! Ähnlichkeiten mit lebenden oder toten schweizer Bergdörfern wären rein zufällig!

$$\#\{x_i < \tilde{x}\} = \#\{x_i > \tilde{x}\} \qquad (186.1)$$

der **Median** der Stichprobe.

Der Median ist also prinzipiell derjenige Wert einer Stichprobe, für den gleich viele Werte der Stichprobe größer und kleiner als dieser Wert sind. Lässt sich kein solcher Wert in der Stichprobe finden (vgl. dazu Beispiel 5.7), so definiert man den Medianwert als den Mittelwert zwischen denjenigen beiden Stichprobenwerten, die die Daten wie in Gleichung (186.1) hälftig trennen.

Ein charakteristischer Kennwert ist darüber hinaus oft auch der so genannte **Modalwert**: hierunter versteht man den Wert $\hat{x}$, der in der Stichprobe am häufigsten vorkommt.

Manchmal werden auch so genannte „getrimmte Mittel" benutzt, die durch Mittelwertbildung nach Weglassen von Ausreißerwerten entstehen.

Wir gehen an dieser Stelle auf diese Methoden jedoch nicht ein, sondern untersuchen lieber noch anhand einiger Beispiele, wie die Kennwerte von Stichproben mit Hilfe von MATLAB bestimmt werden können.

Zur Bestimmung empirischer Kennwerte stellt MATLAB u.A. die Kommandos mean, var, std, median, mad, range und trimmean zur Verfügung. Die ersten drei gehören zu den Standardkommandos von MATLAB, die anderen sind Teil der Statistics Toolbox von MATLAB.

mean, var, std und median berechnen für eine Matrix die oben definierten Stichprobenkennwerte empirisches Mittel, empirische Varianz und Standardabweichung (Streuung) sowie den Medianwert.

mad berechnet eine, oben nicht behandelte, mittlere *absolute* Abweichung vom Stichprobenmittel und range den Abstand der Intervallgrenzen des Wertebereichs der Stichprobe. Die Funktion trimmean kann ein Stichprobenmittel ohne Berücksichtigung von Ausreißern bestimmen.

Die Verwendung dieser Funktionen zur Bestimmung von Stichprobenkennwerten soll nun anhand eines Beispiels illustriert werden.

5.7 Beispiel (Empirische Kennwerte mit MATLAB)

Betrachten wir zunächst eine geringe Menge von Daten, die uns in die Lage versetzt, die Ergebnisse selbst nachrechnen zu können.

Sei also als Stichprobe gegeben

$$(x_1,\ x_2,\ x_3,\ x_4) = (0,\ 1,\ 5,\ 10).$$

Der Mittelwert ist

$$\bar{x} = \frac{1}{n}\sum_{i=1}^{n} x_i = \frac{0+1+5+10}{4} = \frac{16}{4} = 4.$$

Die empirische Varianz ist nach 184.2:

$$s^2 = \frac{1}{n-1} \sum_{i=1}^{n} (x_i - \overline{x})^2$$

$$= \frac{1}{3} \cdot ((0-4)^2 + (1-4)^2 + (5-4)^2 + (10-4)^2)$$

$$= \frac{1}{3} \cdot (16 + 9 + 1 + 36) = \frac{62}{3} = 20.6667.$$

Für die empirische Streuung gilt demnach

$$s = \sqrt{\frac{62}{3}} = 4.5461.$$

Der Medianwert ist der Mittelwert von 1 und 5, also 3, da wir eine gerade Anzahl von Daten haben, bei denen jeder Wert nur einmal vorkommt.
Eine Modalwertbestimmung ist hier nicht sinnvoll.
Dieses und noch einiges mehr berechnet MATLAB wie folgt:

```
data = [0 1 5 10];

% Mittelwert, Varianz und Standardabweichung

Mittelwert = mean(data)

Mittelwert =

    4

Standardabweichung = std(data)

Standardabweichung =

    4.5461

Varianz = var(data)

Varianz =

    20.6667

% Berechnung des Medians

derMedian = median(data)

derMedian =
```

```
    3

% Berechnung des Wertebereiches

derBereich = range(data)

derBereich =

    10

% Getrimmtes Mittel (siehe help trimmean)

getrimmt30 = trimmean(data,30)

getrimmt30 =

    3

% Mittlere absolute Abweichung vom Mittelwert

dieMAA = mad(data)

dieMAA =

    3.5000
```

Beim getrimmten Mittel wurden die „Ausreißer" 0 und 10 eliminiert. Der Parameter 30 bedeutet, dass die größten und kleinsten 15% der Werte eliminiert werden, bevor das Mittel berechnet wird.

Die mittlere absolute Abweichung vom Stichprobenmittel ist

$$d = \frac{1}{n} \sum_{i=1}^{n} |x_i - \overline{x}|$$

$$= \frac{1}{4} \left(|0 - 4| + |1 - 4| + |5 - 4| + |10 - 4| \right) = \frac{14}{4} = 3.5.$$

(188.1)

Die Berechnung bestätigt den mit mad erhaltenen Wert.

5.2.3 Übungen

Übung 64 (*Lösung Seite 438*)

Für 40 Testfahrzeuge eines Autotyps wurde der Benzinverbrauch X in Liter pro 100 km Fahrleistung in der Innenstadt bestimmt.
Diese Stichprobe lieferte folgendes Ergebnis:

10.1	10.6	10.9	10.0	10.4	10.5	9.7	10.5
10.4	10.1	10.8	9.2	10.2	10.3	10.5	9.2
10.2	10.5	9.4	10.2	9.6	10.2	9.7	10.2
10.8	9.9	10.5	10.6	9.8	10.7	11.2	10.8
9.0	10.0	10.5	10.4	11.4	10.4	10.1	10.4

(a) Teilen Sie die Stichprobe in fünf äquidistante Merkmalsklassen ein. Achten Sie dabei auf möglichst einfache Klassenmitten. Bestimmen Sie damit eine Liste der absoluten und relativen Häufigkeiten. Überprüfen Sie Ihr Ergebnis mit Hilfe von MATLAB.

(b) Bestimmen Sie mit Hilfe von MATLAB die zur Klasseneinteilung gehörige empirische Verteilung sowie die empirische Verteilungsfunktion und stellen Sie diese in Form eines Histogramms und einer Treppenfunktion dar.

Übung 65 (*Lösung Seite 440*)

Erläutern Sie die Bemerkung zur Definition der Balkenhöhen H_i auf Seite 183, d.h. begründen Sie, warum in diesem Fall die Histogramme für stetige Merkmale mit den Verteilungsdichten vergleichbar sind.

Geben Sie hierzu ein Beispiel an und erzeugen Sie mit Hilfe von MATLAB eine Vergleichsgrafik.

Tipp: erzeugen Sie sich mit Hilfe des Zufallsgenerators randn eine normalverteilte Stichprobe und vergleichen Sie das Histogramm mit dieser Normalverteilung!

Übung 66 (*Lösung Seite 442*)

Berechnen Sie mit Hilfe von MATLAB den Mittelwert, die Standardabweichung, den Modalwert, den Medianwert, den Wertebereich, die mittlere absolute Abweichung und das 10%-getrimmte Mittel der Stichprobe aus Übung 64.

Übung 67 (*Lösung Seite 444*)

Untersuchen Sie die MATLAB-Funktionen harmmean, moment, prctile und tabulate der Statistics Toolbox und probieren Sie diese anhand der Daten aus Übung 64 aus.

5.3 Statistische Schätztheorie

Bei der Beschreibung zufälliger Ereignisse oder Prozesse geht man in der Modellierung meist davon aus, dass man die zu Grunde liegende Verteilung des interessierenden Merkmals prinzipiell kennt. Meist handelt es sich in der Praxis dabei um Familien parametrischer Verteilungen, wie etwa die der Normalverteilung. Aufgabe der statistischen Schätztheorie ist es dann zu prüfen, welche *Parameter der Verteilung* angenommen werden müssen. Dabei werden diese Parameter, ausgehend von einer Stichprobe, *geschätzt*.

5.3.1 Parameterschätzungen

Wir erläutern diesen Sachverhalt zunächst anhand einiger Beispiele.

5.8 Beispiel (Qualitätssicherung – Schätzung von Ausschussraten)

In der Produktion prüft man die hergestellten Produkte aus Kostengründen i.A. nicht Stück für Stück. Dies ist insbesondere bei billigen Massenprodukten der Fall, für die eine Einzelprüfung ggf. ein Vielfaches des Produktpreises kosten würde.

Das Ziel einer Qualitätsprüfung ist es, in diesem Fall anhand der Prüfung weniger Einzelstücke (Stichprobe) eine gültige Aussage über die Qualität der *Gesamt*produktion zu erhalten.

Betrachten wir beispielsweise eine Produktion, bei der auf Ausschuss (defekte Teile) geprüft wird. Es wird also geprüft, ob ein untersuchtes Teil defekt ist oder nicht. Die gesuchte Information ist die *Wahrscheinlichkeit* für das Ereignis, dass in dieser Produktion ein defektes Teil hergestellt wird.

Das Ereignis „Ein untersuchtes Teil ist defekt" kann bekanntlich (vgl. Beispiel 2.29, S. 66) mit Hilfe der folgenden, Bernoulli-verteilten Zufallsvariablen modelliert werden:

$$X(\omega) = \begin{cases} 1 & \text{falls Teil } \omega \text{ defekt ist,} \\ 0 & \text{falls Teil } \omega \text{ nicht defekt ist.} \end{cases} \tag{190.1}$$

Als Modellannahme gehen wir davon aus, dass das Merkmal X mit Parameter p *Bernoulli-verteilt* ist, d.h. wir gehen davon aus, dass ein geprüftes Teil mit Wahrscheinlichkeit p defekt ist.

Ziel ist es, anhand einer Stichprobe eine zuverlässige Information über die Defektwahrscheinlichkeit (Ausschusswahrscheinlichkeit) $p = P(X = 1)$ zu erhalten. In der Sprache der Statistik ausgedrückt heißt dies, dass das Ziel die *Schätzung des Parameters p einer Bernoulli-Verteilung* ist!

---

[7] Es gibt bei diesem Versuch keine physikalisch begründete Annahme, dass für die Abweichung der Zugfestigkeiten vom Sollwert irgendeine Richtung bevorzugt ist. Unter diesen Gegebenheiten ist meist die Normalverteilung eine sinnvolle Modellannahme.

5.9 Beispiel (Messtechnik – Schätzung von Sollwerten)

In diesem Beispiel kommen wir noch einmal auf die in Beispiel 5.2, S. 176 betrachtete Bestimmung der Zugfestigkeit von Blechen zurück.

Die Erfahrung[7] lehrt, dass die Zugfestigkeitswerte normalverteilt sein müssten.

Eine sinnvolle Modellannahme für die Testvariable

$$X(\omega) = \text{Messwert für Versuch } \omega \qquad (191.1)$$

ist daher, dass X $N(\mu, \sigma^2)$-verteilt ist.

Das Ziel der Untersuchung einer Stichprobe von Zugfestigkeitswerten ist somit entweder die Schätzung des mittleren Zugfestigkeitswertes und/oder eine Schätzung der Abweichung von diesem Wert.

In der Sprache der Statistik ausgedrückt ist das Ziel die *Schätzung des Parameters μ und/oder des Parameters σ einer Normalverteilung*!

Das nächste Beispiel ist vielleicht nicht so ganz ernst zu nehmen, obwohl die darin angesprochene Schätzung durchaus so durchgeführt werden könnte.

5.10 Beispiel (Anglerlatein)

In diesem Beispiel geht es um die *experimentelle Ermittlung der Fischzahl N in einem Teich*. Natürlich ist es i.A. sinnlos, den Versuch zu machen, einen Teich leer zu fischen, nur um seine Population zu zählen.

Die Idee ist daher, zunächst eine bestimmte Anzahl M von Fischen zu fangen, diese zu markieren, um sie anschließend wieder in den Teich zurück zu werfen. Wartet man eine Zeit lang und fischt dann wieder eine weitere Anzahl Fische, so kann man hoffen, dass das Verhältnis der markierten zu den nicht-markierten Fischen in dieser Stichprobe ungefähr genauso groß ist wie im ganzen Teich. Aus der Kenntnis des Stichprobenumfangs und der darin enthaltenen markierten Fische müsste sich dann die Gesamtzahl der Fische mit einem einfachen Dreisatz hochrechnen lassen.

Wir definieren in diesem Fall als Testvariable

$$X(\omega) = \text{Zahl der markierten Fische in der Stichprobe } \omega. \qquad (191.2)$$

Offenbar haben wir es in diesem Fall mit einem klassischen Urnenexperiment vom Typ "Ziehen ohne Zurücklegen und ohne Berücksichtigung der Reihenfolge" zu tun.

Nach Beispiel 2.7, S. 27 ist X hypergeometrisch verteilt (vgl. (30.1)) mit den Parametern n (Stichprobenumfang), M (Zahl der markierten Fische) und N (unbekannte Gesamtzahl der Fische im Teich).

Ziel ist die Schätzung des Parameters N der Hypergeometrischen Verteilung!

5.11 Beispiel (Wortlängen)

Betrachten wir in einem Text für ein Wort ω die Zufallsvariable

$$X(\omega) = \text{Länge des Wortes } \omega, \tag{192.1}$$

so wissen wir aus Beispiel 2.55, S. 113, dass diese Zufallsvariable in guter Näherung einer Lognormal-Verteilung genügt.

Untersuchen wir einen Text auf Wortlängen, so ist die Verteilung der Wortlängen eine wesentliche (sprachcharakteristische) Information. Statistisch läuft das, da das Modell „Lognormal-Verteilung" fest steht, auf die Schätzung der Parameter μ und σ dieser Verteilung hinaus.

Trotz ihrer unterschiedlichen Natur weisen die Beispiele 5.8 bis 5.11 doch einige Gemeinsamkeiten auf, die explizit festzuhalten sich lohnt:

- Man untersucht eine Stichprobe x_1, x_2, x_3, ..., x_n eines Merkmals (einer Zufallsvariablen) X.
- Die Verteilung von X ist prinzipiell bekannt, d.h. man trifft eine Modellannahme über die *(parametrische) Verteilungsfamilie*, zu der das Merkmal X gehört.
- Ein oder mehrere Parameter δ der Verteilung $f_X(x)$ sind *unbekannt*.
- Gesucht, d.h. zu schätzen, ist eine von δ abhängige Größe $g(\delta)$, in den meisten Fällen δ selbst.

Nach diesen Vorüberlegungen versuchen wir nun die Frage zu klären, wie man zu Schätzungen für die gesuchten Parameter kommen kann. Hierfür gibt es *mehrere Ansätze*, die im Folgenden diskutiert werden sollen.

Heuristische Ansätze

In den zitierten Beispielen kann man auf Grund heuristischer Überlegungen *raten*, wie der unbekannte Parameter geschätzt werden muss. Hierbei handelt es sich natürlich um ein gezieltes „Raten".

Wir bezeichnen im Folgenden mit x_1, x_2, x_3, ..., x_n eine Stichprobe des jeweiligen Merkmals X aus Beispiel 5.8 bis 5.11.

5.12 Beispiel (Schätzer für die Defektwahrscheinlichkeit)

Die Idee zur Schätzung des Parameters p der Bernoulli-Verteilung aus Beispiel 5.8 ist es, für große Stichprobenumfänge n die relative Häufigkeit der defekten Teile in der Stichprobe zu bestimmen.

Man setze also

$$\tilde{p} = \frac{\#\{\text{Teil defekt}\}}{n}. \tag{193.1}$$

Mit Hilfe der Zufallsvariablen aus Gleichung (190.1) lässt sich $\tilde{p}$ als *beobachteter Wert* der Zufallsvariablen

$$\hat{P} = \frac{1}{n} \cdot \sum_{i=1}^{n} X_i \tag{193.2}$$

auffassen, wobei X_i die Zufallsvariable des i-ten Elements der Stichprobe bezeichnet.

Man beachte den Unterschied: Der Wert $\tilde{p}$ ist ein *zufälliger* Wert, der von der konkreten Stichprobe x_1, x_2, x_3, ..., x_n abhängt! $\hat{P}$ hingegen ist eine *Zufallsvariable* und stellt die *Methode* dar, aus n Stichprobenwerten einen Schätzwert für die Defektwahrscheinlichkeit p zu bestimmen. Es ist für das Verständnis der nachfolgenden Abschnitte wichtig, dass der Leser sich diesen Unterschied klar macht.

5.13 Beispiel (Mittelwertschätzer für die Normalverteilung)

Die Stichprobenvariable X aus Beispiel 5.9 wurde als $N(\mu, \sigma^2)$-verteilt angenommen. Nehmen wir einmal an, dass μ der zu schätzende Parameter ist, so ist es ein sinnvoller heuristischer Ansatz, als Schätzer das *arithmetische Mittel* aller Stichprobenwerte von n Beobachtungen von X zu nehmen. Man setzt also (vgl. (184.1))

$$\tilde{\mu} = \overline{x}. \tag{193.3}$$

Bezeichnet man wieder mit X_i die Zufallsvariable des i-ten Elements der Stichprobe, so lässt sich $\tilde{\mu}$ als ein auf Grund der vorliegenden Stichprobe beobachteter Wert der Zufallsvariablen

$$\hat{\mu} = \frac{1}{n} \cdot \sum_{i=1}^{n} X_i \stackrel{\text{def.}}{=} \overline{X} \tag{193.4}$$

auffassen.

5.14 Beispiel (Schätzung der Hypergeometrischen Verteilung)

Die Stichprobenvariable X aus Beispiel 5.10 wurde als $h(k, n, N, M)$-verteilt angenommen.

Ziel war die Schätzung des Parameters N dieser Hypergeometrischen Verteilung durch den Vergleich des Verhältnisses $\frac{k}{M}$ (markierte Fische in der Stichprobe zur Gesamtzahl der markierten Fische) mit dem Verhältnis $\frac{n}{N}$ (Stichprobenumfang zu Gesamtzahl der Fische). Ein Dreisatz liefert dann für N die Schätzung

$$\tilde{N} = \frac{n \cdot M}{k}. \tag{194.1}$$

Bezeichnet man auch diesmal wieder mit X_i die Zufallsvariable des i-ten Elements der Stichprobe, so lässt sich $\tilde{N}$ als ein auf Grund der vorliegenden Stichprobe beobachteter Wert der Zufallsvariablen

$$\hat{N} = \frac{n \cdot M}{\sum\limits_{i=1}^{n} X_i} = \frac{M}{\overline{X}} \tag{194.2}$$

auffassen.

5.15 Beispiel (Schätzer für die Lognormal-Verteilung)

Nach Beispiel 2.55, S. 113 und den Gleichungen (113.2) gibt es einfache Beziehungen zwischen Median- und Modalwert von Lognormal-verteilten Zufallsvariablen und den Parametern der Lognormal-Verteilung.

Beispielsweise gilt für μ:

$$u_{50} = e^{\mu}.$$

Bezeichnet man mit y_1 bis y_m die aufsteigend geordnete Stichprobe und mit Y_1 bis Y_m die zugehörigen Zufallsvariablen, so gilt für die Zufallsvariable U_{50}, welche aus der Stichprobe den Median errechnet:

$$U_{50} = \begin{cases} Y_{m-\frac{m-1}{2}}, & \text{falls } m \text{ ungerade,} \\ \frac{1}{2}\left(Y_{\frac{m}{2}} + Y_{\frac{m}{2}+1}\right), & \text{falls } m \text{ gerade.} \end{cases} \tag{194.3}$$

Mit Hilfe dieser Zufallsvariable ergibt sich die Schätzvariable des Parameters μ zu:

$$M = \ln(U_{50}).$$

Der Wert $\ln(u_{50})$, der aus dem Medianwert der Stichprobe gewonnen wird, lässt sich als beobachteter Wert dieser Zufallsvariablen auffassen.

Wir haben also insgesamt für die vier Beispiele vier Schätz*methoden* in Form von Zufallsvariablen, den so genannten **Schätzvariablen**, konstruiert.

Die *Gemeinsamkeiten* der gezeigten heuristischen Ansätze lassen sich wie folgt zusammenfassen:

In jedem Fall konstruiert man aus der Stichprobe x_1, x_2, x_3, ..., x_n oder besser gesagt aus beobachteten Werten der Stichprobenvariablen

$$X_1, \ X_2, \ X_3, \ \ldots, \ X_n$$

eine *neue* **Stichprobenfunktion**

$$\hat{T}(X_1, \ X_2, \ X_3, \ \ldots, \ X_n, \delta). \tag{195.1}$$

Man beachte, dass dies selbst eine neue Zufallsvariable ist, die jeder Stichprobe vom Umfang n des Merkmals X einen Schätzwert der Parameterfunktion $\hat{T}(\delta)$ zuordnet!

Desweiteren sollte festgehalten werden, dass die Ansätze nur sinnvoll sind, *wenn das Modell sinnvoll* ist!

So ist etwa im Beispiel 5.10, S. 191 der Ansatz nur sinnvoll, falls die markierten Fische sich auch wirklich im Teich verteilen und nicht ständig als Schwarm zusammenbleiben! In einem solchen Fall müsste man sich eine andere Methode ausdenken.

Interessant ist darüber hinaus die Frage, ob es einen allgemein gültigen Ansatz zur Konstruktion von Stichprobenfunktionen gibt.

Einen solchen Ansatz wollen wir nun diskutieren.

Maximum-Likelihood-Methode

Der so genannten **Maximum-Likelihood-Methode**[8] liegt eine ganz einfache Idee zu Grunde. Bei der Schätzung des unbekannten Parameters δ wählt man diesen so, dass die *beobachtete Stichprobe* für die Modellverteilung mit *diesem Parameter am wahrscheinlichsten* ist!

5.16 Beispiel (Idee der Maximum-Likelihood-Methode)

Greifen wir das Zugfestigkeitsbeispiel 5.2, S. 176 noch einmal auf und nehmen wir an, die Sollzugfestigkeit sei $44 \ \text{kg/mm}^2$. Dann würden wir erwarten, dass die meisten Stichprobenwerte eines Zugfestigkeitstests um diesen Wert herum liegen.

Würden wir statt dessen etwa die Stichprobe

$$x_1 = 41.0, \ x_2 = 40.9, \ x_3 = 41.1, \ x_4 = 41.2, \ x_5 = 40.9, \ x_6 = 41.0 \tag{195.2}$$

---

[8] likelihood *engl.* Wahrscheinlichkeit.

beobachten, so könnten wir berechtigte Zweifel an der Annahme über den Sollwert (das ist der Mittelwert der Normalverteilung μ) anmelden. Ein Zugfestigkeitwert von 41 kg/mm² erschiene wesentlich plausibler.

Das ist die *Grundidee des Maximum-Likelihood-Ansatzes*. Wir wählen den Parameter, für den die beobachtete Stichprobe am plausibelsten, in der Sprache der Wahrscheinlichkeitsrechnung ausgedrückt, *am wahrscheinlichsten* erscheint.

Es muss jedoch an dieser Stelle eines bemerkt werden. Eine absolute Sicherheit liefert dieser Ansatz bei der Schätzung natürlich nicht. Die Stichprobe (195.2) kann nämlich auch beobachtet werden, wenn die Zugfestigkeit mit dem Mittelwert $\mu = 44.0$ verteilt ist! Man kann unter dieser Prämisse jedoch zeigen, dass diese Beobachtung sehr unwahrscheinlich ist (vgl. Übung 68, S. 216)!

Generell muss man sich an solche Aussagen gewöhnen. Wie wir auch später sehen werden, erhalten wir in der Statistik keine „sicheren" Aussagen, sondern immer nur Aussagen mit einer gewissen Sicherheit. Für die Stichprobe (195.2) heißt das, dass sie mit einer hohen Sicherheit den Schluss zulässt, dass die zu Grunde liegende Verteilung den Mittelwert 41.0 hat, aber eben nicht zu 100%!

Um den Parameter δ jetzt rechnerisch zu ermitteln, benötigen wir die so genannte *Likelihood-Funktion*:

Sei X eine Zufallsvariable (Merkmalsvariable) mit Verteilung (resp. Verteilungsdichte) $f_\delta(x)$ mit Parameter δ und x_1, x_2, x_3, ..., x_n eine Stichprobe zum Merkmal X.

Dann heißt

$$L_X(\delta) = f_\delta(x_1) \cdot f_\delta(x_2) \cdot f_\delta(x_3) \cdot \ldots \cdot f_\delta(x_n) \qquad (196.1)$$

die **Likelihood-Funktion** (zu δ und x_1, x_2, x_3, ..., x_n).

Die Likelihood-Funktion kann als ein *Maß für die Wahrscheinlichkeit des Auftretens von* x_1, x_2, x_3, ..., x_n angesehen werden (vgl. Übung 70). Ist $f_\delta(x)$ eine *diskrete* Verteilung, so ist (196.1) tatsächlich diese Wahrscheinlichkeit.

Mit der Likelihood-Funktion kann die angesprochene allgemeine Methode zur Konstruktion von Schätzern formuliert werden.

Wie bereits erwähnt, ist die Idee, den Parameter so zu wählen, dass die beobachtete Stichprobe am wahrscheinlichsten erscheint. Der so gewonnene Schätzwert $\hat\delta$ mit

$$L_X(\hat\delta) = \max_\delta L_X(\delta) \qquad (196.2)$$

heißt eine **Maximum-Likelihood-Schätzung** von δ.

Für eine konkrete Stichprobe x_1, x_2, x_3, ..., x_n liefert die Lösung der Maximierungsaufgabe (196.2) einen Wert $\hat\delta$. Kann die Abhängigkeit der Lösung

$\hat{\delta}$ von x_1, x_2, x_3, $\ldots$, x_n in Form eines funktionalen Zusammenhangs dargestellt werden und ersetzt man die Realisierungen x_i durch die entsprechenden Stichprobenvariablen X_i, so erhält man eine *Schätzmethode*, d.h. eine Schätzvariable gemäß (195.1).

In vielen Fällen ist es praktischer, statt mit der Likelihood-Funktion mit dem Logarithmus der Likelihood-Funktion[9] zu arbeiten, da dann mit Summen statt mit Produkten gerechnet werden kann. Unter der **Log-Likelihood-Funktion** (zu δ und zur Stichprobe x_1, x_2, x_3, $\ldots$, x_n) versteht man die Funktion

$$\mathbf{L}_X(\delta) = \ln(L_X(\delta)) = \sum_{i=1}^{n} \ln(f_\delta(x_i)). \tag{197.1}$$

Für die gängigen Verteilungen und Verteilungsdichten $f_\delta(x)$ (vgl. Kapitel 1) ist die Likelihood-Funktion $L_X(\delta)$ (bzw. die Log-Likelihood-Funktion $\mathbf{L}_X(\delta)$) nach dem Parameter δ *differenzierbar*, sodass für die Bestimmung des Maximums die Lösungen von

$$\frac{d}{d\delta} L_X(\delta) = 0 \tag{197.2}$$

resp.

$$\frac{d}{d\delta} \mathbf{L}_X(\delta) = 0 \tag{197.3}$$

zu suchen sind!

Das Verschwinden der Ableitung ist bekanntlich nur eine notwendige Bedingung für einen Extremwert einer differenzierbaren Funktion. In den meisten Fällen gibt es aber nur ein Extremum und zwar das gesuchte Maximum. In den anderen Fällen kann man die übrigen Lösungen oft durch Plausibilitätsbetrachtungen ausschließen.

Wir wollen nun versuchen, mit Hilfe dieser allgemeinen Methode Stichprobenfunktionen für unsere Beispiele 5.8 und 5.9 zu finden.

Wie wir sehen werden, sind die durch heuristische Annahmen gewonnenen Stichprobenfunktionen gar nicht so schlecht:

5.17 Beispiel (Schätzer für die Defektwahrscheinlichkeit)

Sei x_1, x_2, x_3, $\ldots$, x_n eine Stichprobe mit $k \leq n$ defekten Teilen.

Dann ergibt sich mit Hilfe der Maximum-Likelihood-Methode (vgl. Übung 72) die folgende Schätzung $\tilde{p}$ der Defektwahrscheinlichkeit:

---

[9] Da die Logarithmusfunktion monoton ist, sind die Maxima für die Likelihood-Funktion und die Log-Likelihood-Funktion identisch. Man kann also die Funktion zur Maximierung verwenden, die rechnerisch einfacher zu behandeln ist.

$$\tilde{p} = \frac{k}{n}. \tag{198.1}$$

Da sich die Zahl k der defekten Teile ausdrücken lässt als beobachteter Wert von $\sum\limits_{i=1}^{n} X_i$, erhalten wir

$$\hat{P} = \frac{1}{n} \cdot \sum_{i=1}^{n} X_i = \overline{X} \tag{198.2}$$

als *Schätzvariable*.

Wir stellen fest, dass die Maximum-Likelihood-Methode als Schätzvariable exakt die Lösung des heuristischen Ansatzes von Beispiel 5.12, S. 192 liefert. Dies wirft insofern ein gutes Licht auf den heuristischen Ansatz, als gezeigt werden kann, dass die Maximum-Likelihood-Methode in einem gewissen Sinne[10] immer den *besten* Schätzer liefert. Eine genauere Diskussion dieser Zusammenhänge würde allerdings den Rahmen dieser elementaren Einführung sprengen. Wir verweisen den Leser hierfür auf [11].

5.18 Beispiel (Mittelwertschätzer für die Normalverteilung)

Wir kommen noch einmal auf die Stichprobenvariable X aus Beispiel 5.9 zurück. X kann als $N(\mu, \sigma^2)$-verteilt angenommen werden. Wir versuchen nun, mit Hilfe der Maximum-Likelihood-Methode einen Schätzer für den Mittelwert μ und eine Stichprobe vom Umfang n zu konstruieren.

Es ergibt sich in diesem Fall für die Likelihood-Funktion:

$$\begin{aligned}
L_X(\mu) &= f_\mu(x_1) \cdot f_\mu(x_2) \cdot f_\mu(x_3) \cdot f_\mu(x_n) \\
&= \frac{1}{\sigma\sqrt{2\pi}} e^{-\frac{(x_1-\mu)^2}{2\sigma^2}} \cdot \frac{1}{\sigma\sqrt{2\pi}} e^{-\frac{(x_2-\mu)^2}{2\sigma^2}} \cdots \frac{1}{\sigma\sqrt{2\pi}} e^{-\frac{(x_n-\mu)^2}{2\sigma^2}} \\
&= \left(\frac{1}{\sigma\sqrt{2\pi}}\right)^n e^{-\frac{1}{2\sigma^2}\sum\limits_{i=1}^{n}(x_i-\mu)^2}.
\end{aligned} \tag{198.3}$$

Daraus ergibt sich für die Log-Likelihood-Funktion:

$$\mathbf{L}_X(\mu) = \ln\left(\frac{1}{\sigma\sqrt{2\pi}}\right)^n - \frac{1}{2\sigma^2}\sum_{i=1}^{n}(x_i - \mu)^2. \tag{198.4}$$

Differenzieren von Gleichung (198.4) (nach μ) und Nullsetzen der Ableitung liefert:

---

[10] Siehe dazu die Bemerkungen auf Seite 206!

$$\frac{d}{d\mu} \mathbf{L}_X(\mu) = \frac{1}{\sigma^2} \left(\sum_{i=1}^{n} x_i - n\mu \right) = 0. \tag{199.1}$$

Die Auflösung der Gleichung (199.1) liefert die Schätzung:

$$\tilde{\mu} = \frac{1}{n} \cdot \sum_{i=1}^{n} x_i = \overline{x}. \tag{199.2}$$

Damit erhält man

$$\hat{\mu} = \frac{1}{n} \cdot \sum_{i=1}^{n} X_i = \overline{X} \tag{199.3}$$

als Mittelwertschätzer.

Auch in diesem Beispiel entspricht der Maximum-Likelihood-Schätzer wieder dem heuristischen Ansatz.

5.19 Beispiel (Varianzschätzer für die Normalverteilung)

Wenden wir die Maximum-Likelihood-Methode jetzt für die Varianz σ^2 an, so erhalten wir analog zu den Ansätzen aus Gleichung (198.3) und (198.4) für die Log-Likelihood-Funktion[11]:

$$\mathbf{L}_X(\sigma) = \ln \left(\frac{1}{\sigma\sqrt{2\pi}} \right)^n - \frac{1}{2\sigma^2} \sum_{i=1}^{n} (x_i - \mu)^2, \tag{199.4}$$

also

$$\mathbf{L}_X(\sigma) = -n \cdot \ln(\sigma\sqrt{2\pi}) - \frac{1}{2\sigma^2} \sum_{i=1}^{n} (x_i - \mu)^2. \tag{199.5}$$

Differenzieren von Gleichung (199.5) (nach σ) und Nullsetzen der Ableitung ergibt:

$$\frac{d}{d\sigma} \mathbf{L}_X(\sigma) = -\frac{n}{\sigma} + \frac{1}{\sigma^3} \left(\sum_{i=1}^{n} (x_i - \mu)^2 \right) = 0. \tag{199.6}$$

Die Auflösung der Gleichung (199.6) liefert die Schätzung

$$\tilde{\sigma}^2 = \frac{1}{n} \cdot \sum_{i=1}^{n} (x_i - \mu)^2 \tag{199.7}$$

---

[11] Man beachte: die Log-Likelihood-Funktion ist exakt dieselbe wie in (198.4). Uns interessiert aber im Unterschied dazu jetzt die Abhängigkeit vom Parameter σ!

für die Varianz σ^2.

Daraus ergibt sich als Maximum-Likelihood-Schätzvariable Σ^2 der Varianz einer Normalverteilung:

$$\Sigma^2 \stackrel{\text{def.}}{=} \frac{1}{n} \cdot \sum_{i=1}^{n} (X_i - \mu)^2. \tag{200.1}$$

Ein gravierender Nachteil des Schätzers ist, dass man den Erwartungswert μ der Normalverteilung genau kennen muss, was aber i.A. auch nicht der Fall ist.

Die nahe liegende Idee, μ einfach mit der durch dieselben Stichprobenwerte zu gewinnenden Mittelwertschätzung $\overline{x}$ zu ersetzen, führt zu der Schätzvariablen:

$$S^{*2} \stackrel{\text{def.}}{=} \frac{1}{n} \cdot \sum_{i=1}^{n} (X_i - \overline{X})^2. \tag{200.2}$$

Diese Schätzvariable lässt sich nun allein mit der Stichprobe auswerten. Ein kleiner Nachteil ist, dass man mit dieser Schätzvariable im Mittel, also bei Durchführung und Mittelung vieler Varianzschätzungen, nicht exakt σ^2 erhält. Man kann zeigen, dass stattdessen[12] gilt:

$$\mathbb{E}(S^{*2}) = \frac{n-1}{n} \sigma^2. \tag{200.3}$$

Es ist jedoch leicht diese Abweichung zu korrigieren. Man muss lediglich einen geeigneten Vorfaktor einführen. Man definiert:

$$S^2 \stackrel{\text{def.}}{=} \frac{n}{n-1} \cdot \frac{1}{n} \cdot \sum_{i=1}^{n} (X_i - \overline{X})^2 = \frac{1}{n-1} \cdot \sum_{i=1}^{n} (X_i - \overline{X})^2 \tag{200.4}$$

und erhält den schon aus Gleichung (118.4) bekannten Schätzer für σ^2.

Leider lässt sich die Maximum-Likelihood-Schätzvariable nur in den seltensten Fällen so schön und problemlos bestimmen wie in den vorangegangenen Beispielen. Man muss daher auf andere Methoden zurückgreifen, wie etwa die nachfolgenden.

Die kleinste-Quadrate Methode

Eine Schätzung nach der Gauß'schen Methode der kleinsten Quadrate erhält man, indem man die Parameter der Verteilung so an die Daten der Stichprobe anpasst, dass das Kriterium der minimalen Fehlerquadratsumme erfüllt wird.

So ist etwa bei normalverteilten Merkmalen bekannt, dass der Erwartungswert und damit der Parameter μ im Zentrum der Verteilung liegt (also mit
dem Median übereinstimmt). Es sollte also *der* Erwartungswert (Parameter
μ) *am besten* zu den Daten passen, der von den Werten der Stichprobe den
geringsten Gesamtabstand hat. Wählt man statt des Abstandes das Quadrat
des Abstandes (dies geschieht aus rechnerischen Gründen), so erhält man für
die Wahl von μ folgendes Minimalitätskriterium:

$$\sum_{k=1}^{n}(x_k - \mu)^2 = \min_{\hat{\mu}\in\mathbb{R}}\sum_{k=1}^{n}(x_k - \hat{\mu})^2. \tag{201.1}$$

Für dieses einfache Beispiel kann man das Minimum analytisch ausrechnen.
Durch Nullsetzen der Ableitung nach $\hat{\mu}$ von (201.1) erhält man

$$-2\sum_{k=1}^{n}(x_k - \hat{\mu}) = 0 \tag{201.2}$$

und die Schätzung

$$\mu = \frac{1}{n}\sum_{k=1}^{n}x_k = \overline{x}. \tag{201.3}$$

Man erhält also auch mit dieser Methode den schon mehrmals hergeleiteten
Mittelwertschätzer $\overline{X}$.

In komplizierteren Fällen kann man für eine numerische Kleinste-Quadrate-
Schätzung die Funktion `nlinfit` der MATLAB Statistics Toolbox heranziehen.

Mit dieser Funktion kann eine mit Parametern behaftete (nichtlineare) Funktion $f(x)$ an vorgegebene Datenpaare (x_k, y_k), $k = 1, \cdots, n$ angepasst werden.

Im obigen Beispiel wird etwa eine *konstante* Funktion $f(k) = \hat{\mu}$ an die Wertepaare (k, x_k) angepasst.

Die folgende MATLAB-Funktion (Datei **constMu.m**) definiert zunächst die
konstante Funktion:

```
function [werte] = constMu(mu, x)
%
%  ...
%

werte = mu*ones(size(x));
```

Mit Hilfe der folgenden Aufrufe (s. Datei **GaussKQ.m**) wird die Kleinste-
Quadrate-Schätzung mit `nlinfit` für 10 $N(2,1)$-verteilte Stichprobenwerte
berechnet und anschließend mit der Maximum-Likelihood-Schätzung und
dem tatsächlichen Parameterwert (hier $\mu = 2$) verglichen:

```
mu = 2; sigma = 1;

% 10 Zufallswerte (Stichprobe) einer N(2,1)-Verteilung
% bestimmen

x = normrnd(mu, sigma, 1, 10);

% Vektor der Indexwerte k

k = (1:1:10);

% Schätzung des Parameters mu mit nlinfit und der
% Konstantfunktion constMu

anfMu = 0;     % Anfangsschätzung

[MU, R, J] = nlinfit(k, x, @constMu, anfMu);

% Vergleich von MU, mu und der Schätzung xquer

fprintf('\n%s:      %10.4f', 'Originalparameter ', mu);
fprintf('\n%s:      %10.4f', 'ML-Schätzung Xquer', mean(x));
fprintf('\n%s:      %10.4f', 'Gauss-KQ-Schätzung', MU);
```

Das Ergebnis eines Aufrufs:

```
Originalparameter :      2.0000
ML-Schätzung Xquer:      2.2245
Gauss-KQ-Schätzung:      2.2244
```

bestätigt die obige theoretische Aussage, dass die Kleinste-Quadrate-Schätzung mit der Maximum-Likelihood-Schätzung in diesem Fall überein-stimmt.

Nachteil dieser numerischen Methode ist allerdings, dass man nur individu-elle Schätzwerte und *keine Schätzvariable* erhält. Diese ist aber oft analytisch nicht zu ermitteln und man muss sich mit numerischen Werten zufrieden geben.

Der interessierte Leser sollte sich zur Vertiefung dieses Themas mit Übung 71 beschäftigen.

Die Momenten-Methode

In manchen Fällen kann eine Parameterschätzung vorteilhaft aus der Bezie-hung der Parameter zu den Momenten der Verteilung bestimmt werden.

Wir wollen auch diese Methode wieder am einfachen Fall der Normalvertei-lung $N(\mu, \sigma^2)$ erläutern. Bekanntlich gelten für ein normalverteiltes Merkmal

X ja die Beziehungen

$$\mu = \mathbb{E}(X) \quad \text{und} \quad \sigma^2 = \mathbb{V}(X) = \mathbb{E}(X^2) - (\mathbb{E}(X))^2. \tag{203.1}$$

Mit Hilfe der Schätzung

$$m_k = \frac{1}{n} \sum_{j=1}^{n} x_j^k, \tag{203.2}$$

die sich für das k-te Moment aus der Stichprobe x_1, x_2, x_3, $\ldots$, x_n ergibt, erhält man als Schätzer von μ den bekannten Mittelwertschätzer $\overline{X}$ und als Schätzer von σ^2 entspechend (203.1):

$$m_2 - m_1^2 = \frac{1}{n} \sum_{j=1}^{n} x_j^2 - \left(\frac{1}{n} \sum_{j=1}^{n} x_j \right)^2. \tag{203.3}$$

Man kann zeigen [18], dass diese Summe genau dem Wert

$$s^2 = \frac{1}{n-1} \sum_{j=1}^{n} (x_j - \overline{x})^2 \tag{203.4}$$

entspricht. Somit erhalten wir in diesem Fall mit dem Momentansatz wieder die schon bekannten Schätzer für μ und σ^2.

In der Praxis wird man die Gleichung (203.3) numerisch lösen, um zu einer Schätzung zu gelangen. Dies kann man beispielsweise mit dem solve-Kommando von MATLAB tun.

Betrachten wir zur Illustration 10000 $N(2, 1)$-verteilte Stichprobenwerte. Der folgende MATLAB-Code (s. Datei **testmom.m**) liefert eine Schätzung nach der Moment-Methode für die Parameter der Normalverteilung:

```
mu = 2; sigma = 1;

% 1000 Zufallswerte (Stichprobe) einer N(2,1)-Verteilung
% bestimmen

x = normrnd(mu, sigma, 1, 10000);

% Vektor der Indexwerte k

k = (1:1:10000);

% Bestimmung der empirischen Momente

xquer = mean(x);
```

```
m2 = sum(x.^2)/length(x);

% Schätzung der Parameter mu und sigma^2 mit solve
% (im vorliegenden Fall eigentlich nicht nötig, da
% die Lösung trivial ist)

S = solve( 'm = xq', 's = mom2 - m^2', 'm,s' );

% ...
```

Das Ergebnis eines Aufrufs von **testmom.m** ist:

```
Originalparameter EW        :    2.0000
Moment-Schätzung EW         :    2.0066
Originalparameter Varianz   :    1.0000
Moment-Schätzung Varianz    :    1.0147
empirische Varianz mit var:      1.0148
```

Natürlich ist die Lösung mit `solve` im vorliegenden Beispiel nicht erforderlich, da eine geschlossene Lösung der Momentgleichungen vorliegt. Die Vorgehensweise kann aber für andere Schätzungen übernommen werden.

Ein etwas komplizierterer Fall wird in Übung 69 am Beispiel der Weibull-Verteilung behandelt.

Es gibt neben den oben besprochenen Methoden noch andere Ansätze, die an dieser Stelle aber nicht behandelt werden sollen. Der interessierte Leser sei hierfür auf [29] verwiesen.

Gütekriterien für statistische Schätzer

An Schätzmethoden resp. Schätzvariable werden gewisse Erwartungen geknüpft, die die *Güte der Schätzung* betreffen.

Die Statistik bietet hierfür eine Reihe von Begriffen, die wir an dieser Stelle nicht im Detail behandeln können. Wir wollen nur kurz auf die damit verbundenen Fragestellungen eingehen.

Wünschenswerterweise sollten Schätzvariable folgende Eigenschaften haben:

- „Im Mittel" sollte der Parameter δ auch geschätzt werden, d.h. sich für eine konkrete Stichprobe als Wert der Schätzvariablen ergeben, wenn er der wahre Parameter der untersuchten Verteilung ist!
- Die Schätzungen sollten so gering wie möglich streuen!
- Je mehr Stichprobenwerte betrachtet werden, desto geringer sollte der Schätzfehler sein (und desto genauer die Schätzung).

Die zugehörigen Eigenschaften einer Schätzvariablen werden in der Statistik mit den Begriffen *Erwartungstreue*, *Wirksamkeit* und *Konsistenz* verknüpft [11]. Eine für ein Merkmal X aus dem Vektor der Stichprobenvariablen X_1, X_2, ..., X_n konstruierte Schätzvariable $\hat{T}_n$ für den Parameter δ heißt dabei **erwartungstreu**, wenn gilt

$$\mathbb{E}(\hat{T}_n) = \delta. \tag{205.1}$$

Oft ist es auch schon hilfreich, wenn die Gleichung (205.1) für große Stichprobenumfänge n approximativ erfüllt ist, oder konkreter, wenn

$$\lim_{n \to \infty} \mathbb{E}(\hat{T}_n) = \delta \tag{205.2}$$

gilt. Dann heißen die $\hat{T}_n$ **asymptotisch erwartungstreu**.

5.20 Beispiel (Erwartungstreue Schätzer)

Die Schätzer $\overline{X}$ aus Beispiel 5.18 und S^2 aus Beispiel 5.19 sind *erwartungstreue Schätzer* der Parameter μ und σ^2 eines normalverteilten Merkmals.

Eine erwartungstreue Schätzvariable $\hat{T}_n$ heißt **wirksam**, wenn sie unter allen (erwartungstreuen) Schätzern mit endlicher Varianz die *kleinste* Varianz besitzt.

5.21 Beispiel (Wirksame Schätzer)

Man kann zeigen [11]: der Schätzer $\overline{X}$ aus Beispiel 5.18 ist ein wirksamer Schätzer des Parameters μ eines normalverteilten Merkmals. Der Schätzer S^2 aus Beispiel 5.19 ist ein *asymptotisch wirksamer* Schätzer des Parameters σ^2 eines normalverteilten Merkmals.

Für gute Schätzer $\hat{T}_n$ sollte man verlangen können, dass der Parameter mit hoher Wahrscheinlichkeit richtig geschätzt wird, falls der Stichprobenumfang n anwächst. Genauer fordert man:

$$\lim_{n \to \infty} P(|\hat{T}_n - \delta| > \varepsilon) = 0 \qquad \text{für alle } \varepsilon > 0. \tag{205.3}$$

Solche Schätzer nennt man **konsistent**. Die Schätzer aus Beispiel 5.20 bzw. 5.21 sind konsistent.

Dass Schätzer diese plausibel klingenden Eigenschaften haben, liegt nicht unbedingt auf der Hand.

Selbst „natürliche" Schätzer, das heißt solche, die einfach und offensichtlich definiert sind, brauchen diese Eigenschaften nicht zu haben. Beispielsweise ist der Schätzer S^{*2} aus (200.2) wegen (200.3) offensichtlich nicht erwartungstreu.

In der Literatur [11] wird (unter gewissen Voraussetzungen) eine untere Abschätzung für die Varianz von Schätzern angegeben, das heißt, es gibt eine allgemeine untere Grenze für die Streuung der Schätzwerte. Wird diese Grenze von einer Schätzmethode erreicht, so spricht man von einen **wirksamsten** Schätzer. Jedoch haben wir selbst mit der Maximum-Likelihood-Methode nicht die Garantie, einen solchen Schätzer zu bekommen. Allerdings liefert sie zumindest die *asymptotisch wirksamsten* Schätzer, d.h. für große Stichprobenumfänge n sind sie diejenigen mit der geringsten Streuung der Schätzwerte.

Auch die Konsistenz kann nicht generell gewährleistet werden.

Wir verzichten an dieser Stelle auf eine eingehende Diskussion dieser Probleme und verweisen den interessierten Leser einmal mehr auf [11].

5.3.2 Konfidenzintervalle

Will man über die auf Seite 205 definierten Begriffe hinaus eine *quantitative* Aussage über die Güte der Parameterschätzungen treffen, greift man zu der folgenden Methode, mit der *ein ganzes Intervall von Parametern als Schätzung* der möglichen Parameter angegeben wird, statt nur eines Parameterwertes.

Der Ansatz ist dabei, ein Parameterintervall

$$[\Theta_u, \Theta_o] \tag{206.1}$$

zu finden, das mit einer gewissen Sicherheit den gesuchten (zu schätzenden) Parameter δ der Verteilung einschließt.

Die Intervallgrenzen Θ_u, Θ_o sind dabei selbst wieder von den Stichprobenvariablen abhängige *Zufallsvariable*!

Für den zu schätzenden Parameter δ wird dann für ein vorgegebenes *Sicherheitsniveau*[13] $0 < \gamma \leq 1$ die Bedingung gestellt:

$$P(\Theta_u \leq \delta \leq \Theta_o) \geq \gamma. \tag{206.2}$$

Mit anderen Worten: die Wahrscheinlichkeit, dass irgend zwei mit den Methoden Θ_u und Θ_o gefundene Intervallgrenzen den Parameter δ umschließen, soll mindestens $100 \cdot \gamma\%$ sein.

Sind Θ_u, Θ_o zwei aus den Stichprobenvariablen $X_1, X_2, X_3, \ldots, X_n$ konstruierte *Stichprobenfunktionen*, welche der Gleichung (206.2) genügen, und sind ferner

---

[13] Dabei wird natürlich das Sicherheitsniveau in der Praxis so weit wie möglich nahe 1 gewählt!

$$c_u = \Theta_u(x_1, \ x_2, \ x_3, \ \ldots, \ x_n),$$
$$c_o = \Theta_o(x_1, \ x_2, \ x_3, \ \ldots, \ x_n) \tag{207.1}$$

die aus einer konkreten Stichprobe $x_1, \ x_2, \ x_3, \ \ldots, \ x_n$ berechneten Intervallgrenzen, so heißt $[c_u, \ c_o]$ ein **Vertrauensintervall** oder **Konfidenzintervall** (für die Schätzung des Parameters δ) zum **Vertrauensniveau** $\gamma \cdot 100 \ \%$ für die Stichprobe $x_1, \ x_2, \ x_3, \ \ldots, \ x_n$.

Es ist für das Verständnis wichtig, sich die richtige Bedeutung dieses Begriffes klar zu machen. Die Vertrauensintervallgrenzen Θ_u, Θ_o sind so konstruiert, dass das nach Einsetzen der konkreten Stichprobenwerte entstehende Intervall $[c_u, \ c_o]$ in $\gamma \cdot 100 \ \%$ aller Fälle den richtigen Parameter δ „trifft".

Dies bedeutet also *nicht*, dass für $\gamma \cdot 100 \ \%$ aller Fälle ein Parameter δ zu Grunde liegt, der in diesem Intervall liegt[14]. Man mache sich bitte den Unterschied klar!

Die Verteilung der Grundgesamtheit hat immer den selben Parameter δ und der liegt in $[c_u, \ c_o]$ oder nicht! Alles was man sagen kann ist, *mit welcher Wahrscheinlichkeit* er in dem für die konkrete Stichprobe entstehenden Intervall $[c_u, \ c_o]$ liegt.

Die nachfolgenden Beispiele machen diese recht abstrakt anmutenden Tatsachen deutlicher und zeigen auch, wie man die Schätzvariablen für die Intervallgrenzen konstruieren kann. Wir konzentrieren uns dabei auf den wichtigsten Spezialfall, nämlich den der Normalverteilung. Es wird gezeigt, dass sich die Intervallschätzungen leicht aus den Parameterschätzern ableiten lassen.

Vertrauensintervall für den Mittelwert der Normalverteilung

Im Folgenden betrachten wir die Vertrauensintervalle für den *Mittelwert* einer $N(\mu, \sigma^2)$-verteilten Zufallsvariablen, wobei wir unterscheiden, ob die Varianz σ^2 bekannt ist oder aus den Daten geschätzt werden muss.

Vertrauensintervall zum Vertrauensniveau γ für den Mittelwert μ bei bekannter Varianz σ^2:   Seien $X_1, \ X_2, \ X_3, \ \ldots, \ X_n$ die Stichprobenvariablen einer Stichprobe vom Umfang n zu einem $N(\mu, \sigma^2)$-verteilten Merkmal X.

Da es sich um ein Vertrauensintervall für den Mittelwert handelt, versuchen wir dieses ausgehend vom Parameterschätzer $\overline{X}$ zu konstruieren. Die Idee dabei ist, einen Wert $c > 0$ zu finden, sodass der *Abstand* der Schätzung $\overline{x}$ von μ mit einer Wahrscheinlichkeit $\geq \gamma$ kleiner ist als c. Rechnerisch lässt sich dies so ausdrücken:

$$P(-c \leq \overline{X} - \mu \leq c) \geq \gamma. \tag{207.2}$$

---

[14] Dies wird immer gern mit dem Begriff Vertrauensintervall assoziiert, ist aber falsch!
15

Bekanntlich (s. Seite 94) ist $\overline{X} - \mu$ normalverteilt mit Mittelwert 0 und Varianz $\frac{\sigma^2}{n}$.

Wenn wir also $\overline{X} - \mu$ in Ungleichung (207.2) mit $\frac{\sigma}{\sqrt{n}}$ normieren, so erhalten wir für die *standard*normalverteilte Zufallsvariable $\frac{\overline{X}-\mu}{\frac{\sigma}{\sqrt{n}}}$:

$$P\left(\frac{-c}{\frac{\sigma}{\sqrt{n}}} \leq \frac{\overline{X} - \mu}{\frac{\sigma}{\sqrt{n}}} \leq \frac{c}{\frac{\sigma}{\sqrt{n}}} \right) \geq \gamma. \tag{208.1}$$

Da es sich bei $\overline{X}$ um eine stetige Zufallsvariable handelt, können die Grenzen so bestimmt werden, dass genau die Wahrscheinlichkeit γ angenommen wird.

Aus der Tabelle der Standardnormalverteilung B.1, S. 523 in Anhang B entnehmen wir dann zu γ das zweiseitige Quantil u_γ. Zu beachten ist dabei, dass der Tabelle zunächst nur einseitige Quantile entnommen werden können. Mit Hilfe der Gleichung $\Phi(-z) = 1 - \Phi(z)$ kann allerdings errechnet werden, dass das zweiseitige γ-Quantil in der Tabelle bei $\frac{1+\gamma}{2}$ abgelesen werden kann.

Für u_γ muss gemäß (208.1) gelten:

$$\frac{c}{\frac{\sigma}{\sqrt{n}}} = u_\gamma. \tag{208.2}$$

Damit folgt

$$c = u_\gamma \cdot \frac{\sigma}{\sqrt{n}} \tag{208.3}$$

und aus (208.1) und (208.3)ergibt sich:

$$P\left(-u_\gamma \cdot \frac{\sigma}{\sqrt{n}} \leq \overline{X} - \mu \leq u_\gamma \cdot \frac{\sigma}{\sqrt{n}} \right) = \gamma. \tag{208.4}$$

Durch Umstellen der Ungleichungskette erhält man:

$$P\left(\overline{X} - u_\gamma \cdot \frac{\sigma}{\sqrt{n}} \leq \mu \leq \overline{X} + u_\gamma \cdot \frac{\sigma}{\sqrt{n}} \right) = \gamma. \tag{208.5}$$

Somit haben wir mit

$$\begin{aligned} \Theta_u &= \overline{X} - u_\gamma \cdot \frac{\sigma}{\sqrt{n}}, \\[2mm] \Theta_o &= \overline{X} + u_\gamma \cdot \frac{\sigma}{\sqrt{n}} \end{aligned} \tag{208.6}$$

die gesuchten Stichprobenvariablen gefunden, die für eine gegebene Stichprobe vom Umfang n die Grenzen des Vertrauensintervalls bestimmen.

Tabelle 5.7: Stichprobe einer Produktion von 100 Ω-Widerständen

Nr.	1	2	3	4	5	6	7	8	9	10
Wert	100.1	101.2	99.5	99.0	100.7	100.0	101.2	99.2	99.0	98.7

Man beachte, dass offenbar gilt:

$$[\Theta_u, \Theta_o] \overset{n\to\infty}{\longrightarrow} \{\mu\}. \tag{209.1}$$

Ist also hohe Sicherheit bei kleinem Vertrauensintervall gefordert, dann muss (falls möglich) der Stichprobenumfang n erhöht werden!

5.22 Beispiel (VI für den Mittelwert der Normalverteilung - σ^2 bekannt)

Wir wollen das Ergebnis nun an einem Beispiel anwenden. In Tabelle 5.7 ist eine Messung von $n = 10$ Widerstandswerten einer Produktion von Widerständen mit Sollwert 100 Ω wiedergegeben.

Eine sinnvolle Annahme ist in einem solchen Fall immer, dass die Produktion normalverteilt ist. Nehmen wir einmal weiter an, die Streuung σ der Produktion sei bekannt und es sei $\sigma = 0.5\ \Omega$.

Aufgabe sei nun die Bestimmung eines Vertrauensintervalls zum Signifikanzniveau $\gamma = 0.95$ für den Mittelwert μ, etwa um zu kontrollieren, ob der Sollwert 100 Ω von der Produktion noch eingehalten wird.

Nach den Gleichungen (208.6) sind mit dem zweiseitigen 95%-Quantil $u_\gamma = u_{0.95} = 1.96$ die für die aktuelle Stichprobe gültigen Werte von $\overline{X} - u_\gamma \cdot \frac{\sigma}{\sqrt{n}}$ zu finden. Mit $\overline{x} = 99.86$ folgt:

$$
\begin{aligned}
c_u &= \Theta_u(x_1,\, x_2,\, x_3,\, \ldots,\, x_n) \\
&= \overline{x} - u_{0.95} \cdot \frac{0.5}{\sqrt{10}} = 99.86 - 1.96 \cdot \frac{0.5}{\sqrt{10}} = 99.55, \\
c_o &= \Theta_o(x_1,\, x_2,\, x_3,\, \ldots,\, x_n) \\
&= \overline{x} + u_{0.95} \cdot \frac{0.5}{\sqrt{10}} = 99.86 + 1.96 \cdot \frac{0.5}{\sqrt{10}} = 100.17.
\end{aligned}
\tag{209.2}
$$

Das Vertrauensintervall [99.55, 100.17] Ω umschließt also mit 95%-iger Sicherheit den zu Grunde liegenden Mittelwert μ und enthält insbesondere den Sollwert 100 Ω.

Es bestünde also in diesem Fall auf Grund der Stichprobe kein Anlass die Produktion zu stoppen.

Vertrauensintervall zum Vertrauensniveau γ für den Mittelwert μ bei unbekannter Varianz σ^2:   Ist die Varianz *unbekannt*, so kommen wir mit dem gerade vorgestellten Ansatz nicht weiter, da σ zur Konstruktion des Vertrauensintervalls explizit genutzt wird.

Die Idee ist nun in diesem Fall, die unbekannte Varianz ebenfalls durch eine Schätzung auf Grund der Stichprobe zu ersetzen. Dazu bedienen wir uns des Varianzschätzers S^2 aus Gleichung (200.4).

Ausgehend von Gleichung (208.1) ersetzen wir in der normierten Schätzvariablen $\frac{\overline{X}-\mu}{\frac{\sigma}{\sqrt{n}}}$ den Parameter σ durch die Schätzvariable S.

Leider ist nun die Zufallsvariable

$$\frac{\overline{X}-\mu}{\frac{S}{\sqrt{n}}} \tag{210.1}$$

nun nicht mehr standard-normalverteilt!

Schreibt man (210.1) aber in der Form

$$\left(\frac{\overline{X}-\mu}{\frac{\sigma}{\sqrt{n}}}\right) \Big/ \left(\frac{S}{\sigma}\right), \tag{210.2}$$

so ist die Zählervariable $\left(\frac{\overline{X}-\mu}{\frac{\sigma}{\sqrt{n}}}\right)$ *standard*-normalverteilt. Die Nennervaribale $\frac{S}{\sigma}$ ist nach Gleichung (121.2) aber die Wurzel aus einer mit $\frac{1}{n-1}$ normierten Chi-Quadrat-verteilten Variablen mit $n-1$ Freiheitsgraden.

Die Variable $\frac{\overline{X}-\mu}{\frac{S}{\sqrt{n}}}$ ist damit nach Gleichung (122.2) t-verteilt (oder Student-verteilt) mit $n-1$ Freiheitsgraden (vgl. dazu auch Abschnitt 2.7.2, S. 122ff und Übung 73).

Mit Hilfe der zweiseitigen Quantile $\tilde{u}_\gamma$ der Student-Verteilung mit $n-1$ Freiheitsgraden (vgl. Tabelle B.3, S. 526 in Anhang B und Übung 74) erhalten wir den Ansatz:

$$P\left(-\tilde{u}_\gamma \le \frac{\overline{X}-\mu}{\frac{S}{\sqrt{n}}} \le \tilde{u}_\gamma\right) = \gamma. \tag{210.3}$$

Durch Umstellen von (210.3) erhält man:

$$P\left(\overline{X} - \tilde{u}_\gamma \cdot \frac{S}{\sqrt{n}} \le \mu \le \overline{X} + \tilde{u}_\gamma \cdot \frac{S}{\sqrt{n}}\right) = \gamma. \tag{210.4}$$

Für die Grenzen des Vertrauensintervalls ergibt sich somit analog zu den Gleichungen (208.6):

$$c_u = \overline{x} - \tilde{u}_\gamma \cdot \frac{s}{\sqrt{n}},$$
$$c_o = \overline{x} + \tilde{u}_\gamma \cdot \frac{s}{\sqrt{n}}. \tag{210.5}$$

5.23 Beispiel (VI für den Mittelw. der Normalverteilung - σ^2 unbek.)

Erläutern wir dies noch einmal anhand der Stichprobe aus Tabelle 5.7.

Aufgabe ist auch diesmal wieder die Bestimmung eines Vertrauensintervalls zum Signifikanzniveau 95% für den Mittelwert!

Aus der Tabelle der Student-Verteilung entnehmen wir als zweiseitiges t_{n-1}-Quantil[15] $\tilde{u}_\gamma = 2.262$. Der Wert von S ist für diese Stichprobe $s = 0.9288$.

Aus den Gleichungen (210.5) ergibt sich dann für die Vertrauensintervallgrenzen:

$$c_u = 99.86 - 2.262 \cdot \frac{0.9288}{\sqrt{10}} = 99.196,$$

$$c_o = 99.86 + 2.262 \cdot \frac{0.9288}{\sqrt{10}} = 100.524. \tag{211.1}$$

Es ist an dieser Stelle interessant darauf hinzuweisen, dass das Vertrauensintervall nun etwas größer ist, als in (209.2). Dies ist ganz natürlich, da wir in diese Rechnung *weniger* Information hereingesteckt haben als oben, denn dort war die Varianz exakt bekannt. Wir erhielten dort folglich zum selben Signifikanzniveau eine etwas schärfere Aussage für das Vertrauensintervall.

Vertrauensintervall für die Varianz der Normalverteilung

Mit einem ähnlichen Ansatz wie in Beispiel 5.3.2 sollen nun Vertrauensintervalle für die *Varianz* einer $N(\mu, \sigma^2)$-verteilten Zufallsvariablen konstruiert werden.

Dabei geht man wieder vom Parameterschätzer des untersuchten Parameters aus, im vorliegenden Fall also S^2.

Die Idee ist, Schranken c_1 und c_2 so zu bestimmen, dass das *Verhältnis* der sich aus der Stichprobe ergebenden Schätzung s^2 und der tatsächlichen Varianz σ^2 mit einer Wahrscheinlichkeit $\geq \gamma$ innerhalb dieser Schranken bleibt. Man geht also von folgender Ungleichung aus:

$$P(c_1 \leq \frac{S^2}{\sigma^2} \leq c_2) \geq \gamma := 1 - \alpha. \tag{211.2}$$

Die Motivation für diesen Ansatz ist, dass man in diesem Fall aus der Verteilung von $\frac{S^2}{\sigma^2}$ leicht Schranken für die Varianz σ^2 ableiten kann.

Konkret ergibt sich durch Multiplikation der Ungleichung in (211.2) mit $n-1$ der eigentliche Ansatz:

$$P(\tilde{c}_1 \leq \frac{(n-1)S^2}{\sigma^2} \leq \tilde{c}_2) = 1 - \alpha. \tag{211.3}$$

Nach (118.5) ist

$$Y = \frac{n-1}{\sigma^2} S^2$$

aber Chi-Quadrat-verteilt mit $n - 1$ Freiheitsgraden. Die Grenzen der Ungleichung in (211.3) können also durch Quantile der Chi-Quadrat-Verteilung ersetzt werden. Leider ist die Chi-Quadrat-Verteilung nicht symmetrisch, sodass zwei verschiedene Quantile verwendet werden müssen. Hierzu wird die Restwahrscheinlichkeit α hälftig aufgeteilt. Für die untere Grenze der Ungleichung in (211.3) wird das einseitige $\frac{\alpha}{2}$-Quantil $\tilde{u}_{\frac{\alpha}{2}}$ angesetzt. Die obere Grenze wird so gewählt, dass die Restwahrscheinlichkeit ebenfalls $\frac{\alpha}{2}$ beträgt. Dies ist für das einseitige $1 - \frac{\alpha}{2}$-Quantil $\tilde{u}_{1-\frac{\alpha}{2}}$ der Fall.
Der Ansatz (211.3) stellt sich dann folgendermaßen dar:

$$P\left(\tilde{u}_{\frac{\alpha}{2}} \leq \frac{n-1}{\sigma^2} S^2 \leq \tilde{u}_{1-\frac{\alpha}{2}} \right) = 1 - \alpha. \tag{212.1}$$

Durch Umstellung der Ungleichungen erhält man:

$$P\left(\frac{(n-1)S^2}{\tilde{u}_{1-\frac{\alpha}{2}}} \leq \sigma^2 \leq \frac{(n-1)S^2}{\tilde{u}_{\frac{\alpha}{2}}} \right) = 1 - \alpha \tag{212.2}$$

Damit ergeben sich für eine konkrete Stichprobe x_1, x_2, x_3, $\ldots$, x_n aus der empirischen Varianz s^2 folgende Vertrauensintervallgrenzen zum Vertrauensniveau $\gamma = 1 - \alpha$:

$$c_u = \frac{(n-1)s^2}{\tilde{u}_{1-\frac{\alpha}{2}}},$$

$$c_o = \frac{(n-1)s^2}{\tilde{u}_{\frac{\alpha}{2}}}. \tag{212.3}$$

5.24 Beispiel (VI für die Varianz der Normalverteilung)

Für die Stichprobe aus Tabelle 5.7 beispielsweise ergibt sich $s^2 = 0.8627$.
Zur Bestimmung eines 90%-Vertrauensintervalls ($\gamma = 0.9$) für die Varianz entnehmen wir mit $\frac{\alpha}{2} = \frac{1-0.9}{2} = 0.05$ der Tabelle der Chi-Quadrat-Verteilung mit 9 Freiheitsgraden als einseitiges Quantil $\tilde{u}_{\frac{\alpha}{2}} = 3.3251$. Entsprechend lesen wir ab $\tilde{u}_{1-\frac{\alpha}{2}} = u_{0.95} = 16.9190$.
Aus den Gleichungen (212.3) ergibt sich dann

$$c_u = \frac{9 \cdot 0.8627}{16.9190} = 0.4589,$$

$$c_o = \frac{9 \cdot 0.8627}{3.3251} = 2.3351 \tag{212.4}$$

für die Vertrauensintervallgrenzen.

Eine Aufgabe wie die Bestimmung von Vertrauensintervallen ist natürlich mit den Funktionen der MATLAB Statistics Toolbox bequemer zu erledigen. Im folgenden Beispiel wollen wir die Ergebnisse der vorangegangenen Beispiele mit MATLAB verifizieren.

5.25 Beispiel (Vertrauensintervalle mit MATLAB)

Die Vertrauensintervalle aus Beispiel 5.3.2 und 5.3.2 erhält man mit folgenden MATLAB-Anweisungen (s. Datei **VertIntvNV.m**):

```
% Stichprobe laut Tabelle
probe = [100.1,101.2,99.5,99.0,100.7,...
                    100.0,101.2,99.2,99.0,98.7];

% Definition der bekannten Streuung sigma
sigma = 0.5;

% Bestimmung des Stichprobenumfangs n
n = length(probe);

% Bestimmung des empirischen Mittels xquer
xquer = mean(probe);

% Bestimmung der empirischen Varianz sq und der
% empirischen Streuung s
sq = var(probe);
s = sqrt(sq);

% Bestimmung des zweiseitigen 95%-Quantils (einseitigen
% 97.5%-Quantils) der Standardnormalverteilung
ugamma = norminv(0.975, 0, 1);

% Untere Vertrauensintervallgrenze bei bekannter Varianz
cu = xquer − ugamma*(sigma/sqrt(n));

% Obere Vertrauensintervallgrenze bei bekannter Varianz
co = xquer + ugamma*(sigma/sqrt(n));

% Ausgabe des Ergebnisses
fprintf('\n95%%-Vertrauensintervall für den Mittelwert
bei bekannter Varianz  : [%10.4f,%10.4f]',cu,co);

% Bestimmung des zweiseitigen 95%-Quantils
% (einseitigen 97.5%-Quantils) der t-Verteilung
% mit n-1 Freiheitsgraden
ugammatilde = tinv(0.975, n−1);

% Untere Vertrauensintervallgrenze bei unbekannter Varianz
```

```
cutilde = xquer - ugammatilde*(s/sqrt(n));

% Obere Vertrauensintervallgrenze bei unbekannter Varianz
cotilde = xquer + ugammatilde*(s/sqrt(n));

% Ausgabe des Ergebnisses
fprintf('\n95%%-Vertrauensintervall für den Mittelwert bei
   unbekannter Varianz: [%10.4f,%10.4f]',cutilde,cotilde);

% Bestimmung des einseitigen 5%-Quantils
% der Chi-Quadrat-Verteilung mit n-1 Freiheitsgraden
ug2u = chi2inv(0.05, n-1);

% Bestimmung des einseitigen 95%-Quantils
% der Chi-Quadrat-Verteilung mit n-1 Freiheitsgraden
ug2o = chi2inv(0.95, n-1);

% Untere 90%-Vertrauensintervallgrenze für die Varianz
cuhat = (n-1)*sq/ug2o;

% Obere 90%-Vertrauensintervallgrenze für die Varianz
cohat = (n-1)*sq/ug2u;

% Ausgabe des Ergebnisses
fprintf('\n90%%-Vertrauensintervall für die Varianz
der Normalverteilung      : [%10.4f,%10.4f]',cuhat,cohat);
```

Das Ergebnis bestätigt die obigen Berechnungen:

```
95%-Vertrauensintervall für den Mittelwert
bei bekannter Varianz  : [   99.5501,  100.1699]
95%-Vertrauensintervall für den Mittelwert bei
unbekannter Varianz    : [   99.1956,  100.5244]
90%-Vertrauensintervall für die Varianz
der Normalverteilung   : [    0.4589,    2.3350]
```

Dies ist natürlich nicht weiter verwunderlich, weil wir ja die obigen Formeln verwendet haben.

Interessanter ist der Vergleich mit den für diesen Zweck eingebauten Funktionen der Statistics Toolbox. Konfidenzintervalle für die Normalverteilung können mit der Funktion normfit bestimmt werden. Diese Funktion liefert Parameterschätzungen und Konfidenzintervalle für normalverteilte Merkmale.

5.26 Beispiel (Konfidenzintervalle mit MATLABs `normfit`)

Die obigen Schätzungen können damit auf folgende Weise gewonnen werden:

```
% Stichprobe Tabelle Vertrauensintervalle
probe = [100.1,101.2,99.5,99.0,100.7,...
                  100.0,101.2,99.2,99.0,98.7];

% Signifikanzniveau in Prozent
sniveau = 95;

% zugehöriger Parameter von normfit
alpha = 1-sniveau/100;

% Parameterschätzung mit normfit (unbekannte Varianz)
[muhat,sigmahat,VImu] = normfit(probe,alpha)


muhat =

    99.8600


sigmahat =

     0.9288


VImu =

     99.1956
    100.5244
```

Eine Schätzung des Konfidenzintervalls bei *bekannter* Varianz ist mit dieser Funktion nicht möglich.

Das 90%-Vertrauensintervall für die Varianz erhält man mit den zusätzlichen Anweisungen:

```
% Signifikanzniveau in Prozent
sniveau = 90;

% zugehöriger Parameter von normfit
alpha = 1-sniveau/100;

% Parameterschätzung mit normfit (für die Varianz)
```

```
[muhat,sigmahat,VImu,  VIsigma] = normfit(probe,alpha);

VIsigmasq = VIsigma.^2

VIsigmasq =

    0.4589
    2.3350
```

Auch dieses Ergebnis stimmt mit den obigen Berechnungen überein.

Die Statistics Toolbox stellt darüber hinaus natürlich noch `fit`-Funktionen für andere Verteilungen zur Verfügung. Der nachfolgende Auszug aus der MATLAB-Hilfe gibt einen Überblick:

```
Parameter estimation.
   betafit     — Beta parameter estimation.
   binofit     — Binomial parameter estimation.
   expfit      — Exponential parameter estimation.
   gamfit      — Gamma parameter estimation.
   mle         — Maximum likelihood estimation (MLE).
   normfit     — Normal parameter estimation.
   poissfit    — Poisson parameter estimation.
   raylfit     — Rayleigh parameter estimation.
   unifit      — Uniform parameter estimation.
   weibfit     — Weibull parameter estimation.

...
```

Beispielsweise könnte mit `weibfit` eine Parameterschätzung für die Ausfallhäufigkeitsdaten aus Übung 69 durchgeführt werden. Der Leser möge dies im Rahmen von Übung 75 selbst versuchen.

5.3.3 Übungen

Übung 68 (*Lösung Seite 446*)

Bestimmen Sie unter der Annahme, dass die Zugfestigkeit der geprüften Bleche im Beispiel 5.2, S. 176 $N(44.0, 1.0)$-verteilt ist, mit Hilfe von MATLAB die Wahrscheinlichkeit, bei einem Zugversuch sechs Stichprobenwerte im Intervall [40.8; 41.2] zu beobachten (vgl. (195.2)).

Übung 69 (*Lösung Seite 446*)

Schreiben Sie ein MATLAB-Programm, welches die Wortlängen des Textes der Amtsantrittsrede Bill Clintons vom 20. Januar 1997 misst (Datei **clinton.txt** der Begleitsoftware).

Hinweis: Verwenden Sie dabei die Funktion textread von MATLAB.

Nach Beispiel 2.55, S. 113 sind die Wortlängen von Texten Lognormalverteilt.

Bestimmen Sie mit Hilfe von (113.2) geeignete Schätzer (Schätzvariable) für die Parameter der Lognormal-Verteilung und führen Sie mit dem Text als Stichprobe eine Schätzung durch.

Vergleichen Sie mit Hilfe von MATLAB grafisch das Histogramm der Stichprobe mit der Verteilungsdichte der gefundenen Lognormal-Verteilung.

Übung 70 (*Lösung Seite 449*)

Erläutern Sie, warum die Likelihood-Funktion für *stetige* Merkmale lediglich ein Maß für die Auftretenswahrscheinlichkeit einer Stichprobe liefert und nicht eine Wahrscheinlichkeit, wie bei diskreten Variablen.

Übung 71 (*Lösung Seite 450*)

Eine Untersuchung der Ausfälle von Scheinwerfern ergab die in der Tabelle 5.8 wiedergegebenen Ausfallhäufigkeiten.

Tabelle 5.8: Ausfälle von Scheinwerfern nach Kilometerleistung

Fahrleistung in 1000 km	20-30	30-40	40-50	50-60	60-70	70-80
Ausfälle	4	7	13	25	41	50

Fahrleistung in 1000 km	80-90	90-100	100-110	110-120	120-130	130-140
Ausfälle	62	56	46	37	13	6

Die Ausfallhäufigkeiten sind dabei nach Kilometerleistung des Fahrzeugs klassifiziert, d.h. die individuellen gemessenen Fahrleistungen bis zum Ausfall stehen nicht zur Verfügung.

Es kann angenommen werden, dass die Ausfallzeiten (Fahrleistungen bis zum Ausfall) *Weibull-verteilt* sind mit den Parametern T und b.

Bestimmen Sie mit Hilfe einer Kleinste-Quadrate-Schätzung und der MATLAB-Funktion nlinfit statistische Schätzungen dieser Parameter.

Verfolgen Sie dabei den Ansatz, die *empirische Verteilungsfunktion*, welche sich aus den Daten von Tabelle 5.8 ergibt, an die zweiparametrische Weibull-Verteilungsfunktion nach dem Kleinsten-Quadrate-Kriterium anzupassen[16].

Übung 72 (*Lösung Seite 452*)

Weisen Sie nach, dass sich mit Hilfe der Maximum-Likelihood-Methode die in Beispiel 5.17, S. 197 angegebene Schätzung für die Defektwahrscheinlichkeit ergibt.

Übung 73 (*Lösung Seite 454*)

Begründen Sie mit Hilfe der Gleichungen (122.2) und (118.5) und der Definition der t-Verteilung, warum es sich bei der Zufallsvariablen aus Gleichung (210.2) um eine t-verteilte Zufallsvariable mit $n - 1$ Freiheitsgraden handelt.

Übung 74 (*Lösung Seite 454*)

Begründen Sie, warum man für die symmetrischen Verteilungen Standard-Normalverteilung und t-Verteilung die zweiseitigen γ-Quantile in der Tabelle der einseitigen Quantile bei $\frac{1+\gamma}{2}$ ablesen kann.

Übung 75 (*Lösung Seite 455*)

In dieser Übung soll eine Schätzung der Parameter der Weibull-Verteilung mit Hilfe der MATLAB-Funktion `weibfit` durchgeführt werden.

Betrachten Sie dazu noch einmal das Beispiel aus Übung 71. Die Daten der Datei **Ausfaelle.txt** der Begleitsoftware geben die Messwerte wieder, die der Häufigkeitsverteilung aus Tabelle 5.8 zu Grunde liegen.

Für die Anwendung von `weibfit` muss auf diese Daten zurückgegriffen werden, da diese Funktion die Klassenhäufigkeiten aus Übung 71 nicht verarbeiten kann.

Verwenden Sie die Daten aus **Ausfaelle.txt** um eine Parameterschätzung durchzuführen.

Übung 76 (*Lösung Seite 455*)

Zeigen Sie, dass der Mittelwertschätzer für die Normalverteilung aus Beispiel 5.18, S. 198 erwartungstreu ist, d.h. dass gilt:

---

[16] Es sollte an dieser Stelle bemerkt werden, dass statt der in der Aufgabenstellung geforderten numerischen Methode in der Praxis häufig auch eine grafische Methode verwendet wird, bei der man eine Ausgleichsgerade auf speziellen Weibull-Lebensdauernetzwerken einzeichnet und dann die Parameter dort abliest. Der interessierte Leser sei hier auf die MATLAB Statistics Toolbox Funktion `weibplot` und die Spezialliteratur [35] zu diesem Thema verwiesen.

$$\mathbb{E}(\hat{\mu}) = \mathbb{E}(\overline{X}) = \mu.$$

Beachten Sie dabei, dass die Stichprobenvariablen X_i alle identisch normalverteilt und *unabhängig* sind und verwenden Sie die bekannten Rechenregeln für die Kennwerte von Summen unabhängiger Zufallsvariablen.

Übung 77 (*Lösung Seite 455*)

Beantworten Sie mit Hilfe von MATLAB für die (normalverteilten) Daten aus Beispiel 1.5, S. 6, Tabelle 1.1 die zweite der dort aufgeworfenen Fragen, indem Sie jeweils ein Vertrauensintervall für den Sollwert bestimmen.

Übung 78 (*Lösung Seite 456*)

Weisen Sie mit Hilfe der Linearitätseigenschaften für die Kennwerte auf Seite 94 nach, dass die Zufallsvariable

$$\overline{X} - \mu = \frac{1}{n} \sum_{i=1}^{n} X_i - \mu$$

für $N(\mu, \sigma^2)$-verteilte Zufallsvariablen X_i normalverteilt ist mit Mittelwert 0 und Varianz $\frac{\sigma^2}{n}$.

5.4 Testen von Hypothesen

Eine zweite wichtige Aufgabe der Statistik, neben der Schätzung unbekannter statistischer Parameter, ist die Überprüfung der Frage, ob gewisse statistische Annahmen (über Parameter, Verteilungen, Kennwerte etc.) gültig sind oder nicht.

Dies könnte etwa die Frage sein, ob eine Maschine noch mit derselben (Un-) Genauigkeit arbeitet wie vorher (Hypothese über die Varianz einer Verteilung, in diesem Fall wohl einer Normalverteilung), oder ob Sollwerte in einem Produktionsprozess noch stimmen (Hypothese über einen Mittelwert), oder ob ein Merkmal eine gewisse Verteilung hat oder nicht.

Diese Fragen sollen im vorliegenden Abschnitt diskutiert werden.

Allgemein untersuchen wir im Folgenden die Frage, ob ein Merkmal X eine bestimmte Verteilung $f_X(x)$ besitzt oder nicht.

5.4.1 Statistische Hypothesen und Tests

Eine statistische Annahme im obigen Sinne nennen wir eine *Hypothese*.

Präziser formuliert verstehen wir unter einer **statistische Hypothese** eine Annahme über die Verteilung einer Grundgesamtheit bzw. eines beobachteten Merkmales (Zufallsvariable) X.

Ein **statistischer Test** liefert eine Aussage darüber, ob diese Verteilung eine bestimmte Eigenschaft hat oder nicht.

Genauer gesagt kann durch einen Test *mit einer vorgegebenen statistischen Sicherheit* entschieden werden, ob eine bezüglich einer Verteilung aufgestellte Hypothese H_0 (die so genannte **Nullhypothese**) verworfen werden muss oder gehalten werden kann. Verworfen wird die Hypothese dabei i.A. zu Gunsten einer oder mehrerer **Alternativhypothese(n)** H_1.

Das Entscheidungsverfahren basiert auf beobachteten Werten (Stichprobenwerten) x_1, x_2, x_3, $\ldots$, x_n des untersuchten Merkmals X und einer geeignet gewählten **Stichprobenfunktion (Testvariablen)**

$$T = T(X_1,\ X_2,\ X_3,\ \ldots,\ X_n). \tag{220.1}$$

Wir diskutieren dieses allgemeine Entscheidungsverfahren zunächst wieder für den in der Praxis wichtigsten Fall der Normalverteilung.

Mittelwerttest für eine Normalverteilung

Betrachten wir zu Illustration nochmals die Messung von zehn 100 Ω-Widerständen aus Tabelle 5.7, S. 209.

Es ist eine interessante Frage, ob bei der Produktion, der diese Stichprobe entnommen wurde, der Sollwert 100 Ω noch eingehalten wird. Da wie bei den meisten Produktionsprozessen von einer normalverteilten Grundgesamtheit ausgegangen werden kann, läuft diese Frage statistisch gesehen darauf hinaus zu entscheiden, ob der wahre Mittelwert μ der zu Grunde liegenden Normalverteilung noch tatsächlich genau 100 ist!

Wir formulieren also die Nullhypothese wie folgt:

$$H_0: \quad \text{Mittelwert } \mu = \mu_0 = 100. \tag{220.2}$$

Um diese Hypothese zu testen, benötigen wir laut der obigen Definition eine geeignete, auf einer Stichprobe (vom Umfang n) beruhende, *Testvariable.*

Da der Mittelwert getestet wird, ist es eine nahe liegende Idee, hier den Mittelwertschätzer als Testvariable zu wählen. Wir definieren daher als Testvariable

$$T = T(X_1,\ X_2,\ X_3,\ \ldots,\ X_n) = \overline{X} = \frac{1}{n}\sum_{i=1}^{n} X_i. \tag{220.3}$$

Ist dann in unserem speziellen Fall[17] der für eine gegebene Stichprobe gefundene Wert der Testvariablen

$$t = T(x_1,\ x_2,\ x_3,\ \ldots,\ x_n) = \overline{x} \gg \mu_0 \tag{220.4}$$

---

[17] Wenig später wird klar werden, dass wir an dieser Stelle bereits die Alternativhypothese definieren. Hierfür gibt es mehrere Möglichkeiten. Wir wählen in diesem Beispiel die Alternative: „$\overline{x}$ unterscheidet sich deutlich von μ_0!"

oder

$$t = T(x_1,\, x_2,\, x_3,\, \ldots,\, x_n) = \overline{x} \ll \mu_0 \qquad (221.1)$$

und ist dies *unter der Voraussetzung, dass die Nullhypothese H_0 gültig ist*, sehr unwahrscheinlich (z.B. 1%,5% etc.), so **verwerfen** wir die Nullhypothese, andernfalls verwerfen wir sie nicht!

Man beachte: die Nullhypothese H_0 muss dann trotzdem nicht richtig sein! *Nicht verwerfen* heißt lediglich, dass wir auf Grund der Stichprobe und auf Grund der Konstruktion der Alternative keinen Anlass haben, an der Hypothese zu zweifeln. Wie bei allen statistischen Aussagen bleibt eine gewisse „Restunsicherheit", die wir allerdings *quantifizieren* können.

Um nun zu dieser quantitativen Aussage über die Nullhypothese zu kommen wählen wir folgenden Ansatz:

Wir suchen zu einer vorgegebenen tolerierbaren „Restunsicherheit" α (etwa $\alpha = 0.05$), dem so genannten **Signifikanzniveau**, eine Schranke $c > 0$, sodass gilt:

$$P(-c \le \overline{X} - \mu_0 \le c \mid H_0 \text{ gilt}) \ge 1 - \alpha = 0.95. \qquad (221.2)$$

Dies bedeutet, wir versuchen eine symmetrische Schranke $c > 0$ zu finden, sodass die Wahrscheinlichkeit, dass der Wert $\overline{x}$ für eine Stichprobe vom Umfang n vom Mittelwert μ_0 *um mehr als c abweicht*, kleiner als 5% ist, *wenn die Nullhypothese gilt*! Diese Schranke können wir finden, da wir, die Nullhypothese vorausgesetzt, über die Verteilung von $\overline{X} - \mu_0$ genau Bescheid wissen. Sind die Stichprobenvariablen $N(\mu_0, \sigma^2)$-verteilt, so muss $\overline{X} - \mu_0$ auf Grund der Unabhängigkeit der Stichprobenvariablen $N(0, \frac{\sigma^2}{n})$-verteilt sein (vgl. Übungsaufgabe 78, S. 219)!

Nach Normierung mit $\frac{\sigma}{\sqrt{n}}$ erhalten wir aus (221.2):

$$P(-c \le \overline{X} - \mu_0 \le c \mid H_0 \text{ gilt}) \ge 1 - \alpha = 0.95$$

$$\Longleftrightarrow \quad P\left(\frac{-c}{\frac{\sigma}{\sqrt{n}}} \le \frac{\overline{X} - \mu_0}{\frac{\sigma}{\sqrt{n}}} \le \frac{c}{\frac{\sigma}{\sqrt{n}}} \,\middle|\, H_0 \text{ gilt}\right) \ge 0.95$$

$$\Longleftrightarrow \quad 2\Phi\left(\frac{c}{\frac{\sigma}{\sqrt{n}}}\right) \ge 1.95 \qquad (221.3)$$

$$\Longleftrightarrow \quad \Phi\left(\frac{c}{\frac{\sigma}{\sqrt{n}}}\right) \ge 0.975 \quad \left(= 1 - \frac{\alpha}{2}\,!\right).$$

Damit folgt mit dem einseitigen 0.975-Quantil der Standard-Normalverteilung $u_{0.975} = 1.96$ im Falle der Gleichheit

$$\frac{c}{\frac{\sigma}{\sqrt{n}}} = 1.96, \qquad (221.4)$$

woraus sich sofort ergibt, dass der kritische Wert $c > 0$ wie folgt zu wählen ist:

$$c = 1.96 \cdot \frac{\sigma}{\sqrt{n}}. \tag{222.1}$$

Im allgemeinen Fall erhält man als kritische Schranke für diesen **zweiseitigen Test zum Niveau** α

$$c = u_{1-\frac{\alpha}{2}} \cdot \frac{\sigma}{\sqrt{n}}, \tag{222.2}$$

wobei $u_{1-\frac{\alpha}{2}}$ das einseitige $(1 - \frac{\alpha}{2})$-Quantil der Standard-Normalverteilung bezeichnet.

5.27 Beispiel (Mittelwerttest für eine Normalverteilung)

Um eine Entscheidung im Beispiel der Daten aus Tabelle 5.7, S. 209 zu treffen, muss nach (222.2) die Streuung σ bekannt sein. Wählen wir wie in Beispiel 5.3.2, S. 207 $\sigma = 0.5$, so folgt:

$$c = 1.96 \cdot \frac{0.5}{\sqrt{10}} = 0.3099. \tag{222.3}$$

Somit müssen wir die Nullhypothese verwerfen, falls sich das empirische Mittel $\bar{x}$ einer Stichprobe vom Umfang 10 um mehr als ± 0.3099 vom Sollwert 100 unterscheidet.

Für die Stichprobe aus Tabelle 5.7, S. 209 erhielten wir $\bar{x} = 99.86$. Die Differenz zum Sollwert beträgt 0.14 und ist somit kleiner als der kritische Wert. Es gibt daher (mit einer Restunsicherheit von 5%) auf Grund des Tests keinen Anlass, die Nullhypothese zu verwerfen.

So schön Beispiel 5.27 auch funktioniert hat, es bleiben doch einige Fragen zur Klärung zurück:

(a) Wie muss die Alternativhypothese gewählt werden?
(b) Wann wird H_0 verworfen und wann nicht?
(c) Welchen Fehler macht man bei der Entscheidung?
(d) Wie groß muss das Testniveau α gewählt werden?
(e) Wie muss die Testvariable gewählt werden?

Bevor wir weitere konkrete Testverfahren vorstellen, sollen zunächst diese allgemeinen Fragestellungen diskutiert werden.

Wahl der Alternativhypothesen

Wir beginnen zunächst mit der Frage nach der Wahl der Alternativhypothesen. Wie die Herleitung zu Beispiel 5.27, S. 222 zeigt, hängt davon offenbar ganz unmittelbar die Konstruktion des Tests ab. So könnten wir dort etwa die kritische Schranke c anders wählen, wenn von vorne herein sicher wäre, dass der Mittelwert nur *überschritten* werden kann und nicht unterschritten.

Die Hypothese aus Beispiel 5.27 bezog sich auf einen *Parameter* einer (als bekannt vorausgesetzten) Familie von Verteilungen. Tests, die sich auf die Untersuchung von Parametern solcher Verteilungsfamilien beziehen, nennen wir **Parametertests**. Wir werden uns im Folgenden zunächst mit der Untersuchung von Beispielen aus dieser Klasse von Testverfahren befassen.

Bei Parametertests unterscheiden wir bezüglich der Konstruktion von Null- und Alternativhypothesen zwischen **einfachen Hypothesen** und **zusammengesetzten Hypothesen**.

Bei einer *einfache Hypothese* wird der Wert eines Parameters (bzw. eines Parametervektors) genau festgelegt. Eine *zusammengesetze Hypothese* bezieht sich auf *mehrere Parameterwerte* im so genannten **Parameterraum** Θ, welcher die Menge der möglichen Werte aller Parameter der untersuchten Verteilung repräsentiert.

Die schematische Darstellung in Abbildung 5.4 erläutert dies im Falle eines reellen Parameters δ. Die Nullhypothese H_0 legt den Wert von δ auf δ_0 fest, ist also eine einfache Hypothese. Die Alternativhypothese H_1 ist im Falle der Festlegung auf δ_1 ebenfalls einfach. In den anderen skizzierten Fällen ist sie zusammengesetzt, da ein ganzer Parameterbereich von Θ angenommen wird.

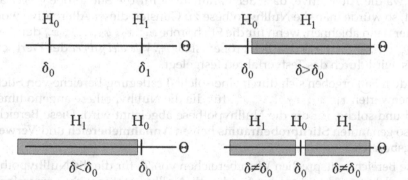

Abb. 5.4: Schematische Darstellung einer einfachen Nullhypothese und einfacher und zusammengesetzter Alternativhypothesen

Der Fall $H_1 : \delta \neq \delta_0$. wurde in der Herleitung zu Beispiel 5.27 für den Mittelwert einer normalverteilten Größe behandelt. Eine mögliche Alternative kann aber auch, wie in Abbildung 5.4 skizziert, ein Bereich größer oder kleiner δ_0 sein. Welche Alternativhypothese gewählt wird, hängt von der Anwendungssituation ab. So wird man die Alternative $H_1 : \delta > \delta_0$ wählen, wenn man über längere Zeit Abweichungen der Werte der Zufallsvariablen beobachtet, die auf eine Vergrößerung des Parameters δ hindeuten. In diesem Fall kann der Test so konstruiert werden, dass bei gleicher Datenbasis und bei gleichem Sicherheitsniveau eine schärfere Aussage über die Nullhypothese gewonnen werden kann.

Im Falle von *Verteilungstests* (vgl. Abschnitt 5.4.3) und von *nichtparametrischen Tests* (vgl. Abschnitt 5.4.4) kann die Alternativhypothese meist nicht so genau spezifiziert werden. Man beschränkt sich in diesem Fall bei der Wahl der Alternative auf die simple Negation der in der Nullhypothese formulierten Annahme.

Annahme- und Verwerfungsbereiche

Ein statistischer Test muss entscheiden, ob die Hypothese H_0 aufrecht erhalten oder zu Gunsten der Alternativhypothese H_1 verworfen wird.

Wie in (220.3) angedeutet, geschieht dies mit Hilfe einer Testvariablen oder ganz allgemein einer Entscheidungsvariablen, die für eine Stichprobe einen Wert liefert, anhand dessen die Entscheidung getroffen werden kann.

Bei Parametertests ist in vielen Fällen, wie auch in Beispiel 5.27, die Testvariable T eine (ggf. modifizierte) Schätzvariable des zu testenden Parameters δ und die Idee ist, die Nullhypothese H_0 dann abzulehnen, falls T für die beobachtete Stichprobe gewisse, von δ_0 in Richtung H_1 abweichende, Schranken überschreitet.

Ist etwa die Alternative, dass der Parameter δ für die Stichprobe *größer* als δ_0 ist, so würde man die Nullhypothese zu Gunsten dieser Alternative wohl immer dann ablehnen, wenn für die Stichprobe x_1, x_2, x_3, $\ldots$, x_n der Wert $T(x_1, x_2, x_3, \ldots, x_n)$ deutlich größer ist als δ_0. *Wie viel größer* der Wert sein muss, wird durch das Testverfahren festgelegt.

In jedem Fall ergeben sich durch eine solche Festlegung Bereiche von Stichprobenwerten x_1, x_2, x_3, $\ldots$, x_n, für die die Nullhypothese angenommen wird und solche, für die die Nullhypothese abgelehnt wird. Diese Bereiche des so genannten **Stichprobenraums** heißen **Annahmebereich** und **Verwerfungsbereich**.

Diese Bereiche entsprechen Wertebereichen von T, für die die Nullhypothese abgelehnt wird und solche, für die die Nullhypothese nicht verworfen[18] wird.

---

[18] Man sollte sich vor dem Begriff annehmen hüten, auch wenn im Folgenden die Begriff „Annahmebereich" und „Annahme"gebraucht werden. Alles was wir über die Nullhypothese auf Grund eines solchen Tests sagen können ist, dass sie *nicht* abgelehnt wird, wenn die Testvariable kritische Werte nicht überschreitet. Das heißt noch lange nicht, dass H_0 wirklich gültig ist.

Im Falle der schematisch skizzierten Tests aus Abbildung 5.4 lassen sich Annahme- und Verwerfungsbereiche wie in Abbildung 5.5 dargestellt veranschaulichen.

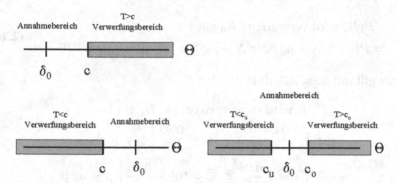

Abb. 5.5: Schematische Darstellung der Annahme- und Verwerfungsbereiche für die Hypothesen aus Abbildung 5.4

Fehler bei der Entscheidung

Prinzipiell sind in einem statistischen Test zwei Fehler bei der Entscheidung denkbar. Einmal kann H_0 verworfen werden, obwohl H_0 in Wirklichkeit gilt, zum anderen kann die Hypothese H_0 nicht verworfen werden, obwohl sie eigentlich zu Gunsten von H_1 verworfen werden müsste.

Im ersten Fall sprechen wir von einem **Fehler 1. Art**. Der zweite Fehler wird **Fehler 2. Art** genannt.

Nach Konstruktion (vgl. (221.2)) gilt mit einem Signifikanzniveau α des Tests

$$P(H_0 \text{ wird verworfen} \mid H_0 \text{ gilt}) \leq \alpha \qquad (225.1)$$

und

$$P(H_0 \text{ wird nicht verworfen} \mid H_1 \text{ gilt}) \stackrel{def.}{:=} 1 - \beta. \qquad (225.2)$$

Daher ist das **Signifikanzniveau** α der maximale Fehler 1. Art.

Der Parameter β in Gleichung (225.2) heißt **Macht** des Tests.

Das Niveau wird bei der Testkonstruktion *gewählt*, die Macht *ergibt sich* aus ihr. Eigentlich ist die Macht eine Funktion aller Parameter, die zur Parametermenge H_1 gehören. Wir verdeutlichen das anhand des Mittelwerttests für die Normalverteilung bei bekannter Varianz (dem so genannten **z-Test**) aus Beispiel 5.27.

5.28 Beispiel (zur Macht eines Tests)

In Beispiel 5.27, S. 222 gilt (vgl. Abbildung 5.5), dass

$$P(H_0 \text{ wird verworfen} \mid H_0 \text{ gilt})$$
$$= P(-c \geq \overline{X} - \mu_0 \text{ oder } \overline{X} - \mu_0 \geq c \mid H_0 \text{ gilt}) \leq \alpha = 0.05. \tag{226.1}$$

Ferner gilt mit $\mu_0 = 100$, dass

$$P(H_0 \text{ wird nicht verworfen} \mid H_1 \text{ gilt})$$
$$= P\left(-\frac{0.98}{\sqrt{n}} \leq \overline{X} - \mu_0 \leq \frac{0.98}{\sqrt{n}} \;\middle|\; \mu \neq \mu_0\right)$$
$$= P\left(100 - \frac{0.98}{\sqrt{n}} \leq \overline{X} \leq 100 + \frac{0.98}{\sqrt{n}} \;\middle|\; \mu \neq \mu_0\right)$$
$$:= 1 - \beta(\mu). \tag{226.2}$$

Die Macht ist also eine Funktion aller Mittelwerte μ, die nicht der Nullhypothese entsprechen.

Es folgt in unserem speziellen Fall nach Normierung der Variablen $\overline{X}$ auf die Standardnormalverteilung weiter:

$$1 - \beta(\mu) = P\left(\frac{99.69 - \mu}{\frac{\sigma}{\sqrt{n}}} \leq \frac{\overline{X} - \mu}{\frac{\sigma}{\sqrt{n}}} \leq \frac{100.31 - \mu}{\frac{\sigma}{\sqrt{n}}} \;\middle|\; \mu \neq \mu_0\right) \tag{226.3}$$
$$= \Phi(634.4155 - 6.32455\mu) - \Phi(630.4955 - 6.32455\mu).$$

Die Abbildung 5.6 gibt die Funktion $1 - \beta(\mu)$, die so genannte **Operationscharakteristik (OC)** des Tests, die sich aus dieser Berechnung ergibt, grafisch wieder. Die Operationscharakteristik, also die in Abhängigkeit des Parameters aufgetragene Wahrscheinlichkeit, die Nullhypothese anzunehmen, wird üblicherweise in der Qualitätssicherung [36] an Stelle der Macht verwendet.

Neben den Fehlern 1. und 2. Art gibt es noch einen Fehler, den man als „Fehler 3. Art" bezeichnen könnte. Dies ist der _Modellfehler!_ Grundsätzlich wird in allen unseren Überlegungen vorausgesetzt, dass das Modell des zu beschreibenden Zufallsexperiments, also die vorausgesetzte Verteilung der Zufallsvariablen, welche das Experiment beschreibt, stimmt! Ist dies nicht der Fall, so sind natürlich alle damit gemachten Aussagen wertlos.

Wahl des Testniveaus

Abbildung 5.7 zeigt, wiederum anhand des Beispiels 5.27, dass Niveau und Macht eines Tests i.A. _gegenläufige Größen_ sind. Im Beispiel wird die Macht

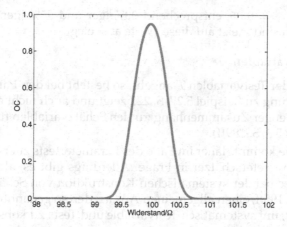

Abb. 5.6: Operationscharakteristik des Tests aus Beispiel 5.27

$\beta(100.5)$ mit der Annahmewahrscheinlichkeit von H_0 für verschiedene Signifikanzniveaus verglichen. Man erkennt, dass für scharfe Signifikanzniveaus in der Nähe von $\alpha = 0$ zwar die Annahmewahrscheinlichkeit eines damit konstruierten Tests für die Hypothese H_0 nahezu 1 wird, dafür wird H_0 jedoch mit sehr geringer Wahrscheinlichkeit verworfen, wenn $\mu = 100.5$ ist. Umgekehrt, soll H_0 sicherer verworfen werden, wenn $\mu = 100.5$ ist, so muss α vergrößert und damit die Annahmesicherheit von H_0 verringert werden. Ist also das Niveau gut, so ist die Macht schlecht und umgekehrt. Beide Größen können (bei gleichbleibendem Stichprobenumfang) nicht gleichzeitig optimiert werden.

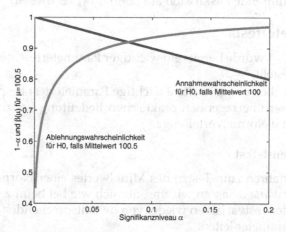

Abb. 5.7: Zur Gegenläufigkeit des Fehlers 1. und 2. Art beim Beispiel 5.27

Für die Wahl des Testniveaus α spielen daher praktische Gesichtspunkte die vordergründige Rolle und man wählt i.A. „die üblichen Verdächtigen"

$\alpha = 0.01$ und $\alpha = 0.05$, entsprechend 99%-iger und 95%-iger Signifikanz. Quantiltabellen sind meist auf diese Werte ausgelegt.

Wahl der Testvariablen

Was die Wahl der Testvariablen T angeht, so besteht bei den Parametertests, wie die Herleitung zu Beispiel 5.27, S. 222 zeigt und auch nicht anders zu erwarten ist, ein enger Zusammenhang zu den Schätzvariablen für Parameter (vgl. Abschnitt 5.3, S. 189ff).

Als Testvariable kommt daher im Falle des Parametertests zuerst einmal der zugehörige Parameterschätzer in Frage. Allerdings gibt es, ähnlich zu der Vorgehensweise bei der systematischen Konstruktion von Schätzern in Abschnitt 5.3.1, S. 195ff, einen allgemeinen Ansatz, den so genannten *Likelihood-Quotienten-Test*, um systematisch Testvariable und Tests zu konstruieren.

Bei diesem Ansatz geht man von der Idee aus, dass die Likelihood-Funktion $L_X(\delta_{H_1})$ (vgl. (196.1)) für einen Parameter δ_{H_1} der Alternativhypothese H_1 einen größeren Wert liefert als die entsprechende Likelihood-Funktion $L_X(\delta_{H_0})$, falls die Alternativhypothese gilt (die Stichprobe ist für die Alternative „wahrscheinlicher"). Demnach ist der Quotient dieser Likelihood-Funktionen wahrscheinlich groß, wenn die Nullhypothese zu Gunsten der Alternativhypothese verworfen werden muss und im umgekehrten Fall eher klein.

Der Ansatz für einen zugehörigen Test ist demnach, H_0 zu *verwerfen*, falls der Quotient eine geeignet zu wählende Schwelle übersteigt.

Wir wollen an dieser Stelle nicht detaillierter auf diesen Ansatz eingehen und es bei dieser Skizzierung der Grundidee belassen. Der interessierte Leser sei für eine weiterführende Diskussion auf [29, 11, 14] verwiesen.

5.4.2 Parametertests

Im Abschnitt 5.4.1 wurde bereits ein wichtiger Parametertest, der so genannte **z-Test**, vorgestellt.

Im Folgenden sollen einige weitere wichtige Parametertest besprochen werden. Wegen ihrer überragenden praktischen Bedeutung konzentrieren wir uns dabei auf die Normalverteilung.

Ein-Stichproben-t-Test

Bei diesem Verfahren zum Testen des Mittelwertes einer Normalverteilung bei *unbekannter Varianz* lassen wir uns, ähnlich wie bei beim **z-Test**, bei der Konstruktion der Testvariablen wieder von der entsprechenden Schätzvariablen für den Parameter leiten.

Auf Seite 210 wurde gezeigt, dass die Variable

$$T = \frac{\overline{X} - \mu}{\frac{S}{\sqrt{n}}} \tag{228.1}$$

ein normierter Schätzer des Mittelwerts einer normalverteilten Größe bei unbekannter Varianz ist und dass dieser einer t-Verteilung mit $n - 1$ Freiheitsgraden genügt.

Es soll nun beispielsweise die Hypothese

$$H_0 : \quad \text{Mittelwert } \mu = \mu_0 \tag{229.1}$$

gegen die Alternative

$$H_1 : \quad \text{Mittelwert } \mu \gg \mu_0 \tag{229.2}$$

getestet werden. Dies nennt man einen **einseitigen** Mittelwerttest.

Dazu ermitteln wir (gemäß Abbildung 5.5) eine Schranke $c > 0$ für die Abweichung des empirischen Mittels $\overline{x}$ vom hypothetischen Mittelwert μ_0. Diese Schranke soll so bestimmt werden, dass die Wahrscheinlichkeit, dass $\overline{x}$ den hypothetischen Mittelwert um mehr als c *übersteigt*, nicht sehr wahrscheinlich ist. Diese Wahrscheinlichkeit, der Fehler 1. Art, wird durch das Signifikanzniveau α vorgegeben.

Dies führt auf den Ansatz:

$$P(\overline{X} - \mu_0 \leq c \mid H_0 \text{ gilt}) \geq 1 - \alpha = 0.95. \tag{229.3}$$

Normiert man die Variable $\overline{X} - \mu_0$ mit Hilfe des Varianzschätzers S^2 gemäß (228.1), so erhält man für die Schätzvariable T den entsprechenden Ansatz:

$$P(T \leq \tilde{c} \mid H_0 \text{ gilt}) \geq 1 - \alpha = 0.95. \tag{229.4}$$

Damit ergibt sich der kritische Wert $\tilde{c}$ aus dem einseitigen Quantil der t-Verteilung $\tilde{u}_\gamma$ mit $n - 1$ Freiheitsgraden. Mit Hilfe des Wertes s der Schätzvariablen S errechnet man daraus bei einer Stichprobe vom Umfang n für die Differenz $\overline{X} - \mu_0$ den kritischen Wert:

$$c = \frac{s}{\sqrt{n}} \tilde{u}_\gamma. \tag{229.5}$$

Die Hypothese H_0 wird abgelehnt, wenn der Wert $\overline{x}$ der Testvariablen $\overline{X}$ *nach oben* um mehr als c vom Sollwert μ_0 abweicht. Alternativ kann natürlich der Wert von T direkt zur Entscheidung herangezogen werden. H_0 wird abgelehnt, wenn der Wert der Testvariablen T den des Quantils $\tilde{u}_\gamma$ übersteigt.

5.29 Beispiel (Mittelwert einer Normalverteilung bei unbek. Varianz)

Es soll nun für die Beispieldaten aus Tabelle 5.7, S. 209 ein *einseitiger* t-Test gegen die Alternative durchgeführt werden, dass der Mittelwert μ *größer* als der Sollwert $\mu_0 = 100$ ist. Dabei wollen wir davon ausgehen, dass die Varianz unbekannt sei. Als Testvariable verwenden wir $\overline{X}$.

Wir erhalten für die $n = 10$ Werte aus Tabelle 5.7 (vgl. Seite 211)

$$s = \sqrt{\frac{1}{n-1} \sum_{k=1}^{n} (x_k - \overline{x})^2} = 0.9288 \qquad (230.1)$$

und mit $\tilde{u}_\gamma = 1.8331$ für das Niveau $\alpha = 0.05$ gemäß (229.5) einen kritischen Wert von $c = 0.5384$.

Die Hypothese H_0 muss abgelehnt werden, wenn der beobachtete Wert von $\overline{X}$, also das arithmetische Mittel der Stichprobe, oberhalb von 100.5384 liegt. Da $\overline{x} = 99.86$ ist, besteht hierfür kein Grund.

Dies schließt man im Übrigen auch aus folgender Überlegung. Bestimmt man die Wahrscheinlichkeit

$$p = P\left(\overline{X} \geq 99.86 \mid H_0 \text{ gilt}\right), \qquad (230.2)$$

dass bei Gültigkeit der Nullhypothese der beobachtete Wert 99.86 oder gar ein noch größerer Wert vom Mittelwertschätzer angenommen wird, so erhält man mit den üblichen Umformungen:

$$p = P\left(T \geq \frac{99.86 - 100}{0.9288/\sqrt{10}}\right)$$
$$= P(T \geq -0.4767) = 1 - P(T \leq -0.4767). \qquad (230.3)$$

Die Wahrscheinlichkeit p ergibt sich also aus dem Wert der Verteilungsfunktion der mit $n - 1$ Freiheitsgraden t-verteilten Testvariablen T an der Stelle -0.4767. Mit Hilfe der MATLAB-Funktion tcdf und der Anweisung

```
p = 1-tcdf(-0.4767,9)

p =

    0.6775
```

kann p leicht bestimmt werden.

Die Wahrscheinlichkeit, den Wert $\overline{x} = 99.86$ (und größer) zu beobachten, ist also recht hoch (67, 75%, weit höher als das Signifikanzniveau) und die Nullhypothese kann nicht abgelehnt werden.

Der soeben berechnete Wert, der so genannte *p*-**Wert**, kann daher ebenfalls zur Testentscheidung herangezogen werden. Nur falls er *sehr klein* ist, d.h. kleiner als das Signifikanzniveau, bestehen berechtigte Zweifel an der Nullhypothese und sie muss abgelehnt werden. Die Testfunktionen der MATLAB

Statistics Toolbox (s.u.) bestimmen neben der Testentscheidung üblicherweise auch den *p-Wert* (vgl. etwa Beispiel 5.30).

Parametertests mit MATLAB

Die Statistics Toolbox von MATLAB bietet für das Testen von Hypothesen vorgefertigte Verfahren an, wie der folgende Auszug der Hilfe zeigt:

```
Hypothesis Tests.
    ranksum    — Wilcoxon rank sum test (indep. samples).
    signrank   — Wilcoxon sign rank test (paired samples).
    signtest   — Sign test (paired samples).
    ztest      — Z test.
    ttest      — One sample t test.
    ttest2     — Two sample t test.
```

Ein- und zweiseitige Mittelwerttests für die Normalverteilung können mit dem Befehlen `ztest` und `ttest` durchgeführt werden. Im folgenden Beispiel sollen die beiden bisher besprochenen Tests mit Hilfe dieser MATLAB-Befehle durchgeführt werden (s. **MWTestNV.m**).

5.30 Beispiel (Mittelwerttest für eine Normalverteilung mit MATLAB)

Wir beginnen zunächst mit dem Test der Nullhypothese

$$H_0: \quad \text{Mittelwert } \mu = \mu_0 = 100 \qquad (231.1)$$

bei *bekannter* Varianz (**z-Test**), den wir in Beispiel 5.27 bereits durchgerechnet haben.

Der Test wird mit den MATLAB-Anweisungen

```
% Datenvektor

daten = [100.1, 101.2, 99.5, 99.0, 100.7, 100.0, 101.2,...
         99.2, 99.0, 98.7];
% Parameter

mu0 = 100;                 % Nullhypothese
alpha = 0.05;              % Signifikanzniveau
sigma = 0.5;               % für Test mit bekannter Varianz
tail = 0;                  % zweiseitiger Test

                           % Test bei bekannter Varianz
[Testergebnis,p,KonfInt,stats] = ...
         ztest(daten,mu0,sigma,alpha,tail);
```

durchgeführt und liefert:

```
Testergebnis =

     0

p =

    0.3759

KonfInt =

    99.5501    100.1699

stats =

   -0.8854
```

Die Hypothese wird also angenommen (`Testergebnis` = 0)! Der berechnete Wert −0.8854 von `stats` entspricht dem Wert der normierten Testgröße

$$\frac{\overline{X} - \mu_0}{\frac{\sigma}{\sqrt{n}}} \qquad\qquad (232.1)$$

mit dem in Beispiel 5.27 berechneten Wert $\overline{x} = 99.86$ für das Stichprobenmittel.

Der p-Wert ist, wie am Ende von Beispiel 5.29 erwähnt, ein Maß für die Beobachtungswahrscheinlichkeit des Testwertes bei Vorliegen der Hypothese H_0. Je näher diese Zahl an 0 liegt, desto zweifelhafter ist die Nullhypothese (konkret heißt das, sie wird abgelehnt, falls der p-Wert kleiner als das Signifikanzniveau ist).

Im vorliegenden Fall gibt der p-Wert *das Doppelte* der Wahrscheinlichkeit an, dass unter der Voraussetzung der Nullhypothese die Testvariable $\overline{X}$ einen Wert von 99.86 und größer bzw. einen Wert von 99.86 und kleiner annimmt (es wird ja gegen eine zweiseitige Alternative getestet!). Dies zeigt die folgende MATLAB-Berechnung:

```
p1 = 2*normcdf(99.86, 100, 0.5/sqrt(10))

p1 =

    0.3759

p2 = 2*(1 - normcdf(99.86, 100, 0.5/sqrt(10)))
```

```
p2 =

    1.6241
```

Ist einer der Werte *kleiner* als α, so bedeutet das, dass die betreffenden Wahrscheinlichkeit *kleiner* als $\frac{\alpha}{2}$ ist, d.h. der Wert von $\bar{x}$ über- oder unterschreitet die in Beispiel 5.27 bestimmte kritische Schranke.

Die folgenden MATLAB-Anweisungen führen für die Beispieldaten einen *zweiseitigen* und einen *einseitigen oberen* Test bei *unbekannter* Varianz durch:

```
% Datenvektor

daten = [100.1, 101.2, 99.5, 99.0, 100.7, 100.0, ...
         101.2, 99.2, 99.0, 98.7];

% Parameter

mu0 = 100;                    % Nullhypothese
alpha = 0.05;                 % Signifikanzniveau
tail = 0;                     % zweiseitiger Test mit
                              % unbekannter Varianz

[Testergebnis ,p,KonfInt ,stats ] = ...
                    ttest (daten ,mu0,alpha ,tail )

Testergebnis =

     0
p =

    0.6450

KonfInt =

   99.1956   100.5244

stats =

     tstat :  −0.4767
        df: 9

tail = 1;                     % einseitiger Test mit
                              % unbekannter Varianz

[Testergebnis ,p,KonfInt ,stats ] = ...
                    ttest (daten ,mu0,alpha ,tail )
```

```
Testergebnis =

     0
p =

    0.6775

KonfInt =

    99.3216          Inf

stats =

    tstat:  -0.4767
       df:  9
```

Beide Tests liefern eine Annahme der Nullhypothese (`Testergebnis =` 0). Der Wert -0.4767 ist der Wert der normierten Testvariablen

$$\frac{\overline{X} - \mu_0}{S/\sqrt{n}} \tag{234.1}$$

für diese Stichprobe, denn es ist $\frac{99.86-100}{0.9288/\sqrt{10}} = -0.4767$.

`df` ist die Zahl der Freiheitsgrade.

Der p-Wert des einseitigen Tests entspricht offensichtlich dem in Gleichung (230.3) berechneten Wert.

Leider wird der durch die Funktion `ttest` intern berechnete kritische Wert c (vgl. (229.5)) nur indirekt zurückgeliefert. Er versteckt sich in den zurückgelieferten Vertrauensintervallgrenzen `KonfInt` für den Mittelwert. Im Falle des einseitigen t-Tests berechnet sich die untere Vertrauensintervallgrenze c_u zu

$$c_u = \overline{x} - \frac{s}{\sqrt{n}}\tilde{u}_\gamma = \overline{x} - c. \tag{234.2}$$

Man vergleiche dazu auch (210.5).

Damit lässt sich der kritische Wert c wie folgt aus dem Ergebnis der Funktion `ttest` ermitteln (vgl. Seite 230):

```
c = mean(daten)-KonfInt(1)

c =

    0.5384
```

Nach Konstruktion führt der t-Test dann zur Ablehnung der Nullhypothese, wenn die kritischen Grenzen überschritten werden. Dies bedeutet, dass der Test dann zur Ablehnung führt, wenn das berechnete Vertrauensintervall den Nullhypothesenwert *nicht enthält!* Im Falle von (234.2) etwa wäre $c_u > \mu_0$ äquivalent zu $\overline{x} > \mu_0 + c$, also mit einer Überschreitung der kritischen Grenze durch das Stichprobenmittel.

Somit lässt sich auch an den berechneten Vertrauensintervallgrenzen ablesen, ob die Nullhypothese abgelehnt wird.

An den berechneten Vertrauensintervallgrenzen des zweiseitigen z- und t-Tests in Beispiel 5.30 erkennt man darüber hinaus auch, dass der z-Test bei gleicher Datenbasis und bei gleichem Sicherheitsniveau eine schärfere Aussage über die Nullhypothese liefert (vgl. dazu auch die Bemerkung nach (211.1)). Das berechnete Konfidenzintervall ist für den z-Test wesentlich enger. Dadurch kann es vorkommen, dass das Vertrauensintervall des t-Tests den Nullhypothesenwert enthält (keine Ablehnung), das Vertrauensintervall des z-Tests jedoch nicht (Ablehnung).

Zwei-Stichproben-t-Test

Unter einem **Zwei-Stichproben-t-Test** versteht man einen Test, bei dem die Mittelwerte μ_1 und μ_2 von zwei *normalverteilten* Grundgesamtheiten anhand von zwei unabhängigen Stichproben verglichen werden. Dabei geht man von der *Voraussetzung* aus, dass die *Varianzen* der Grundgesamtheiten *gleich* sind.

Eine solche Annahme ist zum Beispiel sinnvoll, wenn ein Produkt auf zwei Produktionslinien mit den gleichen Maschinen gefertigt wird und geprüft werden soll, ob die Istwerte der Produktion (im Mittel) noch gleich sind.

Es wird im Folgenden exemplarisch ein Test für die Nullhypothese

$$H_0: \quad \text{Mittelwert } \mu_1 = \mu_2 \tag{235.1}$$

gegen die (einseitige) Alternative

$$H_1: \quad \text{Mittelwert } \mu_1 \gg \mu_2 \tag{235.2}$$

entworfen.

Die zentrale Idee bei der Testkonstruktion ist, die Werte der Mittelwertschätzer für beide Stichproben zu vergleichen. Wir gehen dabei der Einfachheit halber vom *gleichen Stichprobenumfang n* und zwei Stichproben

$$x_1, x_2, \cdots, x_n$$
$$y_1, y_2, \cdots, y_n$$

aus.

Die Hypothese ist dann als zweifelhaft zu bezeichnen und zu Gunsten der Alternative zu verwerfen, wenn die Differenz der empirischen Mittelwerte $\bar{x} - \bar{y}$ zu groß wird, also einen kritischen Wert $c > 0$ übersteigt.

Man wählt diese Schranke zu einem Niveau α so, dass bei Vorliegen der Nullhypothese eine große Abweichung relativ unwahrscheinlich ist:

$$P(\overline{X} - \overline{Y} \leq c \mid H_0 \text{ gilt}) \geq 1 - \alpha = 0.95. \tag{236.1}$$

Die Zufallsvariable $\overline{X} - \overline{Y}$ ist bei Gültigkeit der Hypothese H_0 normalverteilt mit Erwartungswert 0 und Varianz $\frac{2\sigma^2}{n}$ (s. (98.1) bis (98.1))! Der kritische Wert c könnte, wäre σ bekannt, mit den Quantilen der standard-normalverteilten normierten Variablen

$$\frac{\overline{X} - \overline{Y}}{\sqrt{\frac{2\sigma^2}{n}}} = \sqrt{n}\frac{\overline{X} - \overline{Y}}{\sqrt{2\sigma^2}} \tag{236.2}$$

bestimmt werden. Da die Varianz nicht bekannt ist, ersetzen wir, in Anlehnung an die Vorgehensweise beim t-Test, $2\sigma^2$ durch den Wert des erwartungstreuen Schätzers $S_1^2 + S_2^2$.

Gesucht ist nach diesem Ansatz dann der kritische Wert $\tilde{c}$, für den

$$P(T \leq \tilde{c} \mid H_0 \text{ gilt}) \geq 1 - \alpha = 0.95, \tag{236.3}$$

wobei

$$T = \sqrt{n}\frac{\overline{X} - \overline{Y}}{\sqrt{S_1^2 + S_2^2}} \tag{236.4}$$

als Testvariable gewählt wird.

Wegen

$$
\begin{aligned}
T &= \sqrt{n}\frac{\overline{X} - \overline{Y}}{\sqrt{S_1^2 + S_2^2}} = \sqrt{n}\frac{\overline{X} - \overline{Y}}{\sqrt{\frac{\sigma^2}{n-1}}\sqrt{\frac{n-1}{\sigma^2}S_1^2 + \frac{n-1}{\sigma^2}S_2^2}} \\[2mm]
&=: \sqrt{n}\frac{\overline{X} - \overline{Y}}{\sqrt{\frac{\sigma^2}{n-1}}\sqrt{2(n-1)}\sqrt{\frac{Z}{2(n-1)}}} = \frac{\frac{\overline{X} - \overline{Y}}{\sqrt{\frac{2\sigma^2}{n}}}}{\sqrt{\frac{Z}{2(n-1)}}},
\end{aligned}
\tag{236.5}
$$

ist T der Quotient einer standard-normalverteilten Variablen und der Wurzel aus einer mit $\frac{1}{2n-2}$ normierten Chi-Quadrat-verteilten Zufallsvariablen Z mit $2n - 2$ Freiheitsgraden. Nach (122.2) ist eine solche Variable t-verteilt mit $2n - 2$ Freiheitsgraden und $\tilde{c}$ kann als das einseitige 0.95-Quantil dieser Verteilung identifiziert werden.

Ist der Wert

$$t = \sqrt{n}\,\frac{\overline{x} - \overline{y}}{\sqrt{s_1^2 + s_2^2}} \tag{237.1}$$

der Testvariablen T größer als dieses Quantil, so wird H_0 abgelehnt.

Für den Fall *unterschiedlichen Stichprobenumfangs* wird die Testvariable etwas komplizierter. Der Leser sei hierfür auf [18, 32] und auf Übung 82 verwiesen. Wir wollen den Test an einem Beispiel illustrieren.

Tabelle 5.9: Zwei Stichproben einer Produktion von 100 Ω-Widerständen

Nr.	1	2	3	4	5	6	7	8	9	10
Wert	100.5	102.5	100.5	101.0	102.2	102.0	101.8	101.2	100.0	102.7
Wert	100.1	101.2	99.5	99.0	100.7	100.0	101.2	99.2	99.0	98.7

5.31 Beispiel (Zwei-Stichproben Mittelwerttest normalvert. Größen)

Für das vorliegende Beispiel wird die Stichprobe aus Tabelle 5.7 um eine weitere Stichprobe (gleichen Umfangs) wie in Tabelle 5.9 dargestellt ergänzt.

Stellt die erste Reihe die Stichprobe x_1, x_2, x_3, ..., x_n dar und die zweite Reihe die Stichprobe y_1, y_2, y_3, ..., y_n, so erhalten wir:

$$\overline{x} = 101.44, \qquad s_1^2 = 0.8693,$$
$$\overline{y} = 99.86, \qquad s_2^2 = 0.8627.$$

Der Wert der Testvariablen ist damit

$$t = \sqrt{10}\,\frac{101.44 - 99.86}{\sqrt{0.8693 + 0.8627}} = 3.7965. \tag{237.2}$$

Für das 95%-Quantil der t-Verteilung mit $2(10 - 1) = 18$ Freiheitsgraden liefert die Tabelle B.3 den Wert $\tilde{c} = 1.7341$.

Da der Wert der Testvariablen größer ist als der kritische Wert, ist die Nullhypothese H_0 zu Gunsten der Annahme H_1, dass der Erwartungswert der zweiten Grundgesamtheit größer ist, abzulehnen.

Der obige Test kann bequem mit dem Kommando `ttest2` der MATLAB Statistics Toolbox durchgeführt werden.

5.32 Beispiel (Zwei-Stichproben Mittelwerttest mit MATLAB)

Die nachfolgenden Befehle führen den Zwei-Stichproben Mittelwerttest
für die Daten aus Tabelle 5.9 durch:

```
x = [100.5,  102.5,  100.5,  101.0,  102.2,  102.0,  101.8,  ...
     101.2,  100.0,  102.7];
y = [100.1,  101.2,  99.5,  99.0,  100.7,  100.0,  101.2,  ...
     99.2,  99.0,  98.7];

% Parameter

alpha = 0.05;                    % Signifikanzniveau
tail  = 1;                       % einseitiger Test mit H1:
                                 % E(X)>>E(Y)

                                 % Durchführung des Tests
[Testergebnis,p,KonfInt,stats] = ttest2(x,y,alpha,tail)
```

Man erhält als Ergebnis:

```
Testergebnis =

     1
p =

   6.6083e-004

KonfInt =

    0.8583          Inf

stats =

    tstat: 3.7965
       df: 18
```

Die Hypothese wird also zu Gunsten der Alternative verworfen
(Testergebnis = 1, p-Wert $\ll \alpha$). Wir erkennen darüber hinaus den
in Beispiel 5.31 berechneten Wert 3.7965 der Testvariablen wieder. Auch
am Vertrauensintervall ist die Ablehnung der Nullhypothese abzulesen,
denn bei Gültigkeit der Nullhypothese ist die Differenz $\mu_1 - \mu_2 = 0$. Das
Vertrauensintervall des Schätzers (Testvariable) $\overline{X} - \overline{Y}$ müsste somit den
Wert 0 enthalten um die Nullhypothese beizubehalten. Dies ist nicht der
Fall.

F-Test

Im Zwei-Stichproben t-Test wurde vorausgesetzt, dass beide Zufallsvariablen X und Y die gleiche Varianz haben.

Natürlich ist auch diese statistische Annahme testbar und vor der Anwendung des t-Test ist ein Test auf gleiche Varianz durchaus angebracht.

Ein nahe liegender Ansatz ist es, die *empirischen Varianzen* der zu X und Y gehörenden Stichproben x_1, x_2, x_3, ..., x_n und y_1, y_2, y_3, ..., y_m zu vergleichen. Setzt man beide Größen ins Verhältnis, so erhält man einen Wert der *Testvariablen*

$$T = \frac{S_X^2}{S_Y^2}, \tag{239.1}$$

wobei jeweils S_X^2 und S_Y^2 die in (118.4) bzw. (200.1) definierte zugehörige Schätzvariable für die Varianz bezeichnet.

Die Idee ist, die Nullhypothese

$$H_0 : \sigma_X^2 = \sigma_Y^2 \quad \text{(Varianzen identisch!)}$$

zu Gunsten der (zweiseitigen) Alternativhypothese, dass beide Varianzen sich signifikant unterscheiden, dann abzulehnen, wenn der Wert der Testvariablen *zu groß* ($\ll 1$) oder *zu klein* ($\gg 1$) wird.

Dieser Test heißt **F-Test**.

Wiederum ist die Kenntnis der Verteilung der Testvariablen für die Durchführung des Tests essentiell. Nach (118.5) sind die Variablen

$$\tilde{S}_X := \frac{n-1}{\sigma_X^2} S_X^2 \quad \text{und} \quad \tilde{S}_Y := \frac{m-1}{\sigma_Y^2} S_Y^2 \tag{239.2}$$

jeweils Chi-Quadrat-verteilt mit $n-1$ bzw. $m-1$ Freiheitsgraden.

Nach (122.6) ist der Quotient dieser Zufallsvariablen

$$\frac{\tilde{S}_X/(n-1)}{\tilde{S}_Y/(m-1)}, \tag{239.3}$$

welcher im Falle der Gültigkeit von H_0 exakt mit der Testvariablen T aus Gleichung (239.1) übereinstimmt, *F-verteilt* mit $(n-1, m-1)$ Freiheitsgraden. Dies erklärt im Übrigen den Namen des Tests.

Die Nullhypothese H_0 wird zum Signifikanzniveau α abgelehnt, wenn der Wert der Testvariablen T oberhalb oder unterhalb eines kritischen Wertes liegt. Diese kritischen Werte werden durch die $(1 - \frac{\alpha}{2})$- bzw. $\frac{\alpha}{2}$-Quantile der F-Verteilung bestimmt!

Wir wollen mit Hilfe von MATLAB ein Beispiel für einen F-Test durchrechnen.

5.33 Beispiel (F-Test mit MATLAB)

Wir greifen dazu auf die Daten des Beispiels 5.32 für den Zwei-Stichproben
t-Test zurück.

```
%  Stichproben zu X und Y

x = [100.5,  102.5,  100.5,  101.0,  102.2,  102.0,  101.8, ...
       101.2,  100.0,  102.7];
y = [100.1,  101.2,  99.5,  99.0,  100.7,  100.0,  101.2, ...
       99.2,  99.0,  98.7];

n = length(x);
m = length(y);

% Wert der Testvariablen T

t = var(x)/var(y);

% Kritische Werte für vorgegebenes alpha und zweiseitige
% Alternative bestimmen

alpha = 0.05;                      % 5%-Niveau
k_o = finv(1-alpha/2, n-1,m-1);    % oberer kritischer Wert
k_u = finv(alpha/2, n-1,m-1);      % unterer kritischer Wert

% Testentscheidung

H = ~((t>=k_u) & (t<=k_o))         % 0, falls H0 akzeptiert

H =

    0

% p-Wert bestimmen

p1 = 1-fcdf(t, n-1, m-1);
p2 = fcdf(t, n-1, m-1);
p = 2*min(p1,p2)

p =

    0.9910
```

Der errechnete p-Wert zeigt, dass die empirischen Varianzen offenbar sehr
gut übereinstimmen, da der beobachtete Wert der Testvariablen bei Gül-

tigkeit der Nullhypothese hochwahrscheinlich ist. Es besteht daher kein Grund, die Nullhypothese abzulehnen.

5.4.3 Verteilungstests

Eine weitere Klasse von Tests zielt darauf ab, *die gesamte Verteilung* eines Merkmals X zu testen. Im Folgenden sollen zwei Ansätze für solche *Verteilungstests* vorgestellt werden.

Das Ziel dieser Verfahren ist die Untersuchung der *Verteilungsart*, der *Verteilungsklasse* oder allgemeiner des *gesamten Funktionsverlaufs der Verteilung*.

Typische Fragestellungen sind dabei etwa, ob X einer bestimmten Verteilung genügt oder ob zwei Stichproben

$$x_1, \; x_2, \; x_3, \; \ldots, \; x_n \quad \text{und} \quad y_1, \; y_2, \; y_3, \; \ldots, \; y_m$$

derselben Grundgesamtheit entstammen oder nicht.

Die zentrale *Idee* beim Entwurf solcher Tests ist der Vergleich der *empirischen Verteilungsfunktion* $\tilde{F}_X(x)$ resp. der empirischen Verteilung $\tilde{f}_X(x)$ der Stichprobe mit der hypothetischen (zu testenden) Verteilungsfunktion $F_X(x)$ oder der Dichte $f_X(x)$.

Nullhypothese und Alternativhypothese sind dabei:

$H_0:$ $\quad$ X hat Verteilungsfunktion $F_X(x)$ (Verteilung $f_X(x)$)

$H_1:$ $\quad$ X hat eine andere Verteilungsfunktion (Verteilung)

Die bekanntesten dieser Tests sind der *Kolmogorov-Smirnov-Test* für stetig verteilte Merkmale und der *Chi-Quadrat-Test*. Dieser Test soll nun zuerst genauer vorgestellt werden.

Chi-Quadrat-Test

Zur besseren Illustration nehmen wir einmal an, wir wollten testen, ob eine Grundgesamtheit der Standard-Normalverteilung genügt.

Mit Hilfe einer Stichprobe $x_1, \; x_2, \; x_3, \; \ldots, \; x_n$ können wir die zugehörige empirische Verteilung (vgl. Definition S. 175) bestimmen und sie, wie in Abbildung 5.8 dargestellt, der hypothetischen Verteilung gegenüberstellen.

Der Testansatz ist nun, in jeder für die empirische Verteilung definierten Klasse den beobachteten Wert der empirischen Verteilung mit der *theoretischen* Wahrscheinlichkeit zu vergleichen, dass von der beobachteten Zufallsvariablen Werte in dieser Klasse angenommen werden. Bei der Berechnung dieser Wahrscheinlichkeiten wird die Verteilung entsprechend der Nullhypothese herangezogen.

Anschaulich ist klar, dass die Hypothese dann abgelehnt werden soll, wenn diese Werte (über die gesamte Verteilung betrachtet) zu stark voneinander abweichen. Als *Maß für die Abweichung* wird beim **Chi-Quadrat-Test**

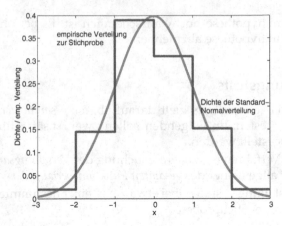

Abb. 5.8: Zur Idee des Chi-Quadrat-Tests – Vergleich der empirischen Verteilung mit der Modellverteilung

die Summe der quadratischen Abweichungen *(Fehlerquadratsumme)* in jeder Klasse herangezogen.

Ist die Fehlerquadratsumme größer als ein (geeignet zu ermittelnder) kritischer Wert, wird H_0 verworfen, andernfalls nicht. Der kritische Wert ist, ähnlich wie bei den Parametertests, aus der Verteilung der Testvariablen, im vorliegenden Fall der Fehlerquadratsumme, und einem vorzugebenden Signifikanzniveau zu bestimmen.

Aus diesen Überlegungen ergibt sich folgende **Vorgehensweise beim Chi-Quadrat-Test**: Ist eine Stichprobe x_1, x_2, x_3, $\ldots$, x_n der zu untersuchenden Grundgesamtheit gegeben, so

- unterteile die Stichprobe in K Klassen mit *mindestens* 5 Elementen pro Klasse,
- bestimme für jede Klasse $1 \leq i \leq K$ die *empirische* absolute Klassenhäufigkeit $\tilde{n}_i$ der Stichprobe,
- bestimme für jede Klasse $1 \leq i \leq K$ die *theoretische* absolute Klassenhäufigkeit n_i entsprechend der Nullhypothese,
- bestimme den Wert der Prüfvariablen („Fehlerquadratsumme")

$$\chi^2 = \sum_{i=1}^{K} \frac{(\tilde{n}_i - n_i)^2}{n_i}, \tag{242.1}$$

- bestimme zu einem vorgegebenen Signifikanzniveau α einen kritischen Wert $c > 0$, der von der Testvariablen χ^2 nicht überschritten werden darf, um H_0 aufrecht zu erhalten,
- prüfe, ob für die gegebene Stichprobe $\chi^2 > c$ ist und verwirf H_0, falls dies der Fall ist. Andernfalls verwirf nicht.

Es bleibt nun lediglich die Frage zu klären, wie ein kritischer Wert $c > 0$ für χ^2 bestimmt werden kann. Wie man bei den bereits besprochenen Tests schon mehrfach gesehen hat, muss dazu die *Verteilung der Testvariablen*, hier χ^2, bekannt sein.

Bei der Testvariablen handelt es sich i.W. um die Summe von (gewichteten) Fehlerquadraten. Die Fehler könnten wir im vorliegenden Fall als „Messfehler" bei der „Messung" von $f_X(x)$ auffassen. Messfehler sind tendenziell, wie wir aus Kapitel 2 bereits wissen, normalverteilt, wenn nicht physikalische Gegebenheiten gegen eine regellose Abweichung sprechen. So gesehen handelt es sich bei der Verteilung von χ^2 i.W. um eine Summe von Quadraten normalverteilter Größen(vgl. Beispiel 2.59, S. 118). Pearson hat gezeigt, dass die Verteilung der Testvariablen χ^2 gemäß Gleichung (242.1) für $n \to \infty$ (große Stichprobenumfänge) gegen eine *Chi-Quadrat-Verteilung mit $K - 1$ Freiheitsgraden* konvergiert!

In der Praxis wählt man zu einer Stichprobe vom Umfang n (groß) und einer Einteilung in K Klassen ein Signifikanzniveau (Testniveau) α (etwa 1%, 5%) und bestimmt $c > 0$ so, dass

$$P(\chi^2 \leq c \mid H_0 \text{ gilt}) = 1 - \alpha, \qquad P = F_{\chi^2, K-1}. \tag{243.1}$$

Ist die Verteilung parametrisch und sind die Parameter lediglich geschätzt, so muss für jeden dieser geschätzten Parameter ein Freiheitsgrad abgezogen werden [18].

Falls die Testvariable $\chi^2 > c$ ist, so wird H_0 abgelehnt. Wir erläutern dies an einem konkreten Beispiel.

5.34 Beispiel (Chi-Quadrat-Test)

Wir greifen dazu noch einmal das Beispiel 5.2, S. 176 auf. Dort wurde die Zufallsvariable

$$X = \text{„Zugfestigkeit von Blechen in kg/mm}^2\text{"}$$

untersucht.

Es wurde dazu eine Stichprobe Bleche vom Umfang $n = 30$ geprüft. Das Ergebnis x_1, x_2, x_3, ..., x_{30} kann der Tabelle 5.3, S. 178 entnommen werden.

Bildet man Klassen der Klassenbreite 1 um ganzzahlige Zugfestigkeitswerte von 41 bis 46 kg/mm^2, so erhält man die in Tabelle 5.5, S. 182 dargestellten absoluten Klassenhäufigkeiten für $K = 6$ Klassen. Die dort gebildeten Klassen für die Werte unterhalb von $40,5$ kg/mm^2 und oberhalb von 46.5 kg/mm^2 werden weggelassen, da sie keine Stichprobenelemente enthalten.

Die Voraussetzung, dass jede Klasse mindestens 5 Elemente enthält ist dann zwar immer noch nicht ganz erfüllt, aber wir führen den Test trotzdem einmal durch.

244   Kapitel 5: Mathematische Statistik

Für die theoretischen Klassenhäufigkeiten erhalten wir unter der Hypothese

$$H_0: \quad X \text{ ist } N(43.5, 1)\text{-verteilt} \tag{244.1}$$

die in Tabelle 5.10 dargestellten *theoretischen* Klassenhäufigkeiten.

Tabelle 5.10: Theoretische Klassenhäufigkeiten für die Stichprobe „Zugfestigkeit von Blechen in kg/mm^2"

Klassen	40.5 – 41.5	41.5 – 42.5	42.5 – 43.5	43.5 – 44.5	44.5 – 45.5	45.5 – 46.5
theor. Klassen-häufigkeit	0.64	4.08	10.24	10.24	4.08	0.64

Beispielsweise erhält man für die 2. Klasse:

$$\begin{aligned}
n_2 &= n \cdot (N(43.5, 1)(42.5) - N(43.5, 1)(41.5)) \\
&= 30 \cdot \left(\Phi\left(\frac{42.5 - 43.5}{1} \right) - \Phi\left(\frac{41.5 - 43.5}{1} \right) \right) \\
&= 30 \cdot (\Phi(-1) - \Phi(-2)) \\
&= 30 \cdot (0.1587 - 0.0228) = 4.077.
\end{aligned} \tag{244.2}$$

Für $K = 6$ und $\alpha = 5\%$ ergibt sich dann:

$$P(\chi^2 \le c \mid H_0 \text{ gilt}) = 1 - \alpha = 0.95. \tag{244.3}$$

Der Tabelle der Chi-Quadrat-Verteilung B.2, S. 525 entnimmt man für 5 Freiheitsgrade den kritischen Wert $c = 11.07$.

Als Wert der Testvariablen erhält man im vorliegenden Fall jedoch:

$$\begin{aligned}
\chi^2 &= \sum_{i=1}^{K} \frac{(\tilde{n}_i - n_i)^2}{n_i} \\
&= \frac{(4 - 0.64)^2}{0.64} + \frac{(3 - 4.08)^2}{4.08} + \frac{(6 - 10.24)^2}{10.24} + \\
&\quad \frac{(10 - 10.24)^2}{10.24} + \frac{(5 - 4.08)^2}{4.08} + \frac{(2 - 0.64)^2}{0.64}
\end{aligned} \tag{244.4}$$

$$= 22.7846.$$

Damit ist der Wert von χ^2 *größer* als der kritische Wert und H_0 wird abgelehnt!

Ein Chi-Quadrat-Test ist, wie das Beispiel 5.34 zeigt, i.A. ziemlich rechenaufwendig. Es bietet sich also an die Rechenschritte mit Hilfe eines Programms zu automatisieren. Das MATLAB-Programm **chiquad.m** der Begleitsoftware tut dies für Hypothesen über die *Normalverteilung*. Für eine andere Verteilung müsste das Programm entsprechend angepasst werden.

Die nachfolgenden MATLAB-Befehle geben die wesentlichen Teile des Programms wieder:

```
function [erg, kritwert, chiqwert]= ...
         chiquad(daten, K, us, os, niveau, mu, sigma)
%
% Funktion chiquad(daten, K, us, os, niveau, mu, sigma)
%
% Aufruf:  [erg, kritwert, chiqwert]=
%                chiquad(daten, K, us, os, niveau, mu, sigma)
%
% Führt einen Chi-Quadrat-Test für Hypothesen über die
% NORMALVERTEILUNG durch.
%
%
% Eingabeparameter:    daten        Stichprobe
%                      K            Anzahl der Klassen
%                      us           Untere Schranke für die
%                                   Klassenbildung
%                      os           Obere Schranke für die
%                                   Klassenbildung
%                      niveau       Signifikanzniveau
%                      mu           Mittelwert der Normalv.
%                                   entsprechend der
%                                   Nullhypothese H0
%                      sigma        Streuung der Normalvert.
%                                   entsprechend der
%                                   Nullhypothese H0
%
% Ausgabeparameter:    erg          Ergebnis des Tests:
%                                   'H0 abgelehnt'
%                                   oder 'H0 nicht abgelehnt'
%                      kritwert     Der intern berechnete
%                                   kritische Wert für das
%                                   Signifikanzniveau
%                      chiqwert     Der aus der Stichprobe
%                                   resultierende Wert von
%                                   Chi-Quadrat

% Feststellen, wie viel Stichprobenwerte in den
% Bereich [us,os] fallen

uswrt = daten >= us*ones(size(daten));
```

```
dat1 = daten(uswrt);
oswrt= dat1 <= os*ones(size(dat1));
tststichprobe = dat1(oswrt);

n=length(tststichprobe);

% Bestimmung der absoluten Klassenhäufigkeiten
% mit MATLABs hist-Kommando

dx = (os-us)/(2*K);                        % Klassenbreite/2
Klassenmitten = (us+dx:2*dx:os-dx);
[AKH,Klassenmitten] = hist(tststichprobe,Klassenmitten);

% Bestimmung der theoretischen Klassenhäufigkeiten

TKH = n*(normcdf(Klassenmitten+dx,mu,sigma) - ...
                normcdf(Klassenmitten-dx,mu,sigma));

% Bestimmung der Testgröße Chi-Quadrat

chiqwert = sum( ((AKH-TKH).^2)./TKH );

% Bestimmung des Kritischen Wertes

kritwert = chi2inv(1-niveau/100,K-1);

% Entscheidung des Hypothesentests

if chiqwert > kritwert
    erg ='H0 wird abgelehnt';
else
    erg ='H0 wird nicht abgelehnt';
end;
```

Mit Hilfe der folgenden Befehlssequenz kann dann das Ergebnis aus Beispiel 5.34 verifiziert werden:

```
daten= [44.2, 43.4, 41.0, 41.1, 43.8, 44.2, 43.2, 44.3, ...
        42.0, 45.0, 43.1, 42.9, 43.9, 44.8, 46.0, 42.1, ...
        45.1, 40.9, 43.7, 44.0, 43.0, 43.6, 46.1, 41.0, ...
        43.3, 45.3, 44.9, 42.0, 44.0, 44.3];

[erg, kritwert, chiqwert] = ...
                chiquad(daten, 6, 40.5, 46.5, 5, 43.5, 1)

erg =

H0 wird abgelehnt
```

```
kritwert =

    11.0705

chiqwert =

    22.6913
```

Die Abweichung des berechneten Wertes für χ^2 ist auf die Rundungsfehler in Gleichung (244.4) gegenüber der MATLAB-Genauigkeit zurückzuführen.

Kolmogorov-Smirnov-Test

Der **Kolmogorov-Smirnov-Test** ist ein Test für *stetig verteilte* Merkmale. Die Idee des Tests beruht auf dem Vergleich der mit einer Stichprobe vom Umfang n ermittelten empirischen Verteilungs*funktion* $\tilde{F}_X(x)$ mit der hypothetischen Verteilungs*funktion* $F_X(x)$.

Das Vergleichskriterium ist dabei der betragsmäßig größte Abstand der Werte dieser beiden Funktionen

$$D_n = \max_{x \in \mathbb{R}} |F_X(x) - \tilde{F}_X(x)|. \qquad (247.1)$$

Die Ermittlung des Maximums wird dabei durch die Tatsache vereinfacht, dass die Verteilung stetig sein soll. In diesem Fall kann das Maximum nur an einer der Sprungstellen der empirischen Verteilungsfunktion auftreten.

Anschaulich ist klar, dass die Nullhypothese, dass die Daten aus einer Grundgesamtheit mit Verteilungsfunktion $F_X(x)$ kommen, wohl dann abgelehnt werden muss, wenn der Wert von D_n zu groß wird.

Den kritischen Vergleichswert c wählt man zu einem Niveau α so, dass

$$P(D_n \leq c) = 1 - \alpha. \qquad (247.2)$$

Kolmogorov hat die (asymptotische) Verteilung von $\sqrt{n}D_n$ ermittelt und gezeigt, dass für $\lambda > 0$

$$\lim_{n \to \infty} P(\sqrt{n}D_n \leq \lambda) = \sum_{k=-\infty}^{\infty} (-1)^k e^{-2k^2\lambda^2} \qquad (247.3)$$

ist [11]. Der Reihenwert ist für $n > 50$ eine sehr gute Approximation.

Auch für kleine Stichprobenumfänge n konnten die Quantilwerte von $\sqrt{n}D_n$ ermittelt werden.

Sowohl der Fall kleiner als auch großer Stichprobenumfänge ist in der MATLAB-Funktion `kstest` berücksichtigt, obwohl dort andere Approximationen der Verteilung der Testvariablen verwendet werden. Ein Kolmogorov-Smirnov-Test lässt sich daher am einfachsten mit Hilfe dieser Funktion durchführen. Es lassen sich darüber hinaus auch einseitige Tests durchführen, die in der obigen Diskussion nicht berücksichtigt wurden.

5.35 Beispiel (Kolmogorov-Smirnov-Test)

Im Folgenden (vgl. Datei **KolmogorovSmirnovBsp.m**) wird ein Datensatz von im Intervall $[0, 1]$ gleichverteilten Werten erzeugt und ein Test durchgeführt, ob die Daten exponentialverteilt sind.

Die Verteilungsfunktion der Nullhypothese muss dabei in Form zweier *Spalten* übergeben werden, die Wertepaare $(x, F_X(x))$ repräsentieren. Nach Möglichkeit sollten die Daten im Bereich der Werte x liegen und der Stichprobenumfang sollte auch nicht zu klein sein, um ein verlässliches Ergebnis zu bekommen.

```
% 100 gleichverteilte Daten im Intervall [0,1]

daten = unifrnd(0,1,100,1);

% Werte der Exponentialverteilung im Intervall [0,1]
% berechnen. Parameter lambda = mean(daten)!

lambda = mean(daten);
x = (0:0.01:1)';              % Spaltenvektoren!!
Ecdf = expcdf(x, lambda);

% Kolmogorov-Smirnov-Test durchführen

alpha = 0.05;                 % Testniveau
tail = 0;                     % zweiseitiger Test

[Ergebnis,p,ksstat,cval] = ...
             kstest(daten,[x,Ecdf],alpha,tail)

Ergebnis =

    1
p =

   6.6103e-007

ksstat =

   0.2696

cval =

   0.1340
```

Die Hypothese wird, wie nicht anders zu erwarten war, abgelehnt. Der ermittelte Wert 0.2696 der Testvariablen D_n war im Vergleich zum berechneten kritischen Wert 0.1340 zu groß. Der p-Wert ist im vorliegenden Beispiel extrem klein und auf jeden Fall kleiner als die gängigen Signifikanzniveaus, sodass der Test die Hypothese auf jedem dieser Niveaus ablehnen würde!

5.4.4 Nichtparametrische Verteilungstests

Bei den bislang besprochenen Tests waren die Verteilungen der betrachteten Zufallsvariablen vorgegeben.

Oft steht man aber, etwa beim Vergleich zweier Merkmale X und Y, vor der Situation, dass über deren Verteilung nichts bekannt ist oder sinnvoll vorausgesetzt werden kann. Andererseits zielt die Fragestellung in diesen Fällen meist nicht auf die Verteilung der Zufallsvariablen an sich, sondern auf einen eventuellen *Unterschied* zwischen den Verteilungen.

Beim Zwei-Stichproben-t-Test beispielsweise wurde vorausgesetzt, dass die anhand von Stichproben zu vergleichenden Zufallsvariablen normalverteilt sind, noch dazu mit gleicher Varianz! Ein Unterschied zwischen den betrachteten Zufallsvariablen manifestiert sich somit in einem entsprechenden Unterschied der Erwartungswerte, sodass der t-Test in Form eines Mittelwerttests für so genannte **unverbundene Stichproben** auftritt.

Wenn man jedoch über die zu Grunde liegenden Verteilungen nichts weiß, so muss man nach anderen Methoden Ausschau halten.

Wir fragen also nach Methoden, mit deren Hilfe man anhand von Stichprobenwerten

$$x_1, \ x_2, \ x_3, \ \ldots, \ x_n \quad \text{und} \quad y_1, y_2, y_3, \ldots, y_m \qquad (249.1)$$

zweier unabhängiger Merkmale X und Y, deren Verteilung nicht bekannt ist, entscheiden kann, ob X und Y *die gleiche Verteilung haben.*

Eine solche Frage könnte beispielsweise beim Testen von Medikamenten auftreten. Hier untersucht man üblicherweise die Wirkung eines Medikaments, indem man einer Testgruppe das Medikament verabreicht und einer Vergleichsgruppe ein Placebo oder ein anderes Medikament. Anschließend wird die Wirkung dieser Medikamente (Merkmale X und Y) verglichen.

Ein weiteres, ähnlich gelagertes Beispiel ist die in Kapitel 1 vorgestellte Prüfung einer Temperaturanzeige (vgl. Tabelle 1.3, S. 10), bei der man die Messergebnisse eines zu prüfenden Gerätes den Werten eines geeichten Gerätes gegenüberstellt. Hierbei handelt es sich im Gegensatz zum vorherigen Beispiel um eine so genannte **verbundene Stichprobe**, denn hier werden die Messwerte *paarweise* in der Form von Werten der zweidimensionalen Zufallsvariablen (X, Y) betrachtet, wobei für jede Temperatur ein Wert der zu untersuchenden Temperaturanzeige (X) und ein Wert des Referenzgerätes (Y) aufgenommen wird.

In beiden Fällen, d.h. für unverbundene und verbundene Stichproben, können mit der im Folgenden vorgestellten Idee Tests konstruiert werden, mit der zwei Merkmale verglichen werden können. Im Falle der unverbundenen Stichproben können diese Tests als *nichtparametrische* oder *verteilungsunabhängige* „Verallgemeinerung" des Zwei-Stichproben-t-Tests für Merkmale mit unbekannter Verteilung aufgefasst werden.

Die zu Grunde liegende Idee dieser Tests soll im Falle unverbundener Stichproben an einem (nicht ganz so ernst zu nehmenden) Beispiel illustriert werden. Wir wollen statistisch überprüfen, ob Mathematik-Vorlesungen für Ingenieure etwas nützen.

Tabelle 5.11: Klausurergebnisse von zwei verschiedenen Kursen

Punktzahl Vorlesungsteilnehmer									
43	11	9	17	16	32	27	15	45	41
6	19	20	18	31	12	21	15	39	6
18	29	23	10	34	42	15	24	2	38

Punktzahl Selbstlerngruppe									
45	10	50	11	13	2	9	17	21	46
5	18	22	10	11	10	8	5	30	9
28	9	7	14	36	2				

5.36 Beispiel (Nützen Mathematik-Vorlesungen für Ingenieure?)

Zur Beantwortung dieser Frage betrachten wir die in Tabelle 5.11 niedergelegten Klausurergebnisse.

Gegenübergestellt sind die erreichten Punktzahlen (X) von 30 regulären Vorlesungsteilnehmern und einer Vergleichsgruppe von 26 Studierenden (Y), die sich den Stoff anhand des Vorlesungsskripts selbstständig zu Hause angeeignet hatten.

Wir gehen davon aus, dass wir keinerlei Informationen über die Verteilung f_X der Punkte der Vorlesungsgruppe und über die Verteilung f_Y der Punkte der Selbstlerngruppe haben. Wir nehmen im Folgenden lediglich an, dass sie durch stetige Verteilungen approximiert werden können.

Zur Beantwortung der Frage, ob die Leistungen der Vorlesungsgruppe signifikant besser sind, als die der Selbstlerngruppe, folgen wir einer Idee von

Wilcoxon. Hierbei werden die Unterschiede zwischen den erreichten Punktzahlen durch Einführung einer *Rangliste* und einer entsprechenden Bewertung, die sich aus dieser Rangliste ergibt, quantitativ herausgearbeitet.

Genauer geht man in diesem Test, dem so genannten **Wilcoxon'schen Rangsummentest**, folgendermaßen vor:

- Man ordnet die Stichprobenwerte aus der Gesamtheit beider Stichproben aufsteigend.

- Man ordnet jedem Stichprobenwert entsprechend dieser Reihenfolge eine Rangziffer zu. Falls Werte *mehrfach* vorkommen, so genannte **Bindungen**[19] auftreten, ordnet man diesen Werten den durchschnittlichen Rang zu.

- Man bildet die so genannten *Rangsummen* R_X und R_Y, d.h. die Summe der Platzziffern für die Werte von X und die Summe der Platzziffern für die Werte von Y.

Mit Hilfe von MATLAB können diese drei Schritte für die Daten aus Tabelle 5.11 relativ einfach durchgeführt werden (vgl. Datei **BspUTest1.m**):

```
% Erreichte Punktzahl der Vorlesungsgruppe

x = [  43  11   9   17  16  32  27  15  45  41 ...
        6  19  20   18  31  12  21  15  39   6 ...
       18  29  23   10  34  42  15  24   2  38];

% Erreichte Punktzahl der Selbstlerngruppe

y = [  45  10  50   11  13   2   9  17  21  46 ...
        5  18  22   10  11  10   8   5  30   9 ...
       28   9   7   14  36   2 ];

% Punkte in einem Vektor hintereinander schreiben und
% sortieren

n = length(x); m = length(y);
pkte = [x, y];
ranks = cumsum(ones(1,n+m));     % vorkommende Ränge
[psort, indx] = sort(pkte);      % aufsteig. sortierte Punkte

% Feststellen, wo die sortierten Werte sich ändern bzw.
% wo gleiche Werte auftreten
```

---

[19] Es wurde oben erwähnt, dass f_X und f_Y als *stetig verteilt* angenommen werden. Unter diesen Umständen dürften keine Bindungen vorkommen, da die Wahrscheinlichkeit zweier gleicher Werte 0 ist. In der Praxis hat man es jedoch, wie im vorliegenden Beispiel, oft mit einer eingeschränkten Messgenauigkeit zu tun, sodass Bindungen doch auftreten und berücksichtigt werden müssen.

```matlab
chng = sign([1, diff(psort)]);

% zugehörige Rangziffern bestimmen

chgranks = ranks(logical(chng));
z = [ranks(logical(chng)), ranks(end)+1];    % Hilfsgröße

% Durchschnittsränge berechnen

dranks =(1/2)*(1./(z(2:end)-z(1:end-1))).*...
    ( z(2:end).*(z(2:end)-1) - z(1:end-1).*(z(1:end-1)-1));

% Ränge in ranks durch Durchschnittsränge ersetzen

xdranks = [];
for k=2:length(z)
  xdranks = [xdranks, repmat(dranks(k-1), 1, z(k)-z(k-1))];
end;

% Zuordnung der Durchschnittsränge zu den Vektoren x und y

ranksX = xdranks(indx<=n)

ranksX =

  Columns 1 through 6

    2.0000    6.5000    6.5000    11.5000    15.5000
    19.0000

  Columns 7 through 14

    21.0000   25.0000   25.0000    ...

ranksY = xdranks(indx>n)

ranksY =

  Columns 1 through 6

    2.0000    2.0000    4.5000    4.5000    8.0000
    9.0000

  Columns 7 through 14

    11.5000   11.5000   11.5000    ...

% Berechnung der Rangsummen
```

```
xrankSum = sum( ranksX )

xrankSum =

   974.5000

yrankSum = sum( ranksY )

yrankSum =

   621.5000
```

Der besseren Übersicht halber sind die zugeordneten Ränge in Tabelle 5.12 zusammen mit den Punktzahlen dargestellt.

Tabelle 5.12: Klausurergebnisse aus Tabelle 5.11 mit zugehörigen Rängen

Punktzahl und Ränge Vorlesungsteilnehmer									
Punkte	43	11	9	17	16	32	27	15	45	41
Rang	52	19	11.5	28.5	27	45	40	25	53.5	50
Punkte	6	19	20	18	31	12	21	15	39	6
Rang	6.5	33	34	31	44	21	35.5	25	49	6.5
Punkte	18	29	23	10	34	42	15	24	2	38
Rang	31	42	38	15.5	46	51	25	39	2	48

Punktzahl und Ränge Selbstlerngruppe									
Punkte	45	10	50	11	13	2	9	17	21	46
Rang	53.5	15.5	56	19	22	2	11.5	28.5	35.5	55
Punkte	5	18	22	10	11	10	8	5	30	9
Rang	4.5	31	37	15.5	19	15.5	9	4.5	43	11.5
Punkte	28	9	7	14	36	2				
Rang	41	11.5	8	23	47	2				

Der aus den Rangfolgen resultierende Test basiert nun auf folgender Idee. Wären die Ergebnisse der Gruppe X deutlich schlechter als die der Gruppe Y, so wären die zugehörigen Ränge und in Folge dessen die Rangsumme R_X klein. Die Rangsumme läge dann in der Nähe des Minimalwertes $\frac{n(n+1)}{2}$ (die X-Werte nehmen die ersten n Ränge ein). Umgekehrt, wäre die Vorlesungsgruppe deutlich besser, so wären die Ränge groß und die Rangsumme R_X in der Nähe des Maximalwertes $nm + \frac{n(n+1)}{2}$ (s. dazu Übung 89). Ist kein Unterschied zu erkennen (dies entspricht der Nullhypothese), so sind die Ränge, die den Werten von X zugeordnet werden, „gut durchmischt" und es sollte eine mittlere Rangsumme errechnet werden.

Verschiebt man den Wertebereich der Rangsumme durch Subtraktion des Minimalwertes, so erhalten wir die tatsächlich für den **Wilcoxon'schen Rangsummentest** verwendete Testvariable

$$U = R_X - \frac{n(n+1)}{2}.$$ (254.1)

Die Nullhypothese

$$H_0 : f_X = f_Y \quad \text{(kein signifikanter Einfluss!)}$$

wird zu Gunsten einer (einseitigen oder zweiseitigen) Alternative angelehnt, wenn der Wert von U für ein vorgegebenes Signifikanzniveau α einen kritischen Wert *unterschreitet* bzw. einen kritischen Wert *überschreitet*.

Zur Ermittlung des kritischen Wertes muss die Verteilung von U bekannt sein. Es kann gezeigt werden [32], dass U schon für kleine Werte von n und m ($n \geq 4$, $m \geq 4$ und $n + m \geq 20$) näherungsweise *normalverteilt* ist mit den Parametern

$$\mu = \mathbb{E}(U) = \frac{nm}{2},$$

$$\sigma^2 = \mathbb{V}(U) = \frac{nm(n+m+1)}{12} - \frac{nm \sum_{i=1}^{K} (b_i^3 - b_i)}{12(m+n)(m+n-1)}.$$ (254.2)

Dabei ist K die Zahl der Bindungen und b_i die Häufigkeit der i-ten Bindung. Für einen zweiseitigen Test zum Niveau α ergibt sich der *kritische Wert k* aus folgendem Ansatz:

$$P(k \leq U \leq mn - k \mid H_0 \text{ gilt}) \geq 1 - \alpha.$$ (254.3)

Das heißt, wir suchen eine Schranke k, sodass der Wert der Testvariablen U bei Gültigkeit der Nullhypothese höchstens mit Wahrscheinlichkeit α um weniger als k vom Minimalwert (0) oder vom Maximalwert (mn) entfernt liegt.

Beobachtet man eine solche Unter- bzw. Überschreitung, so kann man mit der statistischen Sicherheit des Signifikanzniveaus die Hypothese ablehnen!

Der Wert von k ergibt sich aus den Gleichungen (254.2) und (254.3) mit den bekannten Umstellungen zu

$$k = \mu + u_{1-\frac{\alpha}{2}} \cdot \sigma,$$ (254.4)

wobei $u_{1-\alpha/2}$ das zweiseitige α-Quantil der Standard-Normalverteilung ist. Wir wollen nun diese Erkenntnisse für Beispiel 5.36 mit Hilfe von MATLAB umsetzen (vgl. Datei **BspUTest1.m**).

5.37 Beispiel (Nützen Mathematik-Vorlesungen? – wir wollen's wissen!)

Wir bestimmen zunächst den Wert der Testvariablen U und den auf Grund der Bindungen notwendigen Korrektursummanden in der Varianzformel von Gleichung (254.2):

```
% Bestimmung des Werts der Testvariablen U

U = xrankSum −n∗(n+1)/2

U =

   509.5000

% Zahl der Bindungen feststellen und Korrektursummand
% berechnen

rgdiff  = z(2:end)−z(1:end−1);
bindx = rgdiff >1;                % Index der Rangdifferen-
bindungen = rgdiff(bindx);        % zen>1 Bindungen
K = length(bindungen);

                                  % Korrektursummand bei
                                  % Bindungen
korrekt = (sum(bindungen.^3)−sum(bindungen))/K;
```

Anschließend wird entsprechend Gleichung (254.4) zum Signifikanzniveau 5% der kritische Wert k bestimmt:

```
% Bestimmung des kritischen Wertes
% (mit einseitigem alpha/2-Quantil der Normalverteilung
% bestimmen)

alpha = 0.05;
mu = n∗m/2;
sigma = sqrt(n∗m∗(n+m+1)/12 − korrekt);

                    % Quantil der Standard-Normalverteilung
u_quantil =  norminv(1−alpha/2);

k = floor( mu − u_quantil∗sigma )

k =

   271
```

Die Testentscheidung wird entsprechend dem in Gleichung (254.3) formulierten Ansatz vorgenommen und liefert:

```
% Testentscheidung (1, falls Ablehnung, 0 sonst)

H = ~((U>k) & (U<n*m-k))

H =

      1
```

Die Nullhypothese wird also zum 5%-Niveau *abgelehnt*! Natürlich ist es für den Ingenieurstudenten besser, in die Mathematikvorlesung zu gehen ;-)!

Der U-Test wurde zum besseren Verständnis der Idee Schritt für Schritt unter MATLAB durchgerechnet. Die MATLAB Statistics Toolbox bietet aber hierfür die Funktion ranksum an, mit der der Wilcoxon'sche Rangsummentest mit *einem* Befehl durchgeführt werden kann (vgl. Datei **BspUTest2.m**):

```
% Aufruf der Funktion ranksum für das Signifikanzniveau 5%

alpha = 0.05;
[pWert, H, stats] = ranksum(x,y,alpha)

pWert =

      0.0495

H =

      1

stats =

          zval:  -1.9646
       ranksum:  621.5000
```

Auf den ersten Blick irritiert, trotz des übereinstimmenden Testergebnisses, der Wert von stats.ranksum. Offenbar wird der Wert *der zu Y gehörenden Rangsumme* wiedergegeben. Dies liegt jedoch nur daran, dass die Funktion ranksum stets die Rangsumme der *kleineren* Stichprobe für den Test zu Grunde legt.

Neben dem Testergebnis wird noch der p-Wert, also das Maß für die Wahrscheinlichkeit die zu Grunde liegende Stichprobe bei Gültigkeit der Nullhypothese zu beobachten, von `ranksum` zurückgeliefert. Der Wert liegt mit 0.0495 unter dem Signifikanzniveau, was zu Ablehnung der Hypothese führt.

Neben `ranksum` bietet die Statistics Toolbox noch weitere nichtparametrische Testverfahren[20] an, etwa die Funktionen `signtest` und `signrank` für so genannte **Vorzeichen-** bzw. **Vorzeichenrangtests** für *verbundene Stichproben* (Wertepaare (x, y)). Die Tests beruhen auf der Idee, den Unterschied zwischen der Verteilung von X und Y mit Hilfe des Vorzeichens der Differenzen $x - y$ bzw. mit Hilfe der durch *Ränge* gewichteten Differenzen $x - y$ zu bewerten.

Der interessierte Leser sei hierfür auf die Übung 91 und auf weiterführende Literatur [30, 20] verwiesen.

5.4.5 Übungen

Übung 79 (*Lösung Seite 457*)

Schreiben Sie eine MATLAB-Funktion, mit welcher die Operationscharakteristik (OC) eines *zweiseitigen* Mittelwerttests für eine normalverteilte Größe bei bekannter Varianz berechnet und grafisch dargestellt werden kann.

Übung 80 (*Lösung Seite 458*)

Die Tabelle 5.13 gibt 20 Messwerte einer normalverteilten Größe wieder.

Tabelle 5.13: 20 Werte einer normalverteilten Zufallsvariablen

Nr.	1	2	3	4	5	6	7	8	9	10
Wert	48.3	43.3	50.5	51.2	45.4	54.8	54.8	49.8	51.3	50.7

Nr.	11	12	13	14	15	16	17	18	19	20
Wert	49.3	52.9	47.6	58.7	49.4	50.4	54.3	50.3	49.6	46.7

Testen Sie zum Signifikanzniveau 99% mit Hilfe von MATLAB die Hypothese H_0, dass der Erwartungswert der Zufallsvariablen $\mu_0 = 50$ ist gegen die Alternative, dass er es nicht ist.

Nehmen Sie dabei einmal die Varianz $\sigma^2 = 16$ als gegeben an und vergleichen Sie das Ergebnis mit einem entsprechenden Test, bei dem die Varianz geschätzt wird.

---

[20] s. dazu auch Abschnitt 5.5.3!

Übung 81 (*Lösung Seite 460*)

Verwenden Sie die Daten aus Tabelle 5.13, um einen zweiseitigen Zwei-Stichproben t-Test durchzuführen. Gehen Sie dabei davon aus, dass die ersten 10 Tabellenwerte und die restlichen 10 Tabellenwerte jeweils eine Stichprobe repräsentieren.

Führen Sie den Test mit Hilfe von MATLAB zum Signifikanzniveau 95% durch!

Übung 82 (*Lösung Seite 461*)

Betrachten Sie die in Tabelle 5.14 angegebenen Stichprobenwerte x_1, x_2, x_3, ..., x_n und y_1, y_2, y_3, ..., y_m zweier unabhängiger, normalverteilter Zufallsvariablen X und Y.

Tabelle 5.14: Stichprobenwerte zweier normalverteilter Zufallsgrößen X und Y

n	1	2	3	4	5	6	7	8	9	10	11	12
x_n	49.13	46.66	50.25	50.57	47.70	52.38	52.37	49.92	50.65	50.34	49.62	51.45

m	1	2	3	4	5	6	7
y_m	49.82	55.36	50.72	51.22	53.13	51.11	51.80

Testen Sie zunächst mit Hilfe von MATLAB zum Signifikanzniveau 10%, ob X und Y die gleiche Varianz haben.

Führen Sie, falls dieser Test erfolgreich verläuft, anschließend einen zweiseitigen Zwei-Stichproben-t-Test mit Hilfe der MATLAB-Funktion ttest2 zum Signifikanzniveau 95% durch!

Übung 83 (*Lösung Seite 462*)

Testen Sie anhand der Daten aus Beispiel 2.12, S. 35 mit Hilfe eines Parametertests zum Niveau 1% die Hypothese (H_0), dass die Augenzahl 6 die Wahrscheinlichkeit 0.28 hat gegen die Alternative (H_1), dass die Wahrscheinlichkeit von 6 anders ist.

Entwerfen Sie dafür einen geeigneten Test.

Übung 84 (*Lösung Seite 464*)

Führt man in der Qualitätskontrolle Hypothesentests bei einer Annahmekontrollprüfung durch, so wird der Fehler 1. Art oft auch das *Produzentenrisiko* genannt und der Fehler 2. Art das *Konsumentenrisiko*.

Erläutern Sie diese Bezeichnungen.

Übung 85 (*Lösung Seite 464*)

Schreiben Sie ein MATLAB-Programm zur Durchführung eines Varianztests für eine normalverteilte Größe. Entwerfen Sie dazu den Test oder konsultieren Sie für die Durchführung des Tests die einschlägige Literatur.

Führen Sie anschließend mit Hilfe des MATLAB-Programms zur Nullhypothese $H_0 : \sigma_0 = 2.5$ einen zweiseitigen Test zum Niveau $\alpha = 0.05$ mit der Stichprobe aus Tabelle 5.13 durch.

Übung 86 (*Lösung Seite 467*)

Die Tabelle 5.15 gibt die Häufigkeiten der gezogenen Zahlen im Österreichischen Lotto 6 aus 45 seit 1986 wieder (Stand: Oktober 2002).

Tabelle 5.15: Häufigkeiten der gezogenen Zahlen im Österreichischen Lotto 6 aus 45 seit 1986

Zahl	1	2	3	4	5	6	7	8	9	10	11	12	13	14	15
Hfgk.	147	130	163	150	156	143	170	147	136	151	148	130	138	136	141

Zahl	16	17	18	19	20	21	22	23	24	25	26	27	28	29	30
Hfgk.	162	147	140	135	145	143	141	140	145	141	172	155	157	151	158

Zahl	31	32	33	34	35	36	37	38	39	40	41	42	43	44	45
Hfgk.	156	142	144	128	133	153	152	139	164	139	140	151	175	154	142

Überprüfen Sie unter MATLAB mit Hilfe eines Chi-Quadrat-Tests zum Signifikanz-Niveau 1% die Hypothese, dass alle Zahlen prinzipiell gleich häufig vorkommen!

Übung 87 (*Lösung Seite 468*)

Überprüfen Sie unter MATLAB anhand der Daten aus Beispiel 2.12, S. 35 mit Hilfe eines Chi-Quadrat-Tests zum Niveau 1% die Hypothese (H_0), dass der dort verwendete Würfel fair ist.

Übung 88 *(Lösung Seite 469)*

Führen Sie mit Hilfe von MATLAB einen Kolmogorov-Smirnov-Test zum Signifikanzniveau $\alpha = 0.05$ mit den Daten aus Beispiel 5.2, S. 176 durch. Die Nullhypothese H_0 sei dabei die Annahme, dass die Zufallsvariable der Zugfestigkeiten $N(43.5, 1)$-verteilt ist.

Übung 89 *(Lösung Seite 470)*

Rechnen Sie nach, dass der Minimalwert der Rangsumme R_x des Wilcoxon'schen Rangsummentests für die Stichproben in (249.1) gleich $\frac{n(n+1)}{2}$ und der entsprechende Maximalwert gleich $nm + \frac{n(n+1)}{2}$ ist.

Übung 90 *(Lösung Seite 471)*

Eine Automobilfirma untersucht über ein Jahr hinweg an zwei Produktionsstandorten die fehlerbedingten Standzeiten von Montagerobotern. Dabei ergeben sich die in Tabelle 5.16 festgehaltenen Werte (in Stunden):

Tabelle 5.16: Fehlerbedingte Roboterstandzeiten (in Stunden)

Produktionsstandort A									
2.2	1.0	0.4	1.9	0.0	0.1	1.5	4.1	2.5	1.6
1.3	0.0	1.0	2.9						

Produktionsstandort B									
0.5	8.2	3.1	0.2	4.2	2.0	2.1	6.0	1.7	3.5

Untersuchen Sie mit Hilfe eines Wilcoxon'schen Rangsummentests unter MATLAB, ob zwischen den Standzeiten der Roboter an den beiden Standorten signifikante Unterschiede bestehen.

Übung 91 *(Lösung Seite 471)*

Mit Hilfe der Funktion `signrank` der Statistics Toolbox von MATLAB kann für *gepaarte Stichproben* (*verbundene Stichproben*) ein auf Wilcoxon zurück gehender, so genannter **Vorzeichenrangtest** durchgeführt werden.

Machen Sie sich unter Verwendung der MATLAB-Hilfe mit dem Umgang mit `signrank` vertraut und untersuchen Sie anschließend mit Hilfe dieser Funktion die in Kapitel 1 vorgestellte Prüfung einer Temperaturanzeige (vgl. Tabelle 1.3, S. 10). Testen Sie die Nullhypothese, dass das untersuchte Anzeigegerät korrekt arbeitet. Das Testniveau sei dabei $\alpha = 0.05$.

5.5 Varianzanalyse

In Abschnitt 5.4.2, S. 235 wurde gezeigt, wie mit Hilfe des so genannten *Zwei-Stichproben-t-Tests* die Hypothese getestet werden kann, dass die Mittelwerte zweier unabhängiger *normalverteilter* Zufallsgrößen gleich sind.

In vielen praktischen Anwendungen ist es erforderlich, die obige Fragestellung auf mehr als zwei Zufallsgrößen zu erweitern. In natürlicher Weise stößt man auf diese Probleme beispielsweise immer dann, wenn anhand von mehreren Vergleichsgruppen versucht werden soll, die Auswirkung eines Einflussfaktors auf eine beobachtbare Zufallsgröße zu untersuchen. Klassische Beispiele hierfür sind in der Medizin die Untersuchung der Wirksamkeit eines Medikaments in Abhängigkeit von der Dosierung oder in der Landwirtschaft die Abhängigkeit des Ertrages von der Düngung. In der Tat wurde die Methode zur Beantwortung der Frage, ob ein Einflussfaktor für das Ergebnis eines Versuches *signifikant* ist, die im Folgenden dargestellte so genannte **Varianzanalyse**, von R.A. Fisher ursprünglich für landwirtschaftliche Zwecke entwickelt. Selbstverständlich taucht diese Fragestellung aber auch im Bereich der technischen Anwendungen auf.

5.5.1 Einfaktorielle Varianzanalyse

Die Untersuchung des Einflusses *eines Faktors* auf die Werte einer Zufallsgröße (z.B. die Ergebnisse eines Versuches) mit Hilfe verschiedener Stichproben kann mit der im Folgenden dargestellten, so genannten **einfaktoriellen Varianzanalyse** vorgenommen werden.

Dabei geht man von der *grundlegenden Annahme* aus, dass die Zufallsvariablen, die die Versuchsergebnisse beschreiben, und von denen Stichproben entnommen werden, allesamt *normalverteilt* sind und *identische Varianz* haben. Selbstverständlich können auch diese Annahmen mit entsprechenden Tests untersucht werden, was wir aber an dieser Stelle nicht tun wollen. Hierfür sei auf weiterführende Literatur [30, 32] verwiesen.

In der Untersuchung geht es darum, den Einfluss eines (qualitativen) Faktors auf die Versuchsergebnisse herauszufinden.

Wir wollen dies zunächst an einem Beispiel illustrieren.

5.38 Beispiel (Fahrverhalten von Altersgruppen und Benzinverbrauch)

Eine Automobilfirma möchte wissen, inwiefern die Altersstruktur der Kundschaft die Nutzung ihrer Fahrzeuge beeinflusst. Unter Anderem wird bei den Untersuchungen der durchschnittliche Benzinverbrauch (pro 100 km) im Stadtverkehr gemessen.

Unterschieden nach vier Altersgruppen werden dabei jeweils 10 Fahrer getestet. Die Tabelle 5.17 gibt das Ergebnis der Verbrauchsmessungen wieder.

Es soll anhand dieser Daten untersucht werden, ob das Alter der Kundschaft einen signifikanten Einfluss auf den Benzinverbrauch hat.

Tabelle 5.17: Gemessener durchschnittlicher Benzinverbrauch bei Stadtfahrten in Liter pro 100 km

Altersgruppe 18-25 Jahre	Altersgruppe 26-40 Jahre	Altersgruppe 41-60 Jahre	Altersgruppe über 60 Jahre
8.2	7.9	8.1	7.8
7.8	8.3	7.5	8.1
8.4	7.8	8.2	8.2
8.5	8.8	8.6	8.1
7.8	8.0	7.8	8.4
8.8	8.0	8.3	8.1
8.8	8.4	8.4	8.3
8.4	8.0	7.4	7.5
8.5	7.9	7.5	7.9
8.4	7.7	8.2	7.8

Da der Einfluss des zu untersuchenden Faktors (im Beispiel die Altersklasse) auf die untersuchte Größe (Bezinverbrauch) im Allgemeinen von unsystematischen zufälligen Schwankungen überlagert ist, ist dieser nur dann zu erkennen, wenn diese ausgemittelt werden. Die Idee ist also, dass sich ein *signifikanter* Einflussfaktor in einer *Änderung des Mittelwertes* manifestiert.

Bezeichnet X_i die Zufallsvariable, die die Werte des i-ten Versuchs (der i-ten Vergleichsgruppe) beschreibt, so können die Werte x_{ij} einer zugehörigen Stichprobe gedanklich in der Form

$$x_{ij} = \mu_i + \epsilon_{ij} \qquad (262.1)$$

aufgeteilt werden. μ_i ist dabei der Erwartungswert von X_i und ϵ_{ij} sind unsystematische (*normalverteilte*) Abweichungen von diesem Mittelwert. Wir gehen im Folgenden ferner, ähnlich wie schon beim t-Test, davon aus, dass alle X_i die gleiche Varianz σ^2 haben.

Durch das Modell (262.1) ist es möglich, einen signifikanten Einfluss von einem unsystematischen Einfluss zu trennen. Ein *signifikanter Einfluss* manifestiert sich in einem anderen Mittelwert μ_i!

Aus diesem Blickwinkel gesehen ist die Untersuchung des Einflusses eines Faktors auf ein Merkmal anhand von n Stichproben

$$
\begin{array}{cccccc}
x_{11} & x_{21} & x_{31} & \cdots & x_{n1} \\
x_{12} & x_{22} & \cdots & \cdots & x_{n2} \\
x_{13} & x_{23} & x_{3m_3} & \cdots & x_{n3} \\
\cdots & \cdots & & \cdots & \cdots \\
x_{1m_1} & \cdots & & \cdots & x_{nm_n} \\
& x_{2m_2}
\end{array}
\qquad (262.2)
$$

ein *Hypothesentest* der Form

$$H_0 : \ \mu_1 = \mu_2 = \cdots = \mu_n \qquad \text{(kein signifikanter Einfluss!)}$$

gegen die Alternative

$$H_1 : \ \text{Es gibt } i, k \le n \text{ mit } \mu_i \ne \mu_k \qquad \text{(signifikanter Einfluss!)}.$$

Im Beispiel 5.38 (Tabelle 5.17) haben wir $n = 4$ Stichproben (für jede **Faktorgruppe** i eine) zu je $m_i = 10$ Werten vorliegen und es ist die Hypothese zu testen, ob der Mittelwert des durchschnittlichen Verbrauchs in jeder Gruppe mit einer gewissen statistischen Sicherheit als identisch angenommen werden kann oder nicht.

Die grundlegende Idee des Tests beruht auf der Überlegung, dass bei Gültigkeit der Nullhypothese die *Abweichungen innerhalb der Stichproben* und die *Abweichungen zwischen den Stichproben* bezüglich des (dann gemeinsamen) Mittelwertes rein zufälliger Natur sein müssten. In diesem Falle sollten beide Abweichungen durch die nach Voraussetzung gemeinsame Varianz σ^2 beschrieben werden. Ist hingegen der Einflussfaktor signifikant, so sollte sich dies *zwischen den Stichproben* in Richtung größerer Abweichungen bemerkbar machen.

Messen lassen sich diese Abweichungen anhand der Stichproben durch die *Abweichungsquadrate* von den jeweiligen *empirischen Mittelwerten*.

Bezeichnet man mit $\bar{x}_i$ das empirische Mittel der i-ten Stichprobe und mit $\bar{\bar{x}}$ das empirische Mittel *aller* Stichprobenwerte, so führt die obige Überlegung für die Stichproben (262.2) zunächst auf folgende *Zerlegung der Abweichungsquadrate*:

$$
\begin{aligned}
\sum_{i=1}^{n} \sum_{j=1}^{m_i} \left(x_{ij} - \bar{\bar{x}} \right)^2 &= \sum_{i=1}^{n} \sum_{j=1}^{m_i} \left(x_{ij} - \bar{x}_i + \bar{x}_i - \bar{\bar{x}} \right)^2 \\
&= \sum_{i=1}^{n} \sum_{j=1}^{m_i} \left(x_{ij} - \bar{x}_i \right)^2 \\
&\quad + 2 \sum_{i=1}^{n} \sum_{j=1}^{m_i} \left(x_{ij} - \bar{x}_i \right) \left(\bar{x}_i - \bar{\bar{x}} \right) \\
&\quad + \sum_{i=1}^{n} \sum_{j=1}^{m_i} \left(\bar{x}_i - \bar{\bar{x}} \right)^2 .
\end{aligned}
\tag{263.1}
$$

Die Summanden mit den gemischten Termen addieren sich zu null, wie man mit ein wenig Fleiß nachrechnen kann. Die Summe der Abweichungsquadrate vom empirischen Gesamtmittel $\bar{\bar{x}}$ teilt sich dann auf in die Abweichungsquadratsumme

$$q_1 = \sum_{i=1}^{n} \sum_{j=1}^{m_i} (x_{ij} - \bar{x}_i)^2 \tag{264.1}$$

bezüglich der empirischen Mittel *innerhalb der Stichproben* (Faktorgruppen) und in die Abweichungsquadratsumme

$$q_2 = \sum_{i=1}^{n} \sum_{j=1}^{m_i} (\bar{x}_i - \bar{\bar{x}})^2 = \sum_{i=1}^{n} m_i (\bar{x}_i - \bar{\bar{x}})^2 \tag{264.2}$$

bezüglich der *Abweichung der Mittel zwischen den Stichproben* (Faktorgruppen).

Als *Testvariable* kommt nun i.W. das Verhältnis zwischen diesen beiden Größen in Frage. Die zu q_1 und q_2 gehörenden Zufallsvariablen

$$Y_1 = \frac{1}{\sigma^2} Q_1 = \frac{1}{\sigma^2} \sum_{i=1}^{n} \sum_{j=1}^{m_i} (X_{ij} - \bar{X}_i)^2 \tag{264.3}$$

und

$$Y_2 = \frac{1}{\sigma^2} Q_2 = \frac{1}{\sigma^2} \sum_{i=1}^{n} \sum_{j=1}^{m_i} (\bar{X}_i - \bar{\bar{X}})^2 \tag{264.4}$$

sind jeweils χ^2-verteilt (vgl. Beispiel 2.61, [11, 18]) mit jeweils $N-n$ bzw. $n-1$ Freiheitsgraden, wobei $N = \sum_{i=1}^{n} m_i$ die Gesamtzahl aller Stichprobenwerte bezeichnet.

Nach Gleichung (122.6) ist das Verhältnis der um die Freiheitsgrade normierten Zufallsvariablen F-verteilt mit (n-1,N-n) Freiheitsgraden. Somit ist die *Testvariable*

$$T = \frac{\frac{1}{n-1} Y_2}{\frac{1}{N-n} Y_1} = \frac{\frac{1}{n-1} Q_2}{\frac{1}{N-n} Q_1} = \frac{\frac{1}{n-1} \sum_{i=1}^{n} \sum_{j=1}^{m_i} (\bar{X}_i - \bar{\bar{X}})^2}{\frac{1}{N-n} \sum_{i=1}^{n} \sum_{j=1}^{m_i} (X_{ij} - \bar{X}_i)^2} \tag{264.5}$$

F-verteilt mit (n-1,N-n) Freiheitsgraden. Die Nullhypothese wird *abgelehnt*, wenn der *Wert* $t = \frac{1}{n-1} q_2 / \frac{1}{N-n} q_1$ der Testvariablen T *zu groß* wird, da in diesem Fall q_2 und damit die Abweichungen der Mittel *zwischen* den Faktorgruppen dominieren.

Wiederum wird die Schwelle, bei der diese Entscheidung getroffen wird für ein vorgegebenes Signifikanzniveau α durch ein entsprechendes Quantil der Verteilung der Testvariablen, im vorliegenden Fall also der F-Verteilung, festgelegt.

Dabei wählt man das Quantil $u_{1-\alpha}^F$ so, dass im Falle der *Gültigkeit der Nullhypothese* der Wert der Testvariablen mit großer Sicherheit unter dem Wert des Quantils bleibt, also gemäß

$$P\left(T \le u_{1-\alpha}^F \mid H_0 \text{ gilt}\right) = 1 - \alpha. \tag{265.1}$$

Alternativ kann die Entscheidung auch mit Hilfe des so genannten **p-Wertes** getroffen werden. Der p-Wert ist, wie schon in Abschnitt 5.4.2 erwähnt, ein Maß für die Beobachtungswahrscheinlichkeit des Wertes der Testvariablen bei Gültigkeit der Nullhypothese. Genauer ist der p-Wert die Wahrscheinlichkeit

$$P\left(T > t \mid H_0 \text{ gilt}\right). \tag{265.2}$$

Wegen

$$P\left(T > t \mid H_0 \text{ gilt}\right) = 1 - P\left(T \le t \mid H_0 \text{ gilt}\right) \le \alpha \iff t \ge u_{1-\alpha}^F \tag{265.3}$$

wird die Nullhypothese bei Verwendung des p-Wertes abgelehnt, wenn dieser *zu klein*, d.h. kleiner als das vorgegebene Signifikanzniveau wird.

Varianzanalyse mit MATLAB für einen balancierten Versuchsplan

Mit Hilfe von MATLAB sollen die obigen Überlegungen nun für die Daten aus Tabelle 5.17 veranschaulicht werden.

5.39 Beispiel (Fortsetzung von Beispiel 5.38)

Zunächst werden die Stichprobenwerte der Faktorgruppen (Spalten der Tabelle 5.17 einzelnen MATLAB-Variablen zugeordnet.

```
dbvK1 = [8.2  7.8  8.4  8.5  7.8  8.8  8.8  8.4  8.5  8.4];
dbvK2 = [7.9  8.3  7.8  8.8  8.0  8.0  8.4  8.0  7.9  7.7];
dbvK3 = [8.1  7.5  8.2  8.6  7.8  8.3  8.4  7.4  7.5  8.2];
dbvK4 = [7.8  8.1  8.2  8.1  8.4  8.1  8.3  7.5  7.9  7.8];
```

Danach werden mit Hilfe der Funktion var zur Bestimmung der empirischen Varianz die *Quadratsummen* der einzelnen Gruppen und die Abweichungsquadratsumme q_1 innerhalb der Stichproben berechnet.

```
qs1 = (length(dbvK1)-1)*var(dbvK1);
qs2 = (length(dbvK2)-1)*var(dbvK2);
qs3 = (length(dbvK3)-1)*var(dbvK3);
qs4 = (length(dbvK4)-1)*var(dbvK4);
q1  = qs1+qs2+qs3+qs4
```

```
q1 =

   4.3160
```

Anschließend wird die Abweichungsquadratsumme q_2 zwischen den Stichproben berechnet. Am einfachsten lässt sich diese bestimmen, indem man gemäß (263.1)-(264.2) den schon berechneten Wert von q_1 von der *Gesamt*-Abweichungsquadratsumme abzieht:

```
dbvall = [dbvK1, dbvK2, dbvK3, dbvK4];   % Alle Stichproben
qges = (length(dbvall)-1)*var(dbvall);
q2 = qges - q1

q2 =

   0.8350

qges                            % Zur Kontrolle ausgegeben

qges =

   5.1510
```

Mit diesen Werten wird gemäß Gleichung (264.5) der Wert t der Testvariablen bestimmt:

```
N = length(dbvall);    % Alle Stichprobenwerte
n = 4;                 % 4 Faktorgruppen
nq2 = (1/(n-1))*q2     % Normierung der Quadratsummen

nq2 =

   0.2783

nq1 = (1/(N-n))*q1     % Normierung der Quadratsummen

nq1 =

   0.1199

t=nq2/nq1              % Wert der Testvariablen

t =

   2.3216
```

Für die Entscheidung kann nun entweder das $(1 - \alpha)$-Quantil der F-Verteilung oder der p-Wert herangezogen werden. Mit den folgenden Anweisungen werden beide Größen bestimmt:

```
alpha = 0.05;              % gewähltes Signifikanzniveau
uF = finv(1-alpha, n-1, N-n)


uF =

    2.8663

pWert = 1-fcdf(t, n-1, N-n)

pWert =

    0.0915
```

Offenbar ist der Wert der Testvariablen t *nicht* größer als der kritische Wert $u_{1-\alpha}^{F}$ bzw. der p-Wert *nicht* kleiner als das Signifikanzniveau $\alpha = 0.05$. Somit kann die Nullhypothese zum Niveau 95% auf der Grundlage dieser Stichproben *nicht* verworfen werden!

Es hat sich eingebürgert, die Werte der Quadratsummen und der Testvariablen in übersichtlicher tabellarischer Form anzugeben. Tabelle 5.18 gibt den prinzipiellen Aufbau einer solchen Tabelle wieder.

Tabelle 5.18: Tafel der einfaktoriellen Varianzanalyse

Variationsquelle	Quadratsummen	Freiheits-grade	Normierte Quadrat-summen	Wert der Test-variable	p-Wert
Gesamtvariation zwischen den Gruppen	$\sum\limits_{i=1}^{n} m_i\,(\bar{x}_i - \bar{\bar{x}})^2$	n-1	$\frac{1}{n-1}Q_2$	t	$P(T > t)$
Gesamtvariation innerhalb den Gruppen	$\sum\limits_{i=1}^{n} \sum\limits_{j=1}^{m_i} (x_{ij} - \bar{x}_i)^2$	N-n	$\frac{1}{N-n}Q_1$		
Gesamtsumme der Abweichungsquadrate	$\sum\limits_{i=1}^{n} \sum\limits_{j=1}^{m_i} (x_{ij} - \bar{\bar{x}})^2$	N-1			

Dieser Darstellungsform tragen auch die ANOVA-Funktionen (`anova1`, `anova2`, `anovan` etc.) der Statistics Toolbox von MATLAB Rechnung, mit denen die Varianzanalysen wesentlich bequemer als unter Beispiel 5.39 dargestellt berechnet werden können.
Die Funktion **BspAnova1.m** des Begleitmaterials bestimmt die Varianzanalyse für das Beispiel 5.38 mit Hilfe der Funktion `anova1` der Toolbox. Bei

Verwendung dieser Funktion muss zwischen einem so genannten **balancierten Versuchsplan** und einem **unbalancierten Versuchsplan** unterschieden werden. Bei einem balancierten Versuchsplan ist, wie im Beispiel 5.38, die Anzahl der Stichprobenwerte pro Faktorgruppe *gleich*. Die Daten können in diesem Fall in Form einer Matrix organisiert werden. Die Faktorgruppen müssen dabei, ähnlich wie in der Tabelle 5.17, *spaltenweise* organisiert werden.

5.40 Beispiel (Beispiel 5.38 mit der Toolbox-Funktion `anova1`)

Der folgende Auszug aus **BspAnova1.m** zeigt, wie eine einfaktorielle Varianzanalyse mit *balanciertem* Versuchsplan mit Hilfe von `anova1` durchgeführt werden kann:

```
% Untersuchtes Merkmal Altersklasse
% 18-25 Jahre   26-40 Jahre   41-60 Jahre   über 60 Jahre

dbv = [8.2        7.9           8.1           7.8; ...  % Fahrer 1
        7.8        8.3           7.5           8.1; ...  % Fahrer 2
        8.4        7.8           8.2           8.2; ...  % Fahrer 3
        8.5        8.8           8.6           8.1; ...  % Fahrer 4
        7.8        8.0           7.8           8.4; ...  % Fahrer 5
        8.8        8.0           8.3           8.1; ...  % Fahrer 6
        8.8        8.4           8.4           8.3; ...  % Fahrer 7
        8.4        8.0           7.4           7.5; ...  % Fahrer 8
        8.5        7.9           7.5           7.9; ...  % Fahrer 9
        8.4        7.7           8.2           7.8 ];    % Fahrer 10

% Durchführung einer Varianzanalyse mit der Funktion
% anova1

gruppe = cell(4,1); % Namen für die untersuchten Gruppen
gruppe{1} = '18-25 Jahre'; gruppe{2} = '26-40 Jahre';
gruppe{3} = '41-60 Jahre'; gruppe{4} = 'über 60 Jahre';

% Aufruf der Funktion

[pWert, AnovTab, TestStatistik] = anova1(dbv, gruppe)
```

Die Funktion `anova1` liefert die Ergebnisse in Form einer grafischen Darstellung und – bei Angabe der Rückgabewerte – auch im Workspace zurück.
Abbildung 5.9 zeigt die im Beispiel 5.40 von der Funktion ausgegebene ANOVA-Tabelle gemäß der Definition aus Tabelle 5.18.
Man erkennt die in Beispiel 5.39 berechneten Werte (das Quantil $u_{1-\alpha}^{F}$ wird nicht ausgegeben, da nur mit dem p-Wert gearbeitet wird).

```
                          ANOVA Table
Source      SS        df     MS        F      Prob>F          ▲

Columns    0.835      3    0.27833    2.32   0.0915
Error      4.316     36    0.11989
Total      5.151     39                                        ▼
```

Abb. 5.9: ANOVA-Tabelle der Funktion anova1 für das Beispiel 5.38

Im Workspace befinden sich nach Ausführung des Scripts folgende Variablen:

```
pWert =

    0.0915

AnovTab =
```

'Source'	'SS'	'df'	'MS'	'F'	'Prob>F'
'Columns'	[0.8350]	[3]	[0.2783]	[2.3216]	[0.0915]
'Error'	[4.3160]	[36]	[0.1199]	[]	[]
'Total'	[5.1510]	[39]	[]	[]	[]

```
TestStatistik =

    gnames:  {4x1 cell}
         n:  [10 10 10 10]
    source:  'anova1'
     means:  [8.3600  8.0800  8  8.0200]
        df:  36
         s:  0.3462
```

Es wird noch einmal der p-Wert, die ANOVA-Tabelle in Form eines Cell-Arrays (für eine eventuelle Weiterverarbeitung geeignet) und eine Struktur mit weiteren Informationen zur Teststatistik ausgegeben. Diese kann insbesondere für die Untersuchung der Frage verwendet werden, welche Gruppen im Falle einer Ablehnung der Nullhypothese für den Signifikanzunterschied verantwortlich sind. Wir werden auf diese Frage weiter unten näher eingehen.

Abbildung 5.10 zeigt eine weitere Grafik, die von der Funktion anova1 ausgegeben wird und mit der die Unterschiede in den Stichproben visualisiert werden können.

Die Grafik stellt die Daten der einzelnen Faktorgruppen in Form eines so genannten „Notched-Box-Plots"[21] dar. Die oberen und unteren Linien geben

---

[21] Die Daten werden mit Hilfe einer „eingekerbten Box" dargestellt. Eine solche Darstellung kann für eine einzelne Stichprobe mit Hilfe der Toolbox-Funktion boxplot erzeugt werden.

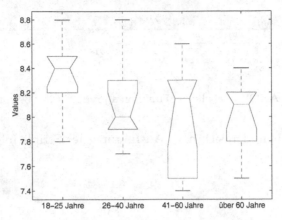

Abb. 5.10: Grafische Darstellung der Varianzanalyse mit der Funktion `anova1` für
das Beispiel 5.38

dabei den Wertebereich (ggf. bereinigt um Ausreißer) an. Die obere und untere Kante der Box markieren die 25%- und die 75%-Quantile der Stichprobe. Die Einschnürung gibt den Medianwert der Stichprobe wieder.

Die Darstellung der zweiten Altersklasse in Abbildung 5.10 beispielsweise ergibt sich aus folgender Berechnung, die mit Hilfe der MATLAB-Funktionen `min, max, median` und `prctile` durchgeführt werden kann:

```
min(dbv(:,2))

ans =

    7.7000

max(dbv(:,2))

ans =

    8.8000

median(dbv(:,2))

ans =

    8

prctile(dbv(:,2), 25)

ans =

    7.9000
```

```
prctile(dbv(:,2), 75)

ans =

   8.3000
```

Paarweise Vergleiche

Mit Hilfe der grafischen Darstellung aus Abbildung 5.10 kann zunächst in Augenschein genommen werden, welche Faktorgruppen im Falle einer Ablehnung der Nullhypothese für die Signifikanz des Faktors verantwortlich sind.

Eine genauere Analyse kann mit Hilfe der Toolbox-Funktion multcompare vorgenommen werden, welche auf die von anova1 zurückgelieferte Struktur stats zurückgreift. Zu beachten ist, dass diese *simultane* Signifikanzprüfung nicht durch paarweise t-Tests ersetzt werden kann (vgl. hierzu Übung 94).

5.41 Beispiel (Paarweiser Vergleich in Beispiel 5.38)

Die in Beispiel 5.40 von der Toolbox-Funktion anova1 zurückgelieferte Struktur TestStatistik muss als Eingangsparameter für die Funktion multcompare verwendet werden, welche die paarweisen Vergleiche durchführt.

```
alpha = 0.05;          % Signifikanzniveau 95%
[vergleich, mittelwerte] = ...
                   multcompare(TestStatistik, alpha)

vergleich =

   1.0000    2.0000   -0.1370    0.2800    0.6970
   1.0000    3.0000   -0.0570    0.3600    0.7770
   1.0000    4.0000   -0.0770    0.3400    0.7570
   2.0000    3.0000   -0.3370    0.0800    0.4970
   2.0000    4.0000   -0.3570    0.0600    0.4770
   3.0000    4.0000   -0.4370   -0.0200    0.3970


mittelwerte =

   8.3600    0.1095
   8.0800    0.1095
   8.0000    0.1095
   8.0200    0.1095
```

Das Ergebnis gibt in der Matrix `vergleich` die Differenz (4. Spalte) der Mittelwerte eines Stichprobenpaars (1. und 2. Spalte) wieder. Die Spalten 3 und 5 enthalten jeweils die untere und obere Grenze des $(1 - \alpha)$-Vertrauensintervalls für die Differenz der Mittelwerte. Beispielsweise besagt die Zeile

```
    2.0000      3.0000      -0.3370      0.0800      0.4970,
```

dass die Differenz der Mittelwerte der zweiten und dritten Altersgruppe 0.08 beträgt, mit einem Vertrauensintervall von $[-0.3370, 0.4970]$. Solange das Vertrauensintervall die 0 (kein Unterschied) enthält, kann nicht auf einen Signifikanzunterschied geschlossen werden. Die Werte der Matrix `vergleich` bestätigen insofern das Ergebnis der obigen Varianzanalyse.

Die Matrix `mittelwerte` enthält die Schätzungen für die Mittelwerte und die (gemeinsame) Standardabweichung jeder Gruppe.

Die numerischen Ergebnisse werden von der Funktion `multcompare` zusätzlich noch grafisch dargestellt. Auf die Diskussion dieser Darstellung soll hier jedoch verzichtet werden.

MATLAB-Varianzanalyse für einen unbalancierten Versuchsplan

Die Varianzanalyse für einen *unbalancierten* Versuchsplan mit Hilfe der Toolbox-Funktion `anova1` gestaltet sich etwas umständlicher als im balancierten Fall. Die Daten müssen hier *in einem Vektor* organisiert werden. Die Zuordnung zu den Faktorgruppen erfolgt mit Hilfe eines gleich großen numerischen Indexvektors oder eines entsprechenden Cell-Arrays.

Eine Abwandlung von Beispiel 5.38, bei der einige Fahrer aus den jeweiligen Gruppen herausgenommen wurden um die Faktorgruppen unterschiedlich groß zu machen, soll die Vorgehensweise verdeutlichen (**BspAnova1Unbalanced.m**):

```
% Untersuchtes Merkmal: Altersklasse

% Klasse 1:    Altersklasse 18-25 Jahre
dbvK1 =    [    8.2;  ...   % Fahrer 1
               7.8;  ...   % Fahrer 2
               8.4;  ...   % Fahrer 3
               8.5;  ...   % Fahrer 4
               7.8;  ...   % Fahrer 5
               8.8;  ...   % Fahrer 6
               8.8;  ...   % Fahrer 7
               8.4;  ...   % Fahrer 8
               8.5;  ...   % Fahrer 9
               8.4];       % Fahrer 10
```

```
% Klasse 2:    Altersklasse 26-40 Jahre
dbvK2 =     [   7.9;  ...  % Fahrer 1
                8.3;  ...  % Fahrer 2
                7.8;  ...  % Fahrer 3
                8.8;  ...  % Fahrer 4
                8.0;  ...  % Fahrer 5
                8.0;  ...  % Fahrer 6
                8.4];      % Fahrer 7


% Klasse 3:    Altersklasse 41-60 Jahre
dbvK3 =     [   8.1;  ...  % Fahrer 1
                7.5;  ...  % Fahrer 2
                8.2;  ...  % Fahrer 3
                8.6;  ...  % Fahrer 4
                7.8;  ...  % Fahrer 5
                8.3;  ...  % Fahrer 6
                8.4;  ...  % Fahrer 7
                7.4;  ...  % Fahrer 8
                7.5;  ...  % Fahrer 9
                8.2];      % Fahrer 10


% Klasse 4:    Altersklasse über 60 Jahre
dbvK4 =     [   7.8;  ...  % Fahrer 1
                8.1;  ...  % Fahrer 2
                8.2;  ...  % Fahrer 3
                8.1;  ...  % Fahrer 4
                8.4;  ...  % Fahrer 5
                7.8 ];     % Fahrer 6

% Definition der Klassenbezeichner entsprechend dem Umfang
% der Stichproben (je ein Name pro Stichprobenwert der
% Klasse). (s. help zu repmat, strvcat, cellstr)

indx = cumsum([length(dbvK1), length(dbvK2), ...
                        length(dbvK3), length(dbvK4)]);

Gr1 = repmat('18-25 Jahre', indx(1), 1);
Gr2 = repmat('26-40 Jahre', indx(2)-indx(1), 1);
Gr3 = repmat('41-60 Jahre', indx(3)-indx(2), 1);
Gr4 = repmat('über 60 Jahre', indx(4)-indx(3), 1);
klassen = strvcat(Gr1,Gr2,Gr3,Gr4);
gruppe = cellstr(klassen);

% Neudefinition der Stichprobenwerte ALS VEKTOR für die
% Funktion anova1

dbv = [dbvK1; dbvK2; dbvK3; dbvK4];
```

```
% Aufruf der Funktion

[pWert, AnovTab, TestStatistik] = anova1(dbv, gruppe)
```

Der Auszug aus dem Script-File **BspAnova1Unbalanced.m** zeigt, dass die Daten *hintereinander* in einem (Zeilen- oder Spalten-)Vektor zu organisieren sind. Für die Zuordnung zu den Faktorgruppen ist im obigen Fall ein Cell-Array angelegt worden, das für jeden Stichprobenwert die zugehörige Altersklasse in Form eines entsprechenden Strings ablegt. Der Aufruf von anova1 bleibt ansonsten identisch und liefert:

```
pWert =

    0.1591


AnovTab =

'Source'      'SS'        'df'      'MS'        'F'          'Prob>F'
'Groups'    [0.7090]    [  3]    [0.2363]    [1.8565]      [0.1591]
'Error'     [3.6916]    [29]     [0.1273]    []            []
'Total'     [4.4006]    [32]     []          []            []


TestStatistik =

    gnames: {4x1 cell}
         n: [10 7 10 6]
    source: 'anova1'
     means: [8.3600 8.1714 8 8.0667]
        df: 29
         s: 0.3568
```

Da der *p*-Wert mit 0.1591 größer ist als 0.05 bzw. 0.01, gibt es für die Standard-Signifikanzniveaus auch in diesem Falle keinen Grund die Nullhypothese (Gleichheit aller Mittelwerte) zu Gunsten der Annahme eines Signifikanzunterschiedes abzulehnen!

5.5.2 Zweifaktorielle Varianzanalyse

Eine Zufallsgröße kann natürlich nicht nur von einem, sondern durchaus von mehreren Einflussfaktoren abhängig sein. Möchte man die *Signifikanz mehrerer Faktoren* für eine Zufallsgröße untersuchen, so muss das Schema der einfaktoriellen Varianzanalyse entsprechend erweitert werden.

Wir beschränken uns hier der einfacheren Darstellung halber auf die Untersuchung *zweier* Faktoren, der so genannten *zweifaktoriellen Varianzanalyse*.

MATLAB stellt mit der Funktion anovan der Statistics Toolbox ein geeignetes Hilfsmittel zur Verfügung, mit dem eine *mehrfaktorielle Varianzanalyse* durchgeführt werden kann. Auf eine entsprechende Darstellung der Handhabung dieser Funktion für die Untersuchung von mehr als zwei Faktoren soll aber an dieser Stelle verzichtet werden.

Für den Fall einer *balancierten* zweifaktoriellen Varianzanalyse kann jedoch zunächst die wesentlich einfacher zu handhabende Toolbox-Funktion anova2 verwendet werden. Wir werden diese Funktion weiter unten vorstellen. Vorab soll, ähnlich wie in Abschnitt 5.5.1, die Grundidee des Verfahrens erläutert werden.

Betrachten wir zur besseren Veranschaulichung dazu folgendes Beispiel.

5.42 Beispiel (Kilometerlaufleistung von Fahrzeugen)

Ein Automobilkonzern produziert drei verschiedene Modelle an drei verschiedenen Standorten weltweit. In einer Feldstudie werden an jedem Standort jeweils mit drei Wagen jedes Typs die Gesamtlaufleistungen (in Tausend km) aufgezeichnet.

Die Tabelle 5.19 gibt das Ergebnis der Untersuchung wieder.

Anhand der Daten soll untersucht werden, inwiefern Wagentyp *und* Produktionsstandort einen signifikanten Einfluss auf die Gesamtlaufleistung der Fahrzeuge haben. Darüber hinaus ist interessant, ob es zwischen Produktionsort und Fahrzeugtyp hinsichtlich der Qualität *Wechselwirkungen* gibt, also etwa ob es an einem Produktionsstandort hinsichtlich eines Modells Probleme gibt, die sich auf die Gesamtlebensdauer der Fahrzeuge dieses Modells auswirken.

Tabelle 5.19: Gemessene Gesamtlaufleistung (in 1000 km) der untersuchten Automobile

	Modell 1	Modell 2	Modell 3
Standort 1	260	265	240
	265	260	246
	261	266	248
Standort 2	266	255	261
	265	250	266
	261	259	259
Standort 3	251	265	230
	265	263	236
	267	276	238

Zur Beantwortung dieser Fragen kann das Modell aus Abschnitt 5.5.1 erweitert werden. Die Idee ist wiederum, dass sich der signifikante Einfluss eines Faktors in einer entsprechenden signifikanten Abweichung des Mittelwertes manifestiert.

Im Modell werden die Daten zunächst entsprechend den Einflussfaktoren in Klassen aufgeteilt. Bei zwei Faktoren A und B wie im Beispiel[22] 5.42 entsteht für die Daten der i-ten Gruppe des Faktors A und der j-ten Gruppe des Faktors B eine Klasse, die durch die Zufallsvariable X_{ij} beschrieben werden kann. Die gemessenen Werte x_{ijk} jeder Klasse werden dementsprechend als beobachtete Werte der Zufallsvariablen X_{ij} aufgefasst. Der Index i bezeichnet eine der n Gruppen des Faktors A und j entsprechend eine der m Gruppen des Faktors B. Der Laufindex k durchläuft dabei die $r > 1$ Stichprobenwerte jeder Klasse. Im Beispiel 5.42 entspricht jede Zelle von Tabelle 5.19 einer Klasse und jede Klasse enthält drei Messwerte.

Jeder Wert x_{ijk} kann nun, analog zu (262.1), gedanklich wieder in folgender Form dargestellt werden:

$$x_{ijk} = \mu + \alpha_i + \beta_j + \gamma_{ij} + \epsilon_{ijk}. \tag{276.1}$$

Dabei bezeichnet μ den Erwartungswert aller beobachteten Werte und α_i, β_j sowie γ_{ij} systematische Abweichungen, welche auf die jeweiligen Faktoren bzw. auf die *Interaktion* zweier Faktoren zurückzuführen sind. Bezüglich ϵ_{ijk} geht man wiederum davon aus, dass es sich um eine unsystematische Abweichung handelt. Die resultierenden Zufallsvariablen E_{ij} und somit X_{ij} werden daher erneut als *normalverteilt* angenommen , wobei wie bei der einfaktoriellen Analyse von einer konstanten (aber i.A. unbekannten) Streuung σ ausgegangen wird.

Die Überprüfung, ob bezüglich eines Faktors oder der Interaktion zweier Faktoren ein signifikanter Einfluss vorliegt, entspricht unter dem Blickwinkel dieser Modellierung wiederum einem *Hypothesentest*. Ist etwa kein signifikanter Einfluss des Faktors A vorhanden, so sollte sich dies dadurch bemerkbar machen, dass die auf diesen Faktor zurückzuführenden mittleren systematischen Abweichungen α_i für jede Faktorgruppe i null sind, d.h. bei einer entsprechenden Überprüfung testen wir die Hypothese

$$H_0: \ \alpha_1 = \alpha_2 = \cdots = \alpha_n = 0 \quad \text{(kein signifikanter Einfluss!)}$$

gegen die Alternative

$$H_1: \ \text{Es gibt ein } i \leq n \text{ mit } \alpha_i \neq 0 \quad \text{(signifikanter Einfluss!)}.$$

Ähnliches gilt für den zweiten Faktor und die Wechselwirkungen.

Der eigentliche Test beruht, wie schon bei der einfaktoriellen Varianzanalyse, auf einer *Zerlegung der Abweichungsquadrate*, auf deren genaue Darstellung

---

[22] Im Beispiel ist A (Spalten) das Modell und B (Zeilen) der Standort.

hier verzichtet werden soll (vgl. [32, 18]). Die relevanten Testvariablen ergeben sich i.W. wieder aus dem Vergleich der verschiedenen Variationsquellen mit der Restvariation, welche eine Schätzung für die Varianz σ^2 ist. Ist eines der berechneten Verhältnisse zu groß, d.h. wird eine kritische Schwelle überschritten, so deutet das auf einen signifikanten Einfluss eines Faktors hin und führt zur Ablehnung der Nullhypothese. Die kritische Schwelle wiederum wird durch die Verteilung der Testvariablen und das gewählte Signifikanzniveau bestimmt. Auf Grund der Voraussetzung, dass die Zufallsvariablen X_{ij} *normalverteilt* sind, ergibt sich, ähnlich wie in in Abschnitt 5.5.1, dass jede Testvariable F-verteilt ist.

Die Tabelle 5.20 fasst das Gesagte in kompakter Form zusammen. Dabei bezeichnen

$\bar{\bar{x}}_i = \frac{1}{mr} \sum_{j=1}^{m} \sum_{k=1}^{r} x_{ijk}$ Mittel über die i-te Spalte (Gruppe i, Faktor A),

$\bar{\bar{x}}_j = \frac{1}{nr} \sum_{i=1}^{n} \sum_{k=1}^{r} x_{ijk}$ Mittel über die j-te Zeile (Gruppe j, Faktor B),

$\bar{x}_{ij} = \frac{1}{r} \sum_{k=1}^{r} x_{ijk}$ Mittel der ij-ten Zelle,

$\bar{\bar{x}} = \frac{1}{nmr} \sum_{i=1}^{n} \sum_{j=1}^{m} \sum_{k=1}^{r} x_{ijk}$ Gesamtmittel aller Werte.

Tabelle 5.20 repräsentiert zu einem Großteil auch die übliche Darstellungsform der ANOVA-Tabelle für eine zweifaktorielle Varianzanalyse.

Zweifaktorielle Varianzanalyse mit einfacher Besetzung

Liegt für jeder Zelle ij des Versuchsplans *nur ein Messwert* vor ($r = 1$), so spricht man von einer zweifaktoriellen Analyse mit **einfacher Besetzung** im Gegensatz zu der oben beschriebenen Analyse mit **mehrfacher Besetzung**.

Da für jede Zelle nur noch ein Messwert vorliegt, ist eine Analyse von Interaktionen nach dem Schema aus Tabelle 5.20 nicht mehr möglich, da die Restvariation Q_R null wäre. Durch die Zerlegung der Abweichungsquadrate ergibt sich vielmehr der in Tabelle 5.20 mit Q_{AB} bezeichnete Term als Restvariationsterm.

Im Modell wird daher angenommen, dass sich die beiden betrachteten Einflüsse *additiv überlagern* und somit jeder Wert x_{ij} in der Form

$$x_{ij} = \mu + \alpha_i + \beta_j + \epsilon_{ijk} \qquad (277.1)$$

dargestellt werden kann.

Die auf Grund des Zerlegungsansatzes und dieser Modellannahme entstehende ANOVA-Tabelle unterscheidet sich von Tabelle 5.20 dadurch, dass die Testvariable für den Wechselwirkungsterm entfällt und Q_{AB} die Rolle von Q_R übernimmt.

Tabelle 5.20: Tafel der zweifaktoriellen Varianzanalyse für einen balancierten Versuchsplan

Variationsquelle	Quadratsummen	Freiheitsgrade	Normierte Quadratsummen	Testvariable	Wert der Testvariablen	p-Wert
Gesamtvariation zwischen den Gruppen des Faktors A	$Q_A = mr \sum_{i=1}^{n} (\bar{x}_i - \bar{\bar{x}})^2$	n-1	$M_A = \frac{1}{n-1} Q_A$	$T_A = \frac{M_A}{M_R}$	t_A	$P(T_A > t_A)$
Gesamtvariation zwischen den Gruppen des Faktors B	$Q_B = nr \sum_{j=1}^{m} (\bar{x}_j - \bar{\bar{x}})^2$	m-1	$M_B = \frac{1}{m-1} Q_B$	$T_B = \frac{M_B}{M_R}$	t_B	$P(T_B > t_B)$
Gesamtvariation der Wechselwirkung zwischen den Gruppen	$Q_{AB} = r \sum_{i=1}^{n} \sum_{j=1}^{m} (\bar{x}_{ij} - \bar{x}_i - \bar{x}_j + \bar{\bar{x}})^2$	(n-1)(m-1)	$M_{AB} = \frac{1}{(n-1)(m-1)} Q_{AB}$	$T_{AB} = \frac{M_{AB}}{M_R}$	t_{AB}	$P(T_{AB} > t_{AB})$
Gesamtvariation innerhalb der Gruppen (Restvariation)	$Q_R = \sum_{i=1}^{n} \sum_{j=1}^{m} \sum_{k=1}^{r} (x_{ijk} - \bar{x}_{ij})^2$	mn(r-1)	$M_R = \frac{1}{mn(r-1)} Q_R$			
Gesamtsumme der Abweichungsquadrate	$Q_T = \sum_{i=1}^{n} \sum_{j=1}^{m} \sum_{k=1}^{r} (x_{ijk} - \bar{\bar{x}})^2$	nmr-1				

Wir verzichten an dieser Stelle auf eine detailliertere Darstellung des Falles der einfachen Besetzung, da die MATLAB-Funktion anova2, die wir im folgenden Abschnitt zur Durchführung einer zweifaktoriellen Varianzanalyse verwenden, in diesem Fall bei korrekter Parametrierung automatisch eine entsprechende ANOVA-Tabelle erzeugt.

Zweifaktorielle Varianzanalyse mit MATLAB

Eine zweifaktorielle Varianzanalyse kann, wie bereits angedeutet, unter MATLAB für einen balancierten Versuchsplan mit der Funktionen anova2 der Statistics Toolbox durchgeführt werden.

5.43 Beispiel (Beispiel 5.42 mit der Toolbox-Funktion anova2)

Der folgenden Auszug aus **BspAnova2Kmlauf.m** zeigt, wie eine zweifaktorielle Varianzanalyse mit balanciertem Versuchsplan mit Hilfe von anova2 durchgeführt werden kann:

```
%              Typ 1   Typ 2   Typ 3      % Wagentyp

laufl = [   260     265     240; ...  % Produktionsstätte 1
            265     260     246; ...
            261     266     248; ...
            266     255     261; ...  % Produktionsstätte 2
            265     250     266; ...
            261     259     259; ...
            251     265     230; ...  % Produktionsstätte 3
            265     263     236; ...
            267     276     238];

% Durchführung einer Varianzanalyse mit der Funktion
% anova2
% Aufruf der Funktion

wFaktor = 3;        % Wiederholungsfaktor
                    % (Zahl der Wagen pro Faktorkombination)

[pWert, AnovTab, TestStatistik] = anova2(laufl, wFaktor)
```

Die Daten können (und sollten) bei Vorliegen eines balancierten Versuchsplanes in einer *Matrix* organisiert werden, die in ihrem Aufbau der Tabelle 5.19 entspricht.

Nach Ausführung dieser Befehle erhält man im Workspace die Daten der in Abbildung 5.11 dargestellten ANOVA-Tabelle sowie eine Struktur TestStatistik zurück, die für die Weiterverarbeitung und Visualisierung des Ergebnisses mit der Funktion multcompare verwendet werden kann.

Das Ergebnis aus Abbildung 5.11 zeigt, dass sowohl ein in den Spalten dargestellter Faktor (hier das Modell) als auch eine Interaktion signifikant sein müssen, da der *p*-Wert in diesen Fällen sehr klein (weit kleiner als die üblichen Signifikanzniveaus 0.05 und 0.01) ist. Dagegen ist der in den Zeilen repräsentierte Faktor (hier der Produktionsstandort) nicht hinreichend signifikant. Der *p*-Wert ist in diesem Fall mit 0.073 größer als die üblichen Signifikanzniveaus 0.05 und 0.01.

Es ist vielleicht ganz instruktiv, die Testentscheidung für diesen Fall explizit mit Hilfe von MATLAB nachzuvollziehen:

```
m_B = 73.3704;          % normierte Quadrats. Faktor B
m_R = 24.1481;          % normierte Restquadratsumme
t_B = m_B/m_R           % Testvariable


t_B =

    3.0384

dfB = 2;                % 3-1 = 2 Freiheitsgrade (t_B)
dfR = 18;               % 3*3*2 = 18 Freiheitgr. (Rest)
w = fcdf(t_B, dfB, dfR); % Wert der F-Verteilung für t_B
p = 1- w                % p-Wert (P(T_B>t_B))


p =

    0.0730
```

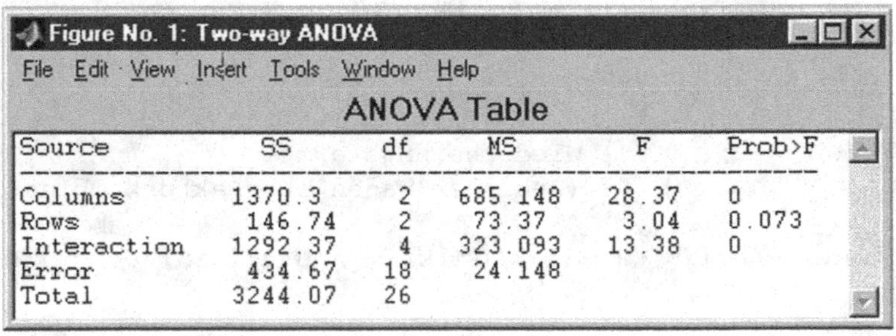

```
Figure No. 1: Two-way ANOVA                          _ □ ✕
File  Edit · View  Insert  Tools  Window  Help
                        ANOVA Table
Source          SS        df      MS        F       Prob>F
────────────────────────────────────────────────────────
Columns       1370.3      2     685.148   28.37     0
Rows           146.74     2      73.37     3.04     0.073
Interaction   1292.37     4     323.093   13.38     0
Error          434.67    18      24.148
Total         3244.07    26
```

Abb. 5.11: ANOVA-Tabelle der Funktion `anova2` für das Beispiel 5.42

Zum Abschluss des Abschnittes soll noch ein Beispiel für den im Abschnitt 5.5.2 angesprochenen Fall der zweifaktoriellen Analyse mit einfacher Besetzung behandelt werden. Dazu greifen wir das Beispiel 5.42 nochmals auf und betrachten in jeder Zelle nur *einen* Wert.

5.44 Beispiel (zweifaktoriellen Analyse mit einfacher Besetzung)

Von den Daten aus Beispiel 5.43 soll nun lediglich für jede Produktionsstätte jeweils die erste Typreihe verwendet werden.

Mit Hilfe von anova2 (vgl. Datei **BspAnova2KmlaufEinfach.m** des Begleitmaterials) kann die Varianzanalyse für diese Daten wie folgt durchgeführt werden:

```
%            Typ 1    Typ 2    Typ 3        % Wagentyp

laufl = [    260      265      240; ...     % Produktionsstätte 1
             266      255      261; ...     % Produktionsstätte 2
             251      265      230];        % Produktionsstätte 3


% Durchführung einer Varianzanalyse mit der Funktion
% anova2
% Aufruf der Funktion

[pWert, AnovTab, TestStatistik] = anova2(laufl)
```

Wie man sieht, wird in anova2 automatisch davon ausgegangen, dass es sich um einen Versuchsplan mit einfacher Besetzung handelt, wenn kein Wiederholungsfaktor angegeben ist.

Nach Ausführung dieser Befehle erhält man die in Abbildung 5.12 dargestellte ANOVA-Tabelle.

Man erkennt, dass nur zwei Testvariable ausgewertet werden, nämlich die für die zwei Einflussfaktoren.

Im Ergebnis ist in diesem Fall *kein* Faktor zu einem der gängigen Niveaus (z.B. 95%-Niveau) signifikant, da der p-Wert jeweils größer ist.

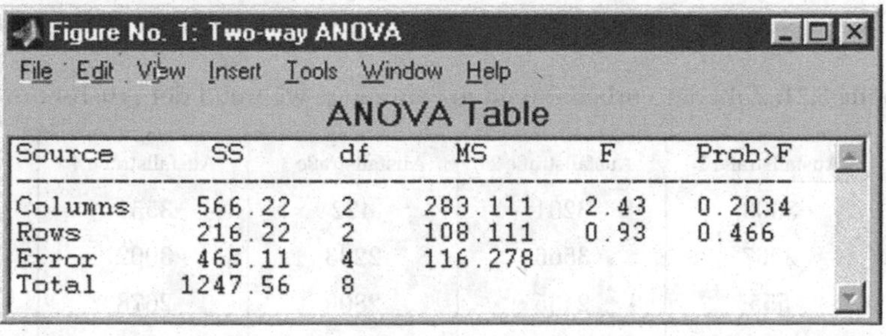

Source	SS	df	MS	F	Prob>F
Columns	566.22	2	283.111	2.43	0.2034
Rows	216.22	2	108.111	0.93	0.466
Error	465.11	4	116.278		
Total	1247.56	8			

Abb. 5.12: ANOVA-Tabelle der Funktion anova2 für das Beispiel 5.44

5.5.3 „Nichtparametrische" Varianzanalyse

Grundlegende Voraussetzung für die Anwendung der Methoden der Varianzanalyse ist die Annahme, dass die beobachteten Daten einer *normalverteilten* Grundgesamtheit entstammen. Die in den Abschnitten 5.5.1 und 5.5.2 vorgestellten Tests sind zwar relativ unempfindlich gegenüber leichten Abweichungen von dieser Voraussetzung ([32]), sollten jedoch nicht mehr angewandt werden, wenn Grund zur Annahme besteht, dass die Normalverteilungsvoraussetzung nicht zumindest näherungsweise garantiert werden kann.

In diesen Fällen müssen wir nach anderen Methoden Ausschau halten.

Ein Ansatz zur Lösung dieses Problems wurde bereits in Abschnitt 5.4.4 diskutiert. Dort wurden zwei Stichproben verteilungsunabhängig analysiert, indem ihre *Rangsumme* innerhalb einer gemeinsamen Werterangliste untersucht wurde (Wilcoxons Rangsummen- oder U-Test, s. S. 251).

Eine ähnliche Strategie ließ sich auch für zwei verbundene Stichproben erfolgreich anwenden (vgl. Übung 91).

Der Kruskal-Wallis-Test

Die Idee der Rangsummenanalyse soll nun auf den allgemeineren Fall der Untersuchung mehrerer Einflussfaktoren erweitert werden.

Betrachten wir zum besseren Verständnis dazu zunächst ein Beispiel.

5.45 Beispiel (Verkehrsbelastung von Ausfallstraßen)

An vier Ausfallstraßen einer größeren Stadt wird an 20 zufällig ausgewählten Werktagen die Zahl der stadtauswärts fahrenden Fahrzeuge während der „rush-hour" (16.30 Uhr - 17.30 Uhr) ermittelt. Die Zählung liefert das in Tabelle 5.21 niedergelegte Ergebnis.

Ziel der Untersuchung ist es unter anderem, festzustellen, ob die Auslastung der Ausfallstraßen einigermaßen gleich ist oder ob es signifikante Unterschiede gibt.

Tabelle 5.21: Zahl der vorbeifahrenden Fahrzeuge während der „rush-hour".

Ausfallstraße 1	Ausfallstraße 2	Ausfallstraße 3	Ausfallstraße 4
3003	3201	422	3551
2967	3566	2233	3002
555	2455	2800	2678
3321	3012	217	3033
3122	3101	1533	2791

Die Annahme, dass die Verteilung der Fahrzeuganzahl durch eine Normal-verteilung zumindest approximierbar ist, wäre nur unter gewissen Bedingungen vertretbar, etwa wenn auf allen Ausfallstraßen während der „rush-hour" der Verkehr in einem stetigen Fluss dahinströmen würde. Dies ist aber nicht unbedingt zu erwarten. Ein Blick auf die Daten verrät, dass es wohl auch Messungen mit relativ geringen Fahrzeuganzahlen gibt. Dies deutet auf zäh fließenden Verkehr und gegebenenfalls auf Stausituationen hin, so-dass die (diskrete) Verteilung der Fahrzeuganzahl vielleicht sogar besser mit einer zweigipfligen stetigen Verteilung anzunähern wäre.

Da die Verteilung somit nicht ohne Weiteres als Gauß'sch angesehen werden kann, muss die Frage nach dem Einfluss des Faktors „Ausfallstraße" auf die Verkehrsbelastung statistisch mit anderen Mitteln beantwortet werden.

Die Messwerte x_{ij} sind zunächst einmal ganz grundsätzlich beobachtete Werte unabhängiger Zufallsvariablen X_{ij} mit unbekannter Verteilungsfunktion. Dabei lassen sich jeweils m_i Werte in folgender Form einem von k Einflussfaktoren zuordnen:

$$
\begin{array}{ccccc}
x_{11} & x_{21} & x_{31} & \cdots & x_{k1} \\
x_{12} & x_{22} & \cdots & \cdots & x_{k2} \\
x_{13} & x_{23} & x_{3m_3} & \cdots & x_{k3} \\
\cdots & \cdots & & \cdots & \cdots \\
x_{1m_1} & \cdots & & \cdots & x_{km_k} \\
& x_{2m_2} & & &
\end{array}
\tag{283.1}
$$

Diese Unterteilung entspricht im Beispiel 5.45 den Spalten der Tabelle 5.21.

Von den Zufallsvariablen X_{ij}, die dem i-ten Einflussfaktor zugeordnet werden, wird angenommen, dass sie alle identisch verteilt sind mit der Verteilungsfunktion $F_i(x)$.

Falls die Einflussfaktoren *keine signifikanten Auswirkung* auf die beobachteten Zufallswerte haben, so manifestiert sich dies in der Tatsache, dass die Verteilungsfunktionen $F_i(x)$ identisch sind.

Der zu konstruierende Test, welcher die oben aufgeworfene Frage nach der Signifikanz eines Einflussfaktors beantwortet, ist somit ein *Hypothesentest* der Form

$$H_0 : \; F_1(x) = F_2(x) = \cdots = F_k(x) \qquad \text{(kein signifikanter Einfluss!)}$$

gegen die Alternative

$$H_1 : \; \text{Es gibt } i, j \leq k \text{ mit } F_i(x) \neq F_j(x) \qquad \text{(signifikanter Einfluss!)}.$$

Der im Folgenden vorgestellte, so genannte **Kruskal-Wallis-Test** basiert auf der Idee der Rangsummen. Zunächst ordnet man *alle* beobachteten Werte x_{ij} der Größe nach und ordnet jedem Wert seinen entsprechenden Rang zu.

Tabelle 5.22: Ränge der Werte aus Tabelle 5.21.

Ausfallstraße 1	Ausfallstraße 2	Ausfallstraße 3	Ausfallstraße 4
12	17	2	19
10	20	5	11
3	6	9	7
18	13	1	14
16	15	4	8

Im Beispiel der Werte aus der Tabelle 5.21 liefert dies die in Tabelle 5.22 abzulesenden Ränge.

Diese Rangtabelle kann mit Hilfe von MATLAB leicht auf folgende Weise aus den Werten der Tabelle 5.21 errechnet werden (vgl. Datei **BspKruskal-Wallis1.m**):

```
% Tabelle der Anzahl der gezählten Fahrzeuge

Anz = [3003   3201   422 3551; ...
       2967   3566 2233 3002; ...
        555   2455 2800 2678; ...
       3321   3012   217 3033; ...
       3122   3101 1533 2791];


% Dimension der Tabelle feststellen

DimAnz = size(Anz);


% Tabelle zu einer Spalte ordnen und sortieren

Anz = Anz(:);
[AnzSort, Indx] = sort(Anz);


% Spalte aller vorkommenden Ränge erzeugen

n = DimAnz(1)*DimAnz(2);
raenge = (1:n)';


% Ränge entsprechend der in Indx gefundenen Anordnung
% sortieren und in die Form der ursprünglichen Matrix
% zurückführen

[w, Indx2] = sort(Indx);
rangMat = reshape(raenge(Indx2), DimAnz);
```

Falls nun die Nullhypothese H_0 gilt, so hat offenbar jeder Wert die gleiche Chance jeden möglichen Rang zu belegen. Man sollte daher erwarten, dass in diesem Fall *der mittlere Rang* in jeder Faktorgruppe ungefähr gleich groß ist und eine Schätzung des mittleren Ranges *aller* Werte darstellt.

Falls die Nullhypothese nicht zutrifft, so ist zu erwarten, dass in gewissen Faktorgruppen größere, in anderen kleinere Rangmittelwerte errechnet werden, sodass eine größere Gesamtabweichung vom Mittelwert aller Ränge entstehen müsste.

Es liegt nahe für diese Gesamtabweichung wieder das quadratische Abweichungsmaß zu verwenden. Bezeichnet man mit $\bar{r}_i$ den Rangmittelwert der i-ten Faktorgruppe und berücksichtigt man, dass $\frac{n+1}{2}$ der mittlere Rang aller $n = m_1 + \cdots + m_k$ vorkommenden Ränge ist, so ist

$$\hat{T} = \sum_{i=1}^{k} \left(\bar{r}_i - \frac{n+1}{2} \right)^2 \tag{285.1}$$

ein Maß für diese Abweichung und kommt prinzipiell als Testgröße in Frage.

Sind die Stichprobenumfänge in den unterschiedlichen Faktorgruppen unterschiedlich lang, so ist es allerdings besser, die quadratischen Abweichungen mit der Anzahl der Stichprobenwerte in folgender Weise zu gewichten:

$$\tilde{T} = \sum_{i=1}^{k} m_i \cdot \left(\bar{r}_i - \frac{n+1}{2} \right)^2 . \tag{285.2}$$

Im Beispiel kann der Wert dieser Testgröße leicht mit folgenden MATLAB-Anweisungen errechnet werden:

```
% Rangsummen der Spalten berechnen und mit der Anzahl
% der Werte in jeder Spalte multiplizieren

rgSumMittel = sum(rangMat)/DimAnz(1);

% Testgröße berechnen

Ttilde = sum(DimAnz(1)*(rgSumMittel - (n+1)/2).^2)

Ttilde =

   283.8000
```

Die Testentscheidung beruht nun auf der Wahrscheinlichkeit, mit der die Testgröße $\tilde{T}$ diesen Wert annehmen kann. Ist der Wert bei Gültigkeit der Nullhypothese sehr unwahrscheinlich, so werden wir die Nullhypothese ablehnen.

Um dies zu entscheiden, muss jedoch die *Verteilung* der Testvariablen bekannt sein.

Die Verteilung von $\tilde{T}$ könnte prinzipiell mit kombinatorischen Überlegungen ermittelt werden. Hierzu müsste man *für alle n!* vorkommenden Kombinationen von Rangzuordnungen zu den n Werten der k Faktorgruppen die Werte von $\tilde{T}$ bestimmen. Anschließend müsste für jeden vorkommenden Wert die relative Häufigkeit bestimmt werden. Da allerdings

$$\frac{n!}{m_1! \cdot m_2! \cdots m_k!} \tag{286.1}$$

Rangkombinationen mit verschiedenen Werten von $\tilde{T}$ berechnet werden müssten (vgl. Übung 96), ist diese Methode auch mit Hilfe von Rechnern für große n kaum durchführbar.

Es kann allerdings gezeigt werden [20], dass die durch eine kleine Skalierung von $\tilde{T}$ entstehende Testgröße

$$T = \frac{12}{n(n+1)} \sum_{i=1}^{k} m_i \cdot \left(\bar{r}_i - \frac{n+1}{2} \right)^2 \tag{286.2}$$

asymptotisch χ^2-verteilt ist mit $k - 1$ Freiheitsgraden.

Eine gute Approximation wird dabei bereits für $k \geq 4$ und $m_j \geq 5$ erreicht (also auch im Fall von Beispiel 5.45) [30]. Für kleine Stichproben muss auf entsprechende Tabellen zurückgegriffen werden wie man sie etwa in [30] findet.

Wählt man also zu einem Testniveau α das entsprechende einseitige Quantil $u_{1-\alpha}^{\chi^2}$ dieser χ^2-Verteilung, so kann der Test auf folgende Weise durchgeführt werden:

H_0 wird abgelehnt, falls der Wert der Testvariablen T größer ist als $u_{1-\alpha}^{\chi^2}$!

Alternativ kann wieder der so genannte p-Wert zur Entscheidung herangezogen werden. H_0 wird abgelehnt, falls für den errechneten Wert t der Testgröße T der Wert

$$p = P(T > t) \tag{286.3}$$

kleiner ist als das gewählte Signifikanzniveau.

Im konkreten Beispiel errechnen wir mit MATLAB (vgl. Datei **BspKruskalWallis1.m**):

```
T = 12*Ttilde/(n*(n+1))

T =

    8.1086
```

```
% Kritische Schranke für Testniveau alpha = 0.05

alpha = 0.05; k = DimAnz(2);
u_alpha = chi2inv(1-alpha, k-1)

u_alpha =

    7.8147

% Testentscheidung

H0 = (T>u_alpha)

H0 =

    1

% p-Wert

p = 1 - chi2cdf(T, k-1)

p =

    0.0438
```

Die Nullhypothese wird also in diesem Fall zum 5%-Niveau *abgelehnt*. Offenbar ist also der Verkehr auf mindestens einer Ausfallstraße (hier wohl die dritte Ausfallstraße) signifikant anders als auf den anderen Straßen.

5.46 Beispiel (Beispiel 5.45 mit der Toolbox-Funktion `kruskalwallis`)

Selbstverständlich lässt sich der Kruskal-Wallis-Test mit Hilfe der Toolbox-Funktion `kruskalwallis` wesentlich einfacher durchführen, besonders da es sich bei dem Problem aus Beispiel 5.45 um einem balancierten Versuchsplan handelt.
Unter MATLAB ist lediglich die Matrix der Stichprobenwerte zu definieren und die Funktion damit aufzurufen (vgl. Datei **BspKruskalWallis2.m**):

```
% Tabelle der Anzahl der gezählten Fahrzeuge
% (balancierter Plan, Matrix)

Anz = [3003   3201    422  3551; ...
        2967   3566   2233  3002; ...
         555   2455   2800  2678; ...
        3321   3012    217  3033; ...
        3122   3101   1533  2791];
```

```
% Aufruf der Funktion kruskalwallis

[p,anovatab] = kruskalwallis(Anz)

p =

    0.0438

anovatab = ...
```

Als Ergebnis erhält man die in Abbildung 5.13 dargestellte ANOVA-Tabelle, welche die gleiche Struktur wie die Tabellen hat, die auch die Funktion `anova1` liefert.

Leider enthält die Darstellung durch diese Angleichung an die ANOVA-Tabelle von `anova1` Werte, die für das Verständnis des Ergebnisses eher kontraproduktiv sind, da einige der Größen für die Berechnung der Testvariablen gar nicht benötigt werden. Interessant ist lediglich die erste Zeile (mit Ausnahme des Eintrags MS), die einige oben berechneten relevanten Größen enthält. Darunter ist insbesondere natürlich den p-Wert zu erwähnen, der für das Testergebnis entscheidend ist.

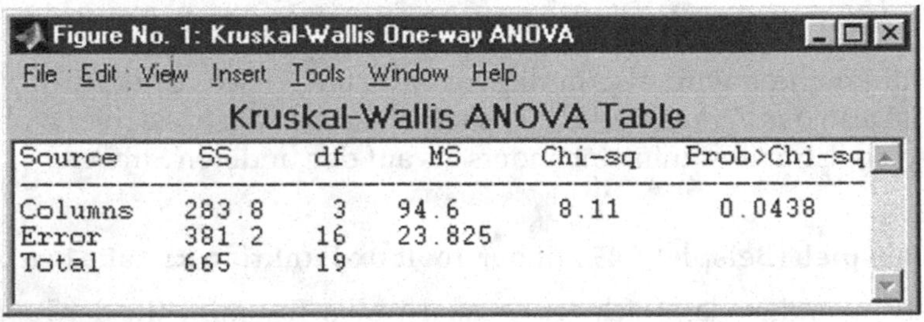

Source	SS	df	MS	Chi-sq	Prob>Chi-sq
Columns	283.8	3	94.6	8.11	0.0438
Error	381.2	16	23.825		
Total	665	19			

Abb. 5.13: ANOVA-Tabelle der Funktion `kruskalwallis` für das Beispiel 5.45

Wie schon in Abschnitt 5.4.4 muss die Testgröße T leicht modifiziert werden, wenn mehrere Messwerte identisch sind, d.h. so genannte *Bindungen* vorliegen. In diesem Fall wird diesen Werten ebenfalls wieder *der entsprechende mittlere Rang* zugeordnet und die Testgröße T wird mit dem Faktor

$$\frac{1}{1 - \sum\limits_{m=1}^{l} \frac{b_m^3 - b_m}{n^3 - n}} \tag{288.1}$$

skaliert. Dabei ist l die Zahl der Bindungen und b_m jeweils die Anzahl der in einer Bindung vorkommenden Werte. Auf weitere Details soll allerdings an dieser Stelle nicht eingegangen werden, da die Toolbox-Funktion `kruskal-wallis` diesem Fall automatisch Rechnung trägt.

Der Friedman-Test

Als weitere Illustration der Möglichkeiten und der Struktur so genannter nichtparametrischer oder verteilungsunabhängiger Tests soll im Folgenden noch der **Friedman-Test** für *verbundene* Stichproben diskutiert werden. Er kann als nichtparametrische Version der zweifaktoriellen Varianzanalyse aufgefasst werden, die in Abschnitt 5.5.2 vorgestellt wurde.

Zum besseren Verständnis greifen wir das Beispiel 5.45 unter einem anderen Blickwinkel erneut auf.

5.47 Beispiel (Verkehrsbelastung von Ausfallstraßen – auf ein Neues)

Die Tabelle 5.21, S. 282 gab die Verkehrszählungen wieder, die in fünf verschiedenen Kampagnen an verschiedenen Tagen des Jahres durchgeführt wurden. In Tabelle 5.23 sind diese Daten erneut wiedergegeben, wobei jedoch der *Wochentag*, an dem die Zählung durchgeführt wurde, durch entsprechende Umordnung berücksichtigt wurde.

Es soll untersucht werden, ob die beobachtete Fahrzeuganzahl außer von der Ausfallstraße auch noch signifikant vom Wochentag abhängt. Interaktionen zwischen den Einflussgrößen werden nicht betrachtet.

Tabelle 5.23: Zahl der vorbeifahrenden Fahrzeuge während der „rush-hour", geordnet nach Wochentagen

	Ausfallstraße 1	Ausfallstraße 2	Ausfallstraße 3	Ausfallstraße 4
Montag	555	2455	217	2678
Dienstag	3003	3101	2233	3002
Mittwoch	3122	3012	2800	3551
Donnerstag	3321	3201	1533	3033
Freitag	2967	3566	422	2791

Im Gegensatz zum oben behandelten Fall haben wir es diesmal mit einer *verbundenen* Stichprobe zu tun. Je nach Fragestellung soll die Nullhypothese „Verteilung für alle Straßen identisch" resp. „Verteilung für alle Wochentage" identisch gegen die entsprechende zweiseitige Alternativhypothese getestet werden.

Die Grundidee bleibt dieselbe wie beim Kruskal-Wallis-Test, allerdings muss jetzt der Tatsache Rechnung getragen werden, dass die Daten nach Wochentagen geordnet sind. Die Rangzahlen werden daher *nicht für alle* Messwerte vergeben, sondern lediglich *innerhalb der Gruppen*, also innerhalb der Wochentage (Zeilen) oder innerhalb der Straße (Spalten).

Tabelle 5.24 illustriert, welche Ränge den Werten von Tabelle 5.23 jeweils zugeordnet werden.

Tabelle 5.24: Ermittelte Rangzahlen bezüglich der Wochentage (links) und Straßen (rechts) für die Daten aus Tabelle 5.23

Ränge innerhalb der Wochentage				Ränge innerhalb der Straßen				Rangsumme R_j für jeden Tag j
2	3	1	4	1	1	1	1	4
3	4	1	2	3	3	4	3	13
3	2	1	4	4	2	5	5	16
4	3	1	2	5	4	3	4	16
3	4	1	2	2	5	2	2	11

Rangsumme R_i für jede Straße i: 15 16 5 14

Sind die Verteilungen entsprechend der Nullhypothese identisch, so kann erwartet werden, dass die Rangsummen alle ungefähr in der gleichen Größenordnung liegen, bzw. dass die mittleren Ränge alle in der Nähe des mittleren Rangs liegen, der sich für die zu vergebenden Ränge ergibt.

Im Beispiel sollte also jeweils $\bar{r}_i = \frac{1}{5}R_i$ für $i = 1, \ldots 4$ der mittleren Rangsumme der Ränge 1 bis 4, also $\bar{K} = \frac{10}{4} = 2.5$ und $\bar{r}_j = \frac{1}{4}R_j$ für $j = 1, \ldots 5$ der mittleren Rangsumme der Ränge 1 bis 5, also $\bar{M} = \frac{15}{5} = 3$ entsprechen!

Zieht man als Maß für die Abweichung wieder die Summe der Abweichungsquadrate heran, so ergibt sich als Testgröße im ersten Fall prinzipiell

$$\sum_{i=1}^{k} \left(\bar{r}_i - \bar{K} \right)^2 \tag{290.1}$$

und im zweiten Fall prinzipiell

$$\sum_{j=1}^{m} \left(\bar{r}_j - \bar{M} \right)^2 . \tag{290.2}$$

Mit einer Normierung entsprechend Gleichung (286.2) für den Kruskal-Wallis-Test ergeben sich die tatsächlich verwendeten Testgrößen

$$T_1 = \frac{12}{k(k+1)m} \sum_{i=1}^{k} \left(R_i - \frac{m(k+1)}{2} \right)^2 \tag{290.3}$$

und

$$T_2 = \frac{12}{m(m+1)k} \sum_{j=1}^{m} \left(R_j - \frac{k(m+1)}{2} \right)^2 . \tag{291.1}$$

Dabei ist zu berücksichtigen, dass

$$\bar{K} = \frac{1}{k} \sum_{i=1}^{k} i = \frac{1}{k} \frac{k(k+1)}{2} = \frac{k+1}{2} \tag{291.2}$$

und

$$\bar{M} = \frac{1}{m} \sum_{j=1}^{m} j = \frac{1}{m} \frac{m(m+1)}{2} = \frac{m+1}{2} \tag{291.3}$$

ist.

Es kann gezeigt werden, dass die Testvariablen wieder *asymptotisch* χ^2-*verteilt* sind mit $k-1$ bzw. $m-1$ Freiheitsgraden, wobei die Übereinstimmung ab etwa 25 Stichprobenwerten insgesamt recht gut ist. Für weniger Werte (wie etwa in Beispiel 5.47) kann auf entsprechende Tabellenwerte zurückgegriffen werden [30] (vgl. Übung 97).

Die Funktion `friedman` der Statistics Toolbox verwendet grundsätzlich die χ^2-Quantile[23]. Im Folgenden soll der Test für die Daten aus Beispiel 5.47 exemplarisch durchgeführt werden, obwohl weniger als 25 Stichprobenwerte vorliegen. Für eine vorsichtigere Vorgehensweise sei auf Übung 97 verwiesen.

Der Friedman-Test kann mit Hilfe der Statistics-Toolbox-Funktion `friedman` für die Daten aus Beispiel 5.47 auf folgende Weise durchgeführt werden (Datei **BspFriedman1.m**):

```
% Tabelle der Anzahl der gezählten Fahrzeuge
% (balancierter Plan, Matrix)

% Ausfallstraße     1       2       3       4

      Anz = [ 555    2455    217    2678; ... % Montag
             3003    3101   2233    3002; ... % Dienstag
             3122    3012   2800    3551; ... % Mittwoch
             3321    3201   1533    3033; ... % Donnerstag
             2967    3566    422    2791];    % Freitag

% Aufruf der Funktion friedman für die Einflussgröße Straße

[pS, anovatabS, statsS] = friedman(Anz)
```

---

[23] Vorsicht ist also bei kleinen Stichprobenumfängen wie in den vorgestellten Beispielen geboten!

```
pS =

    0.0263

anovatabS = ...
```

Neben der Workspace-Ausgabe wird wieder in gewohnter Weise eine ANOVA-Tabelle erzeugt, auf deren Darstellung an dieser Stelle allerdings verzichtet werden soll.

Die zu analysierende Einflussgröße muss für die Funktion `friedman` grundsätzlich *spaltenweise* organisiert werden. Das obige Ergebnis ist also der Test bezüglich des Faktors „Straße". Auf Grund des p–Wertes ist die Nullhypothese abzulehnen. Welche Straße dafür verantwortlich ist, kann wieder mit Hilfe der Variablen `statsS` und der Funktion `multcompare` analysiert werden.

Der Einflussfaktor „Wochentag" wird folgendermaßen untersucht:

```
% Aufruf der Funktion friedman für die Einflussgröße
% Wochentag

[pW, anovatabW, statsW] = friedman(Anz')

pW =

    0.0439

anovatabW = ...
```

Man beachte, dass die Matrix `Anz` wegen der Spalterorientierung des Tests transponiert wurde (Zeilenrangsummen werden Spaltenrangsummen)!

Auf Grund des p-Wertes ist die Nullhypothese zum 5%-Niveau auch hier wieder abzulehnen. Der Wochentag (hier wahrscheinlich der Montag) hat einen Einfluss auf die Ergebnisse.

Der Friedman-Test mit der MATLAB-Funktion `friedman` funktioniert auch mit mehreren Stichprobenwerten pro Zelle (vgl. dazu auch Abschnitt 5.5.2) und bei Vorliegen von Bindungen. Wie beim Kruskal-Wallis-Test ist im letzteren Fall die Testgröße wieder entsprechend zu modifizieren (vgl. [30]). Dies wird von der Funktion `friedman` automatisch berücksichtigt, sodass hierauf nicht weiter eingegangen werden soll.

5.5.4 Übungen

Übung 92 (*Lösung Seite 472*)

Die Tabelle 5.25 [18] gibt Messungen der Zugfestigkeit von Folien (in kg/mm^2) wieder.

Tabelle 5.25: Zugfestigkeitswerte von Folien (in kg/mm^2) [18]

Messstelle	Messwerte			
Ecke	137	142	128	137
Mitte	150	159	137	157
Kante	142	140	133	141

Untersuchen Sie zum 95%-Niveau mit Hilfe von MATLAB, ob die Messstelle einen signifikanten Einfluss auf die Zugfestigkeit hat.

Übung 93 (*Lösung Seite 474*)

Die Tabelle 5.26 [32] gibt Messungen der Staubkonzentration (in $mg/m^3 \cdot 10$) von vier verschiedenen Sprengstoffarten wieder.

Tabelle 5.26: Staubkonzentration (in $mg/m^3 \cdot 10$) von vier verschiedenen Sprengstoffarten [32]

Messwert	Sprengstoff			
	I	II	III	IV
1	13	42	8	9
2	9	24	24	12
3	15	41	9	7
4	5	19	18	18
5	25	27	9	2
6	15		24	18
7	3		12	
8	9		4	
9	6			
10	12			

Untersuchen Sie zum 95%-Niveau mit Hilfe von MATLAB, ob die Sprengstoffart einen signifikanten Einfluss auf die Staubkonzentration hat.

Übung 94 (*Lösung Seite 476*)

Ändern Sie die Werte für Sprengstoff II in Tabelle 5.26 in 22, 24, 21, 19 und 17 ab.

Zeigen Sie Hilfe der MATLAB-Funktionen `anova1` und `multcompare`, dass eine Varianzanalyse mit zum Signifikanzniveau 95% *keine* signifikanten Unterschiede zu Tage fördert.

Führen Sie anschließend mit Hilfe der MATLAB-Funktion `ttest2`, ebenfalls zum Signifikanzniveau 95%, *paarweise t-Tests* für die Datensätze durch (insgesamt sechs Vergleiche). Zeigen Sie, dass in zwei Fällen ein signifikanter Unterschied zwischen den Datensätzen besteht.

Erläutern Sie die Diskrepanz, die offensichtlich zwischen beiden Berechnungen besteht!

Übung 95 (*Lösung Seite 480*)

Die Tabelle 5.27 [18] gibt die Werte für die Gewichtszunahme (in kg) von Schweinen wieder, die mit unterschiedlichen Futterarten gefüttert wurden. Die gefütterten Schweine hatten vor der Mast ein unterschiedliches Ausgangsgewicht, welches vier Gewichtsklassen zugeordnet wurde.

Tabelle 5.27: Gewichtszuhnahme (in kg) von Schweinen [18]

Gewichtsklasse	A	B	C
	Futtertyp		
I	7.0	14.0	8.5
II	16.0	15.5	16.5
III	10.5	15.0	9.5
IV	13.5	21.0	13.5

Untersuchen Sie zum 95%-Niveau mit Hilfe von MATLAB, inwiefern Futterart und Gewichtsklasse der Schweine einen signifikanten Einfluss auf die Gewichtszunahme hatten.

Übung 96 (*Lösung Seite 481*)

Bestimmen Sie mit Hilfe von MATLAB die Verteilung der Testvariablen T des *Kruskal-Wallis-Tests* für $n = 7$ Stichprobenwerte, aufgeteilt in $k = 3$ Faktorgruppen zu je $m_1 = 3$, $m_2 = 2$ und $m_3 = 2$ Werten.

Berechnen Sie hierzu *alle* $210 = \frac{n!}{m_1! \cdot m_2! \cdot m_3!}$ vorkommenden verschiedenen Kombinationen von Rangzuordnungen und für die daraus errechneten vorkommenden Werte von T die relative Häufigkeit.

Stellen Sie das Ergebnis grafisch dar!

Übung 97 (*Lösung Seite 483*)

Auf Seite 291 wurde darauf hingewiesen, dass die Testvariablen für den Friedman-Test im Fall von Beispiel 5.47 streng genommen nicht als Chi-Quadrat-verteilt angesehen werden dürften, da eine gute Approximation durch die Chi-Quadrat-Verteilung erst ab etwa 25 Stichprobenwerten angenommen werden kann.

Die Tabelle 5.28 gibt die 95%-Quantile für einige kleine Werte von n und k wieder.

Tabelle 5.28: 95%-Quantile des Friedman-Tests für kleine Werte von n und k [30]

n	k 3	4	5
3	6.00	7.40	8.53
4	6.50	7.80	8.80
5	6.40	7.80	8.96
6	7.00	7.60	9.07

Überschreitet der Wert der Testvariablen den zum Parametersatz passenden Tabellenwert, so führt dies zur *Ablehnung* der Nullhypothese.

Dabei ist k die Anzahl der untersuchten Faktoren (üblicherweise den Spalten der Datenmatrix zugeordnet) und n die Anzahl der Stichprobenwerte pro Faktor. Dies ist bei der Zuordnung zu den Parametern der Testvariablen (290.3) und (291.1) zu beachten.

Führen Sie unter diesem Gesichtspunkt den Test zu Beispiel 5.47 nochmals durch!

5.6 Regressionsanalyse

In vielen technischen und naturwissenschaftlichen Untersuchungen ist der *funktionale Zusammenhang* zwischen Zufallsgrößen bzw. zwischen deterministischen Parametern und Zufallsgrößen interessant.

Beispiele hierfür sind zahlreich, wie etwa die mittlere Drehzahl eines Motors in Abhängigkeit vom Drosselklappenöffnungswinkel bei einer Autobahnfahrt [2], der Sauerstoffgehalt eines Sees in Abhängigkeit von der Tiefe [18], der Wert eines Fahrzeugs in Abhängigkeit von Alter und Fahrleistung, der Körperfettgehalt bei Männern in Abhängigkeit von Gewicht, Alter und Größe, der Zusammenhang zwischen Teer, Nikotin und Kohlenmonoxid bei Zigaretten, und vieles andere mehr.

Man versucht in diesen Fällen einen Zusammenhang zwischen einer messbaren *Zielgröße* $\mathcal{Y}$ und messbaren *Einflussgrößen* $\vec{X} = (X_1, X_2, \ldots, X_n)$ herzustellen.

Wird $\mathcal{Y}$ dabei *als Funktion* der (stochastischen oder deterministischen) Einflussgrößen $\vec{X}$ aufgefasst, so spricht man von einer **Regression**. Im Falle mehrerer Einflussgrößen ($n \geq 2$) bezeichnet man den Zusammenhang als **multiple** oder *mehrfache* Regression, sonst ($n = 1$) als **einfache** Regression.

Wird generell der Zusammenhang zwischen stochastischen Größen $X_1, X_2, \ldots, X_n$ untersucht, ohne dass dabei eine einseitige funktionale Abhängigkeit vorausgesetzt wird, so spricht man von einer **Korrelation**. Zwischen beiden Ansätzen und Betrachtungsweisen bestehen enge Beziehungen.

Im vorliegenden Abschnitt soll lediglich auf die Methoden der **Regressionsanalyse** eingegangen werden. Dabei wird zunächst der Fall untersucht, bei dem der angesprochene funktionale Zusammenhang zwischen $\vec{X}$ und $\mathcal{Y}$ *linear* ist. Abschließend soll noch kurz auf *nichtlineare* Modelle eingegangen werden.

5.6.1 Einfache lineare Regression

Es sei y ein für eine vorgegebene Kombination $\vec{x} = (x_1, x_2, x_3, \ldots, x_m)$ von Werten der Einflussgrößen $\vec{X}$ beobachteter, zufallsbehafteter Wert der Zielgröße $\mathcal{Y}$. Allgemein geht man in der Regressionsanalyse davon aus, dass sich die Abhängigkeit des beobachteten Wertes y von den Einflussgrößen $\vec{x}$ durch eine Gleichung der Form

$$y = f(\vec{x}) + \epsilon \qquad\qquad (296.1)$$

modellieren lässt. Dabei ist f der gesuchte funktionale Zusammenhang und ϵ eine stochastische Störgröße.

Zusätzlich wollen wir im Folgenden davon ausgehen, dass die Werte $\vec{x}$ *nicht* Werte von Zufallsvariablen, sondern *deterministische* Werte sind.

Diese Sichtweise ist in vielen Situationen gerechtfertigt, da die Einflussgröße oft genau gemessen werden kann. Die meisten eingangs von Abschnitt 5.6 genannten Beispiele fallen in diese Kategorie. Untersucht man zum Beispiel den Wert eines Fahrzeugs in Abhängigkeit von Alter und Fahrleistung, so sind dies genau messbare Parameter[24], der Wert ist jedoch eine subjektive Größe, die in einem gewissen Rahmen als zufällig angesehen werden kann.

Der zufällige Einfluss manifestiert sich in dieser Sichtweise in Form einer Störung ϵ, die den funktionalen Zusammenhang additiv überdeckt.

Um zu einer Aussage über den funktionalen Zusammenhang zu gelangen, betrachtet man nun Stichproben $\vec{y} = (y_1, \ y_2, \ \ldots \ , y_n)$ von n Werten der Zielgröße $\mathcal{Y}$. Jeder einzelne Wert y_k dieser Stichprobe hängt dabei gemäß der Modellannahme (296.1) von einem (deterministischen) Parametersatz $\vec{x}_k$ und einer stochastischen Störung ϵ_k ab:

---

[24] zumindest sollten sie es sein!

$$y_k = f(\vec{x}_k) + \epsilon_k. \qquad (297.1)$$

Jeder beobachtete Wert y_k kann dann als Wert einer – von den Parametern $\vec{x}_k$ abhängenden – Zufallsvariablen Y_k aufgefasst werden und die Störung als ein Wert einer Zufallsvariablen E_k.

Oft ist für die Störungen die Annahme gerechtfertigt, dass diese sich nicht gegenseitig beeinflussen und die zugehörigen Zufallsvariablen $E_1, \ldots, E_n$ *paarweise unkorreliert* oder gar *unabhängig* sind. Ebenfalls in vielen Fällen gerechtfertigt ist darüber hinaus die Annahme, dass die E_k *normalverteilte* Zufallsvariablen mit Mittelwert 0 und gleicher (wenn auch unbekannter) Varianz σ^2 sind. Dies ist etwa dann der Fall, wenn man annehmen kann, dass die Abweichung vom Sollwert $f(\vec{x}_k)$ als regellos angenommen werden kann und nicht in irgendeiner Form von den Parametern $\vec{x}$ abhängt, z.B. wenn nur die Abweichungen der Messapparatur eine Rolle spielen.

Kann darüber hinaus die funktionale Abhängigkeit als *linear* angenommen werden, so gelangen wir zum so genannten **Modell der linearen Regression**:

$$
\begin{aligned}
Y_1 &= a_1 x_{11} + a_2 x_{12} + \cdots + a_m x_{1m} + b + E_1, \\
Y_2 &= a_1 x_{21} + a_2 x_{22} + \cdots + a_m x_{2m} + b + E_2, \\
&\cdots \\
Y_n &= a_1 x_{n1} + a_2 x_{n2} + \cdots + a_m x_{nm} + b + E_n,
\end{aligned}
\qquad (297.2)
$$

$$E_k \quad N(0, \sigma^2)\text{-verteilt} \quad \text{für alle } 1 \leq k \leq n.$$

Dabei ist b ein konstanter Parameter.

Es ist nicht schwer zu folgern, dass die beobachteten Zufallsvariablen Y_k unter diesen Bedingungen $N(\mu_k, \sigma^2)$-verteilt sind. Dabei ist

$$\mu_k = <\vec{a}, \vec{x}_k> + b = \sum_{j=1}^{m} a_j x_{kj} + b, \qquad (297.3)$$

wobei $\vec{x}_k$ den k-ten Zeilenvektor der in Gleichung (297.2) definierten $n \times m$-Koeffizientenmatrix

$$
\tilde{X} = \begin{pmatrix}
x_{11} & x_{12} & x_{13} & \cdots & x_{1m} \\
x_{21} & x_{22} & x_{23} & \cdots & x_{2m} \\
& & \cdots & & \\
x_{n1} & x_{n2} & x_{n3} & \cdots & x_{nm}
\end{pmatrix}
\qquad (297.4)
$$

bezeichnet[25].

---

[25] Mit $< \cdot, \cdot >$ wird das Standard-Skalarprodukt zweier Komponentenvektoren bezeichnet.

$\vec{x}_k = (x_{k1}, x_{k2}, x_{k3}, \dots, x_{km})$ ist somit der bei der Messung von y_k vorliegende Vektor der m Einflussparameter $X_1, \dots, X_m$.

Das Modell (297.2) kann mit Hilfe der Matrix-Notation für konkrete Messwerte $\vec{y}$ in der folgenden Form wesentlich kompakter geschrieben werden:

$$\vec{y} = X \cdot \vec{\beta} + \vec{\epsilon}. \tag{298.1}$$

Dabei ist

$$X = \begin{pmatrix} x_{11} & x_{12} & x_{13} & \cdots & x_{1m} & 1 \\ x_{21} & x_{22} & x_{23} & \cdots & x_{2m} & 1 \\ & & \cdots & & & \\ x_{n1} & x_{n2} & x_{n3} & \cdots & x_{nm} & 1 \end{pmatrix} \tag{298.2}$$

die um eine Spalte aus Einsen ergänzte Matrix $\tilde{X}$ und

$$\vec{\beta} = \begin{pmatrix} a_1 \\ a_2 \\ \vdots \\ a_m \\ b \end{pmatrix} \tag{298.3}$$

der um b ergänzte Spaltenvektor $\vec{a}^T$.

Bezüglich der Mittelwerte $\vec{\mu} = (\mu_1, \dots, \mu_n)$ erhält man aus (297.3) und (298.1) die Beziehung

$$\vec{\mu} = X \cdot \vec{\beta}. \tag{298.4}$$

Ein wichtiger *Spezialfall* ist der Fall *genau einer* Einflussgröße.

In diesem Fall vereinfachen sich die Gleichungen (297.2) und (298.1) natürlich erheblich. Es gilt dann für die Zufallsvariablen

$$\begin{aligned} Y_1 &= a \cdot x_{11} + b + E_1, \\ Y_2 &= a \cdot x_{21} + b + E_2, \\ & \cdots \\ Y_n &= a \cdot x_{n1} + b + E_n \end{aligned} \tag{298.5}$$

und für konkrete Beobachtungswerte

$$\begin{aligned} \vec{y} &= X \cdot \vec{\beta} + \vec{\epsilon} \\ &= \begin{pmatrix} x_{11} & 1 \\ x_{21} & 1 \\ \vdots & \vdots \\ x_{n1} & 1 \end{pmatrix} \cdot \begin{pmatrix} a \\ b \end{pmatrix} + \begin{pmatrix} \epsilon_1 \\ \epsilon_2 \\ \vdots \\ \epsilon_n \end{pmatrix}. \end{aligned} \tag{298.6}$$

Wie wir weiter unten noch sehen werden, müssen die Daten in dieser Weise auch für die Kommandos der MATLAB Statistics Toolbox aufbereitet werden, um diese korrekt zur Berechnung eines Regressionsmodells verwenden zu können.

Ziel der Regressionsanalyse ist es, wie erwähnt, den funktionalen Zusammenhang zwischen Einflussgrößen $\vec{X}$ und Zielgröße $\mathcal{Y}$ (innerhalb des angenommenen Modells) zu schätzen. Im Fall der linearen Regression läuft dies auf die Schätzung des Parametervektors $\vec{\beta}$ hinaus.

Wir wollen die Methoden und Ansätze anhand eines möglichst einfachen Beispiels illustrieren.

5.48 Beispiel (Drei-Punkte-Messung)

Wir betrachten die Punkte-Paare

$$(x_1, y_1) = (1, 1.1), \quad (x_2, y_2) = (2, 1.9), \quad (x_3, y_3) = (3, 3). \qquad (299.1)$$

Die Abbildung 5.14, die mit

```
x = [1,2,3];
y = [1.1, 1.9, 3.0];
scatter(x,y, 100, 'r','filled')
hold
plot(x,x,'b-.', 'LineWidth', 4)
```

leicht erzeugt werden kann, legt nahe, dass der Zusammenhang zwischen der (deterministischen) Einflussgröße X und der gemessenen (stochastischen) Zielgröße Y als *linear* angenommen werden kann.

Das den Gleichungen (298.5) und (298.6) entsprechende *lineare Regressionsmodell*, von dem wir im Folgenden ausgehen wollen, stellt sich für die Daten aus (299.1) so dar:

$$\begin{aligned}
1.1 &= a \cdot 1 + b + \epsilon_1, \\
1.9 &= a \cdot 2 + b + \epsilon_2, \\
3.0 &= a \cdot 3 + b + \epsilon_3,
\end{aligned} \qquad (299.2)$$

bzw. in Matrix-Schreibweise

$$\begin{pmatrix} 1.1 \\ 1.9 \\ 3.0 \end{pmatrix} = \begin{pmatrix} 1 & 1 \\ 2 & 1 \\ 3 & 1 \end{pmatrix} \cdot \begin{pmatrix} a \\ b \end{pmatrix} + \begin{pmatrix} \epsilon_1 \\ \epsilon_2 \\ \epsilon_3 \end{pmatrix}. \qquad (299.3)$$

Ziel ist es, die Parameter a und b so zu wählen, dass das resultierende lineare Modell die Daten „am besten" beschreibt.

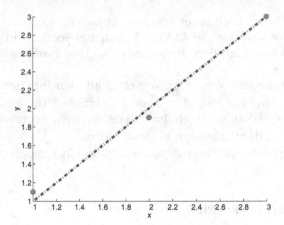

Abb. 5.14: Messwerte des 3-Punkte-Beispiels mit vermutetem linearem
Zusammenhang

Ein Qualitätskriterium, das in solchen Fällen standardmäßig herangezogen
wird, ist das schon in Abschnitt 5.3.1 angesprochene „Kleinste-Quadrate-
Kriterium". Die Schätzwerte für die Parameter a und b werden dabei so bestimmt, dass der Ausdruck

$$ssr := \sum_{k=1}^{n} \epsilon_k^2 = \sum_{k=1}^{n} (y_k - ax_k - b)^2 \qquad (300.1)$$

bezüglich (a, b) *minimal* wird!
Die hierfür notwendigen Bedingungen

$$0 = \frac{\partial}{\partial a} \sum_{k=1}^{n} (y_k - ax_k - b)^2 = -2 \sum_{k=1}^{n} (y_k - ax_k - b) \cdot x_k,$$

$$0 = \frac{\partial}{\partial b} \sum_{k=1}^{n} (y_k - ax_k - b)^2 = -2 \sum_{k=1}^{n} (y_k - ax_k - b) \qquad (300.2)$$

liefern das Gleichungssystem

$$\sum_{k=1}^{n} x_k y_k = a \sum_{k=1}^{n} x_k^2 + b \sum_{k=1}^{n} x_k,$$

$$\sum_{k=1}^{n} y_k = a \sum_{k=1}^{n} x_k + b \sum_{k=1}^{n} 1, \qquad (300.3)$$

welches sich in *vektorieller* Schreibweise in der Form

$$\begin{pmatrix} <\vec{x}, \vec{y}> \\ <\vec{1}, \vec{y}> \end{pmatrix} = \begin{pmatrix} <\vec{x}, \vec{x}> & <\vec{x}, \vec{1}> \\ <\vec{x}, \vec{1}> & <\vec{1}, \vec{1}> \end{pmatrix} \cdot \begin{pmatrix} a \\ b \end{pmatrix} \qquad (300.4)$$

darstellen lässt. Dabei bezeichnet $\vec{1}$ einen Vektor aus Einsen.

Mit Hilfe der Definition der Einflussgrößenmatrix aus (298.2) lässt sich (300.4) noch kompakter schreiben als:

$$X^T \cdot \vec{y} = X^T \cdot X \cdot \vec{\beta}. \tag{301.1}$$

5.49 Beispiel (Drei-Punkte-Messung – Fortsetzung)

Im Fall von Beispiel 5.48 lässt sich (300.4) bzw. (301.1) schreiben als:

$$\begin{pmatrix} 1 \cdot 1.1 + 2 \cdot 1.9 + 3 \cdot 3 \\ 1.1 + 1.9 + 3 \end{pmatrix} = \begin{pmatrix} 1 & 2 & 3 \\ 1 & 1 & 1 \end{pmatrix} \cdot \begin{pmatrix} 1 & 1 \\ 2 & 1 \\ 3 & 1 \end{pmatrix} \cdot \begin{pmatrix} a \\ b \end{pmatrix}$$

$$\Longleftrightarrow \quad \begin{pmatrix} 13.9 \\ 6 \end{pmatrix} = \begin{pmatrix} 14 & 6 \\ 6 & 3 \end{pmatrix} \cdot \begin{pmatrix} a \\ b \end{pmatrix}. \tag{301.2}$$

Die Lösung kann mit Hilfe von MATLAB leicht berechnet werden:

```
X = [1 1; 2 1; 3 1];
y = [1.1; 1.9; 3];
beta = inv(X'*X)*X'*y

beta =

    0.9500
    0.1000
```

Damit ist $a = 0.95$ und $b = 0.1$ (und nicht, wie in Abbildung 5.14 vermutet, $a = 1$ und $b = 0$).

Die entsprechende Regressionsgerade ist in Abbildung 5.15, S. 303 dargestellt. Sie wurde mit dem MATLAB-Anweisungen

```
x = [1,2,3];
y = [1.1, 1.9, 3.0];
a = beta(1); b = beta(2);
scatter(x,y, 100, 'r','filled')
hold
plot(x,a*x+b,'k-', 'LineWidth', 2)% Berechnete Regression
plot(x,x,'b-', 'LineWidth', 2)     % vermutete Regression
```

erzeugt.

Das Ergebnis lässt sich mit Hilfe der Statistics-Toolbox-Funktion `regress` von MATLAB in einem Schritt berechnen. Dazu müssen die Daten jedoch in der in (298.2) bzw. (298.6) hergeleiteten Form aufbereitet werden, d.h. die Einflussgrößen werden in Form von Spalten organisiert und für die Modell-Konstante b wird eine Spalte aus Einsen hinzugefügt.

```
x = [1,2,3];
X = [x', ones(length(x),1)]

X =

      1      1
      2      1
      3      1

y = [1.1, 1.9, 3.0]';    % Zielgröße ebenfalls spalten-
                         % weise organisieren

beta = regress(y,X)      % Regressionskoeff. berechnen

beta =

      0.9500
      0.1000

a = beta(1), b = beta(2)

a =

      0.9500

b =

      0.1000
```

Die Regressionsparameter könnten prinzipiell auch mit der Statistics-Toolbox-Funktion `ridge` berechnet werden. Leider ist die Beschreibung der Funktion in der Hilfe nicht geeignet, um die Bedeutung der so genannten *ridge-Regression* zu verstehen. Der interessierte Leser möge hierzu die einschlägige Literatur konsultieren [5]. An dieser Stelle wollen wir auf eine Diskussion dieser Methode verzichten.

Es soll nun die Vorgehensweise bei der Berechnung einer einfachen linearen Regression an einem etwas realistischeren Beispiel erläutert werden.

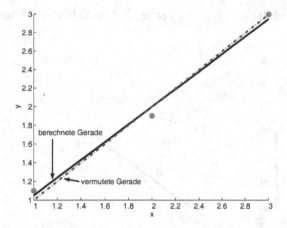

Abb. 5.15: Messwerte des 3-Punkte-Beispiels mit vermutetem linearem
Zusammenhang und berechneter Regressionsgerade

5.50 Beispiel (Fahrzeugbreite und Wendekreisradius)

Die Datei **CarDATA93cars.dat** der Begleitsoftware gibt u.A. die Fahrzeugbreite und den Wendekreis von Fahrzeugen verschiedener Hersteller wieder [22].

Mit Hilfe der folgenden Anweisungen können diese Daten in den
MATLAB-Workspace geladen und es kann eine Regressionsgerade berechnet und dargestellt werden (Datei **ReadCarData.m**):

```
ReadCarData          % Laden der Daten aus CarDATA93cars.dat
                     % Anfügen der Eins-Spalte für den
                     % konstanten Term
X = [Breite, ones(length(Breite),1)];
                     % Berechnung der Regressionsparameter
b = regress(Wendekreis,X)


b =

    0.6976
   -9.4388

                     % Darstellung der Daten und der
                     % Ausgleichgeraden
scatter(Breite,Wendekreis,20,'r','filled')
hold
plot(Breite,b(1)*Breite+b(2), 'b', 'LineWidth', 2)
xlabel('Breite/inches')
ylabel('Wendekreisradius/feet')
```

Die Daten und die Regressionsgerade sind in Abbildung 5.16 wiedergegeben.

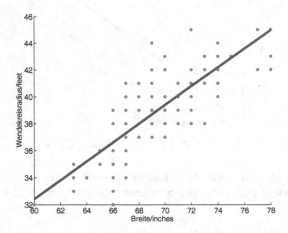

Abb. 5.16: Breite/Wendekreisdaten mit berechneter Regressionsgerade

Vertrauensintervalle

Bei den bisherigen Betrachtungen spielte lediglich eine Rolle, *wie* der (angenommene) lineare Zusammenhang zwischen Einflussgröße(n) und Zielgröße bestimmt werden kann.

Entscheidend für die Anwendbarkeit des Ergebnisses ist aber auch eine Aussage über die Güte und die statistische Signifikanz der Parameter. In Abschnitt 5.3.2, S. 206ff wurde hierfür das Konzept des *Vertrauensintervalls* entwickelt. Ein Vertrauensintervall gibt für einen zu schätzenden statistischen Parameter einen *Bereich* an, der den Parameter mit einer vorgegebenen Sicherheit einschließt. Je kleiner dieser (Un-)Sicherheitsbereich ist, desto größer ist die Güte der Schätzung.

Für die Parameter a und b und für die Werte der Regressionsgeraden $ax + b$ bedeutet das, dass wir neben der reinen Schätzung der Parameter auch Vertrauensintervalle angeben sollten.

Bei einem Blick zurück auf Abschnitt 5.3.2, S. 206ff wird klar, dass die Vertrauensintervalle mit Hilfe der *Verteilung der Schätzvariablen* für den jeweiligen Schätzparameter zu konstruieren sind.

Aus Gleichung (300.4) bzw. (301.1) entnimmt man für die Schätzung des **Regressionskoeffizienten** a und der **Regressionskonstanten** b:

$$\begin{pmatrix} a \\ b \end{pmatrix} = \begin{pmatrix} <\vec{x},\vec{x}> & <\vec{x},\vec{1}> \\ <\vec{x},\vec{1}> & <\vec{1},\vec{1}> \end{pmatrix}^{-1} \cdot \begin{pmatrix} <\vec{x},\vec{y}> \\ <\vec{1},\vec{y}> \end{pmatrix} \tag{304.1}$$

$$= \frac{1}{\det(X^TX)} \cdot \begin{pmatrix} <\vec{1},\vec{1}> & -<\vec{x},\vec{1}> \\ -<\vec{x},\vec{1}> & <\vec{x},\vec{x}> \end{pmatrix} \cdot \begin{pmatrix} <\vec{x},\vec{y}> \\ <\vec{1},\vec{y}> \end{pmatrix}.$$

Mit Hilfe von (184.1) und

$$<\vec{x},\vec{x}> = \sum_{k=1}^{n} x_k^2 = \|\vec{x}\|^2, \quad <\vec{x},\vec{y}> = \sum_{k=1}^{n} x_k y_k,$$

$$<\vec{1},\vec{1}> = \sum_{k=1}^{n} 1^2 = n, \quad <\vec{x},\vec{1}> = \sum_{k=1}^{n} x_k = n\overline{x}, \qquad (305.1)$$

$$<\vec{y},\vec{1}> = \sum_{k=1}^{n} y_k = n\overline{y}$$

sowie

$$\det(X^TX) = <\vec{x},\vec{x}> <\vec{1},\vec{1}> - <\vec{x},\vec{1}> <\vec{x},\vec{1}>$$

$$= n\sum_{k=1}^{n} x_k^2 - \left(\sum_{k=1}^{n} x_k\right)^2 = n\|\vec{x}\|^2 - n^2\overline{x}^2 \qquad (305.2)$$

ergibt sich daraus (vgl. Übung 99)

$$a = \frac{1}{\det(X^TX)} \left(n <\vec{x},\vec{y}> -n^2\overline{xy}\right) = \frac{\sum\limits_{k=1}^{n} x_k y_k - n\overline{xy}}{\sum\limits_{k=1}^{n} x_k^2 - n\overline{x}^2}$$

$$\qquad (305.3)$$

$$= \frac{\sum\limits_{k=1}^{n} (x_k - \overline{x})(y_k - \overline{y})}{\sum\limits_{k=1}^{n} (x_k - \overline{x})^2} =: \frac{sxy}{ssx}$$

und

$$b = \frac{1}{\det(X^TX)} \left(n\|\vec{x}\|^2\overline{y} - n\overline{x} <\vec{x},\vec{y}>\right)$$

$$= \frac{1}{\det(X^TX)} \left(-\left(n\overline{x} <\vec{x},\vec{y}> -n^2\overline{x}^2\overline{y}\right) + n\|\vec{x}\|^2\overline{y} - n^2\overline{x}^2\overline{y}\right)$$

$$= -\frac{\left(n <\vec{x},\vec{y}> -n^2\overline{xy}\right)}{\det(X^TX)}\overline{x} + \frac{1}{\det(X^TX)} \left(n\|\vec{x}\|^2 - n^2\overline{x}^2\right)\overline{y} \qquad (305.4)$$

$$= \overline{y} - a\overline{x}.$$

Wir wollen diese Formeln zur Illustration mit Hilfe von MATLAB für das Beispiel 5.48 bzw. 5.49 (vgl. S. 301) kurz verifizieren:

```
x = [1,2,3];
y = [1.1,  1.9,  3.0];
xquer = mean(x);
yquer = mean(y);
n=3;
sxy = x*y'-n*xquer*yquer;
sxx = x*x' - n*xquer^2;
a = sxy/sxx


a =

    0.9500

b = yquer - a*xquer

b =

    0.1000
```

Aus den Formeln (305.3) und (305.4) ergeben sich folgende *Schätzvariable A* und *B* für die Parameter a und b:

$$A = \frac{\sum\limits_{k=1}^{n} x_k Y_k - n\overline{x}\overline{Y}}{\sum\limits_{k=1}^{n} x_k^2 - n\overline{x}^2},$$ (306.1)

$$B = \overline{Y} - a\overline{x}$$ (306.2)

mit den nach Modellvoraussetzung (unabhängigen) normalverteilten Zufallsvariablen Y_k und der ebenfalls normalverteilten Zufallsvariablen $\overline{Y}$. Dem lässt sich sofort entnehmen, dass A und B *normalverteilte* Schätzer sind[26]!

Es kann gezeigt werden [20], dass

$$\mathbb{E}(A) = a, \quad \mathbb{V}(A) = \frac{\sigma^2}{ssx},$$
$$\mathbb{E}(B) = b, \quad \mathbb{V}(B) = \sigma^2 \left(\frac{1}{n} + \frac{\overline{x}^2}{ssx} \right)$$ (306.3)

ist. Beide Schätzer sind also insbesondere *erwartungstreu*.

---

[26] Man beachte, dass die Einflussgrößen X_k nach Modellvoraussetzung *keine Zufallsvariablen* sind.

Man kann auch erkennen, dass die Schätzungen umso besser werden, je geringer die Streuung der Beobachtungsvariablen Y ist – was unmittelbar plausibel ist –, je mehr Datenpunkte n, also Information, man zur Verfügung hat – was auch plausibel ist – und je größer die Größe ssx ist. Diese Größe misst nach (305.3) den (quadratischen) Abstand der Werte x_k von ihrem Mittelwert und somit die „Streuung" der Einflussgrößenwerte. Je weiter die Werte auseinander liegen, desto größer ist sxx und desto besser ist die Schätzung, wenn man die Varianz als Maß heranzieht. Auch das leuchtet bei näherer Überlegung ein.

Ein Konfidenzintervall für die Schätzvariablen A und B könnte nun wie in Abschnitt 5.3.2, S. 206ff leicht bestimmt werden, *wenn die Varianz σ^2 bekannt wäre!*

Da dies i.A. nicht der Fall ist, muss sie aus den Daten geschätzt werden. Ein erwartungstreuer Schätzer für die Varianz ist [20]

$$\frac{1}{n-2} SSR = \frac{1}{n-2} \sum_{k=1}^{n} (Y_k - Ax_k - B)^2, \qquad (307.1)$$

d.h. (bis auf die Normierung mit $\frac{1}{n-2}$) die Quadratsumme der so genannten **Residuen**, die sich aus der Differenz der beobachteten Werte y_k und der entsprechenden Werte $\hat{y}_k := ax_k + b$ des linearen Regressionszusammenhangs ergeben.

Die mit σ^2 normierte Variable SSR ist χ_{n-2}^2-verteilt!

Dadurch ergeben sich die Vertrauensintervalle ähnlich wie in Abschnitt 5.3.2, S. 206ff für die normalverteilten Zufallsvariablen *bei unbekannter Varianz*, da die normierten Schätzvariablen

$$\tilde{A} = \frac{\frac{A-a}{\sqrt{\frac{\sigma^2}{ssx}}}}{\sqrt{\frac{1}{(n-2)\sigma^2}SSR}} = \sqrt{ssx}\sqrt{n-2}\,\frac{A-a}{\sqrt{SSR}} \qquad (307.2)$$

und

$$\tilde{B} = \frac{\frac{B-b}{\sqrt{\sigma^2\left(\frac{1}{n}+\frac{\bar{x}^2}{ssx}\right)}}}{\sqrt{\frac{1}{(n-2)\sigma^2}SSR}} = \sqrt{\frac{n-2}{\left(\frac{1}{n}+\frac{\bar{x}^2}{ssx}\right)}}\,\frac{B-b}{\sqrt{SSR}} \qquad (307.3)$$

jeweils gemäß (122.2) t_{n-2}-verteilt sind!

Für ein gegebenes Signifikanzniveau α erhält man mit Hilfe des zugehörigen einseitigen $(1-\frac{\alpha}{2})$-Quantils[27] $\tilde{u}_{1-\frac{\alpha}{2}}$, ähnlich wie in (210.5), die Vertrauensintervalle

---

[27] welches auf Grund der Symmetrie der t-Verteilung dem zweiseitigen α-Quantil entspricht!

$$[c_u^a, c_o^a] = \left[A - \tilde{u}_{1-\frac{\alpha}{2}}\sqrt{\frac{SSR}{(n-2)\cdot ssx}},\ A + \tilde{u}_{1-\frac{\alpha}{2}}\sqrt{\frac{SSR}{(n-2)\cdot ssx}} \right] \tag{308.1}$$

für den Regressionskoeffizienten a und

$$[c_u^b, c_o^b] = \left[B - \tilde{u}_{1-\frac{\alpha}{2}}\sqrt{SSR\frac{\left(\frac{1}{n} + \frac{\overline{x}^2}{ssx}\right)}{n-2}},\ B + \tilde{u}_{1-\frac{\alpha}{2}}\sqrt{SSR\frac{\left(\frac{1}{n} + \frac{\overline{x}^2}{ssx}\right)}{n-2}} \right]$$

$$\tag{308.2}$$

für die Regressionskonstante b.

5.51 Beispiel (Fahrzeugbreite und Wendekreisradius – Fortsetzung)

Für das Beispiel 5.50 liefern die Gleichungen (308.1) und (308.2) mit Hilfe von MATLAB auf folgende Weise die Vertrauensintervalle (Datei **RegressVInt.m**):

```
% Laden des Datensatzes CarDATA93cars.dat

ReadCarData

% Zahl der Datenpunkte

n = length( Breite );

% "Fehler"quadratsumme der Einflussgröße "Breite"
% (var berechnet empirische Varianz; siehe Definition)

ssx = (n-1)*var( Breite );

% Berechnung des arithmetischen Mittels der Einflussgrößen

xquer = mean( Breite );

% Berechnung der Regressionsparameter

X = [ Breite , ones( length( Breite ),1) ];
beta = regress( Wendekreis,X );

a = beta(1)

a =

    0.6976
```

```
b = beta(2)

b =

    -9.4388

% Berechnung der Residuenquadratsumme

ssr = sum( (Wendekreis - a*Breite - b).^2 );

% Berechnung des zweiseitigen alpha-Quantils der
% t-Verteilung mit (n-2) Freiheitsgeraden

alpha = 0.05;                         % Signifikanzniveau 5%
utilde = tinv(1-alpha/2, n-2);

% Berechnung des Vertrauensintervalls für den
% Regressionskoeffizienten a

cua = a - utilde*sqrt(ssr/((n-2)*ssx));
coa = a + utilde*sqrt(ssr/((n-2)*ssx));

% Berechnung des Vertrauensintervalls für die
% Regressionskonstante b

cub = b - utilde*sqrt(ssr*(1/n+xquer^2/ssx)/(n-2));
cob = b + utilde*sqrt(ssr*(1/n+xquer^2/ssx)/(n-2));
```

Ein Aufruf von **RegressVInt.m** liefert:

```
Vertrauensintervall für den Regressionskoeffizienten a:
[ 0.5954,    0.7998]

Vertrauensintervall für die Regressionskonstante b:
[-16.5395,   -2.3382]
```

Natürlich können die Vertrauensintervalle auch direkt mit Hilfe der Statistics-Toolbox-Funktion `regress` direkt berechnet werden:

```
[beta, bint] = regress(Wendekreis,X)

beta =

    0.6976
   -9.4388
```

```
bint =

    0.5954      0.7998
  -16.5395     -2.3382
```

Offensichtlich wird das Ergebnis der obigen Schritt-für-Schritt-Berechnung bestätigt.

Hypothesentests

Mit Hilfe der in (307.2) und (307.3) ermittelten *normierten* Schätzvariablen lassen sich ähnlich wie in Abschnitt 5.4, S. 219ff wieder leicht *Tests* für den Regressionskoeffizienten und die Regressionskonstante ableiten.

Wir beschränken uns im Folgenden auf den Regressionskoeffizienten a und wollen einen zweiseitigen Test für die folgende Nullhypothese konstruieren:

$$H_0: \quad \text{Regressionskoeffizient } a = a_0. \tag{310.1}$$

Die (normierte) Testvariable

$$\tilde{A} = \sqrt{(n-2)ssx}\frac{A - a_0}{\sqrt{SSR}} \tag{310.2}$$

aus (307.2) ist im Falle der Gültigkeit der Nullhypothese, wie oben gezeigt, t_{n-2}-verteilt, sodass für ein gegebenes Signifikanzniveau α und das zugehörige zweiseitige α-Quantil $\tilde{u}_{1-\frac{\alpha}{2}}$ gelten muss:

$$P\left(-\tilde{u}_{1-\frac{\alpha}{2}} \le \tilde{A} < \tilde{u}_{1-\frac{\alpha}{2}} \,\middle|\, H_0 \text{ gilt}\right) = 1 - \alpha. \tag{310.3}$$

Der Test führt also dann *nicht* zur Ablehnung der Nullhypothese, wenn der *beobachtete Wert* $\tilde{a}$ der Testvariablen $\tilde{A}$ innerhalb der durch $\pm\tilde{u}_{1-\frac{\alpha}{2}}$ definierten Grenzen liegt.

Dies bedeutet für den *beobachteten Wert* a der Schätzvariablen A des Regressionskoeffizienten, dass H_0 zu Gunsten der *zweiseitigen Alternative H_1 abgelehnt* werden muss, falls

$$a > a_0 + \tilde{u}_{1-\frac{\alpha}{2}}\frac{\sqrt{SSR}}{\sqrt{(n-2)ssx}} \tag{310.4}$$

bzw.

$$a < a_0 - \tilde{u}_{1-\frac{\alpha}{2}}\frac{\sqrt{SSR}}{\sqrt{(n-2)ssx}} \tag{310.5}$$

ist.

Alternativ kann auch wieder der p-Wert für den Test herangezogen werden, d.h. die Wahrscheinlichkeit

$$p = P\left(|\tilde{A}| \geq |\tilde{a}| \ \middle| \ H_0 \text{ gilt}\right), \tag{311.1}$$

dass die Testvariable $\tilde{A}$ *betragsmäßig* den beobachteten Wert $\tilde{a}$ oder größer bei Vorliegen der Nullhypothese zufällig annimmt. *Unterschreitet* dieser Wert das Signifikanzniveau α, so wird die Nullhypothese *abgelehnt*.

Ein wichtiger Spezialfall ist der Test, dass die Werte der beobachten Zielgrößen *überhaupt* im Mittel von den Einflussgrößen abhängen. Ist dies nicht der Fall, so müsste der Regressionskoeffizient $a_0 = 0$ sein.

Ein Test lehnt nach den Gleichungen (310.4) und (310.5) die Nullhypothese $a_0 = 0$ ab, falls

$$|a| > \tilde{u}_{1-\frac{\alpha}{2}} \frac{\sqrt{SSR}}{\sqrt{(n-2)ssx}} \tag{311.2}$$

ist.

5.52 Beispiel (Fahrzeugbreite und Wendekreisradius)

Wir wollen diesen Test im Folgenden exemplarisch anhand des Beispiels 5.50, S. 302 durchführen, d.h. wir testen (zum Signifikanzniveau $\alpha = 0.05$) die Hypothese

$$H_0: \quad \text{Regressionskoeffizient } a = a_0 = 0 \tag{311.3}$$

gegen die zweiseitige Alternative, dass doch ein Regressionszusammenhang zwischen Fahrzeugbreite und Wendekreis besteht, wie Abbildung 5.16 suggeriert (Datei **RegressKoeffTest.m**):

```
% Laden des Datensatzes CarDATA93cars.dat

ReadCarData

% Zahl der Datenpunkte

n = length( Breite );

% "Fehler"quadratsumme der Einflussgröße "Breite"
% (var berechnet empirische Varianz; siehe Definition)

ssx = (n−1)*var( Breite );
```

```
% Berechnung des arithmetischen Mittels der Einflussgrößen

xquer = mean( Breite );

% Berechnung der Regressionsparameter

X = [Breite , ones(length( Breite ),1)];
beta = regress(Wendekreis ,X);

a = beta(1); b = beta(2);

% Berechnung der Residuenquadratsumme

ssr = sum( (Wendekreis − a∗Breite − b).^2 );

% Berechnung des zweiseitigen alpha-Quantils der
% t-Verteilung mit (n-2) Freiheitsgeraden

alpha = 0.05;                          % Signifikanzniveau 5%
utilde = tinv(1−alpha/2, n−2);

% Test, ob beobacht. Wert von a der Nullhypothese
% entspricht

a_0 = 0;                               % ist die Nullhypothese!
H = abs(a) >  utilde∗sqrt(ssr/((n−2)∗ssx));

% Bestimmung des p-Wertes bei Gültigkeit von H0

                                       % Wert der Testvariablen
atilde = sqrt((n−2)∗ssx/ssr)∗(a−a_0);
                                       % Wkt >= abs(atilde)
p = tcdf(−abs(btilde),n−2) + (1−tcdf(abs(btilde),n−2))
```

Der Aufruf des Scripts **RegressKoeffTest.m** liefert:

```
Die Nullhypothese für den Regressions−
koeffizienten a wird abgelehnt!
Der p−Wert ist   0.0000
```

Ein Ergebnis, das angesichts von Abbildung 5.16 zu erwarten war.

Ein Test der Regressionskonstanten lässt sich ebenso leicht aus (307.3) herleiten. Hierfür sei auf die Übung 100 verwiesen.

Weitere Aspekte

Bisher beschränkten sich unsere Untersuchungen auf Schätzungen und Tests der Regressionsparameter a und b. Es gibt jedoch darüber hinaus weitere Schätz- und Testverfahren, auf die wir im Rahmen dieses Buches jedoch nicht eingehen können. Der interessierte Leser sei hierfür auf andere Werke [30, 32] verwiesen.

Wir wollen jedoch zum Abschluss noch auf die weiteren Möglichkeiten der MATLAB Statistics-Toolbox-Funktionen, insbesondere der bereits mehrfach verwendeten Funktion regress, eingehen.

Im Beispiel 5.48 wurde zunächst mit regress lediglich die Regressionsgerade berechnet. Die folgenden Anweisungen zeigen, dass diese Funktion noch mehr Informationen liefern kann:

```
x = [1,2,3]';
y = [1.1, 1.9, 3.0]';
X = [x, ones(length(x),1)];

[beta, bint, r, rint, stats] = regress(y,X)

beta =

    0.9500
    0.1000

bint =

   -0.1504    2.0504
   -2.2771    2.4771

r =

    0.0500
   -0.1000
    0.0500

rint =

   -0.5853    0.6853
   -1.3706    1.1706
   -0.5853    0.6853

stats =

    0.9918  120.3333    0.0579
```

Neben Regressionsparametern und deren Vertrauensintervallen wird noch der Vektor r der **Residuen**, also der Abweichungen zwischen den Werten von y und den entsprechenden, auf der Regressionsgeraden liegenden Werten $\hat{y}$ berechnet. Für die Residuen sind weiter in rint Vertrauensintervalle angegeben, die dazu verwendet werden können, *Ausreißer* zu detektieren. Der letzte Parameter *stats* liefert statistische Signifikanz, ob tatsächlich eine Regression vorliegt (vgl. dazu die Erläuterungen auf S. 317).
Wir wollen dies an einem weiteren Beispiel illustrieren.

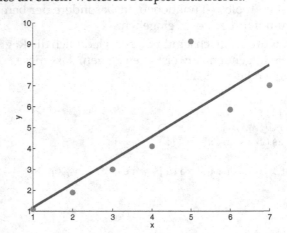

Abb. 5.17: Messwerte des 7-Punkte-Beispiels mit Ausreißer und berechneter Regressionsgeraden

5.53 Beispiel (Sieben Punkte mit Ausreißer)

Wir betrachten die Punkte-Paare

$$(x_1, y_1) = (1, 1.1), \quad (x_2, y_2) = (2, 1.9), \quad (x_3, y_3) = (3, 3),$$
$$(x_4, y_4) = (4, 4.1), \quad (x_5, y_5) = (5, 9.1), \quad (x_6, y_6) = (6, 5.85), \qquad (314.1)$$
$$(x_7, y_7) = (7, 7.0).$$

Die Abbildung 5.17 zeigt die Punkte und die mit den folgenden Anweisungen berechnete Regressionsgerade:

```
x = [1,2,3,4,5,6,7]';
y = [1.1, 1.9, 3.0, 4.1, 9.1, 5.85, 7.0]';
X = [x, ones(length(x),1)];
[beta, bint, r, rint, stats] = regress(y,X);
scatter(x,y, 100, 'r','filled')
hold
plot(x,beta(1)*x+beta(2),'b-', 'LineWidth', 4)
```

Mit Hilfe der Funktion `rcoplot` können die Residuen und ihre Vertrauensintervalle

```
r

r =

   -0.0821
   -0.4143
   -0.4464
   -0.4786
    3.3893
   -0.9929
   -0.9750

rint

rint =

   -3.6043    3.4400
   -4.4481    3.6196
   -4.7719    3.8790
   -4.8931    3.9360
    3.1398    3.6388
   -4.8564    2.8707
   -4.2684    2.3184
```

grafisch dargestellt werden (Abbildung 5.18):

```
rcoplot(r, rint)
xlabel('x')            % Überschreibt voreingestellte
ylabel('Residuen')     % Annotationen
title('')
set(gca,'Color','w');  % Setzt Hintergrundfarbe wieder
                       % auf weiß
n = length(r);         % Nullline wieder schwarz
hold
plot([0 (n+1)],[0 0],'-k');
```

Man erkennt in Abbildung 5.18 deutlich, dass das Vertrauensintervall zu Residuum r_5 weit von der Nulllinie weg liegt. Der Wert y_5 und der entsprechende Wert $\hat{y}_5$ passen also nicht zusammen und somit y_5 nicht zum Regressionsmodell. Die liegt daran, dass y_5 offensichtlich ein so genannter **Ausreißer**

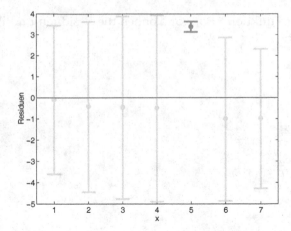

Abb. 5.18: Residuen des 7-Punkte-Beispiels und deren 95%-Vertrauensbereiche

bezüglich der Zielgröße ist. Solche Ausreißer können über die Analyse der Residuen und grafisch mit Hilfe der Funktion rcoplot identifiziert werden.

5.54 Beispiel (Sieben Punkte mit Ausreißer mit robustfit)

In Abbildung 5.17 erkennt man, dass der Ausreißer offenbar signifikanten Einfluss auf die berechnete Regressionsgerade hat, da diese deutlich *oberhalb* anderen der Datenpunkte liegt.

In einem solchen Fall ist es besser, auf die MATLAB-Funktion robustfit der Statistics Toolbox zurückzugreifen. Diese Funktion verwendet einen iterativen Kleinste-Quadrate-Algorithmus, der bezüglich der Ausreißer weniger sensitiv ist, da diese bei der Anpassung mit einem geringeren Gewicht eingerechnet werden. Die folgenden MATLAB-Anweisungen zeigen die Verwendung dieser Funktion für das vorliegende Beispiel:

```
x = [1,2,3,4,5,6,7]';
y = [1.1, 1.9, 3.0, 4.1, 9.1, 5.85, 7.0]';
X = [x, ones(length(x),1)];
[beta] = regress(y,X);
% robustfit zum Vergleich
% beachte andere Parameter und Reihenfolge!
[rbeta] = robustfit(x,y);
scatter(x,y, 100, 'r','filled')
hold
% Vergleichsplot: beachte andere Reihenfolge der
% Regressionskoeffizienten
plot(x, beta(1)*x+beta(2),'k-', ...
     x,rbeta(2)*x+rbeta(1),'b-', 'LineWidth', 4)
```

In Abbildung 5.19 ist zu sehen, dass die „robuste" Schätzung die Daten außerhalb des Ausreißers besser repräsentiert.

Bei der Verwendung der Funktion robustfit muss beachtet werden (vgl. den abgedruckten Programmausschnitt), dass die Parameter eine andere Bedeutung haben als bei regress.

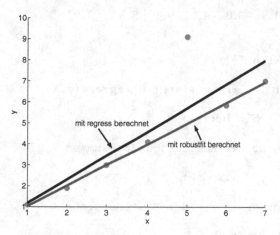

Abb. 5.19: Messwerte des 7-Punkte-Beispiels mit Ausreißer, berechneter Regressionsgeraden und mit „robuster" Regressionsgeraden

Die Funktion robustfit hat noch weitere Parameter, mit der ihr Verhalten beeinflusst werden kann. Sie liefert darüber hinaus noch mehr Informationen zurück als nur die berechneten Regressionskoeffizienten. Wir können an dieser Stelle aber hierauf nicht eingehen und verweisen auf die Hilfe zu dieser Funktion.

Wie weiter oben bereits erwähnt, liefert regress neben der Residueninformation noch einen Parameter stats zurück. Für das Beispiel 5.53 etwa erhält man:

```
x = [1,2,3,4,5,6,7]';
y = [1.1, 1.9, 3.0, 4.1, 9.1, 5.85, 7.0]';
X = [x, ones(length(x),1)];

[beta, bint, r, rint, stats] = regress(y,X);

stats

stats =

    0.7189    12.7897    0.0159
```

Der erste dieser drei Parameter ist ein Wert, der die Variation der Regressionsgrößen $\hat{Y}_k$ mit der entsprechenden Variation der Zielgrößen Y_k vergleicht (die R^2-*Statistik*). Der zweite Parameter ist der Wert der so genannten F-*Statistik* für die Regression. Der dritte Parameter ist der zugehörige p-Wert. Die folgenden MATLAB-Anweisungen zeigen, was es damit auf sich hat:

```
x = [1,2,3,4,5,6,7]';
y = [1.1, 1.9, 3.0, 4.1, 9.1, 5.85, 7.0]';

n = length(x);
X = [x, ones(n,1)];

[beta, bint, r, rint, stats] = regress(y,X);

a = beta(1); b = beta(2);

% % Berechnung der Residuenquadratsumme

ssr = sum( (y - a*x - b).^2 );

% "Fehler"quadratsumme der Einflussgröße

ssx = (n-1)*var(x);

% Empirischer Mittelwert der Zielgröße

yquer = mean(y);

% Werte ydach auf der Regressionsgraden

ydach = a*x +b;

% R^2-Statistik

RqStat = sum((ydach-yquer).^2)/sum((y-yquer).^2);

% F-Statistik

Fstat = a^2*ssx/(ssr/(n-2));

% p-Wert der F-Statistik

pWert = 1 - fcdf(Fstat,1,n-2);

% Zum Vergleich

[stats; RqStat, Fstat, pWert]
```

```
ans =

    0.7189    12.7897    0.0159
    0.7189    12.7897    0.0159
```

Man kann zeigen, dass erste Größe, die so genannte R^2-*Statistik*, dem Quadrat des *empirischen Korrelationskoeffizienten* zwischen X und Y entspricht. Nach (97.1) bis (97.4) misst der Korrelationskoeffizient den *linearen Zusammenhang* zwischen diesen Größen. Die R^2-*Statistik* liefert also ein Maß für die Linearität der Regression. Je näher dieser Wert bei 1 liegt, desto linearer ist der Zusammenhang und desto besser passt sich die Regressionsgerade an die Daten an.

Die zweite Größe, die so genannte F-**Statistik**, setzt die quadratische Variation der $\hat{y}_k$ ins Verhältnis zu der mit $\frac{1}{n-2}$ normierten Residuenquadratsumme SSR.

Da aber (vgl. (305.4))

$$
\sum_{k=1}^{n} \left(\hat{Y}_k - \overline{Y} \right)^2 = \sum_{k=1}^{n} \left(Ax_k + B - (A\overline{x} + B) \right)^2
$$
$$
= A^2 \sum_{k=1}^{n} (x_k - \overline{x})^2 = A^2 \cdot ssx
$$

(319.1)

ist, folgt unter der Annahme $a = a_0 = 0$, dass die Testgröße

$$
F = \frac{\sum\limits_{k=1}^{n} \left(\hat{Y}_k - \overline{Y} \right)^2}{\frac{1}{n-2} \sum\limits_{k=1}^{n} \left(\hat{Y}_k - Y_k \right)^2} = \frac{A^2 \cdot ssx}{\frac{1}{n-2} SSR}
$$

(319.2)

eine F-verteilte Zufallsvariable mit den Freiheitsgraden 1 und $n - 2$ ist (vgl. dazu Übung 101).

Die Größe F ist ein Maß für das *Vorliegen einer Regression* und eine Testvariable für die Hypothese, dass keine Regression vorliegt ($a = a_0 = 0$). Mit dem zugehörigen p-Wert (dritter Parameter) kann das Ergebnis eines entsprechenden Hypothesentests sofort ermittelt werden. Ist der p-Wert kleiner als das Signifikanzniveau, so muss diese Hypothese abgelehnt werden, da der p-Wert ja die Wahrscheinlichkeit darstellt, dass der Wert der Testvariable F (oder ein größerer) bei Vorliegen der Nullhypothese beobachtet wird. Ist diese Wahrscheinlichkeit also klein, so bestehen Zweifel an der Korrektheit der Nullhypothese und diese muss abgelehnt werden.

Im obigen Beispiel ist der Wert 0.0159. Die Hypothese kann also zum 5%-Niveau abgelehnt werden, zum 1%-Niveau jedoch *nicht*.

Im Beispiel 5.52 erhalten wir

```
ReadCarData

% Berechnung der Regressionsparameter

X = [Breite, ones(length(Breite),1)];
[beta, bint, r, rint, stats] = regress(Wendekreis,X);

stats

stats =

    0.6689    183.8294             0
```

und damit natürlich ebenfalls wieder die Ablehnung der Hypothese $a_0 = 0$ zu jedem Signifikanzniveau, da der p-Wert 0 ist.

5.6.2 Multiple lineare Regression

Bei der multiplen linearen Regression geht man, wie eingangs von Abschnitt 5.6 bereits erwähnt, von einem linearen Modell gemäß den Gleichungen (296.1) bis (298.3) aus, wobei die Zielgröße von *mehreren Einflussgrößen* abhängig sein soll.

Im Falle zweier Einflussgrößen erhält man z.B. das Modell:

$$\vec{y} = X \cdot \vec{\beta} + \vec{\epsilon}$$

$$= \begin{pmatrix} x_{11} & x_{12} & 1 \\ x_{21} & x_{22} & 1 \\ \vdots & \vdots & \vdots \\ x_{n1} & x_{n2} & 1 \end{pmatrix} \cdot \begin{pmatrix} a \\ b \\ c \end{pmatrix} + \begin{pmatrix} \epsilon_1 \\ \epsilon_2 \\ \vdots \\ \epsilon_n \end{pmatrix}. \tag{320.1}$$

Es kann leicht nachgerechnet werden, dass sich die in Gleichung (301.1) hergeleitete Beziehung

$$X^T \cdot \vec{y} = X^T \cdot X \cdot \vec{\beta}$$

für die in (298.2) definierte Modell-Matrix X der Einflussgrößen und den Regressionskoeffizientenvektor $\vec{\beta}$ auch für diesen Fall aus dem Kleinste-Quadrate-Ansatz ergibt.

Für die Lösung erhält man stets

$$\vec{\beta} = \left(X^T \cdot X \right)^{-1} \cdot X^T \cdot \vec{y}, \tag{320.2}$$

da die symmetrische Matrix $X^T X$ i.A. invertierbar[28] ist.

---

[28] zumindest soll im Folgenden stets davon ausgegangen werden, dass dies so ist!

Damit lässt sich auch in diesem Fall die Funktion `regress` der MATLAB Statistics Toolbox, wie in Abschnitt 5.6.1 dargestellt, einsetzen. Wir wollen dies anhand eines kleinen, künstlich erzeugten Beispiels verdeutlichen.

5.55 Beispiel (Zweifache Regression)

In diesem Beispiel betrachten wir den funktionalen Zusammenhang

$$y = f(x_1, x_2) = 2x_1 - x_2 + 1. \qquad (321.1)$$

Im nachfolgenden MATLAB-Programm werden Datenpunkte erzeugt, die dieser linearen Vorschrift genügen. Um für die Zielgröße Messungenauigkeiten zu simulieren, werden diese mit Hilfe eines Zufallsgenerators mit normalverteilten Werten „gestört". Anschließend wird anhand dieser Daten mit `regress` eine lineare Regression berechnet (Datei **BspMultipRegress.m**):

```
% Erzeugung von 7 Datenpunkten (im Raster [0 1]x[0 1])

x1 = rand(7,1);    % 7 Punkte x1 (zufällig gewählt)
x2 = rand(7,1);    % 7 Punkte x2 (als Spaltenvektoren)

sigma = 0.05;      % Streuung der normalverteilten Störung

                   % Zielgrößenwerte mit normalverteilten
                   % "Störungen" der Messwerte erzeugen
randn('state',sum(100*clock));
y = 2*x1-x2+1+sigma*randn(7,1)

y =

    1.1358
    1.9954
    2.0768
    1.9428
    1.7129
    2.4670
    2.1373

% Regressionsebene berechnen

X = [x1, x2, ones(length(x1),1)]

X =

    0.3784    0.6449    1.0000
    0.8600    0.8180    1.0000
    0.8537    0.6602    1.0000
```

```
    0.5936      0.3420      1.0000
    0.4966      0.2897      1.0000
    0.8998      0.3412      1.0000
    0.8216      0.5341      1.0000

[beta, bint, r, rint, stats] = regress(y,X)

beta =

    2.0031
   -0.9401
    1.0083

bint =

    1.7571      2.2490
   -1.1956     -0.6845
    0.8127      1.2039

...

rint =

   -0.0874      0.0390
   -0.0451      0.1118
   -0.1351      0.0934
    0.0171      0.1170
   -0.1182      0.0829
   -0.1134      0.0676
   -0.1382      0.1086

...
```

In Abbildung 5.20 sind die Datenpunkte und die berechnete Regressionsebe-ne grafisch dargestellt. Man erkennt, dass die Anpassung trotz der geringen Zahl der „Mess"punkte recht gut ist. Die Vertrauensintervalle der Residuen enthalten nicht alle 0, sodass ein Ausreißer vorhanden ist. Wir vergleichen daher das obige Ergebnis mit einer Berechnung die mit der Funktion `robustfit` durchgeführt wird:

```
X = [x1,x2]

X =

    0.3784      0.6449
    0.8600      0.8180
```

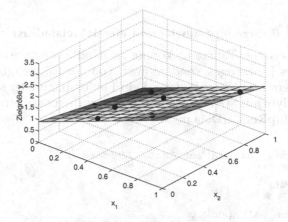

Abb. 5.20: Zweidimensionale lineare Regression mit 7 Punkten

```
      0.8537      0.6602
      0.5936      0.3420
      0.4966      0.2897
      0.8998      0.3412
      0.8216      0.5341

beta2 = robustfit(X,y)

beta2 =

      0.9892
      2.0088
     -0.9207
```

Es ist hier zu beachten, dass der konstante Term von der Funktion `robust-fit` als erster Eintrag zurückgeliefert wird. Die folgende Umordnung der Komponenten zeigt die Ergebnisse im direkten Vergleich:

```
[beta, [beta2(2:3);beta2(1)]]

ans =

      2.0032      2.0088
     -0.9398     -0.9207
      1.0080      0.9892
```

Wir wollen die Vorgehensweise nun an einem etwas realistischeren Beispiel nachvollziehen. Dazu bedienen wir uns erneut der Daten aus **CarDATA93cars.dat** und erweitern das Beispiel 5.50 um zusätzliche Aspekte.

5.56 Beispiel (Fahrzeugparameter und Wendekreisradius)

Der Wendekreis eines Fahrzeugs könnte verständlicherweise nicht nur von der Breite des Fahrzeuges, sondern auch von der Fahrzeuglänge abhängen. Außerdem könnte der Radstand ein Einflussparameter sein. Die Regressionsanalyse mit MATLAB liefert für dieses dreiparametrische Modell (vgl. **BspMultipRegCarData.m**):

```
% Laden des Datensatzes CarDATA93cars.dat

ReadCarData

% Zahl der Datenpunkte

n = length(Breite);

% Berechnung der Regressionsparameter

X = [Laenge, Radstand, Breite, ones(length(Breite),1)];
[beta, bint, r, rint, stats]   = regress(Wendekreis,X);

beta

beta =

    0.0331
    0.0531
    0.5151
   -8.3615

bint

bint =

   -0.0190     0.0851
   -0.0544     0.1606
    0.3219     0.7083
  -15.6648    -1.0581
```

Die Vertrauensintervalle (zum 5%-Niveau) der Parameter Laenge und Radstand enthalten die Null, sodass die Abhängigkeit auf diesem Niveau nicht signifikant ist. Den deutlichsten Einfluss auf den Wendekreis hat offenbar die Fahrzeugbreite.

5.6.3 Nichtlineare Regression

In vielen Fällen zeigt schon eine grafische Darstellung der Daten, dass die Annahme einer linearen Beziehung zwischen Einflussgrößen und beobachteter Zielgröße nicht gerechtfertigt ist. In diesem Fall kann man versuchen, den Einfluss der Variation der Einflussgrößen auf die Zielgröße mit Hilfe eines geeigneten *nichtlinearen* Modells zu untersuchen.

Wir unterscheiden dabei im Folgenden zwischen **verallgemeinerten linearen Regressionsmodellen** und **eigentlich nichtlinearen Regressionsmodellen**. Der wesentliche Unterschied zwischen diesen beiden nichtlinearen Modellvariationen ist, dass bei verallgemeinerten linearen Regressionsmodellen *nur die Einflussgrößen* nichtlinear in die Regressionsbeziehung eingehen, bei eigentlich nichtlinearen Regressionsmodellen gehen *Einflussgrößen und Regressionsparameter* nichtlinear ein.

Für eine konkretere Beschreibung dieser Modelle geht man zunächst wieder von der allgemeinen Form der Regressionsgleichung (296.1) aus:

$$y = f(\vec{x}) + \epsilon. \tag{325.1}$$

Gesucht ist die nichtlineare Funktionsvorschrift, die die Daten „am besten" erklärt. Üblicherweise ist die Form von f auch im nichtlinearen Fall vorgegeben und hängt lediglich von Parametern ab, die anhand der Daten festzulegen sind.

Ist f von der Form

$$f(\vec{x}) = \beta_0 + \beta_1 f_1(\vec{x}) + \ldots + \beta_m f_m(\vec{x}), \tag{325.2}$$

wobei die f_k gewisse (insbesondere nichtlineare) Funktionen sind, so spricht man von einem **quasilinearen Regressionsmodell**.

Dies könnte beispielsweise (im Falle einer Einflussgröße) ein quadratisches Modell der Form

$$y = \beta_0 + \beta_1 x + \beta_2 x^2 + \epsilon \tag{325.3}$$

sein. Durch die Einführung neuer Variablen $z_k = f_k(\vec{x})$ für die Einflussgrößen kann solch ein Modell offenbar auf ein *multiples lineares Modell* zurückgeführt werden, was laut [32] zur problemlosen Übertragbarkeit der in Abschnitt 5.6.2 diskutierten Verfahren führt.

Wir wollen daher hierauf nicht näher eingehen.

Ist F eine *invertierbare* reelle Funktion und der funktionale Modellzusammenhang f von der Form

$$f(\vec{x}) = F^{-1}(<\vec{x}, \vec{\beta}>) = F^{-1}\left(\sum_{j=1}^m a_j x_j + b\right), \tag{325.4}$$

so spricht man von einem **verallgemeinerten linearen Modell**.

Mit Hilfe der Definitionen (298.2) und (298.3) für die Einflussgrößenmatrix X und den Koeffizientenvektor $\vec{\beta}$ lässt sich das nichtlineare Regressionsmodell für eine beobachtete Stichprobe $\vec{y}$ der Zielgröße in der, im linearen Fall der Gleichung (298.1) entsprechenden, Form

$$\vec{y} = F^{-1}(X \cdot \vec{\beta}) + \vec{\epsilon} \qquad (326.1)$$

schreiben[29].

Dabei wird zusätzlich angenommen, dass die zu den Komponenten y_k gehörenden Zufallsvariablen Y_k einer (gemeinsamen) parametrischen Verteilung mit Mittelwert μ_k genügen. Diese müssen nicht notwendig normalverteilt sein. Je nach Anwendungsfall (s.u.) kann hier eine Bernoulli'sche Verteilung, eine Binomialverteilung, eine Poisson-Verteilung u.a.m. angesetzt werden.

Die Mittelwerte sind dabei, ähnlich wie beim linearen Modell, über die Gleichung

$$\vec{\mu} = F^{-1}(X \cdot \vec{\beta}) \quad \Longleftrightarrow \quad F(\vec{\mu}) = X \cdot \vec{\beta} \qquad (326.2)$$

bzw.

$$\mu_k = F^{-1}(<\vec{a}, \vec{x}_k> +b) = F^{-1}\left(\sum_{j=1}^{m} a_j x_{kj} + b\right) \qquad (326.3)$$

mit den Regressionsparametern verbunden (vgl. Gleichung (297.3)).

Die Funktion F, die je nach Anwendung geeignet gewählt werden muss, heißt die **Link-Funktion** des verallgemeinerten linearen Modells.

Offenbar ist die lineare Regression gemäß Abschnitt 5.6.1 ein Spezialfall von (326.2), bei dem als Verteilung der Zielgröße die Normalverteilung und als Link-Funktion die identische Abbildung $F(z) = z$ gewählt wird.

Logistisches Regressionsmodell

Wir wollen die Klasse der verallgemeinerten linearen Modelle am Fall der so genannten **Logistischen Regression** (auch *Logit-Regression* genannt) illustrieren.

5.57 Beispiel (Kaufentscheidung)

Der Verband der Automobilindustrie möchte wissen, von welchen Kriterien hauptsächlich die Entscheidung für den Kauf eines Automobils

---

[29] Die Anwendung der Funktion F^{-1} in den Gleichungen ist selbstverständlich *komponentenweise* zu verstehen.

abhängt, und macht eine entsprechende Umfrage in 511 repräsentativen Haushalten.

Ein entscheidender Einflussfaktor für den Kauf eines Fahrzeugs ist sicherlich das verfügbare Jahreseinkommen des Käufers. Die Datei **Kauf.dat** der Begleitsoftware gibt das diesbezügliche Ergebnis der Umfrage in Form von zwei Spalten wieder. Die erste Spalte enthält das verfügbare Jahreseinkommen in €. Die Antwort „ja, wir werden innerhalb des nächsten Jahres ein Auto kaufen" ist mit 1 codiert und die Antwort „nein" mit 0. Sie steht in der zweiten Spalte.

Die Abbildung 5.21, welche mit

```
load kauf.dat
scatter(kauf(:,1), kauf(:,2), 20, 'r-', 'filled');
xlabel('Jahreseinkommen/Euro')
ylabel('Kaufentscheidung/ja=1,nein=0')
```

erzeugt werden kann, stellt das Ergebnis der Umfrage grafisch dar.

Ziel der Untersuchung ist es, im Sinne von Gleichung (325.1) ein Regressionsmodell anzugeben, das die Abhängigkeit der Kaufentscheidung ($\mathcal{Y}$) vom verfügbaren Jahreseinkommen (X) beschreibt.

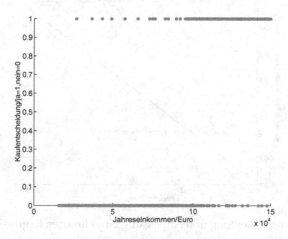

Abb. 5.21: Kaufentscheidung in Abhängigkeit vom Jahreseinkommen

Im vorliegenden Falle wird die Kaufentscheidung durch *Bernoulli-verteilte* Zufallsvariablen Y_k beschrieben. Nach Gleichung (326.3) würde ein Regressionsmodell den Zusammenhang zwischen Einflussvariable und Mittelwert von Y_k, im vorliegenden Falle also $\mu_k = p_k$, beschreiben. Dabei kennzeichnet

p_k die (jeweils vom Einkommen x_k abhängige) Entscheidungswahrschein-
lichkeit für einen Autokauf (vgl. Übung 36).

In einem ersten Ansatz versuchen wir, die Daten mit einem linearen Regressionsmodell zu beschreiben, welches wir mit den Anweisungen

```
x = kauf(:,1);
y = kauf(:,2);
X = [x, ones(size(x))];
beta = regress(y,X);
a = beta(1)


a =

   9.1198e-006

b = beta(2)


b =

   -0.4009
```

unter MATLAB leicht berechnen können.

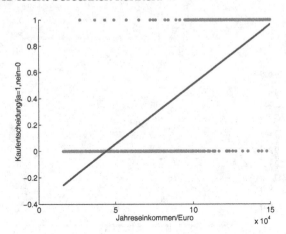

Abb. 5.22: Kaufentscheidung und Anpassung eines linearen Regressionsmodells

Dieser Ansatz liefert ein sehr unbefriedigendes Ergebnis, wie die grafische
Darstellung der Daten und der berechneten Regressionsgeraden $ax + b$ zeigt.
Man erkennt in Abbildung 5.22, die man mit den MATLAB-Anweisungen

```
scatter(kauf(:,1), kauf(:,2), 20, 'r-', 'filled');
hold
```

```
Current plot held
plot(x, a*x + b, 'b', 'LineWidth',2)
```

erhält, dass das lineare Modell einerseits sogar *negative* Werte für die Entscheidungsvariable im Bereich der niedrigeren Einkommen prognostiziert, andererseits generell zu weit von den binären Werten der Entscheidungsvariablen entfernt liegt, um diese vernünftig wiederzugeben.

Dies liegt auch in der Natur der Sache, da das Modell (im Mittel) nicht die Entscheidungen selbst $(0, 1)$ sondern die *Wahrscheinlichkeit* p der Entscheidung für einen Autokauf zu beschreiben versucht. Auch unter diesem Gesichtspunkt haben die negativen Werte der linearen Regressionsfunktion keinen Sinn.

Mit Hilfe eines nichtlinearen Ansatzes im Sinne von Gleichung (325.4) bzw. Gleichung (326.1) können die Werte besser beschrieben werden, wenn eine geeignete Link-Funktion definiert wird.

Die inverse Link-Funktion F^{-1} sollte im vorliegenden Beispiel die Eigenschaft haben, die kleinen Wahrscheinlichkeiten am Anfang und die großen Wahrscheinlichkeiten am Ende der Einkommensskala genügend genau anzunähern und den offenbar steilen Übergang dazwischen wiederzugeben.

Da die lineare Transformation $< \vec{x_k}, \vec{\beta} >$ im Modell (325.4) offenbar, je nach Wahl der Koeffizienten, Werte in ganz $\mathbb{R}$ annehmen kann, sollte F^{-1} die Eigenschaften einer Verteilungsfunktion haben (vgl. S. 70), also die Werte $< \vec{x_k}, \vec{\beta} >$ monoton auf das Intervall $[0, 1]$ der möglichen Werte von p_k abbilden.

Für die Wahl der Link-Funktion F^{-1} kommen i.A. mehrere Möglichkeiten in Frage. Im Falle binärer Beobachtungsvariablen Y wird aus physikalischen Überlegungen heraus die so genannte **Logistische Verteilungsfunktion**

$$F^{-1}(z) = \frac{e^z}{1 + e^z} = \frac{1}{1 + e^{-z}} \qquad (329.1)$$

vorgeschlagen [5].

Auch mathematische Überlegungen sprechen dafür, diese Link-Funktion im Falle Bernoulli-verteilter oder allgemein *binomialverteilter* Beobachtungsvariablen Y_k zu verwenden [10].

Das daraus resultierende verallgemeinerte lineare Modell gemäß (326.1) wird **Logit-Modell** genannt.

Einen ganz ähnlichen Verlauf wie die Logistische Verteilungsfunktion hat im Übrigen die Verteilungsfunktion $F^{-1}(z) = \phi(z)$ der Standard-Normalverteilung. Das zugehörige Modell wird unter der Bezeichnung **Probit-Modell** geführt (vgl. Übung 104).

Mit Hilfe der Funktion `glmfit` der Statistics Toolbox von MATLAB können verallgemeinerte lineare Modelle berechnet werden. Die Funktion gestattet es sogar, eigene Modelle in Form von selbst definierten Link-Funktionen zu konstruieren. Wir wollen uns jedoch im Folgenden auf das *Logit-Modell* beschränken und kehren dafür zur Diskussion des Beispieles 5.57 zurück.

5.58 Beispiel (Kaufentscheidung – Fortsetzung)

Der nachfolgende MATLAB-Code (vgl. Datei **BspLogit.m**) berechnet die Parameter $\vec{\beta}$ des Logit-Modells für die Daten aus **Kauf.dat**:

```
% Laden der Daten aus Kauf.dat

load Kauf.dat
x = Kauf(:,1); y = Kauf(:,2);

% Aufruf der Funktion glmfit zur Berechnung des
% Logit-Modells

beta = glmfit(x,[y, ones(size(y))], ...
                        'binomial','logit',[],[],[],'on')


beta =

    -8.0814
     0.0001

% Berechnung der Anpassungskurve und Darstellung mit den
% Daten aus Kauf.dat

yfit = glmval(beta,x,'logit');

scatter(x, y, 20, 'r-', 'filled');
xlabel('Jahreseinkommen/Euro')
hold

[xsort, Indx] = sort(x);    % Daten aufsteigend sortieren
plot(xsort, yfit(Indx), 'b-', 'LineWidth', 2);
```

Der Vektor beta enthält in diesem Fall in der *ersten* Komponente den *konstanten* Term des linearen Anpassungsteils $X \cdot \vec{\beta}$. Dieser wird in der Funktion glmfit durch den Parameter 'on' eingestellt, statt wie in den obigen Beispielen durch Hinzufügung einer Eins-Spalte zu x.

Die resultierende Anpassung wird mit der Funktion glmval berechnet. Das Ergebnis ist in Abbildung 5.23 dargestellt.

Aus der Gleichung (326.2) folgt für das Logit-Modell wegen

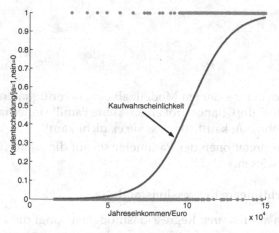

Abb. 5.23: Kaufentscheidung und Anpassung eines Logit-Regressionsmodells

$$\frac{e^z}{1 + e^z} = u \iff z = \ln\left(\frac{u}{1-u}\right), \qquad (331.1)$$

dass

$$\ln\left(\frac{p}{1-p}\right) = X \cdot \vec{\beta} \qquad (331.2)$$

ist.

Somit wird die Funktion $\ln\left(\frac{p}{1-p}\right)$ mit einem linearen Modell angepasst. Das Verhältnis[30]

$$\frac{p}{1-p} \qquad (331.3)$$

kann als „Chancenverhältnis" interpretiert werden, mit der die jeweilige Entscheidung, die hinter $\mathcal{Y}$ steht, getroffen wird.

Im Beispiel 5.57 ist dies das Chancenverhältnis einer Entscheidung für den Kauf eines Fahrzeugs gegenüber der gegenteiligen Entscheidung. Im Logit-Modell wird offenbar der Logarithmus dieses Chancenverhältnisses *linear* angepasst.

Eine interessante Frage ist in diesem Zusammenhang, wann das Chancen-verhältnis „kippt", d.h. wann $p = \frac{1}{2}$ wird. In diesem Fall ist $X \cdot \vec{\beta} = 0$.

Im Beispiel 5.58 errechnet man (aus[31] $\beta_2 x + \beta_1 = 0$):

```
x = -beta(1)/beta(2)
```

---

[30] in der Literatur **Odds ratio** genannt,

[31] vgl. die Bemerkung nach dem Programmcode auf Seite 330!

```
x =

    1.0184 e +005
```

Damit ist, laut dem errechneten Modell, ab einem verfügbaren Einkommen von etwa 101 840 € die Chance größer, dass eine Familie innerhalb des nächsten Jahres ein Fahrzeug kauft, als dass sie es nicht kauft.

Für weitere Interpretationen der Parameter sei auf die weiterführende Literatur [5, 10] verwiesen.

Allgemeine nichtlineare Regressionsmodelle

Bei allgemeinen *nichtlinearen* Regressionsmodellen hängt die Zielgröße, wie oben bereits erwähnt, auch nichtlinear von den *Regressionsparametern* ab.

Auch im nichtlinearen Fall kann der Lösungsansatz verfolgt werden, die Parameter so zu variieren, dass die Summe der Fehlerquadrate zwischen vorgegebenen und vom Modell geschätzten Werten der Zielgröße minimiert wird. Der Kleinste-Quadrate-Ansatz führt dann zu einem nichtlinearen Parameteroptimierungsproblem, welches i.A. nur durch den Einsatz iterativer numerischer Optimierungsverfahren gelöst werden kann.

Die Statistics Toolbox von MATLAB stellt hierfür die Funktion `nlinfit` zur Verfügung, welche nichtlineare Regressionsprobleme mit Hilfe eines Gauß-Newton-Verfahrens zu lösen versucht[32]. Auf das Lösungsverfahren kann an dieser Stelle nicht eingegangen werden, da dies deutlich zu weit vom Thema wegführen würde. Der interessierte Leser sei hierfür auf die Spezialliteratur zum Thema Nichtlineare Optimierung verwiesen [3].

Wir wollen stattdessen die Anwendung der MATLAB-Funktion anhand eines Beispieles illustrieren.

5.59 Beispiel (Galileis Fallexperimente)

Beim vorliegenden Experiment, welches auf Galileo Galilei zurückgeht, wird die horizontale Distanz d gemessen, die eine Kugel im freien Fall nach dem Verlassen einer Rampe zurücklegt, nachdem sie die Rampe ab einer Höhe h herab gerollt ist.

Abbildung 5.24 verdeutlicht den Versuchsaufbau und die zugehörige Tabelle gibt die von Galilei erhaltenen Daten wieder [7]. Die Längen sind dabei in einem von Galilei definierten Maß (den „Punti") angegeben, was jedoch für die weiteren Überlegungen nicht von Belang ist.

---

[32] Die Konvergenz des Verfahrens gegen eine vernünftige Lösung kann nicht in allen Fällen garantiert werden.

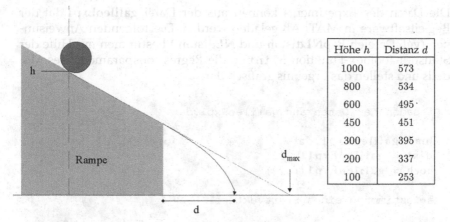

Höhe h	Distanz d
1000	573
800	534
600	495 ·
450	451
300	395
200	337
100	253

Abb. 5.24: Aufbau des Galilei'schen Versuchs und Messdaten des Versuchs

Für die Modellierung der Daten verwenden wir ein nichtlineares Modell der Form

$$\vec{d} = f(\vec{h}, \vec{\beta}) + \vec{\epsilon}. \tag{333.1}$$

Die Beziehung f ist dabei für eine Distanz d_k (Komponente von $\vec{d}$) in Abhängigkeit von der Höhe h_k und Koeffizienten $\vec{\beta} = (b_1, b_2)$ durch

$$d_k = f(h_k) = \frac{1}{2b_1} \left(h_k b_2 + \sqrt{h_k^2 b_2^2 + 4b_1 h_k} \right) \tag{333.2}$$

gegeben [7].
Stellt man die Gleichung nach h_k um, so ergibt sich

$$h_k = \frac{b_1 d_k^2}{1 + b_2 d_k}. \tag{333.3}$$

Man erkennt, dass der rationale Ausdruck in (333.3) bei $d_k = -\frac{1}{b_2}$ eine Singularität hat. Die entsprechende Höhe wäre unendlich groß. Für sehr große Höhen jedoch würde - Reibungsfreiheit vorausgesetzt - die Kugel theoretisch eine so große Geschwindigkeit aufnehmen, dass sie die in Abbildung 5.24 skizzierte Verlängerungslinie der Rampe entlang fliegen würde. Sie würde so die maximale Distanz erreichen, die wiederum offenbar mit dem Neigungswinkel der Rampe zusammenhängt. Der Parameter b_2 ist daher ein vom Neigungswinkel beinflusster Parameter. Der Parameter b_1 kann mit der horizontalen Geschwindigkeitskomponente beim Verlassen der Rampe identifiziert werden (setze $b_2 = 0$, d.h. flache Rampe), die natürlich auch wieder letztlich vom Neigungswinkel beeinflusst ist.
Den Parametern des nichtlinearen Modells kann in Folge dessen eine physikalische Bedeutung zugeordnet werden, was die Initialisierung der Optimierung und die Interpretation der Daten im Folgenden leichter macht.

Die Daten des Experiments können aus der Datei **galileoExp1.dat** der Begleitsoftware in MATLAB geladen werden. Die folgenden Anweisungen (vgl. Dateien **BspNLdist.m** und **NLdist.m**) bestimmen mit Hilfe der Statistics-Toolbox-Funktion `nlinfit` die Regressionsparameter des Modells und stellen das Ergebnis grafisch dar:

```
% Laden der Daten aus galileoExp1.dat

load galileoExp1.dat
dist = galileoExp1(:,1);
hoeh = galileoExp1(:,2);

% Bestimmung eines Startvektors

beta = [1/max(dist),-1/max(dist)];

% Berechnung der Modellparameter mit nlinfit

[betahat, R, J] = nlinfit(hoeh,dist,@NLdist,beta);

% Berechnung der Anpassungskurve und Darstellung mit den
% Daten aus galileoExp1.dat

dfit = NLdist(betahat, hoeh);

scatter(hoeh,dist, 25, 'r-', 'filled');
xlabel('Höhe/Punkte')
ylabel('Distanz/Punkte')
hold

[xsort, Indx] = sort(hoeh); % Daten aufsteigend sortieren
plot(xsort, dfit(Indx), 'b-', 'LineWidth', 2);

% Vertrauensintervalle berechnen

betaKonfInt = nlparci(betahat, R, J);
```

Das Ergebnis der Anpassung ist in Abbildung 5.25 zu sehen.

Für die Anwendung der Funktion `nlinfit` muss der nichtlineare Modellzusammenhang in Form einer Funktion (hier **NLdist.m**) übergeben werden. Der Optimierungsalgorithmus muss mit einem Startvektor (`beta`) initialisiert werden. Im Allgemeinen ist der Algorithmus sehr empfindlich bezüglich der Wahl des Startvektors, da es möglich ist, dass der Algorithmus bei einem ungeeigneten Startvektor überhaupt nicht bzw. gegen ein lokales Minimum konvergiert. Die Wahl eines geeigneten Startvektors ist deshalb i.A.

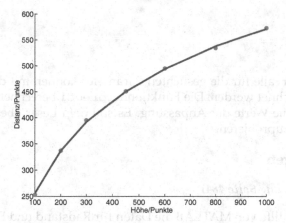

Abb. 5.25: Anpassung des nichlinearen Modells an die Messdaten des Galilei'schen Versuchs

schwierig. Im vorliegenden Fall wissen wir jedoch, dass der zweite Parameter der negativen inversen Maximaldistanz ($b_2 = -\frac{1}{d_k}$) entsprechen muss. Die Maximaldistanz kann jedoch zunächst mit Hilfe der maximalen im Experiment erreichten Distanz approximiert werden. Für den ersten Parameter nehmen wir einfach den entsprechenden positiven Wert, da auch er vom Neigungswinkel abhängt. Der resultierende Startwert

```
beta = [1/max(dist),-1/max(dist)];
```

ist offenbar geeignet, da der Algorithmus von nlinfit gegen eine Lösung mit sehr guter Anpassung konvergiert.

Aus der Lösung[33]

```
betahat

betahat =

  0.00109073605155
 -0.00112647894237
```

lesen wir im Übrigen folgende maximale Distanz ab:

```
dmax = -1/betahat(2)
```

---

[33] Im Menü File-Preferences muss für diese Darstellung das numerische Format auf long umgestellt werden!

```
dmax =

    887.7219
```

Vertrauensintervalle für die gesuchten Parameter können mit der Funktion `nlparci` berechnet werden. Die Funktion `nlpredci` berechnet Vertrauensintervalle für die Werte der Anpassung. Es soll dem Leser überlassen werden, diese auszuprobieren.

5.6.4 Übungen

Übung 98 (*Lösung Seite 484*)

Laden Sie mit Hilfe von MATLAB die Daten für Radstand und Fahrzeuglänge aus der Datei **CarDATA93cars.dat** und bestimmen Sie eine lineare Regression des Radstandes über der Fahrzeuglänge. Verwenden Sie dabei die Funktion `regress`.

Falls Ausreißer detektiert werden können, vergleichen Sie das erhaltene Ergebnis mit einer entsprechenden Berechnung, die Sie mit der Funktion `robustfit` durchführen.

Testen Sie darüber hinaus zum 5%-Niveau, ob der Radstand überhaupt von der Fahrzeuglänge abhängt.

Diskutieren Sie unter diesem Gesichtspunkt das Beispiel 5.56 erneut!

Übung 99 (*Lösung Seite 488*)

Rechnen Sie nach:

$$\frac{\sum_{k=1}^{n} x_k y_k - n\overline{x}\overline{y}}{\sum_{k=1}^{n} x_k^2 - n\overline{x}} = \frac{\sum_{k=1}^{n} (x_k - \overline{x})(y_k - \overline{y})}{\sum_{k=1}^{n} (x_k - \overline{x})^2}. \tag{336.1}$$

Übung 100 (*Lösung Seite 488*)

Schreiben Sie ein MATLAB-Script, mit dessen Hilfe ein zweiseitiger Test für die Hypothese $b = b_0 = 0$ über Regressionskonstante b im Falle des Beispiels 5.50 durchgeführt werden kann.

Überlegen Sie dazu vorab, wie die Testvariable aus dem Schätzer B für den konstanten Koeffizienten (307.3) konstruiert werden kann.

Übung 101 (*Lösung Seite 490*)

Begründen Sie, warum unter der Annahme, dass $a = a_0 = 0$ ist, also keine Regression vorliegt, die Zufallsvariable

$$F = \frac{A^2 \cdot ssx}{\frac{1}{n-2} SSR}$$

aus Gleichung (319.2) eine F-verteilte Zufallsvariable mit den Freiheitsgraden 1 und $n - 2$ ist.

Übung 102 (*Lösung Seite 491*)

Bestimmen Sie mit Hilfe von MATLAB für die Daten aus Beispiel 5.56 eine lineare Regression des Wendekreises in Abhängigkeit von der Fahrzeuglänge und Fahrzeugbreite. Vergleichen Sie das Ergebnis mit dem aus Beispiel 5.56. Welches Modell ist zu bevorzugen?

Übung 103 (*Lösung Seite 492*)

Laden Sie die Daten der Datei **galileoExp2.dat** in den MATLAB-Workspace. Die Datei enthält die Daten eines weiteren Fallversuchs von Galilei, bei welchem die Kugel die Rampe ausschließlich *in horizontaler Richtung* verlässt [7]. Die erste Spalte enthält dabei die gemessenen horizontalen Distanzen bis zum Aufprall der Kugel, die zweite die Starthöhe.

Für die Abhängigkeit der *Starthöhe* der Kugel von der *Distanz* sollen mit Hilfe von MATLAB die Koeffizienten zweier quasilinearer Regressionsmodelle[34] berechnet werden.

Passen Sie zunächst ein quadratisches Modell (d.h. f ist ein quadratisches Polynom in x) an die Daten an und anschließend ein kubisches.

Extrapolieren Sie anschließend die Regressionskurven, indem Sie die Distanzen 0, 400 und 2000 („Punti") den Originaldaten hinzufügen und stellen Sie das Ergebnis zusammen mit den Messdaten grafisch dar.

Vergleichen Sie die Ergebnisse. Welches Modell ist zu bevorzugen und warum?

Übung 104 (*Lösung Seite 494*)

Passen Sie an die Daten aus Beispiel 5.57 mit Hilfe von MATLAB ein *Probit*-Modell an.

Übung 105 (*Lösung Seite 495*)

Es ist eine bekannte Tatsache, dass der Wertverlust eines Autos pro Zeiteinheit zu Beginn seiner Lebenszeit wesentlich größer ist, als gegen Ende.

Abbildung 5.26 zeigt das Ergebnis einer entsprechenden stichprobenartigen Preisermittlung für einen gebrauchten 4/5-türigen VW-Golf mit 55 KW.

---

[34] Eigentlich sind die Distanzen die beobachteten (zufälligen) Größen! In diesem Ansatz soll aber so getan werden, als ob es die Höhen wären!

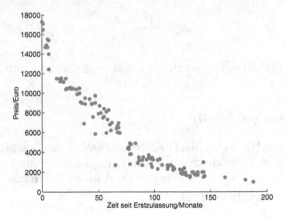

Abb. 5.26: Wert eines gebrauchten 4/5-türigen VW-Golf mit 55 KW in Abhängigkeit von der Zeit seit der Erstzulassung

Die Daten zu dieser Grafik befinden sich in der Datei **VWGolf.dat** des Begleitmaterials.

Offensichtlich ist ein lineares Regressionsmodell in diesem Falle nicht geeignet. Bestimmen Sie daher mit Hilfe der Daten und unter Verwendung von MATLAB ein *exponentielles* Regressionsmodell der Form

$$y = b_0 + b_1 \cdot e^{-b_2 x}, \tag{338.1}$$

welches die Daten besser erklärt! Stellen Sie das Ergebnis grafisch dar!

6 Monte-Carlo-Analysen

Im Kapitel 3 haben wir bereits die Vorteile der *Monte-Carlo-Simulation* kennengelernt. Im vorliegenden Kapitel soll gezeigt werden, wie man die Monte-Carlo-Technik für die statistischen Aufgaben des *Schätzens* und *Testens* einsetzen kann. Dabei bietet sich ein Einsatz von Monte-Carlo-Simulationen natürlich hauptsächlich dann an, wenn die Verhältnisse so kompliziert werden, dass die in Kapitel 5 diskutierten Standardverfahren, die sich zudem hauptsächlich auf normalverteilte Größen beziehen, nicht mehr eingesetzt werden können.

6.1.1 Monte-Carlo-Verteilungsschätzungen

Schätzungen von Verteilungen und Verteilungsparametern mit Hilfe der Monte-Carlo-Technik wurden bereits im Kapitel 3 diskutiert. Dort wurde vorausgesetzt, dass der *stochastische Erzeugungsmechanismus bekannt* ist und mit Hilfe von Zufallsgeneratoren nachgebildet werden kann.

Monte-Carlo-Schätzung bei bekanntem Erzeugungsmechanismus

Ist der stochastische Erzeugungsmechanismus bekannt, so kann die untersuchte statistische Verteilung oder ein Parameter dieser Verteilung durch mehrfache Wiederholung des Experiments und durch Mittelung der interessierenden Größen geschätzt werden. Auch die Güte der Schätzung kann, genügend Rechenzeit vorausgesetzt, theoretisch in beliebige Höhen getrieben werden. Die Grundlage dieser Aussage sind meist der zentrale Grenzwertsatz und die in Gleichung (143.3) bis (144.2) daraus gezogenen Schlüsse. Betrachten wir zur Illustration ein (hypothetisches) Beispiel aus der Theorie der Maßketten (vgl. Kapitel 4).

6.1 Beispiel

Das in Abbildung 6.1 schematisch dargestellte Werkstück sei durch Zusammenfügung dreier verschiedener Komponenten mit den Maßen M_1, M_2 und M_3 entstanden.

Schließmaß und damit beobachtete Zielgröße ist der Winkel A mit

$$A = \arctan\left(\frac{M_2 + M_3}{M_1}\right), \tag{339.1}$$

wobei M_1 *dreieckverteilt* ist im Intervall $[\frac{5}{6}, \frac{7}{6}]$, M_2 *gleichverteilt* ist im Intervall $[\frac{3}{8}, \frac{5}{8}]$ und M_3 $N\left(\frac{1}{2}, \frac{1}{100}\right)$-verteilt ist.

Die Verteilungsdichte der Schließmaßverteilung kann mit Hilfe der folgenden Monte-Carlo-Simulation näherungsweise ermittelt werden (vgl. Datei **MCNLpdf.m**):

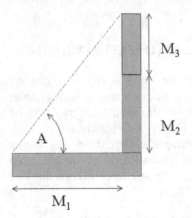

Abb. 6.1: Beispiel einer nichtlinearen Maßkette

```
% ...

A = [];                          % Werte für die Schließmaße

rand('state',sum(100*clock));    % Zufallsgenerator initial.

for k=1:M                        % Zahl der Iterationen
    M3 = normrnd(mu, sigma);     % Wert von M3
    M2 = unifrnd(gyu, gyo);      % Wert von M2
    M1 = triangrnd(1, gzu, gzo); % Wert von M1

                                 % neuen Schließmaßwert ber.
    A = [A, atan( (M2+M2)/M1 )];
end;

% ...

% Berechnung der Histogrammbalken

[N, bins, density, vFnkt] = distempStetig(A, bins, 0);
```

Ein Aufruf

```
[A, bins, density, vFnkt] = MCNLpdf(100000, 1);
```

lieferte beispielsweise die in Abbildung 6.2 dargestellte Näherung der Verteilungsdichte.

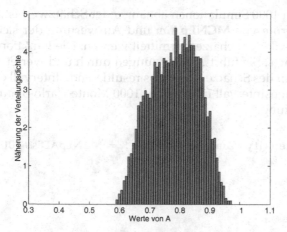

Abb. 6.2: Verteilungsdichte des Schließmaßes α, berechnet mit 100000
Monte-Carlo-Iterationen

Der Parameter $a = \mathbb{E}(A)$ kann durch eine Monte-Carlo-Simulation auf folgende Weise bestimmt werden (vgl. Datei **MCNLpA.m**):

```
A = [];                           % Werte für die Schließmaße

rand('state',sum(100*clock));     % Zufallsgenerator initial.

for k=1:M                         % Zahl der Iterationen
    M3 = normrnd(mu,sigma);       % Wert von M3
    M2 = unifrnd(gyu, gyo);       % Wert von M2
    M1 = triangrnd(1, gzu, gzo);  % Wert von M1

                                  % neuen Schließmaßwert ber.
    A = [A, atan( (M2+M2)/M1 )];
end;

% Arithmetisches Mittel bilden

a = sum(A)/M;
```

Ein entsprechender Aufruf für $M = 1000$ Monte-Carlo-Simulationen liefert
z.B. folgenden Wert für den Schätzer von a:

```
a = MCNLpA(1000)

a =

    0.8044
```

Wie gut ein von 1000 Simulationen abhängender Schätzwert ist, kann durch mehrfache Aufrufe von **MCNLpA.m** und Auswertung der sich daraus ergebenden Statistik des Schätzers ermittelt werden. Die Funktion **MCNLpA-Dist.m** leistet dies. Sie führt N Schätzungen durch und wertet das zweiseitige 95%-Quantil des Schätzers aus. Das resultierende Intervall entspricht einer Art Vertrauensintervall für eine auf 1000 Monte-Carlo-Simulationen beruhende Schätzung:

```
[abins, adensity, ualpha, oalpha] = MCNLpADist(1000,1000,1);
ualpha

ualpha =

    0.7453

oalpha

oalpha =

    0.8240

oalpha-ualpha

ans =

    0.0787
```

95% aller Schätzungen liegen also im Intervall [0.7453, 0.8240]. Auf die Darstellung des Histogramms soll an dieser Stelle verzichtet werden.

Vergleicht man dies mit dem Wert des Schließmaßes, der sich aus den Sollwerten 0.5, 0.5 und 1 ergibt, nämlich

```
atan( (0.5+0.5)/1 )

ans =

    0.7854
```

so sieht man, dass sich dieser Wert nahezu in der Mitte des Intervalls befindet. Allerdings haben alle Maße symmetrische Verteilungen, sodass dies nicht weiter verwundert. In einem allgemeinen und unübersichtlicheren Fall muss dies nicht so sein bzw. kann ein funktionaler Zusammenhang zwischen den Mittelwerten so leicht nicht hergestellt werden.

Bootstrap-Schätzungen

Ist der Erzeugungsmechanismus *nicht* bekannt, so können Vertrauensintervalle auf die obige Art und Weise nicht mehr ermittelt werden. In diesem Falle kann man unter Umständen auf die so genannte **Bootstrap-Technik**[1] zurückgreifen.

Die grundlegende Idee dieser Technik ist es, dass man auf der Grundlage einer für die Grundgesamtheit *repräsentativen Stichprobe* mit Hilfe der Monte-Carlo-Technik neue Stichproben erzeugt und die zu untersuchenden Kennwerte mit Hilfe dieser Stichproben berechnet. Voraussetzung dafür ist meist eine sehr umfangreiche Ausgangsstichprobe, von der man annehmen darf, dass sie die Grundgesamtheit recht gut wiederspiegelt. Man stellt sich dann auf den Standpunkt, dass die durch die Stichprobe gegebenen Werte die Grundgesamtheit *sind* und kann dann Kennwerte durch *zufällig gezogene Stichproben* aus dieser neuen Grundgesamtheit ähnlich wie im vorangegangenen Abschnitt berechnen [9, 24].

Ein Beispiel soll diese Technik illustrieren.

6.2 Beispiel (Durchschnittlicher Benzinverbauch)

Die Datei **verbrauch.dat** des Begleitmaterials enthält Daten über den durchschnittlichen Benzinverbrauch pro 100 km für eine Flotte von Fahrzeugen gleichen Typs, die von einem Autohersteller in einer Feldstudie bei repräsentativ ausgewählten Kunden einer Großstadt ermittelt wurden.

Zur qualitativen Begutachtung der Daten ziehen wir zunächst das Histogramm heran, welches mit den nachfolgenden MATLAB-Anweisungen erzeugt werden kann und in Abbildung 6.3 dargestellt ist.

```
load verbrauch.dat
min(verbrauch)

ans =

    7.7700

max(verbrauch)

ans =

   10.8400

klmitten = (7.5:0.1:11.5); % Klassenm. und Breiten dx def.
[N, X, emdist, cemdist] = ...
```

---

[1] engl.: bootstrap = Stiefellasche. Der Ausdruck „pull yourself up by your bootstraps" bedeutet etwa soviel wie „zieh' dich an den eigenen Haaren aus dem Sumpf". Betrachtet man die Vorgehensweise der bootstrap-Technik, so erscheint dieser Ausdruck nicht ganz unpassend.

```
    distempStetig(verbrauch, klmitten, 0);
bar(X, emdist, 0.8);
```

Offensichtlich haben wir es hier mit einer *multimodalen Verteilung* zu tun, da das Histogramm zwei ausgeprägte Maxima enthält.

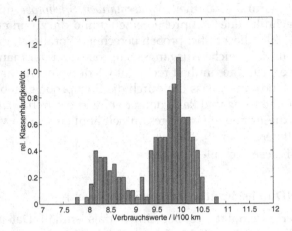

Abb. 6.3: Histogramm der Benzinverbrauchsdaten aus **verbrauch.dat**

Eine mögliche Erklärung für dieses Phänomen könnte sein, dass bei der Erhebung der Daten nicht zwischen den verbrauchsintensiveren Stadtfahrten und den verbrauchsgünstigeren Überlandfahrten unterschieden wurde. Da beide Verbräuche wohl *normalverteilt* sein dürften, könnten die Daten als gewichtete Überlagerung zweier normalverteilter Zufallsvariablen modelliert werden. Mit Hilfe einer nichtlinearen Regressionstechnik könnten die (unbekannten) Parameter der Überlagerung geschätzt werden.

Dieser Ansatz wird in Übung 106 verfolgt und sei dem Leser zur Bearbeitung dringend empfohlen.

Im vorliegenden Abschnitt soll ein Bootstrap-Ansatz gewählt werden. Dieser ließe sich auch dann anwenden, wenn die Modellierung der Verteilung nicht so offensichtlich wäre wie im obigen Beispiel.

Grundlage des Ansatzes sind die 200 Messungen aus **verbrauch.dat**, die als repräsentativ angesehen werden und nun als Grundgesamtheit für Monte-Carlo-Experimente herangezogen werden um Schätzungen für Parameter der Grundgesamtheit zu erhalten.

Dazu werden M Experimente des Typs „Ziehen mit Zurücklegen und ohne Berücksichtigung der Reihenfolge" durchgeführt (vgl. Abschnitt 2.2.1), wobei die Ziehung durch einen diskreten gleichverteilten Zufallsgenerator gesteuert wird. Bei jeder Ziehung wird der Schätzer für den interessierenden Parameter bestimmt. Diese Schätzungen werden dazu herangezogen, ein Vertrauensintervall für die auf der Stichprobe beruhende Schätzung zu bestimmen.

Die Technik soll anhand des Beispiels illustriert werden (vgl. die Dateien **EmpModal.m** und **Bspbootstrp.m**). Der Parameter μ_2 für den Mittelwert des Verbrauchs im Stadtverkehr soll anhand des *Modalwertes* der empirischen Verteilung der gezogenen Stichproben geschätzt werden. Der Schätzer für den Modalwert wird durch die Funktion **EmpModal.m** realisiert. Ein Aufruf liefert für die vorliegende Stichprobe folgende Schätzung:

```
load verbrauch.dat
dx = 0.1;
klmitten = (7.5:dx:11.5);    % Klassenm. und Breiten dx def.
[ModW] = EmpModal(verbrauch, klmitten)


ModW =

    10
```

Natürlich hängt die Güte des Schätzers zunächst von der Klassenbreite ab, die durch den Vektor `klmitten` festgelegt wird. Legt man eine feste Klassenbreite zu Grunde, so kann ein Vertrauensintervall für den Schätzer mit Hilfe der Bootstrap-Idee auf folgende Weise gewonnen werden (Aufruf von **Bspbootstrp.m**):

```
% Laden der Daten

load verbrauch.dat
dx = 0.1;
klmitten = (7.5:dx:11.5);    % Klassenm. und Breiten dx def.

% Vorinitialisierung der empirischen Modalwerte
ModW = [];

% Zahl der Experimente und Ziehungen definieren

M = 200;
N = length(verbrauch);       % Immer alle Elemente der Grund-
                             % gesamtheit

% Initialisierung des Zufallsgenerators
rand('state',sum(100*clock));

% M Ziehungen durchführen und Modalwert berechnen

for k=1:M
    % Ziehung von N Elementen
```

```
    indx = unidrnd(N,1,N);
    stprob = verbrauch(indx);

    % Modalwert berechnen und hinzufügen
    ModW = [ModW, EmpModal(stprob, klmitten)];
end;

% Zweiseitige alpha-Quantile der Modalwerte berechnen

alpha = 0.05;

Gu = prctile(ModW,100*alpha/2)
Go = prctile(ModW,100*(1-alpha/2))

Gu =

    9.8000

Go =

    10.1000
```

Das Vertrauensintervall wird also von den zweiseitigen α-Quantilen der empirischen Verteilung der oben berechneten Modalwerte gebildet, deren Berechnung auf 200 Stichproben beruht, die aus der vorgegebenen Stichprobe zufällig gezogen werden.

Die Abbildung 6.4 (vgl. Übung 108) stellt zur Illustration eine der mit der obigen Bootstrap-Simulation gewonnenen empirischen Verteilungen der Modalwerte dar.

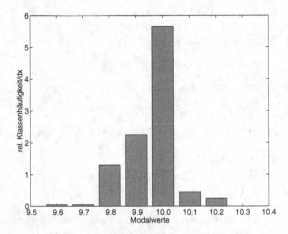

Abb. 6.4: Empirische Verteilung der Modalwerte

Die obige Definition des Bootstrap-Vertrauensintervalls ist nicht die einzige Möglichkeit. Wir wollen uns aber an dieser Stelle auf die Darstellung dieses Verfahrens beschränken und verweisen für andere Verfahren auf die entsprechende Spezialliteratur [24, 9].

Die Berechnungen aus **Bspbootstrp.m** können einfacher mit der vorgefertigten Funktion `bootstrp` der Statistics Toolbox durchgeführt werden. Als Eingabeparameter benötigt man die Zahl der zu ziehenden neuen Stichproben, eine Auswertefunktion, wie beispielsweise der Modalwertschätzer **EmpModal.m** aus dem vorangegangenen Beispiel, und die zu Grunde liegende Stichprobe. Als Rückgabewerte erhält man die gezogenen Stichproben und die zugehörigen Werte der Auswertefunktion.

Im obigen Fall könnte die Analyse wie folgt aussehen (vgl. **Bspbootstrp2.m** und **EmpModal2.m**):

```
% Klassenmitten müssen über eine globale Variable an
% die Funktion EmpModal2 übergeben werden!

global klmitten

% Laden der Daten

load verbrauch.dat
dx = 0.1;
klmitten = (7.5:dx:11.5);     % Klassenm. und Breiten dx def.

% Berechnung der Bootstrap-Statistiken mit bootstrp

[ModW, BootSamples] = bootstrp(200, @EmpModal2, verbrauch);

% Zweiseitige alpha-Quantile der Modalwerte berechnen

alpha = 0.05;

Gu = prctile(ModW,100*alpha/2)
Go = prctile(ModW,100*(1-alpha/2))

Bspbootstrp2

Gu =

    9.8000

Go =

   10.1000
```

Nachteilig an der Funktion `bootstrp` ist lediglich, dass nur die Daten als Parameter übergeben werden können. Daher musste die Klassendefinition im obigen Beispiel über einen globalen Parameter übergeben werden. Auf solche Mechanismen sollte man aber wegen der Gefahr von Seiteneffekten nur in Ausnahmefällen zurückgreifen. In den meisten Fällen dürfte jedoch die Ausgangsstichprobe zur Berechnung der Auswertefunktion genügen, sodass diese Art der Datenkommunikation bei Anwendung der Funktion `bootstrp` vermieden werden kann.

Für ein weiteres Anwendungsbeispiel verweisen wir auf die Übung 109.

6.1.2 Monte-Carlo-Hypothesentests

Ebenso wie bei Schätzungen kann man die Monte-Carlo-Methode auch vorteilhaft im Falle von *Hypothesentests* einsetzen, wenn die beteiligten Verteilungen kompliziert oder nicht bekannt sind. Wir wollen dies im vorliegenden Abschnitt anhand von Beispielen illustrieren.

Im Zusammenhang mit Hypothesentests für Regressionsparameter wurde in Abschnitt 5.6.1, S. 319 die so genannte *F-Statistik* betrachtet, die ein Maß für das *Vorliegen einer Regression* liefert und damit eine Testvariable für die Hypothese ist, dass keine Regression vorliegt ($H_0 : a = a_0 = 0$).

In Übung 101 wird speziell unter der Annahme $a = a_0 = 0$ gezeigt, dass die Testvariable

$$F = \frac{sxx \cdot A^2}{\frac{1}{n-2} SSR} \tag{348.1}$$

F-verteilt ist mit $(1, n - 2)$ Freiheitsgraden.

Interessant wäre nun im Zusammenhang mit dem Hypothesentest der *Fehler zweiter Art*, also die Wahrscheinlichkeit, die Nullhypothese H_0 *anzunehmen*, obwohl sie *falsch* ist, d.h. der Regressionsparameter a nicht gleich null ist.

Dieser Fall tritt auf, wenn der Wert von F trotz $a \neq 0$ *kleiner* ist als der durch das $(1 - \alpha)$-Quantil der $F_{1,n-2}$-Verteilung bestimmte kritische Wert $u_{F_{1,n-2}}$ für den Test.

Die Operationscharakteristik des Tests, welche in Abhängigkeit von a die Wahrscheinlichkeit wiedergibt, einen Fehler 2. Art zu begehen, ist damit

$$P(a) = P\left(F \leq u_{F_{1,n-2}} \mid H_1 : a \neq 0 \right). \tag{348.2}$$

Um die Wahrscheinlichkeit aus Gleichung (348.2) zu berechnen müsste, die *Verteilung* von F für $a \neq 0$ bekannt sein.

Wegen

$$F = \frac{sxx \cdot A^2}{\frac{1}{n-2} SSR} = \frac{\frac{sxx}{\sigma^2} \cdot A^2}{\frac{1}{n-2} \frac{1}{\sigma^2} SSR} = \frac{\left(\frac{A}{\frac{\sigma}{\sqrt{sxx}}} \right)^2}{\frac{1}{n-2} \frac{1}{\sigma^2} SSR} \tag{348.3}$$

lässt sich F als Quotient des *Quadrates* einer auf Varianz 1 normierten *normalverteilten* Zufallsvariablen A und einer mit $\frac{1}{n-2}$ normierten χ^2_{n-2}-verteilten Zufallsvariablen darstellen (vgl. dazu auch (306.3)).

Da A den Erwartungswert $a \neq 0$ haben soll (H_0 soll ja nicht gelten), ist F nicht mehr F-verteilt. Durch die Normierung von A mit $\frac{\sigma}{\sqrt{sxx}}$ ändert sich auch der Erwartungswert auf $\frac{\sqrt{sxx}}{\sigma} \cdot a$.

F ist also der Quotient des Quadrates einer $N(\frac{\sqrt{sxx}}{\sigma}a, 1)$-verteilten und einer mit $\frac{1}{n-2}$ normierten χ^2_{n-2}-verteilten Zufallsvariablen!

Theoretisch könnte man diese Verteilung(en) mit Hilfe von allgemeinen Sätzen über die Verteilung von Quotienten von (unabhängigen) Zufallsvariablen ermitteln (vgl. [11]). Die Verteilung wäre jedoch kompliziert und keine der gängigen Verteilungen, wie sie etwa in Abschnitt 2.7 vorgestellt wurden.

Eine *mögliche Alternative* ist, die gesuchte Wahrscheinlichkeit über eine *Monte-Carlo-Simulation* in Abhängigkeit von a mit Hilfe von MATLAB zu ermitteln. Dazu müssen zufällige Werte von F erzeugt werden.

Die folgenden MATLAB-Anweisungen (vgl. Datei **MCRegAF2ord.m**) berechnen die Operationscharakteristik in Abhängigkeit von a. Es wird dabei vorausgesetzt, dass die Parameter sxx und σ *bekannt* sind. Im Falle von sxx kann man von dieser Tatsache wohl ausgehen, denn es handelt sich um die Quadratsummenvariation der nicht-zufälligen Größen. Im Falle von σ muss dies nicht unbedingt der Fall sein. Wir stellen uns im Folgenden jedoch auf den Standpunkt, dass σ auf Grund von Erfahrungswerten bekannt sei.

```
% Stützstellen für die durchlaufenen a-Werte berechnen

da = (aend−aanf)/N;
avals = (aanf:da:aanf+(N−2)*da);
avals = [avals, aend];


% Krit. Wert für den F-Test bestimmen (immer alpha = 5%)

u_krit = finv(0.95, 1, n−2);


% Annahmewahrscheinlichkeit für Nullhypothese H0 für
% jeden Wert aus [aanf, aend] mit Hilfe einer
% Monte-Carlo-Simulation bestimmen

for k=1:N                        % alle Punkte durchlaufen
                                 % MCIts normalverteilte
                                 % Zählerwerte
   nvvals = normrnd(avals(k)*sqrt(sxx)/sigma, 1, 1, MCIts);
                                 % MCIts Chi-Quadrat
                                 % verteilte Nennerwerte
   ch2vals = chi2rnd(n−2, 1, MCIts);
                                 % Werte der F-Statistik
```

```
         F = (nvvals.^2)./(ch2vals/(n-2));

  absh = sum(F<=u_krit);        % Absolute Häufigkeit, dass
                                % F < kritischer Wert
  OCval(k) = absh/MCIts;        % Schätzung für Fehler 2. Art
end;
```

Mit dem MATLAB-Script **AufrMCRegAF2ord.m** kann die Operationscharakteristik des Tests für die Freiheitsgrade $n = 4, 7, 20$ und $n = 30$ und für die Parameter $sxx = 1$ und $\sigma = 1$ im Intervall $[0, 5]$ berechnet[2] und dargestellt werden. Für die Zahl der Monte-Carlo-Ziehungen wird ein gängiger Wert (50000) verwendet. Der Aufruf

AufrMCRegAF2ord

berechnet eine Grafik, die in Abbildung 6.5 wiedergegeben ist.

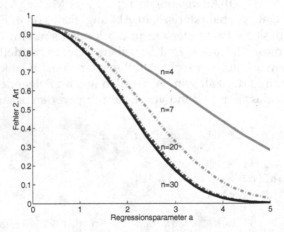

Abb. 6.5: Operationscharakteristik des Tests auf Regression via F-Statistik für die Freiheitsgrade $n = 4, 7, 20$ und $n = 30$

Die Operationscharakteristiken für 20 und 30 Freiheitsgrade unterscheiden sich nicht sonderlich. Dies liegt daran, dass die skalierten χ^2-verteilten Zufallsvariablen auf Grund von (119.1) und auf Grund der Skalierungsregeln (vgl. S. 94) den Erwartungswert 1 und die Streuung $\sqrt{\frac{2}{n-2}}$ haben und damit für große n mit hoher Wahrscheinlichkeit Werte in der Nähe von 1 annehmen. Daher werden die Werte der Testvariablen F für große n im Wesentlichen vom Quadrat der (festen) normalverteilten Variablen $A / \frac{\sigma}{\sqrt{sxx}}$ bestimmt. Die Operationscharakteristiken ändern sich also kaum noch.

---

[2] Wegen der Symmetrie der F-Charakteristik wird die OC nur für positive a bestimmt!

In einem weiteren Anwendungsbeispiel betrachten wir nun eine Testsituation im Falle einer komplizierteren *Mischverteilung*.

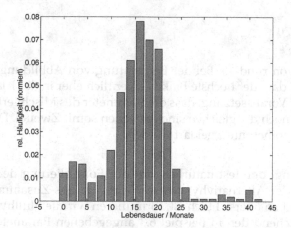

Abb. 6.6: Histogramm einer Stichprobe vom Umfang $n = 500$ für eine Lebensdaueruntersuchung

6.3 Beispiel (Lebensdauerdaten)

Der Produktion eines Maschinenteils wurde eine größere Stichprobe vom Umfang $n = 500$ entnommen (vgl. Datei **LDdaten.mat**). Anschließend wurde in einem Feldversuch die Lebensdauer des Teils beobachtet und ausgewertet. Abbildung 6.6 zeigt das Ergebnis dieser Auswertung in Form eines Histogramms.

Wie die Form des Histogramms vermuten lässt, spielen sowohl *Frühausfälle* als auch *Verschleißausfälle* für das Ausfallverhalten des Teils eine Rolle.

Aus früheren Untersuchungen weiß man, dass sich die Lebensdauer Y des Teils als Mischverteilung zweier *Weibull-verteilter* Variablen X_1 und X_2 mit den Parametern $b_1 = 0.75$, $T_1 = 20$ bzw. $b_2 = 5$, $T_2 = 20$ beschreiben lässt (vgl. dazu Abschnitt 2.7.2, S. 114).

Das Verhältnis der Frühausfälle zu den Spätausfällen beträgt etwa 1 zu 3.

Legt man diese Parameter zu Grunde, so müsste nach (116.1) der Modalwert für die reinen Verschleißausfälle

$$m = T_2 \cdot e^{\frac{1}{b_2} \ln\left(\frac{b_2-1}{b_2}\right)} \tag{351.1}$$

betragen. Für die angegebenen Werte erhält man mit

```
T2  = 20;
b2  = 5;
```

```
m = T2*exp((1/b2)*log((b2-1)/b2))

m =

    19.1270
```

einen Wert von rund 19. Bei der Betrachtung von Abbildung 6.6 fällt allerdings auf, dass der höchste Balken eigentlich eher in der Klasse 16 – 18 liegt. An der Voraussetzung, dass die Parameter des Mischverteilungsmodells immer noch die gleichen sind, bestehen somit Zweifel. Dies soll nun in einem Hypothesentest geklärt werden.

Wie immer hängt der Test natürlich von der Formulierung der Nullhypothese H_0 und der Alternativhypothese H_1 ab. Da das Zusammenspiel der Parameter nicht so übersichtlich ist, formulieren wir die Nullhypothese zunächst entsprechend den in Beispiel 6.3 angegebenen Parametern und die Alternativhypothese auf die einfachst mögliche Weise durch

$$H0 : (p, b_1, T_1, b_2, T_2) := \left(p^0, b_1^0, T_1^0, b_2^0, T_2^0\right) = (0.25, 0.75, 20, 5, 20),$$
$$H1 : (p, b_1, T_1, b_2, T_2) \neq (0.25, 0.75, 20, 5, 20).$$

(352.1)

Natürlich könnten im Beispiel 6.3 auch die Hypothese $H_0 : T_1 = T_2$ gegen die Alternative $H_1 : T_1 \neq T_2$ oder aber die Hypothese $H_0 : T_2 = 20$ gegen die Alternative $H_1 : T_2 < 20$ getestet werden, wenn genügend Hinweise darüber vorhanden sind, dass sich die übrigen Parameter nicht verändert haben. Letztere Variante sei dem Leser zur Übung überlassen (vgl. Übung 111).

Der erste Schritt bei der Konstruktion des Tests besteht in der Konstruktion einer geeigneten Testvariablen T. In einem heuristischen Ansatz wählen wir als Testvariable eine Größe, die aus dem Vergleich der Nullypothesenparameter $\left(p^0, b_1^0, T_1^0, b_2^0, T_2^0\right)$ mit Schätzungen $\left(\hat{p}, \hat{b}_1, \hat{T}_1, \hat{b}_2, \hat{T}_2\right)$ der Parameter, die wir aus den vorliegenden Daten gewinnen, einen Kennwert berechnet, welcher ein Maß für die Abweichung der Schätzparameter zu den Nullypothesenparametern liefern soll.

In einem ersten Ansatz könnten wir beispielsweise wählen:

$$T = \left|p^0 - \hat{p}\right| + \left|b_1^0 - \hat{b}_1\right| + \left|T_1^0 - \hat{T}_1\right| + \left|b_2^0 - \hat{b}_2\right| + \left|T_2^0 - \hat{T}_2\right|.$$

(352.2)

Offenbar wird dieser Kennwert groß, wenn die Abweichung zwischen Nullypothesenparametern und Schätzparametern zu groß wird. Überstiege der Wert also einen noch zu bestimmenden *kritischen Wert*, so hätten wir genügend Grund, die Nullhypothese abzulehnen.

Ein zweiter Blick auf (352.2) zeigt jedoch, dass die so gewonnene Kenngröße auf Grund der unterschiedlichen Größenordnung der Parameter problematisch ist. So variieren die Wahrscheinlichkeiten p natürlich nur zwischen 0

und 1 und liefern somit auch bei relativ großer Abweichung nur einen geringen Beitrag zur Kenngröße, während beispielsweise die Zeitparameter bei
relativ geringer Abweichung eine größere *absolute* Abweichung haben können. Es erscheint daher angebrachter mit *relativen Abweichungen* zu arbeiten.
Man vergleiche hierzu auch die Konstruktion der Testgröße des χ^2-Test (Abschnitt 5.4.3), bei der eine ähnliche Überlegung umgesetzt wird.

Wir definieren daher die Testgröße T durch

$$T = \frac{|p^0 - \hat{p}|}{\hat{p}} + \frac{|b_1^0 - \hat{b}_1|}{\hat{b}_1} + \frac{|T_1^0 - \hat{T}_1|}{\hat{T}_1} + \frac{|b_2^0 - \hat{b}_2|}{\hat{b}_2} + \frac{|T_2^0 - \hat{T}_2|}{\hat{T}_2}. \tag{353.1}$$

Die Schätzungen für die Parameter sind nun nicht mehr so einfach analytisch
zu bestimmen wie in den Beispielen, die in Kapitel 5 diskutiert wurden.

Wir wählen im Folgenden hierfür den Ansatz, die Schätzwerte mit Hilfe einer *Anpassung der empirischen Verteilungsfunktion* an die Modellverteilungs-
funktion unter Verwendung von MATLAB *numerisch* zu bestimmen.

Die untersuchte Zufallsvariable Y modelliert nach Voraussetzung die *Mi-
schung* zweier Weibull-verteilter Größen X_1 und X_2, das heißt, sie lässt sich
auf folgende Art und Weise darstellen:

$$Y = B \cdot X_1 + (1 - B) \cdot X_2. \tag{353.2}$$

Dabei ist B eine *Bernoulli-verteilte* Zufallsvariable, welche angibt, ob der Ausfall ein Frühausfall ist ($B = 1$) oder nicht ($B = 0$). Nach Voraussetzung ist
das Verhältnis der Frühausfälle zu den Spätausfällen 1 zu 3, sodass B mit
dem Parameter $p = \frac{1}{4}$ verteilt ist $\left(\frac{p}{1-p} = \frac{1}{3}\right)$ (vgl. dazu auch (352.1)).

Die Zufallsvariable Y hat damit die (*Misch-*)Verteilungsfunktion

$$F_Y(t) = p \cdot F_{X_1}(t) + (1 - p) \cdot F_{X_2}(t), \tag{353.3}$$

wobei $F_{X_1}(t)$ und $F_{X_2}(t)$ die Weibull-Verteilungsfunktionen zu X_1 und X_2
sind.

Für die Anpassung der empirischen Verteilungsfunktion an die Modell-
verteilungsfunktion werden die Funktionen **FTWeibullComb.m** und
H0WeibullComb.m der Begleitsoftware benötigt. Die Funktion **FTWei-
bullComb.m** generiert aus den Daten der Stichprobe mit Hilfe der undo-
kumentierten Statistics-Toolbox-Funktion `cdfcalc` die empirische Verteilungsfunktion (vgl. Definition (175.2)) und verwendet die Statistics-Toolbox-
Funktion `nlinfit` zur Anpassung an das Modell der Nullhypothese:

```
function [params] = FTWeibullComb(daten, paramsH0)
%
% ...
%
```

```
% Bestimmung der empirischen Verteilungsfunktion der
% Daten mit der NICHT DOKUMENTIERTEN Statistics-Toolbox-
% Funktion cdfcalc

[ycdf,xcdf] = cdfcalc(daten);
ycdf = ycdf(2:end);

% Anpassung an das Modell mit Hilfe von nlinfit und
% der Funktion H0WeibullComb. Die Iteration mit
% nlinfit wird dabei durch die Parameter der Nullhypothese
% initialisiert

[params,R,J] = nlinfit(xcdf,ycdf,@H0WeibullComb,paramsH0);
```

Die Funktion **H0WeibullComb.m** berechnet dabei mit Hilfe von **fWeibullComb.m** die Werte der theoretischen Verteilungsfunktion für die Nullhypothesenparameter.

Nach erfolgter Schätzung der Parameter könnte die Teststatistik T nun mit Hilfe von (353.1) ausgewertet werden. Zur endgültigen Durchführung des Tests fehlt allerdings noch der für ein vorgegebenes Testniveau α zu verwendende *kritische Wert* c, der die Bedingung

$$P(T \le c \mid H_0 \text{ gilt}) = 1 - \alpha \qquad (354.1)$$

erfüllen muss.

Zur Ermittlung des kritischen Wertes benötigt man die Verteilung der Teststatistik T, die analytisch, wenn überhaupt, nur sehr schwer zu ermitteln sein dürfte[3]. Die Verteilung kann jedoch mit Hilfe einer Monte-Carlo-Simulation *numerisch* approximiert werden.

Dazu werden unter Verwendung der Zufallsgeneratoren der Statistics Toolbox Stichproben der Grundgesamtheit erzeugt, die der Nullhypothesenverteilung genügt. Danach wird T wird für jede dieser Stichproben ausgewertet. Dies leisten die Funktionen **WeibullCombrnd.m** und **MCWeibMixTestStat.m** der Begleitsoftware:

```
function [T, Pars] = MCWeibMixTestStat(paramsH0, N, M)
%
%  ...
%

% Zuordnung der Parameter

p_0 = paramsH0(1);  b1_0 = paramsH0(2);  T1_0 = paramsH0(3);
b2_0 = paramsH0(4);  T2_0 = paramsH0(5);
```

[3] Der Autor ist dem nicht nachgegangen.

```
% M Stichproben vom Umfang N  entsprechend den
% Nullhypothesenparametern mit Zufallsgenerator erzeugen

Zwerte = WeibullCombrnd([b1_0,T1_0,b2_0,T2_0], p_0, N, M)';

% Berechnung der Statistik T für jede Stichprobe (Zeile)

T = []; Pars = [];

for k=1:M
    % Schätzung der Parameter für diese Stichprobe
    [params] = FTWeibullComb(Zwerte(k,:), paramsH0);
    params = params(:)';    % Zeilenvektor erzeugen
    Pars = [Pars; params];

    % Berechnung und Speicherung der Teststatistik T
    p = params(1);  b1 = params(2); T1 = params(3);
    b2 = params(4); T2 = params(5);

    Taktuell = abs((p−p_0)/(p+eps)) + ...
      abs((b1−b1_0)/(b1+eps)) + abs((T1−T1_0)/(T1+eps)) ...
       + abs((b2−b2_0)/(b2+eps)) + abs((T2−T2_0)/(T1+eps));
    % eps = 2.2204e-016 wird add., um Divis. /0 zu vermeiden
    T = [T, Taktuell];
end;
```

Da ursprüngliche Stichprobenumfang in Beispiel 6.3 ist $N = 500$. Im Folgenden wird die Verteilung der Testvariablen für diesen Stichprobenumfang mit Hilfe von $M = 1000$ Simulationen (approximativ) ermittelt und grafisch dargestellt. Darüber hinaus wird mit Hilfe der Funktion prctile zum Testniveau $\alpha = 5\%$ das entsprechende einseitige Quantil und damit der kritische Wert c ermittelt:

```
paramsH0 = [1/4, 3/4, 20, 5, 20];   % Nullhypothese

% 1000 Stichproben zu 500 Werten und Testvariable T
[T, Pars] = MCWeibMixTestStat(paramsH0, 500, 1000);

% empirische Verteilung von T (Klassenbr. 0.1, 25 Klassen)
[Hfg, X, emdist, cemdist] = distempStetig(T,(0:0.1:2.5),0);

% Balkendiagramm darstellen
bar(X,emdist)
xlabel('Werte von T')
ylabel('empirische Klassenhfg/dx')
```

```
alpha = 0.05;        % 5% Testniveau festlegen

% Kritischer Wert für 5% (95%-Quantil)
c = prctile(T, (1-alpha)*100)


c =

    0.9215
```

Für die Stichprobe aus der Datei **LDdaten.mat** kann der Test nun zum 5%-Niveau wie folgt durchgeführt werden (vgl. Quelltext zu Datei **MCWeib-MixTestStat.m**):

```
load LDdaten                    % Laden der Daten

% Schätzung der Parameter für diese Stichprobe
[params] = FTWeibullComb(LDdaten, paramsH0)

params =

    0.2333
    0.6331
   21.7337
    4.6787
   17.9970

% Berechnung und Speicherung der Teststatistik T
p = params(1);   b1 = params(2); T1 = params(3);
b2 = params(4); T2 = params(5);
p_0 = paramsH0(1);   b1_0 = paramsH0(2); T1_0 = paramsH0(3);
b2_0 = paramsH0(4); T2_0 = paramsH0(5);

T = abs((p-p_0)/(p+eps)) + abs((b1-b1_0)/(b1+eps)) ...
   + abs((T1-T1_0)/(T1+eps)) + abs((b2-b2_0)/(b2+eps)) ...
   + abs((T2-T2_0)/(T1+eps))

T =

    0.4968

% Durchführung des Tests

H = ~(T<=c)

H =

    0
```

Auf Grund des Tests kann die Nullhypothese *nicht* zu Gunsten der Alternative zurückgewiesen werden!

Die berechnete Schätzung der Verteilung von T ist in Abbildung 6.7 wiedergegeben.

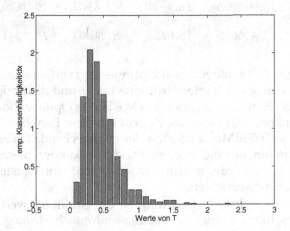

Abb. 6.7: Empirische Verteilung der Testvariablen T (Klassenbreite $dx = 0.1$)

Nachbetrachtung

Die im vorangegangenen Abschnitt diskutierte Schätzmethode, die auf einer numerischen Anpassung der empirischen und der theoretischen Verteilungsfunktion mit Hilfe von `nlinfit` beruht, funktioniert sehr gut für große Stichprobenumfänge und wenn man das hinter `nlinfit` stehende Newton-Verfahren mit den Werten der Nullhypothese[4] initialisiert.

Sind allerdings die Stichprobenumfänge klein, so konvergiert der Algorithmus von `nlinfit` nicht immer und liefert von allen Dingen unsinnige, weil *negative* Parameterwerte, wie das folgende Beispiel zeigt:

```
[T, Pars] = MCWeibMixTestStat(paramsH0, 10, 20);
NLINFIT did NOT converge.
NLINFIT did NOT converge.
Returning results from last iteration.
...

Pars

Pars =
```

---

[4] Es ist ja anzunehmen, dass die wahren Parameter in der Nähe der Nullhypothesenparameter liegen, da ein Test für eine offensichlich „falsche" Nullhypothese wohl kaum gemacht würde.

−0.0464	−0.8553	20.1456	6.5627	19.2708
0.2677	2.0117	10.8047	8.4968	20.3928
0.6107	1.8352	20.0768	83.7867	19.9809
0.3246	4.2721	28.1872	4.9896	15.9396
0.2206	0.5470	2.0602	5.7941	19.9651
−0.0284	−0.9036	18.4340	5.8302	20.9826
...				
0.6553	4.6025	15.9671	51.4607	20.2241

In einem solchen Fall sollte man auf Optimierungsverfahren zurückgreifen, die die Einbeziehung der Werterestriktionen für p und die übrigen Parameter erlauben. Die Funktion `fmincon` aus MATLABs Optimization Toolbox ist eine solche Funktion. Für Leser, die Zugriff auf diese Funktion haben, ist im Quelltext von **MCWeibMixTestStat.m** der entsprechende Code in auskommentierter Form hinzugefügt worden. Da die Diskussion dieses Verfahrens hier zu weit führen würde, wollen wir jedoch auf eine Darstellung dieser Lösungsmöglichkeit verzichten.

Eine weitere nachträgliche Betrachtung ist die Grafik 6.7 wert. Das Histogramm ähnelt sehr stark einer *logarithmischen Normalverteilung*! Um dies zu belegen, greifen wir auf die Formeln (113.3) zurück und schätzen die Parameter μ und σ der passenden Verteilung grob nach der *Momenten-Methode*. Es gilt nach diesen Formeln:

$$\mu = \ln\left(u_{50}\right), \qquad \sigma = \sqrt{\ln\left(\frac{u_{50}}{m}\right)}. \qquad (358.1)$$

Mit Hilfe von MATLAB errechnet man:

```
% Medianwert bestimmen
u50 = prctile(T,50)

u50 =

    0.4162

% Modalwert bestimmen
[mx, indx] = max(emdist)

mx =

    2.1200


indx =

    4
```

```
% Genauigkeit entspricht der Klassenbreite
m = X(4)

m =

    0.3000

mu = log(u50)

mu =

   -0.8765

sigma = sqrt(log(u50/m))

sigma =

    0.5723
```

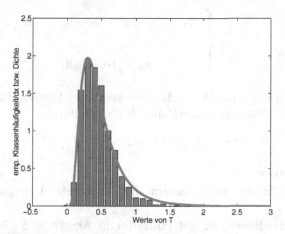

Abb. 6.8: Empirische Verteilung der Testvariablen T (Klassenbreite $dx = 0.1$) und Lognormal-Verteilung mit $\mu = -0.8765$ und $\sigma = 0.5723$.

Abbildung 6.8 stellt das Histogramm aus Abbildung 6.7 und die Verteilungsdichte der Lognormal-Verteilung mit den geschätzten Parametern dar.

Histogramm und Dichte zeigen eine gute Übereinstimmung, sodass vermutet werden kann, dass die logarithmische Normalverteilung die *Grenzverteilung* der Verteilungen der Testvariablen T für große N ist.

Abschließend sollte noch bemerkt werden, dass der oben ermittelte kritische Wert c ebenfalls zunächst nur eine *Schätzung* ist. Hier sollten mehrere Monte-Carlo-Simulationen gemittelt werden um die Güte der Schätzung zu verbessern.

Darüber hinaus ist der Test nicht sehr scharf. In der Tat betrug der Parameter T_2, der zur Erzeugung der Daten aus **LDdaten.mat** verwendet wurde 18 statt 20. Diesen Unterschied kann der Test in der vorliegenden Form offenbar nicht herausarbeiten. Ein Kolmogorov-Smirnov-Test, der in diesem Falle auch durchgeführt werden könnte, ist hier wesentlich schärfer wie Übung 111 zeigt.

Zudem könnte mehr à-priori-Wissen bei der Formulierung von Null- und Alternativhypothese hereingesteckt werden um einen ggf. schärferen Test zu erhalten (vgl. Übung 112).

6.1.3 Übungen

Übung 106 (*Lösung Seite 497*)

Betrachten Sie die Daten **verbrauch.dat** aus Beispiel 6.2 unter dem dort diskutierten Gesichtspunkt, dass die gemessenen Benzinverbräuche als Überlagerung der (normalverteilten) Verbräuche in Stadt- (X_2) und bei Überlandfahrten (X_1) aufgefasst werden können:

$$Y = \begin{cases} X_1 & N(\mu_1, \sigma_1^2)\text{-verteilt} \\ & \text{oder} \\ X_2 & N(\mu_2, \sigma_2^2)\text{-verteilt.} \end{cases} \tag{360.1}$$

Bezeichnet man mit λ die Wahrscheinlichkeit einer Überlandfahrt, so kann die Verteilungsdichte von Y durch die Mischverteilung

$$f_Y(x) = \lambda \cdot f_{X_1}(x) + (1 - \lambda) \cdot f_{X_1}(x) \tag{360.2}$$

modelliert werden.

An die Daten müssen somit insgesamt die 5 Parameter $\lambda, \mu_1, \mu_2, \sigma_1, \sigma_2$ angepasst werden.

Schätzen Sie die Parameter mit Hilfe der in Abschnitt 5.6.3 diskutierten nichtlinearen Regressionstechnik unter Verwendung der Statistics-Toolbox-Funktion `nlinfit`. Verwenden Sie dabei die Klasseneinteilung aus Beispiel 6.2 und versuchen Sie, die in (360.2) definierte Dichte an das Histogramm anzupassen, also die (Klassen-)Wahrscheinlichkeiten an die relativen Klassenhäufigkeiten.

Prüfen Sie das Ergebnis ihrer Parameterschätzung grafisch durch Anpassung der in (360.2) definierten Verteilungsdichte an das Histogramm.

Übung 107 (*Lösung Seite 500*)

Berechnen Sie mit Hilfe einer Bootstrap-Technik ein 95%-Vertrauensintervall für den Schätzer von μ_2, der sich aus der in Aufgabe 106 verwendeten

Methode ergibt. Dies bedeutet, dass für jede Stichprobe, die sich aus einer Bootstrap-Ziehung der Daten aus **verbrauch.dat** ergibt, die in Aufgabe 106 beschriebene Schätzung der Parameter, also insbesondere von μ_2 durchgeführt wird.

Verwenden Sie zur Erzeugung der Bootstrap-Stichproben die Toolbox-Funktion `bootstrp` und zur Schätzung des Parameters die zu Aufgabe 106 entwickelten Funktionen.

Übung 108 (*Lösung Seite 502*)

Berechnen Sie mit Hilfe von MATLAB die empirische Verteilung der Modalwerte aus Abbildung 6.4.

Übung 109 (*Lösung Seite 502*)

Betrachten Sie das in Übung 106 diskutierte Modell der multimodalen Verteilungsdichte des Benzinverbrauchs mit den Parametern

$$\lambda = 0.25, \quad \mu_1 = 8.5, \quad \sigma_1 = 0.333, \quad \mu_2 = 9.8, \quad \sigma_2 = 0.333. \tag{361.1}$$

Testen Sie mit Hilfe einer *Monte-Carlo-Simulation* zum 95%-Niveau die *Nullhypothese* $\mu_2 = 9.8$ gegen die zweiseitige Alternative für diesen Parameter. Dabei sollen die anderen Parameterwerte als fest vorgegeben angenommen werden.

Als Testvariable soll der Modalwertschätzer des Parameters μ_2 entsprechend dem Verfahren aus Aufgabe 106 verwendet werden.

Testgröße ist der Wert dieses Schätzers, der sich für die Stichprobe aus **verbrauch.dat** ergibt.

Übung 110 (*Lösung Seite 505*)

Untersuchen Sie mit Hilfe des Programms **MCRegAF2ord.m**, wie die Operationscharakteristik des Tests auf Regression mit Hilfe der F-Statistik (348.1) von der Streuung σ der beobachteten Daten abhängt.

Übung 111 (*Lösung Seite 505*)

Vergleichen Sie den Test im Anschluss an Beispiel 6.3 für die Daten aus **LD-daten.mat** mit einem entsprechenden Kolmogorov-Smirnov-Test.

Übung 112 (*Lösung Seite 507*)

Testen Sie mit Hilfe eines Monte-Carlo-Hypothesentests im Beispiel 6.3 für die Daten aus **LDdaten.mat** die Hypothese $H_0 : T_2 = 20$ gegen die Alternative $H_1 : T_2 < 20$. Verwenden Sie dabei zur Schätzung der Parameter eine entsprechend modifizierte Version des Schätzverfahrens aus **FTWeibullComb.m** und entsprechend modifizierte Versionen von **H0WeibullComb.m** und **MCWeibMixTestStat.m**.

7 Statistische Prozesskontrolle

Eines der wichtigsten Anwendungsgebiete der Statistik, wenn nicht gar das wichtigste Anwendungsgebiet im Ingenieurbereich, ist die statistische **Qualitätssicherung**. Ihre Hauptaufgabengebiete sind die **Annahmekontrolle**, welche die statistische Endprüfung und Abnahmekontrolle von gefertigten Produkten beinhaltet und die **Prozesskontrolle**, bei der statistische Methoden dazu verwendet werden im Sinne der Einhaltung der Qualität lenkend und korrigierend in den laufenden Produktionsprozess einzugreifen.

Im dem vorliegenden kurzen Anwendungskapitel wollen wir uns mit einigen wenigen Methoden der *Prozesskontrolle* beschäftigen. Wir lassen uns bei der Stoffauswahl im Wesentlichen von den (wenigen) Verfahren lenken, die in der Statistics Toolbox von MATLAB zu diesem Thema angeboten werden. Diese Auswahl ist bei weitem nicht erschöpfend. Dem Leser, der sich tiefer mit der Materie befassen will, kann daher das Folgende lediglich als Einstieg dienen und er sollte zusätzlich die umfangreiche Spezialliteratur konsultieren (z.B. [33]).

Auf das Thema Annahmekontrolle, welches uns in Beispielen lange Zeit in Kapitel 2 und 5 begleitet hat, wollen wir an dieser Stelle nicht mehr eingehen.

7.1.1 Kontrollkarten

Zum Zweck der Prozesskontrolle führt man während des Produktionsvorgangs so genannte **Kontrollkarten** oder **Prozessregelkarten**. Auf diesen Karten, die natürlich heutzutage keine realen Karten mehr sind, sondern in entsprechender Software abgebildet werden, verzeichnet man in regelmäßigen zeitlichen Abständen für den Prozess typische statistische Kennwerte, anhand derer man Erkenntnisse über einen für die Qualität kritischen Produktionsverlauf gewinnen kann.

Typischerweise handelt es sich bei diesen Kennwerten um relative Häufigkeiten (bei so genannten **zählenden Prüfungen**, bei denen es auf das pure Vorhandensein eines Attributs ankommt) oder um empirische Mittelwerte ($\bar{x}$), empirische Medianwerte ($\tilde{x}$) oder empirische Streuungen (s) (bei **messenden Prüfungen**, bei denen es auf ein messbares Attribut ankommt).

Mit Hilfe dieser Kennwerte führt man zu jedem Prüfzeitpunkt im Prinzip einen *Hypothesentest* über den dem Kennwert zu Grunde liegenden statistischen Parameter durch. Führt dieser Test zu Ablehnung, was sich auf der Karte durch das Über- oder Unterschreiten eines kritischen Wertes bemerkbar macht, so greift man in den Produktionsprozess ein.

Wir wollen diese komprimierte Darstellungsweise des Prinzips der Prozessregelung im Folgenden anhand von Beispielen erläutern. Vorab sollte jedoch noch erwähnt werden, dass sich die Qualitätsregelung im Allgemeinen auf die Beobachtung von *normalverteilten Größen bezieht*. Dies liegt in der Natur der Sache, da die beobachteten Produktionsparameter meist so genannte *Sollwerte* sind, die im Rahmen der Produktion unsystematischen und systematischen Abweichungen unterliegen können. **Sollwerte** sind physikalische Parameter, die das Produkt (innerhalb gewisser Toleranzen) haben soll, etwa eine Länge, einen Umfang, eine Induktivität etc. Auf Grund des *Zentralen Grenzwertsatzes* (vgl. Abschnitt 2.8.2) können Größen mit regellosen, unsystematischen Abweichungen sehr gut durch das Modell der Normalverteilung beschrieben werden. Dabei stimmt der Sollwert mit dem *Erwartungswert* der Größe überein. Der Grad der unsystematischen Abweichungen wird durch die *Streuung* gemessen. Systematische Abweichungen, etwa bedingt durch eine Abnutzung des Werkzeugs, äußern sich in einer zeitlich zu beobachtenden statistisch signifikanten Abweichung des **Istwerts** vom Sollwert oder in einer entsprechenden Änderung der Streuung. Alle diese Effekte können durch statistische Hypothesentests kontrolliert werden. Von Vorteil ist dabei, dass die mit der Normalverteilung verbundenen Tests theoretisch sehr gut beherrscht werden (vgl. Abschnitt 5.4).

Die Statistics Toolbox von MATLAB, die ja keine Spezialsoftware für Aufgaben der statistischen Prozesskontrolle bereitstellt, bietet zur statistischen Prozesskontrolle lediglich die folgenden Funktionen an:

- `xbarplot`: Funktion zur Berechnung und Darstellung einer so genannten **Mittelwertkarte** oder $\bar{x}$-Karte[1].
- `schart`: Funktion zur Berechnung und Darstellung einer **Streuungskarte** oder $\bar{s}$-Karte.

Daneben wird noch die Funktion `ewmaplot` zur Verfügung gestellt. `ewmaplot` erlaubt eine zeitabhängige exponentielle *Gewichtung der Daten* und damit eine unterschiedliche Bewertung des Datenmaterials bei der Ermittlung der Prozesskennwerte. Die entsprechende Karte, die so genannte *EWMA-Karte*, gehört damit zu den Kontrollkarten „mit Gedächtnis". Wir werden im Rahmen dieses kurzen Kapitels zur Prozesskontrolle allerdings nicht näher auf diese Möglichkeiten eingehen.

Mittelwertkarten

Mit Hilfe einer Mittelwertkarte wird der Sollwert einer Produktion kontrolliert. Die Kontrolle besteht in der Prüfung der *Hypothese H_0*, dass der Sollwert eingehalten ist, gegenüber der *zweiseitigen Alternative H_1*, dass er es nicht ist. Geht man davon aus, dass die Varianz des Istwertes *bekannt* ist, so bedeutet dies, dass in regelmäßigen zeitlichen Abständen der Produktion eine Stichprobe vom Umfang n entnommen wird und ein zweiseitiger **z-Test** im Sinne von Abschnitt 5.4.2 durchgeführt wird.

Das Signifikanzniveau α des Tests ist dabei vorgegeben. Laut Abschnitt 5.4.2 besteht der zweiseitige Test darin, die Testvariable

---

[1] engl. „x-bar", daher der Funktionsname.

$$Z = \frac{\overline{X} - \mu_0}{\frac{\sigma}{\sqrt{n}}} \qquad (365.1)$$

mit dem zweiseitigen $(1 - \alpha)$-Quantil (bzw. dem einseitigen $(1 - \frac{\alpha}{2})$-Quantil) z_q der Normalverteilung zu vergleichen. Dabei repräsentiert μ_0 den Sollwert. Ist $|Z| \leq z_q$, liegt Z also innerhalb der Grenzen $\pm z_q$ und gilt damit für das beobachtete arithmetische Mittel $\overline{x}$

$$\mu_0 - z_q \cdot \frac{\sigma}{\sqrt{n}} \leq \overline{x} \leq \mu_0 + z_q \cdot \frac{\sigma}{\sqrt{n}}, \qquad (365.2)$$

so wird die Nullhypothese angenommen und der Prozess wird als *ungestört* angesehen. Werden aber die so genannten **Kontrollgrenzen**

$$K_u = \mu_0 - z_q \cdot \frac{\sigma}{\sqrt{n}} \quad \text{und} \quad K_o = \mu_0 + z_q \cdot \frac{\sigma}{\sqrt{n}} \qquad (365.3)$$

überschritten, so muss in den Prozess eingegriffen werden. Die Grenzen heißen daher auch **untere** und **obere Eingriffsgrenze** (UEG, OEG).

Ist die Varianz *unbekannt*, so wird σ durch eine (erwartungstreue) Schätzung s ersetzt, die in einem so genannten **Vorlauf** mit Hilfe vorab der Produktion entnommener Stichproben berechnet wird.

Man beachte, dass *kein t-Test* durchgeführt wird! Der Grund dafür ist, dass sich die daraus ergebenden Kontrollgrenzen, etwa

$$\tilde{K}_u = \mu_0 - \tilde{z}_q \cdot \frac{s}{\sqrt{n}}, \qquad (365.4)$$

wegen des sich dann bei jeder Stichprobe ändernden Wertes s ebenfalls ständig ändern würden. Solche Kontrollgrenzen wären aber für eine Karte unbrauchbar, da hier die praktischeren festen Eingriffs-Barrieren eingetragen werden sollen.

Man behält also die Formel (365.3) für die Kontrollgrenzen bei und ersetzt lediglich σ durch eine möglichst genaue Schätzung s.

Für die Ermittlung von s aus einem Vorlauf heraus haben sich drei Verfahren eingebürgert:

(a) s wird aus der empirischen Varianz von genügend vielen Vorlaufwerten bestimmt.

(b) Die Vorlaufwerte werden in Teilstichproben (meist entsprechend dem Umfang n der in der Prozesskontrolle verwendeten Stichproben) zerlegt und die Werte s mit diesen Stichproben wie unter (a) ermittelt. Anschließend werden diese Werte gemittelt.

(c) Es wird die Methode (a) verwendet, wobei als Schätzung s geeignet korrigierte Werte der *Spannweite*[2] der Stichprobe verwendet werden.

---

[2] Der Abstand des größten vom kleinsten Wert

Wir wollen an dieser Stelle auf die Details dieser Verfahren nicht näher eingehen und verweisen den interessierten Leser hierfür auf [32].

In der MATLAB-Funktion xbarplot können diese Verfahren durch Angabe eines geeigneten Parameters eingestellt werden. Wir wollen die Berechnung einer Karte mit Hilfe dieser Funktion nun an einem Beispiel illustrieren.

7.1 Beispiel (Mittelwertkarte mit MATLAB)

Die Datei **ringdm.dat** der Begleitsoftware enthält 100 Werte eines Innendurchmessers von Schließringen, die zu Gruppen à 5 Ringen in regelmäßigen zeitlichen Abständen der Produktion entnommen und vermessen wurden.

Der Innendurchmesser der Ringe hat einen Sollwert von genau 20 mm. Ein Ring ist brauchbar, wenn er innerhalb der technischen Toleranzgrenzen

$$T_u = 19.985\,\text{mm} \quad \text{und} \quad T_o = 20.075\,\text{mm} \tag{366.1}$$

liegt.

Bevor wir die Funktion xbarplot einsetzen, wollen wir die Berechnungen dieser Funktion selbst schrittweise nachvollziehen. Wir berechnen zunächst die Mittelwerte, die in die Karte eingetragen werden müssen:

```
load ringdm.dat

% Berechnung der Mittelwerte der 5er-Proben. ringdm muss
% dafür transponiert werden, da die Mittelwerte durch mean
% über die SPALTEN berechnet werden

xquer = mean(ringdm');
xquer'

ans =

    20.0197
    20.0099
    20.0158
    ...
    20.0002
    19.9993
    20.0024
    20.0007

% Gesamtmittel berechnen

xqquer = mean(xquer)

xqquer =
```

```
20.0147
```

Zur Schätzung der Streuung σ verwenden wir die Methode (b) von S. 365 und die Daten von **ringdm.dat** als „Vorlauf".

```
% Varianzen innerhalb der Stichproben

sq = var(ringdm');

% Mittelwert der Streuungsschätzungen
stilde = mean(sqrt(sq))

stilde =

    0.0089

% Korrekturfaktor für Stichprobenumfang n=5 einbeziehen

s = stilde/0.94

s =

    0.0094
```

Die letzte Multiplikation ist nötig, da im Gegensatz zur empirischen Varianz für σ^2, deren Wurzel *keine erwartungstreue* Schätzung für σ ist. Die Schätzung kann jedoch durch Korrekturterme (s. [32]) erwartungstreu gemacht werden. Entsprechende Werte sind für die Methoden (a) bis (c) von S. 365 in der Funktion xbarplot integriert.

Die sich daraus ergebenden Kontrollgrenzen hängen vom gewählten Signifikanzniveau ab. Gängige Werte sind $\alpha = 0.01$ oder $\alpha = 0.0027$ oder $\alpha = 6.334 \cdot 10^{-5}$. Diesen Werten entsprechend die folgenden zweiseitigen Quantile z_q:

```
alpha = 0.01;
norminv(1-alpha/2)

ans =

    2.5758

alpha = 0.0027;
norminv(1-alpha/2)

ans =
```

```
    3.0000

alpha = 6.334e−5;
norminv(1−alpha/2)

ans =

    4.0000
```

Die letzten beiden Quantilwerte entsprechen somit den 3σ- bzw. den 4σ-Grenzen der Standard-Normalverteilung.
Für das Signifikanzniveau entsprechend den 3σ-Grenzen ergeben sich die Kontrollgrenzen

```
n = 5;
Ku = xqquer −3*s/sqrt(n)

Ku =

    20.0020

Ko = xqquer + 3*s/sqrt(n)

Ko =

    20.0273
```

Alle diese Berechnungen, einschließlich der grafischen Darstellung der Kontrollkarte, werden von der Funktion xbarplot auf einen Schlag übernommen. Dabei ist darauf zu achten, dass die Stichproben des verwendeten Datensatzes *zeilenweise* zu organisieren sind, wie dies im Beispiel der Daten aus **ringdm.dat** der Fall ist:

```
alpha = 0.0027;
conf = 1−alpha

conf =

    0.9973

Tolgrenzen = [19.985, 20.075];
verfahren = 'std';
[ausreisser, handles] = ...
      xbarplot(ringdm, conf, Tolgrenzen, verfahren)
```

```
ausreisser =

    17
    18
    20

handles =

    3.0038
  101.0056
  102.0022
  103.0022
  104.0022
  105.0013

% Deutsche Achsenbeschriftung einfügen

xlabel('Stichproben')
ylabel('Messungen')
title('')
```

Das grafische Ergebnis, die $\bar{x}$-Karte, ist in Abbildung 7.1 zu sehen.

Es ist deutlich zu erkennen, dass der Prozess gegen Ende der Messungen nicht mehr stabil ist, da die untere Eingriffsgrenze drei mal unterschritten wird.

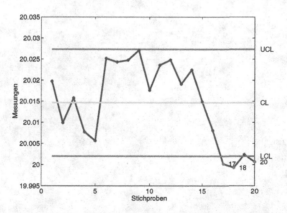

Abb. 7.1: $\bar{x}$-Karte zu Beispiel 7.1

Leider hat die Funktion `xbarplot` der Statistics Toolbox einige unerfreuliche Nachteile, die sie für die Praxis wenig geeignet erscheinen lassen. Beispielsweise werden die Toleranzgrenzen, obwohl Eingabeparameter, nur dann dargestellt, wenn, wie der Quelltext verrät, die Funktion *genau drei* Pa-

rameter hat. Dies macht jedoch die Einstellung eines Verfahrens zur Schätzung von s unmöglich. Ein weiterer Nachteil ist, dass die Daten immer
als Vorlaufdaten verwendet werden. Die Kontrollgrenzen richten sich somit
nach den aktuellen Daten und können *nicht vorgegeben* werden. Im eigentlichen Sinne ist die Funktion damit nicht als Karte verwendbar. Zuletzt ist als
Nachteil zu erwähnen, dass die Funktion die intern berechneten Parameter
(bis auf die Ausreißer) nicht zurückliefert. Die zurückgelieferten so genannten *Grafikhandles* für die im Plot dargestellten Kurven sind für eine weitere
Verwendung äußerst unbrauchbar, da man über sie nur unter Mühen an die
zu Grunde liegenden Daten herankommt.

In der Begleitsoftware befindet sich daher eine modifizierte Version dieser
Funktion, **xbarplotD.m**, in der diese Nachteile behoben sind.

Die Berechnung in Beispiel 7.1 kann dann für einen Vorlauf *und* für vorgegebene Kontrollgrenzen vorgenommen werden, etwa so:

```
% Vorlaufberechnung

alpha = 0.0027;
conf = 1-alpha;
Tolgrenzen = [19.985, 20.075];
verfahren = 'std';
[outliers, avg, s, UEG, OEG] ...
             = xbarplotD(ringdm,conf,Tolgrenzen,verfahren)


outliers =

     17
     18
     20


avg =

    20.0147


s =

     0.0094


UEG =

    20.0020


OEG =
```

```
    20.0273

% Berechnung mit vorgegebenen Kontrollgrenzen. Diese werden
% über den Parameter conf in der Form
% conf = [Mittel, DeltaKG]
% eingestellt. Mittel = (z.B. Sollwert) und DeltaKG der
% Abstand der Eingriffsgrenzen

Mittel =  20.02;
DeltaKG = 0.015;
conf = [ Mittel , DeltaKG ];
[ outliers , avg, s , UEG, OEG] = ...
          xbarplotD ( ringdm , conf , Tolgrenzen , verfahren )


outliers =

    17
    18
    19
    20

avg =

   20.0147

s =

    0.0094

UEG =

   20.0050

OEG =

   20.0350
```

Diesmal werden alle Kennwerte zurückgeliefert und die Eingriffs- *und* Toleranzgrenzen dargestellt, wie in Abbildung 7.2 zu sehen ist.

An der Grafik erkennt man, dass der Prozess gegen Ende nicht mehr in statistischer Kontrolle ist, da die letzten vier Messungen die Eingriffsgrenze unterschreiten.

s-Karten

Mit Hilfe von *s*-Karten wird die Entwicklung der *Standardabweichung* des untersuchten Produktionsmerkmales kontrolliert. Hierbei ist natürlich haupt-

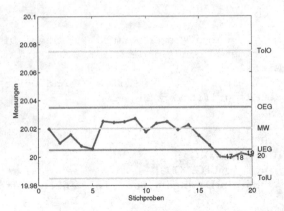

Abb. 7.2: $\bar{x}$-Karte zu Beispiel 7.1 mit vorgegebenen Eingriffs- und Toleranzgrenzen.

sächlich interessant, ob die Standardabweichung sich *vergrößert*, d.h. ob die Produktion *ungenauer* wird.

Der mit der Karte verbundenen Auswertung liegt wiederum ein *Hypothesentest* zu Grunde. Es wird für jede gezogene Stichprobe getestet, ob die Hypothese über die Produktionsstreuung gehalten werden kann, oder zu Gunsten einer signifikanten Änderung der Streuung (i.A. eine Vergrößerung) verworfen werden muss.

Grundlage dieses Tests ist der Schätzer S^2 der Varianz σ^2 einer normalverteilten Größe gemäß (118.4). Wäre σ *bekannt*, so würde bei einem gegebenen Signifikanzniveau α aus dem Ansatz (212.1) folgen

$$P\left(\frac{\sigma^2}{n-1}\tilde{u}_{\frac{\alpha}{2}} \leq S^2 \leq \frac{\sigma^2}{n-1}\tilde{u}_{1-\frac{\alpha}{2}}\right) = 1 - \alpha. \tag{372.1}$$

Dabei ist n der Stichprobenumfang und $\tilde{u}_{\frac{\alpha}{2}}, \tilde{u}_{1-\frac{\alpha}{2}}$ sind Quantile der χ^2-Verteilung.

Für die zweiseitigen Kontrollgrenzen der s-Werte ergäbe sich

$$K_u = \sigma\sqrt{\frac{\tilde{u}_{\frac{\alpha}{2}}}{n-1}} \quad \text{und} \quad K_o = \sigma\sqrt{\frac{\tilde{u}_{1-\frac{\alpha}{2}}}{n-1}}. \tag{372.2}$$

Ist die Streuung σ *nicht bekannt*, so muss sie wiederum aus einem Vorlauf geschätzt werden. Man geht in diesem Fall jedoch etwas anders vor, als bei den in Abschnitt 5.4 besprochenen Hypothesentests bei unbekannter Varianz.

Man kann zeigen, dass die Schätzvariable $S = \sqrt{S^2}$ asymptotisch *normalverteilt* ist. Für große n ist $\mathbb{E}(S) \approx \sigma$ (d.h. S ist asymptotisch erwartungstreu) und $\mathbb{V}(S) \approx \frac{\sigma^2}{2(n-1)}$ (d.h. S ist konsistent)[32].

Für kleine Stichprobenumfänge n ist S nicht mehr normalverteilt und auch nicht mehr erwartungstreu. Mit Hilfe der Korrekturfaktoren

$$a_n = \sqrt{\frac{2}{n-1}} \frac{\Gamma\left(\frac{n}{2}\right)}{\Gamma\left(\frac{n-1}{2}\right)} \tag{373.1}$$

ist aber der Schätzer $S^* = S/a_n$ erwartungstreu, d.h. er schätzt im Mittel die zu untersuchende Streuung σ, und man kann die Verteilung von S^* meist in guter Näherung durch eine Normalverteilung approximieren (vgl. hierzu Übung 116).

Legt man den (approximativ) normalverteilten Schätzer S^* zu Grunde, so kann der Ansatz (372.1) durch den Ansatz

$$P\left(-u_{1-\frac{\alpha}{2}} \leq \frac{S^* - \sigma}{\hat{\sigma}} \leq u_{1-\frac{\alpha}{2}}\right) = 1 - \alpha. \tag{373.2}$$

ersetzt werden, wobei $u_{1-\frac{\alpha}{2}}$ das zweiseitige $(1 - \frac{\alpha}{2})$-Quantil der Standard-Normalverteilung ist und $\hat{\sigma}$ die Streuung des Schätzers S^*.

Löst man (373.2) nach σ auf, so ergibt sich

$$P\left(S^* - \hat{\sigma} \cdot u_{1-\frac{\alpha}{2}} \leq \sigma \leq S^* + \hat{\sigma} \cdot u_{1-\frac{\alpha}{2}}\right) = 1 - \alpha. \tag{373.3}$$

Nach den Skalierungsregeln S. 94 und nach Übung 116 gilt:

$$\hat{\sigma}^2 = \frac{\tilde{\sigma}^2}{a_n^2} = \frac{(1 - a_n^2)}{a_n^2}\sigma^2 \quad \text{und} \quad \hat{\sigma} = \frac{\sqrt{(1 - a_n^2)}}{a_n}\sigma. \tag{373.4}$$

Ersetzt man in (373.4) den Parameter σ durch die (erwartungstreue) Schätzung s^*, so können die Kontrollgrenzen statt durch (372.2) durch

$$K_u = s^* - u_{1-\frac{\alpha}{2}} \frac{\sqrt{(1 - a_n^2)}}{a_n}s^* = \left(1 - u_{1-\frac{\alpha}{2}} \frac{\sqrt{(1 - a_n^2)}}{a_n}\right)s^*,$$

$$K_o = s^* - u_{1-\frac{\alpha}{2}} \frac{\sqrt{(1 - a_n^2)}}{a_n}s^* = \left(1 + u_{1-\frac{\alpha}{2}} \frac{\sqrt{(1 - a_n^2)}}{a_n}\right)s^* \tag{373.5}$$

definiert werden.

Die Funktion `schart` der Statistics Toolbox basiert auf den in (373.5) angegebenen Kontrollgrenzen. Dabei wird für s^* der gemittelte Wert eines Vorlaufs verwendet.

7.2 Beispiel (s-Karte mit MATLAB)

Wir wollen den Umgang mit dieser Funktion wieder anhand des Beispiels der Schließringdaten aus der Datei **ringdm.dat** der Begleitsoftware illustrieren. Die Funktion `schart` ist dabei so ähnlich aufgebaut wie die Funktion `xbarplot` und kann folgendermaßen verwendet werden:

```
% Daten laden

load ringdm.dat

% Signifikanzniveau wählen
alpha = 0.01;
conf = 1−alpha;

% Aufruf der Funktion
[ausreisser, handles] = ...
    schart(ringdm, conf);

% Deutsche Achsenbeschriftung einfügen

xlabel('Stichproben')
ylabel('Messungen')
title('')
```

Das grafische Ergebnis, die s-Karte, ist in Abbildung 7.3 zu sehen.

Es ist zu erkennen, dass der Prozess bezüglich der Streuung stabil ist, da die obere Eingriffsgrenze nicht überschritten wird.

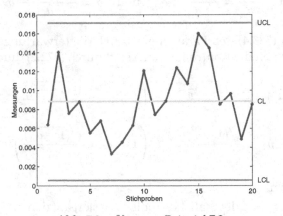

Abb. 7.3: s-Karte zu Beispiel 7.2

Leider teilt die Funktion schart der Statistics Toolbox mit xbarplot neben der Aufrufstruktur auch die im Anschluss an Beispiel 7.1 dargestellten Nachteile. Insbesondere hat man keinen Zugriff auf die intern berechneten Parameter. Daher wurde auch für diese Funktion wieder eine verbesserte Version **schartD.m** geschrieben.

Die Berechnung in Beispiel 7.2 kann dann für einen Vorlauf *und* für vorgegebene Kontrollgrenzen vorgenommen werden. Hier das Beispiel für eine
Vorlaufrechnung:

```
% Daten laden

load ringdm.dat

% Vorlaufberechnung

alpha = 0.01;
conf = 1-alpha;

[outliers, sbar, UEG, OEG] = schartD(ringdm,conf)

outliers =

    []

sbar =

    0.0089

UEG =

   5.7547e-004


OEG =

    0.0171

% Kontrollrechnung nach der hergeleiteten Formel

sbar2 = mean(std(ringdm'))

sbar2 =

    0.0089

[m,n] = size(ringdm);
an = sqrt(2/(n-1))*gamma(n/2)/gamma((n-1)/2);

ualpha = norminv(1-alpha/2);

OEG2 = sbar2*(1 + ualpha*sqrt(1-an^2)/an)
```

```
OEG2 =

    0.0171
```

Eine Berechnung für vorgegebene Kontrollgrenzen erhält man folgendermaßen:

```
% Daten laden
load ringdm.dat

% Berechnung mit vorgegebenen Kontrollgrenzen. Diese werden
% über den Parameter conf in der Form conf = [s, DeltaKG]
% eingestellt (s = bekannter Streuwert)

s =  0.01;
[m,n] = size(ringdm);
an = sqrt(2/(n-1))*gamma(n/2)/gamma((n-1)/2);
alpha = 0.05;    % Niveau für so genannte Warngrenzen
ualpha = norminv(1-alpha/2);
DeltaKG = s*ualpha*sqrt(1-an^2)/an

DeltaKG =

    0.0071

conf = [s, DeltaKG];
Toleranz = [0, 0.02];
[outliers, sbar, UEG, OEG] = schartD(ringdm, conf, Toleranz)

outliers =

    []

sbar =

    0.0100

UEG =

    0.0029

OEG =

    0.0171
```

Es werden wieder alle Kennwerte zurückgeliefert und die Eingriffs- *und* Toleranzgrenzen dargestellt (Abbildung 7.4).

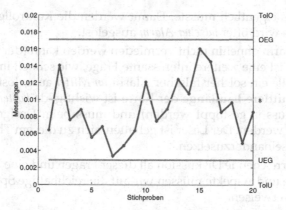

Abb. 7.4: s-Karte zu Beispiel 7.2 mit vorgegebenen Eingriffs- und Toleranzgrenzen.

Offenbar wurde die vorgegebene obere Kontrollgrenze (hier als 95%-Grenze definiert) nicht überschritten. Es besteht kein Anlass, eine Warnung auszulösen.

Nachbetrachtung

Wie bereits eingangs des Kapitels erwähnt, können und sollen nicht alle Methoden der Prozesskontrolle an dieser Stelle dargestellt werden, da eine solche Diskussion Gegenstand eines speziellen Werkes sein müsste. Uns geht es im vorliegenden Fall vielmehr um die Darstellung der Zusammenhänge zu den Methoden der Hypothesentests aus Kapitel 5 und die Illustration der dort entwickelten Ideen anhand eines wichtigen Anwendungsgebietes.

Ein in diesem Zusammenhang interessanter Aspekt ist beispielsweise die Auswirkung des *Fehlers 2. Art* auf die Prozesslenkung.

Ein Fehler 2. Art tritt nach (225.2) dann auf, wenn die Nullhypothese angenommen wird, obwohl sie eigentlich zu Gunsten der Alternative verworfen werden müsste. Bei parametrischen Tests, wie sie ja in der Prozesskontrolle meist vorliegen, wird die entsprechende Fehlerwahrscheinlichkeit in Abhängigkeit vom tatsächlichen Parameter durch die *Operationscharakteristik* angegeben (vgl. Abbildung 5.6, S. 227).

Übertragen auf die Karten bedeutet dies, dass die Kontrollgrenzen nicht überschritten werden, obwohl der Prozess instabil wird.

Dieser Fehler kann, wie in Abschnitt 5.4.1 erläutert, durch entsprechende Wahl des Signifikanzniveaus und des Stichprobenumfangs beeinflusst werden. Diese Parameter gehen aber, dies zeigen etwa die Gleichungen (365.3) und (373.5), unmittelbar in die *Bestimmung der Kontrollgrenzen* ein.

Außerdem, dies wurde in Abschnitt 5.4.1 diskutiert, sind die Fehler 1. und 2. Art *gegenläufig* (vgl. Abbildung 5.7). Dies bedeutet, dass eine Optimierung des Fehlers 2. Art zu einer Verschlechterung des Fehlers 1. Art führt. Im Falle der Prozesskontrolle bedeutet dies, dass die Hypothese häufiger abgelehnt wird, als sie es eigentlich müsste. Damit werden die Kontrollgrenzen öfter verletzt und es wird öfter *falscher Alarm* ausgelöst.

Da falscher Alarm ohnehin nicht vermieden werden kann (der Fehler 1. Art ist ja nie null), ist eine weitere interessante Frage, wie schnell im Laufe einer Prozesskontrolle ein solcher falscher Alarm *im Mittel* ausgelöst wird. Diese so genannte **mittlere Lauflänge** der Karte ist wichtig, da *kostenrelevant* (die Produktion muss ja gestoppt werden) und muss beim Design der Karten berücksichtigt werden. Der Leser ist gehalten, sich zu diesem Thema mit der Übung 115 auseinanderzusetzen.

Für eine weiterreichende Diskussion all dieser Fragen und eine Vielzahl weiterer Probleme und Aspekte müssen wir auf die reichhaltige Spezialliteratur (z.B. [33, 34]) verweisen.

7.1.2 Prozessfähigkeit

Im vorangegangenen Abschnitt 7.1.1 wurde dargelegt, mit welchen statistischen Methoden kontrolliert werden kann, ob ein Produktionsprozess *stabil* abläuft, d.h. ob sich Prozesslage μ und Prozessstreuung σ im Laufe des Produktionsprozesses innerhalb gewisser zulässiger Grenzen bewegen. Ist dies der Fall, so spricht man von einem **beherrschten** Prozess.

Werden bei der Prozesskontrolle die *Eingriffsgrenzen* verletzt, so ist der Prozess u.U. nicht mehr stabil. Dies hat jedoch zunächst einmal nichts mit der Frage zu tun, ob nun in der Produktion *Ausschuss* erzeugt wird. Entscheidungskriterium hierfür sind nämlich nicht die Eingriffsgrenzen, sondern die sich nach der technischen Funktion richtenden **technischen Toleranzgrenzen**. Diese wurden zwar in Beispiel 7.1 erwähnt, auf ihre Bedeutung wurde jedoch dort noch nicht eingegangen. Dies soll nun nachgeholt werden.

Prozessfähigkeitsindizes

Hält ein Produktionsprozess die vorgegebenen *technischen Toleranzgrenzen*

$$
\begin{array}{ll}
T_u & \text{(untere Toleranzgrenze),} \\
T_o & \text{(obere Toleranzgrenze)}
\end{array}
\tag{378.1}
$$

ein, so spricht man von einem **fähigen Prozess**.

Natürlich gibt es graduelle Unterschiede des Einhaltens der technischen Toleranzen, die sich im Wesentlichen in der Wahrscheinlichkeit manifestieren, mit der Ausschuss produziert wird, d.h. mit der die Toleranzgrenzen überschritten werden.

In der Qualitätssicherung versucht man, diesen Unterschied mit griffigen *Kennzahlen* zu charakterisieren, die sich aus den Kenngrößen des Prozesses, also seiner Prozesslage μ, seiner Prozessstreuung σ und den technischen Toleranzen ableiten lassen. Die wichtigsten Kennzahlen sind der so genannte C_p-**Wert** und der C_{pk}-**Wert**, für deren Berechnung die MATLAB Statistics

Toolbox die Funktion `capable` anbietet. Daneben werden noch die Funktionen `capaplot`, `histfit` und `normspec` zur Verfügung gestellt, mit denen die Berechnungen durch grafische Darstellungen der *normalverteilten* Größen illustriert werden können (vgl. Übung 114).

Der C_p-*Wert* ist eine Kennzahl für den Einfluss der *Prozessstreuung* σ auf die Qualität. Er ist folgendermaßen definiert:

$$C_p = \frac{T}{6\sigma} := \frac{T_o - T_u}{6\sigma}. \tag{379.1}$$

Der C_p-Wert gibt also das Verhältnis des *technischen Toleranzbereiches* $T = T_o - T_u$ und des 6σ-Bereiches der zu Grunde liegenden normalverteilten Größe wieder. Nach (125.8) liegen fast alle (99.73%) Werte einer normalverteilten Größe innerhalb der so genannten 3σ-*Grenzen*. Man nennt daher diesen Bereich auch den **natürlichen Toleranzbereich** des Prozesses. Die Definition (379.1) des C_p-Werts gibt also das Verhältnis zwischen technischem und natürlichem Toleranzbereich wieder.

Stimmen Prozesslage μ und Toleranzbereichsmitte $T_m = \frac{T_u + T_o}{2}$ überein, so hängt die mit dem C_p-Wert gemessene Fähigkeit nur von der Prozessstreuung ab.

Der C_p-Wert ist damit ein Maß für die *mögliche Prozessfähigkeit*, wenn man es schafft, die Prozesslage in der Toleranzmitte zu halten.

Ein Prozess gilt in diesem Sinne dann als **fähig**, wenn sich die natürliche Toleranzbreite deutlich unterhalb der technischen Toleranzbreite bewegt. Konkret fordert man einen C_p-Wert von $\geq \frac{4}{3} = 1.333$. Somit müssen sich sogar die 4σ-Grenzen innerhalb der technischen Toleranzen bewegen. Ein Prozess mit $1 \leq C_p < 1.333$ gilt nur als **bedingt fähig**.

Allerdings ist, wie gesagt, C_p nur ein Maß für die *mögliche* Fähigkeit, da der Kennwert die Prozesslage nicht berücksichtigt.

Mit Hilfe der MATLAB-Funktion `normspec` lässt sich der Unterschied zwischen möglicher und tatsächlicher Fähigkeit grafisch darstellen (vgl. Datei **CpWertIllu.m**):

```
T_u = 19.985; T_o = 20.075;
specs = [T_u, T_o];          % technische Toleranzgrenzen
Tm = (T_u+T_o)/2;            % Toleranzmitte
T = T_o-T_u                  % technischer Toleranzbereich

sigma = T/8;                 % angenommene Prozessstreuung
C_p = T/(6*sigma)            % Berechneter C_p-Wert dazu

mu = Tm;                     % Prozesslage ideal

                             % Grafische Darstellung
p1 = normspec(specs ,mu, sigma );
```

```
ausschuss1 = 100*(1-p1)        % Ausschuss in Prozent

% ...

mu = Tm+2*sigma;               % Prozesslage nicht ideal

                               % (normspec macht automatisch
                               % neues Grafikfenster auf)
                               % Grafische Darstellung
p2 = normspec(specs,mu,sigma);
ausschuss2 = 100*(1-p2)        % Ausschuss in Prozent

% ...

T =

    0.0900

C_p =

    1.3333

ausschuss1 =

    0.0063

ausschuss2 =

    2.2750
```

Die Abbildung 7.5 zeigt, dass bei verschobener Prozesslage trotz des guten C_p-Werts von 1.333 ein großer Ausschussanteil (2.275%) produziert wird.

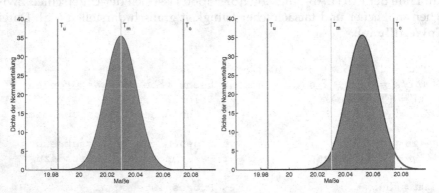

Abb. 7.5: Prozesswerte bei gleichem C_p-Wert (hier 1.333) aber unterschiedlicher Prozesslage

Ein Kennwert, der diesen Aspekt berücksichtigt, ist der so genannte C_{pk}-Wert, welcher wie folgt definiert ist:

$$C_{pk} = C_p \cdot \left(1 - \frac{|T_m - \mu|}{T/2}\right). \tag{381.1}$$

Der C_{pk}-Wert berücksichtigt also den Abstand der tatsächlichen Prozesslage μ zur Toleranzbereichsmitte T_m und ist, da dieser Wert stets positiv ist, immer kleiner als der C_p-Wert. Nur im Idealfall ($T_m = \mu$) stimmen beide Werte überein.

Ist $T_m > \mu$, liegt also μ näher an der unteren Toleranzgrenze T_u, so folgt aus (381.1) und (379.1):

$$
\begin{aligned}
C_{pk} &= C_p \cdot \left(1 - \frac{T_m - \mu}{T/2}\right) = C_p \cdot \left(\frac{T - 2T_m + 2\mu}{T}\right) \\
&= C_p \cdot \left(\frac{T_o - T_u - (T_o + T_u) + 2\mu}{T}\right) = C_p \cdot \left(\frac{2(\mu - T_u)}{T}\right) \\
&= \frac{T}{6\sigma} \cdot \left(\frac{2(\mu - T_u)}{T}\right) = \frac{\mu - T_u}{3\sigma} := C_{pu}.
\end{aligned} \tag{381.2}
$$

Ist $T_m < \mu$, liegt also μ näher an der oberen Toleranzgrenze T_o, so folgt:

$$
\begin{aligned}
C_{pk} &= C_p \cdot \left(1 - \frac{-T_m + \mu}{T/2}\right) = C_p \cdot \left(\frac{T + 2T_m - 2\mu}{T}\right) \\
&= C_p \cdot \left(\frac{T_o - T_u + (T_o + T_u) - 2\mu}{T}\right) = C_p \cdot \left(\frac{2(T_o - \mu)}{T}\right) \\
&= \frac{T}{6\sigma} \cdot \left(\frac{2(\mu - T_u)}{T}\right) = \frac{T_o - \mu}{3\sigma} := C_{po}.
\end{aligned} \tag{381.3}
$$

Die Kennwerte C_{pu} und C_{po} messen offenbar den Abstand der Prozesslage zur unteren bzw. oberen technischen Toleranzgrenze in Relation zur halben natürlichen Toleranzbreite 3σ. Der C_{pk}-Wert stimmt je nach Prozesslage zur nächstgelegenen Toleranzgrenze mit einem dieser Werte überein. Es gilt offensichtlich nach (381.2) und (381.3):

$$C_{pk} = \min\{C_{pu}, C_{po}\}. \tag{381.4}$$

Prozessfähigkeit liegt im Sinne des C_{pk}-Wertes vor, wenn $C_{pk} \geq 1.333$ ist (damit ist automatisch auch $C_p \geq 1.333$).

Die Funktion `capable` der MATLAB Statistics Toolbox berechnet C_p- und C_{pk}-Werte für einen gegebenen Datensatz und vorgegebene Spezifikationen. Dazu wird die Wahrscheinlichkeit geschätzt, mit der der Prozess, aus dem der Datensatz stammt, die Spezifikationen einhält. Die Prozessparameter μ und σ werden aus den Daten geschätzt.

Wir wollen dies anhand des Beispieles **ringdm.dat** illustrieren. Zunächst sollen aber die Daten mit den Toleranzgrenzen grafisch dargestellt werden um uns einen Überblick zu verschaffen (s. Abbildung 7.6):

```
load ringdm.dat

% Umwandeln der Stichprobendaten in einen Vektor und
% grafische Darstellung mit Toleranzgrenzen

daten = ringdm';
daten = daten(:);    % Daten als Spaltenvektor

% Toleranzgrenzen aus früherem Beispiel

T_u = 19.985; T_o = 20.075;
T_m = mean([T_u,T_o])

T_m =

    20.0300

% Daten darstellen

m = length(daten);
samples = (1:m);
hndl = plot(samples,daten, 'b-', samples,daten, 'r+' ,...
        samples, T_o(ones(m,1),:), 'r-' ,...
        samples,T_m(ones(m,1),:), 'g-' ,...
        samples,T_u(ones(m,1),:), 'r-' );

text(m+0.5,T_u,'T_u');
text(m+0.5,T_o,'T_o');
text(m+0.5,T_m,'T_m');
set(hndl,'LineWidth',2);
xlabel('Stichproben');
ylabel('Messungen');
```

Wie man erkennen kann, liegt das Stichprobenmittel, welches uns jetzt als Schätzung für die Prozesslage μ dient, unterhalb von T_m. Wir errechnen mit MATLAB:

```
% Schätzung der Prozessparameter

mu = mean(daten)
sigma = std(daten)

mu =

    20.0147

sigma =
```

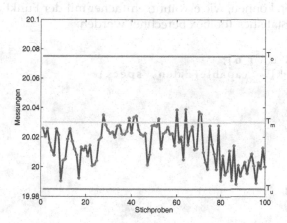

Abb. 7.6: Daten aus **ringdm.dat** mit Toleranzgrenzen

```
    0.0127

% Cp- und Cpk-Wert zur Kontrolle explizit

Cp  = (T_o–T_u)/(6*sigma)
Cpu = (mu–T_u)/(3*sigma)
Cpo = (T_o–mu)/(3*sigma)
Cpk = min(Cpu,Cpo)

Cp =

    1.1828

Cpu =

    0.7795

Cpo =

    1.5861

Cpk =

    0.7795
```

Wie wir sehen, wäre der Prozess selbst bei idealer Mittellage nur einge-
schränkt fähig. Der C_{pk}-Wert ist wesentlich zu klein.

Die Kennzahlen können, wie erwähnt, einfacher mit der Funktion `capable`
der MATLAB Statistics Toolbox berechnet werden:

```
specs = [T_u, T_o];
[p, Cp, Cpk] = capable(daten, specs)

p =

    0.0097

Cp =

    1.1828

Cpk =

    0.7795
```

Neben den Fähigkeitskennwerten wird hier zusätzlich noch die Wahrscheinlichkeit berechnet, dass für einen Prozess mit den geschätzten Parametern
μ und σ ein Stichprobenwert *außerhalb der technischen Toleranzgrenzen* beobachtet wird. Dies lässt sich mit MATLAB leicht explizit nachrechnen (vgl.
Abschnitte 2.7.2 und 2.7.3):

```
% Wkt unterhalb von T_u

p1 = normcdf(T_u, mu, sigma);

% Wkt oberhalb von T_o

p2 = 1 - normcdf(T_o, mu, sigma);

% Wkt außerhalb der technischen Toleranz
% (zwei unvereinbare Ereignisse!)

p = p1 + p2

p =

    0.0097
```

Das Ergebnis von `capable` kann mit der Funktion `capaplot` visulisiert
werden (s. Abbildung 7.7):

```
pInnen = capaplot(daten, specs)
```

```
pInnen =

   0.9903
```

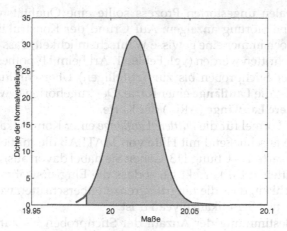

Abb. 7.7: Anteil der Daten aus **ringdm.dat** innerhalb der Toleranzgrenzen (grafische Darstellung)

Neben dem Plot wird zusätzlich noch die Wahrscheinlichkeit $1 - p$ (Stichprobenwert ist *innerhalb* der Toleranzen) zurückgeliefert.

Wie die meisten der Funktionen zur statistischen Prozesskontrolle der Statistics Toolbox wäre auch diese Funktion noch verbesserungswürdig!

7.1.3 Übungen

Übung 113 (*Lösung Seite 510*)

Bei einer Produktion von Kupferdraht mit einem Solldurchmesser von 0.56 mm und einer technischen Toleranz von ±0.006 mm wurden in regelmäßigen Abständen 15 Stichproben à 7 Drähte entnommen und vermessen. Die Daten sind in der Datei **draehte.dat** der Begleitsoftware (zeilenweise) abgelegt.

Bestimmen Sie mit Hilfe von MATLAB zum Niveau $\alpha = 0.0027$ die Eingriffsgrenzen einer Mittelwert- und einer Streuungskarte und stellen Sie unter Verwendung der Daten aus **draehte.dat** beide Karten grafisch dar.

Übung 114 (*Lösung Seite 511*)

Stellen Sie mit Hilfe der Statistics-Toolbox-Funktion histfit die Daten aus der Datei **draehte.dat** in Übung 113 grafisch dar.

Können Sie anhand der Grafik entscheiden, ob die Daten normalverteilt sind?

Übung 115 (*Lösung Seite 512*)

Bei einem idealen ungestörten Prozess sollte eine Qualitätsregelkarte im Grunde nie eine Störung anzeigen. Auf Grund der Konstruktion der Karten besteht jedoch immer eine gewisse Wahrscheinlichkeit, dass sie Eingriffsgrenzen überschritten werden (vgl. Fehler 1. Art beim Hypothesentest).

Die Anzahl der Stichproben bis zur (zufälligen) Überschreitung der Eingriffsgrenzen ist die **Lauflänge** einer Karte. Der zugehörige Erwartungswert heißt die **mittlere Lauflänge** (ARL[3]) der Karte.

Leiten Sie eine Formel für die *mittlere Lauflänge* einer Kontrollkarte her.

Bestimmen Sie anschließend mit Hilfe von MATLAB die mittlere Lauflänge der Mittelwertkarte aus Übung 113. Gehen Sie dabei davon aus, dass der dort berechnete Mittelwert μ korrekt ist, sodass die Eingriffswahrscheinlichkeit (Wahrscheinlichkeit, dass die Eingriffsgrenzen überschritten werden) gleich dem vorgegebenen Signifikanzniveau α ist.

Hinweis: die Bestimmung der Anzahl der Stichproben bis zur (zufälligen) Überschreitung der Eingriffsgrenzen ist ein typischer Fall für das „Warten auf ein Ereignis" (vgl. Abschnitt 2.5.3 und Gleichung (64.2)).

Übung 116 (*Lösung Seite 513*)

Nach [11] hat der auf einer Stichprobe vom Umfang $n \geq 2$ beruhende Schätzer S der Streuung σ einer *normalverteilten* Größe X folgende Verteilungsdichte:

$$f_S(s) = \sqrt{\frac{n-1}{n}} \frac{(n-1)^{\frac{n-1}{2}} s^{n-2} e^{-\frac{(n-1)s^2}{2\sigma^2}}}{2^{\frac{n-3}{2}} \Gamma\left(\frac{n-1}{2}\right) \sigma^{n-1}} \quad \text{für alle} \ \ s \geq 0. \tag{386.1}$$

Schreiben Sie eine MATLAB-Funktion, welche für vorgegebenes n und vorgegebenes σ die Dichte (386.1) zusammen mit der Normalverteilungsdichte $N\left(\mu, \tilde{\sigma}^2\right)$ im Bereich $[0, \mu + 4\tilde{\sigma}]$ in einem gemeinsamen Plotfenster darstellt. Dabei ist (vgl. (373.1))

$$\mu = \sigma \cdot a_n \quad \text{und} \quad \tilde{\sigma}^2 = \left(1 - a_n^2\right)\sigma^2. \tag{386.2}$$

Probieren Sie anschließend diese Funktion exemplarisch für $\sigma = 3$ und $n = 5, 7, 11$ und $n = 30$ aus. Was stellen Sie fest?

Übung 117 (*Lösung Seite 514*)

Bestimmen Sie mit Hilfe von MATLAB für die Daten aus Übung 113 die Prozessfähigkeitskennwerte und die Ausschussrate.

---

[3] Average Run Length

8 Lösungen zu den Übungen

Im vorliegenden Teil des Buches sind die Lösungen zu den in den vorangegangenen Kapiteln gestellten Übungen zusammengefasst.

Lösung zu Übung 1, S. 24

Die Elementarereignisse werden durch die Mengen $\omega = \{m, n\}$ angegeben,
sofern die Augenzahlen m und n der Würfel verschieden sind. Falls die beiden Würfel die gleiche Augenzahl n zeigen, so wird dies durch $\omega = \{n\}$
angegeben.

Der Ereignisraum wird dann durch

$$\Omega = \left\{ \begin{array}{lll} \{1\}, & \cdots, & \{6\}, \\ \{1,2\}, & \cdots, & \{1,6\}, \\ \{2,3\}, & \cdots, & \{2,6\}, \\ \{3,4\}, & \{3,5\}, & \{3,6\}, \\ \{4,5\}, & \{4,6\}, & \{5,6\} \end{array} \right\} \tag{387.1}$$

definiert.

Das Ereignis A ist nicht darstellbar. Für die übrigen Ereignisse erhält man:

$$B = \{5,6\}, \quad C = \{\}, \quad D = \Omega,$$

$$E = \left\{ \begin{array}{lll} \{1,4\}, & \{2,3\}, \\ \{1,5\}, & \{2,4\}, & \{3\} \\ \{1,6\}, & \{2,5\}, & \{3,4\} \end{array} \right\}. \tag{387.2}$$

Lösung zu Übung 2, S. 24

(a) $A \cap E = \{(4,1), (4,2), (4,3)\}$

(b)

$$A \cup E = \left\{ \begin{array}{lllll} (4,4), & (4,5), & (4,6), \\ (1,4), & (1,5), & (1,6), & (2,3), & (2,4), \\ (2,5), & (3,2), & (3,4), & (3,3), & (4,1), \\ (4,2), & (4,3), & (5,1), & (5,2), & (6,1) \end{array} \right\} \tag{387.3}$$

Verbale Formulierung:

$A \cap E = $ „Die Augenzahl von Würfel 1 ist 4 und die Augensumme liegt
zwischen 5 und 7".

$A \cup E = $ „Die Augenzahl von Würfel 1 ist 4 oder die Augensumme liegt
zwischen 5 und 7".

Die Ereignisse B und E sind unvereinbar, da $B \cap E = \{\}$.

Lösung zu Übung 3, S. 25

Die MATLAB-Funktion nchoosek berechnet, wie ein Blick auf die Syntax
mit

```
help nchoosek
```

zeigt, entweder den Binomialkoeffizienten $\binom{n}{k}$ oder, bei einem Vektor als Eingabeparameter, alle Kombinationen von k verschiedenen Werten von Elementen dieses Vektors. Dies ist genau das zu betrachtende Standardexperiment. Daher genügen zur Lösung der Aufgabe folgende Anweisungen (s.
Datei **UrnenExp4.m**):

```
% Vektor mit Elementen von 1 bis n erzeugen

elems = cumsum(ones(1,n));

% Funktion nchoosek aufrufen

ElEreig = nchoosek(elems, k);

% Anzahl der Werte des Ereignisraums bestimmen

[Anz, indx] = size(ElEreig);
```

Ein Aufruf mit $n = 4$ und $k = 2$

```
[ElEreig, Anz] = UrnenExp4(4, 2)

ElEreig =

        1     2
        1     3
        1     4
        2     3
        2     4
        3     4


Anz =

        6
```

liefert die Werte aus Tabelle 2.3, S. 22.

Lösung zu Übung 4, S. 25

Eine Ziehung für das Standardexperiment „Ziehen von k Elementen aus n *ohne* Zurücklegen und *ohne* Berücksichtigung der Reihenfolge" kann mit Hilfe des Zufallsgenerators unidrnd wie folgt simuliert werden (vgl. Datei **UrnenExp4Ziehung.m**):

```
% ...

% "Urne"  mit n Elementen vorinitialisieren
elems = cumsum(ones(1,n));

% Elementarereignis leer vorinitialisieren
ElEreignis = [];

for j=1:k                       % für jede Ziehung
                                % Zufallsgenerator aufrufen
    index = unidrnd(length(elems));
                                % Wert der "Urne entnehmen"
    wert = elems(index);
    elems(index) = [];
                                % Wert hinzufügen
    ElEreignis = [ElEreignis, wert];
end;
                                % Werte aufsteigend sortieren
ElEreignis = sort(ElEreignis);
```

Man beachte, dass in jedem Schleifendurchlauf das (zufällig) gezogene Element durch die Anweisung

```
elems(index) = [];
```

der „Urne" entnommen wird und dadurch im nächsten Zug nicht wieder ausgewählt werden kann! Die Reihenfolge der Ziehung wird durch den abschließenden Sortiervorgang eliminiert.

Lösung zu Übung 5, S. 37

Bei dem Experiment 2.1 handelt es sich um ein Laplace-Experiment, da alle elementaren Ereignisse $\omega = (i, j)$ gleichberechtigt vorkommen und natürlich nur endlich viele Elementarereignisse auftreten.

Dagegen führt die Modellierung in Beispiel 2.2, S. 17 dazu, dass das Wahrscheinlichkeitsmaß P nicht mehr gemäß des Laplace'schen Ansatzes definiert werden kann. Zwar ist auch hier die Menge der Elementarereignisse endlich, jedoch sind diese nicht gleichberechtigt, da beispielsweise die

Augensumme 2 nur in der Kombination $(1,1)$ vorkommt, die Augensumme 3 jedoch in den Kombinationen $(1,2)$ und $(2,1)$, also doppelt so oft. Der Laplace-Ansatz würde also hier zu einem offensichtlich falschen Wahrscheinlichkeitsmaß führen.

Lösung zu Übung 6, S. 37

Die Elementarereignisse entstehen nach Tabelle 2.3, S. 22 dadurch, dass mittels aufsteigender Sortierung Elementarereignisse des Modells *Ziehen mit Zurücklegen und mit Berücksichtigung der Reihenfolge* miteinander identifiziert werden. Die Elementarereignisse dieses Modells haben alle die Laplace'sche Wahrscheinlichkeit $\frac{1}{16}$ (der Wahrscheinlichkeitsraum Ω hat 16 Elemente).

Das Element $(1,2)$ beispielsweise entsteht durch Identifikation der Elemente $(1,2)$ und $(2,1)$. Ihm müsste somit die Wahrscheinlichkeit $\frac{2}{16} = \frac{1}{8}$ zugeordnet werden. Dagegen kommt die Kombination $(1,1)$ im Modell *mit Berücksichtigung der Reihenfolge* nur *ein Mal* vor! Somit müsste $(1,1)$ auch im Modell *ohne Berücksichtigung der Reihenfolge* sinnvollerweise die Wahrscheinlichkeit $\frac{1}{16}$ haben. Die Elementarereignisse haben daher unterschiedliche Wahrscheinlichkeit, die noch dazu verschieden ist von $\frac{1}{\#\Omega} = \frac{1}{10}$. Folglich kann diesem Modell kein sinnvolles Laplace'sches Wahrscheinlichkeitsmaß zugeordnet werden.

Lösung zu Übung 7, S. 37

```
% Umcodierung der Parameter in die (anders definierten!)
% Funktionsparameter der Statistics-Toolbox-Funktionen

M = 6; N = 43; n = 6; m = M+N ; k = M;

% Berechnung der Werte der Verteilung für x=-2 bis n+2

x = (-2:1:n+2);
hyp = hygepdf(x,m,k,n);

% Plot der Werte in Form eines Balkendiagramms

mx = max(hyp);
bar(x,hyp);
xlabel('Zahl der Richtigen'); ylabel('Wahrscheinlichkeit');
axis([-2,n+2,0,mx])
```

Lösung zu Übung 8, S. 38

(a) Ein geeignetes Modell ist zunächst das Urnenmodell „Ziehen ohne Zurücklegen und ohne Berücksichtigung der Reihenfolge". Die Wahrscheinlichkeit für eine beliebige Zugfolge von 10 Elementen (Elementarereignis) ergibt sich gemäß Seite 27 zu:

$$P(\omega) = \frac{1}{\binom{N}{k}} = \frac{1}{\binom{100}{10}}. \tag{391.1}$$

(b) Gemäß Beispiel 2.8, S. 29 lässt sich die Wahrscheinlichkeit von A mit Hilfe der Hypergeometrischen Verteilung bestimmen.
Es gilt:

$$P(A) = \sum_{k=0}^{1} h_{10,95,5}(k). \tag{391.2}$$

Mit Hilfe der MATLAB-Sequenz

```
m = 95+5; k = 5; n = 10;
pA = hygepdf(0,m,k,n)+hygepdf(1,m,k,n);
```

errechnet man eine Wahrscheinlichkeit von $P(A) = 0.9231$.

Lösung zu Übung 9, S. 38

(a) Ein geeignetes Modell ist zunächst das Urnenmodell „Ziehen mit Zurücklegen und ohne Berücksichtigung der Reihenfolge". Nach Übung 6 ist dies kein Laplace-Experiment mehr. Die Wahrscheinlichkeit für ein Elementarereignis ergibt sich gemäß Seite 27 aus der Laplace'schen Wahrscheinlichkeit *bei Berücksichtigung der Reihenfolge* ($\frac{1}{N^k}$) mal der Zahl der Möglichkeiten, die $j \leq k$ *verschiedenen Elemente* aus den k gezogenen auszuwählen und umzuordnen.

(b) Gemäß Beispiel 2.9, S. 29 lässt sich die Wahrscheinlichkeit von A mit Hilfe der Binomialverteilung bestimmen.
Es gilt:

$$P(A) = \sum_{k=0}^{1} h_{10,0.05}(k). \tag{391.3}$$

Mit Hilfe der MATLAB-Sequenz

```
p=0.05; n = 10;
pA = binopdf(0,n,p)+binopdf(1,n,p);
```

errechnet man eine Wahrscheinlichkeit von $P(A) = 0.9139$.

Lösung zu Übung 10, S. 38

Die beiden vorangegangenen Lösungen unterscheiden sich nicht sehr stark. Dies liegt daran, dass für große Stückzahlen der Effekt des Nicht-Zurücklegens vernachlässigbar wird, da die Defektwahrscheinlichkeit sich dadurch kaum ändert. Für große $N + M$ kann die komplizierte Hypergeometrische Verteilung daher in guter Näherung durch die Binomialverteilung angenähert werden!

Lösung zu Übung 11, S. 45

Die Augenzahl 2 kommt nur in der Wurfkombination $(1, 1)$ vor. Dieses Ereignis ist im Laplace'schen Modell ein Elementarereignis und hat die Wahrscheinlichkeit $\frac{1}{36}$. Natürlich muss dieser Wert beibehalten werden, denn diese Wahrscheinlichkeit kann sich ja durch den Modellwechsel nicht ändern.

Die Augenzahl 3 kommt in den Wurfkombinationen $(1, 2)$ und $(2, 1)$ vor. Aus dem Laplace'schen Modell leitet man hieraus die Wahrscheinlichkeit $\frac{2}{36}$ ab.

Die Augenzahl 4 kommt in den Wurfkombinationen $(1, 3)$, $(3, 1)$ und $(2, 2)$ vor. Es ergibt sich somit $P(\{4\}) = \frac{3}{36}$.

In ähnlicher Weise kann man nun die Wahrscheinlichkeiten der Elementarereignisse des Modells durch Auszählen der Möglichkeiten aus dem Laplace'schen Modell ableiten.

Man erhält mit Hilfe der MATLAB-Anweisungen

```
x =         [0,1,2,3,4,5,6,7,8,9,10,11,12,13];
P = (1/36)*[0,0,1,2,3,4,5,6,5,4,  3,  2,  1,  0];
bar(x,P);
% ...
```

die in Abbildung 8.1 wiedergegebene grafische Darstellung der Wahrscheinlichkeiten der Elementarereignisse.

Da die Menge endlich ist, können hieraus die Wahrscheinlichkeiten für alle anderen Ereignisse durch Summation der entsprechenden Einzelwahrscheinlichkeiten berechnet werden (vgl. dazu Beispiel 2.14, S. 42).

Lösung zu Übung 12, S. 45

Wir wählen für den Winkel α einfach die umschließenden Segmente[1]

$$A_n = [\alpha - \frac{1}{n}, \alpha + \frac{1}{n}]. \tag{392.1}$$

Diese Segmente haben die Länge $\frac{2}{n}$ und umschließen stets α.

---

[1] Es muss natürlich n so groß sein, dass die Segmente noch in $[0, 2\pi]$ liegen.

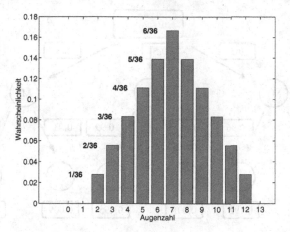

Abb. 8.1: Wahrscheinlichkeitsmaß für den Wurf zweier Würfel nach Beispiel 2.2, S. 17

Offenbar gilt $A_1 \supseteq A_2 \supseteq \ldots A_\infty = \bigcap A_n = \{\alpha\}$. Damit folgt aus Tabelle 2.4, S. 41:

$$P(\{\alpha\}) = P(A_\infty) = \lim_{n \to \infty} P(A_n) = \lim_{n \to \infty} \frac{2}{n} = 0. \tag{393.1}$$

Lösung zu Übung 13, S. 45

Das Komplementärereignis zu $E = \{5, 6, 7\}$ ist:

$$E^c = \{2, 3, 4, 8, 9, 10, 11, 12\}. \tag{393.2}$$

Mit Hilfe des in Übung 11 gefundenen Wahrscheinlichkeitsmaßes ergibt sich nun:

$$P(E^c) = \frac{1}{36} + \frac{2}{36} + \frac{3}{36} + \frac{5}{36} + \frac{4}{36} + \frac{3}{36} + \frac{2}{36} + \frac{1}{36} = \frac{21}{36} = \frac{7}{12}. \tag{393.3}$$

Einfacher ergibt sich dieses Resultat mit Hilfe der Komplementärregel aus Tabelle 2.4, S. 41:

$$P(E^c) = 1 - P(E) = 1 - \left(\frac{4}{36} + \frac{5}{36} + \frac{6}{36} \right) = 1 - \frac{15}{36} = \frac{21}{36} = \frac{7}{12}. \tag{393.4}$$

Lösung zu Übung 14, S. 56

Die Abbildung 8.2 zeigt den für die Aufgabe zu entwerfenden Ereignisbaum. Die in Beispiel 2.19, S. 51 berechneten Ergebnisse können unmittelbar abgelesen werden.

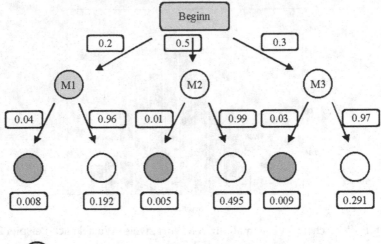

$$\text{(grauer Kreis)} : \quad 0.008 + 0.005 + 0.009 = 0.022$$

$$\text{(M1)} : \quad 0.008/0.022 = 0.3636$$

Abb. 8.2: Ereignisbaum zu Beispiel 2.19

Lösung zu Übung 15, S. 56

Wir betrachten folgende Ereignisse:

$B_i = $ „Maschine M_i fertigt",
$A = $ „Ein Teil aus der Gesamtproduktion ist Ausschuss".

Laut Aufgabenstellung gilt dann:

$$P(A|B_1) = 0.01, \quad P(A|B_2) = 0.02, \tag{394.1}$$
$$P(B_1) = 0.6, \qquad P(B_2) = 0.4. \tag{394.2}$$

(a) Damit folgt aus der Formel der totalen Wahrscheinlichkeit (48.5) für die Ausschusswahrscheinlichkeit der Gesamtproduktion:

$$\begin{aligned} P(A) &= P(B_1)P(A|B_1) + P(B_2)P(A|B_2) \\ &= 0.6 \cdot 0.01 + 0.4 \cdot 0.02 = 0.014. \end{aligned} \tag{394.3}$$

Insgesamt entsteht also 1.4% Ausschuss.

(b) Aus Teil (a) und Tabelle 2.4 ergibt sich unmittelbar:

$$P(A^c) = 1 - 0.014 = 0.986. \tag{394.4}$$

D.h. 98.6% der Teile sind Gutteile.

(c) Nach dem Satz von Bayes (49.1) gilt:

$$P(B_1|A) = \frac{P(B_1)P(A|B_1)}{P(A)} = \frac{0.6 \cdot 0.01}{0.014} = 0.4286. \tag{395.1}$$

Es werden also 42.86% der Ausschussteile der Gesamtproduktion von Maschine M_1 produziert.

(d) Da die Menge aller produzierten Teile sehr groß ist, kann man davon ausgehen, dass die Entnahme von 20 Teilen die Ausschusswahrscheinlichkeit für die Gesamtproduktion nicht ändert! Die Entnahme kann also als Urnenexperiment „Ziehen mit Zurücklegen und ohne Reihenfolge" modelliert werden.

Nach Beispiel 2.9, S. 29 ist die Zahl der Ausschussteile *binomialverteilt* mit den Parametern $n = 20$ und $p = 0.014$. Der Parameter p ist die Ausschusswahrscheinlichkeit der Gesamtproduktion und ergibt sich aus Teil (a).

Ist A das Ereignis „Es werden ≤ 3 Ausschussteile gefunden", so ist $P(A^c)$ die gesuchte Wahrscheinlichkeit. Laut Binomialverteilung gilt:

$$P(A) = \sum_{k=0}^{3} \binom{20}{k} 0.014^k \cdot 0.986^{20-k}. \tag{395.2}$$

Mit Hilfe der MATLAB-Anweisung `binocdf` für die *kumulative Binomialverteilung*[2] und

```
PA = binocdf(3,20,0.014);
PAc = 1-PA;
```

erhält man:

$$P(A^c) = 1.5553 \cdot 10^{-4} \approx 0.000156. \tag{395.3}$$

Damit werden nur in 0.156 Promille der Fälle mehr als 3 Ausschussteile in einer solchen Stichprobe gefunden!

Lösung zu Übung 16, S. 56

Das Komplementärereignis von $B_1^c \cap B_2^c$ ist offenbar $B_1 \cup B_2$. Nach dem allgemeinen Additionssatz (vgl. Tabelle 2.4, S. 41) folgt:

$$P(B_1 \cup B_2) = P(B_1) + P(B_2) - P(B_1 \cap B_2). \tag{395.4}$$

---

[2] D.h. es wird für ein $m \leq n$ direkt die Summe der Binomialverteilungswerte von $k = 0$ bis m berechnet!

Da B_1 und B_2 nach Voraussetzung unabhängig sind, folgt:

$$P(B_1^c \cap B_2^c) = 1 - P(B_1) - P(B_2) + P(B_1 \cap B_2)$$
$$= 1 - P(B_1) - P(B_2) + P(B_1)P(B_2). \qquad (396.1)$$

Somit ist

$$P(B_1^c \cap B_2^c) = 1 - P(B_1) - P(B_2) + P(B_1)P(B_2)$$
$$= (1 - P(B_1)) \cdot (1 - P(B_2)) = P(B_1^c)P(B_2^c) \qquad (396.2)$$

und B_1^c und B_2^c sind nach Definition (53.3) stochastisch unabhängig.

In ähnlicher Weise kann die Unabhängigkeit für die anderen Ereigniskombinationen nachgerechnet werden.

Lösung zu Übung 17, S. 56

Die in Beispiel 2.21, S. 55 konstruierten Ereignisse A und B sind, wie dort nachgerechnet wird, stochastisch unabhängig. Allerdings sind sie nicht unvereinbar, denn sie enthalten die gemeinsamen Elementarereignisse $\{(2,2), (4,4), (6,6)\}$.

Andererseits können zwei unvereinbare Ereignisse A und B wegen der dann gültigen Gleichung

$$A \cap B = \varnothing \qquad (396.3)$$

nur dann unabhängig sein, wenn eines der Ereignisse die Wahrscheinlichkeit 0 hat. Denn nur dann gilt:

$$P(A \cap B) = P(\varnothing) = 0 = P(A) \cdot P(B). \qquad (396.4)$$

Lösung zu Übung 18, S. 76

(a) Das *sichere Ereignis* (Ω) für die Zufallsvariable Y lässt sich sprachlich etwa auf folgende Art formulieren:

$\Omega =$„Die Anzahl der Würfe der zwei fairen Würfel, die benötigt

werden, bis eine 12 gewürfelt wird, ist eine natürliche Zahl".

$$(396.5)$$

Mit Hilfe der Zufallsvariablen Y lässt sich dies prägnanter in folgendermaßen formulieren:

$$\Omega = (Y \in \mathbb{N}). \qquad (396.6)$$

(b) Da

$$P(Y \in \mathbb{N}) = P((Y = 1) \cup (Y = 2) \cup (Y = 3) \cup \cdots)$$

$$= \sum_{k=1}^{\infty} P(Y = k) \qquad (397.1)$$

ist, folgt aus der Geometrischen Verteilung (64.2) mit Parameter p und der Reihensummenformel für geometrische Reihen, dass

$$P(Y \in \mathbb{N}) = \sum_{k=1}^{\infty} p(1-p)^{k-1}$$

$$= p \cdot \sum_{k=0}^{\infty} (1-p)^k \qquad (397.2)$$

$$= p \cdot \frac{1}{1-(1-p)} = p \cdot \frac{1}{p} = 1.$$

(c) Mit Hilfe der MATLAB-Funktion `geocdf`, welche die *Verteilungsfunktion* der Geometrischen Verteilung berechnet, kann dies etwa durch folgende Anweisung approximativ überprüft werden:

```
p = 1/36;
erg = [];
for k = 1:50:1000
    erg = [erg, geocdf(k-1,p)];
end
```

Bei Aufruf von `erg` im MATLAB-Kommandofenster erhält man:

```
erg =

   Columns 1 through 10

    0.0278    0.7623    0.9419    0.9858    0.9965
    0.9992    0.9998    0.9999    1.0000    1.0000

   Columns 11 through 20

    1.0000    1.0000    1.0000    1.0000    1.0000
    1.0000    1.0000    1.0000    1.0000    1.0000
```

Lösung zu Übung 19, S. 77

Es gilt[3]:

$$P(X \geq 1.5) = 1 - P(X \leq 1.5) = 1 - \int_0^{1.5} \lambda e^{-\lambda t}\, dt \tag{398.1}$$

$$= 1 - (1 - e^{-\lambda \cdot 1.5}) = e^{-3} = 0.0498.$$

Mit Hilfe der MATLAB-Funktion `expcdf` lässt sich dieses Ergebnis leicht auf folgende Art bestätigen:

```
p = 1 - expcdf(1.5, 1/2)% Reziproken Wert von lambda nehmen!

p =

    0.0498
```

Lösung zu Übung 20, S. 77

Die Weibull-Verteilung mit den Parametern T und b ist (vgl. Abschnitt 2.7.2, S. 108) durch die Wahrscheinlichkeitsdichte

$$f_{T,b}(t) = \begin{cases} 0 & \text{für} \quad t < 0, \\ \frac{b}{T^b} t^{b-1} e^{-\frac{1}{T^b} t^b} & \text{für} \quad t \in [0, \infty) \end{cases} \tag{398.2}$$

und durch die Verteilungsfunktion

$$F_{T,b}(t) = \begin{cases} 0 & \text{für} \quad t < 0, \\ 1 - e^{-\left(\frac{t}{T}\right)^b} & \text{für} \quad t \in [0, \infty) \end{cases} \tag{398.3}$$

definiert. Dabei ist T ein Maß für die Lebensdauer und b bestimmt, ob Ausfälle bevorzugt durch Frühausfälle ($b < 1$) oder durch Verschleißausfälle ($b > 1$) zustande kommen.

Der Parameter a der MATLAB-Funktionen `weibpdf(x,a,b)` und `weibcdf(x, a,b)` sind etwas anders definiert. Für eine korrekte Übertragung der obigen Definitionen ist $a = \frac{1}{T^b}$ zu setzen.

(a) Der Parameter T beschreibt den Alterungsprozess. Für $b = 1$ erhält man offensichtlich Dichte und Verteilungsfunktion der Exponentialverteilung.

---

[3] Man beachte, dass $P(X \leq 1.5) = P(X < 1.5)$ ist, da ja $P(X = 1.5) = 0$ ist (stetige Verteilung!!).

Im folgenden MATLAB-Code (s. Datei **weibexp.m**) sind die Dichten der Exponentialverteilung für $\lambda = \frac{1}{T} = 2$ und einer Weibull-Verteilung für Verschleißausfälle mit den Parametern $b = 2$ und $T = \frac{1}{2}$ gegenüber gestellt (vgl. Abbildung 8.3):

```
x = (0:0.01:5);
T = 2;                          % Exponentialverteilung
pdfexp = exppdf(x, T);          % lambda = 1/T
b = 2;
a = 1/(T^b);                    % Weibull-Verteilung
pdfwb = weibpdf(x, a, b);

                                % Plotten der Dichten
plot(x,pdfexp,'r-',x,pdfwb,'b-','LineWidth',3);
```

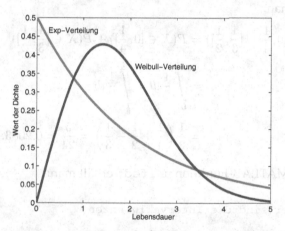

Abb. 8.3: Verteilungsdichten der Exponentialverteilung und der Weibull-Verteilung für die Parameter $T = 2$ und $b = 2$ (Weibull).

(b) Wir wählen $T = \frac{1}{2}$ und den Parameter b aus Aufgabenteil (a).
Mit MATLAB errechnet man:

```
T = 1/2;
pexp = 1 -expcdf(1.5, T);    % lambda = 1/T
b = 2;
a = 1/(T^b);                    % Weibull-Verteilung
pwb = 1 -weibcdf(1.5, a, b);
[pexp, pwb]

ans =

    0.0498      0.0001
```

Setzt man also eine charakteristische Lebensdauer von $T = \frac{1}{2}$ voraus, so ist die Wahrscheinlichkeit des Überlebens bei konstanter Ausfallrate etwas größer, als bei Annahme einer dann einsetzenden erhöhten Verschleißausfallrate.

Lösung zu Übung 21, S. 78

Für die Wahrscheinlichkeitsdichte der Gleichverteilung im Intervall $[0, 2]$ gilt analog zur Definition in Gleichung (43.3):

$$f(x) = \begin{cases} 0 & \text{für} \quad x < 0, \\ \frac{1}{2} & \text{für} \quad x \in [0, 2], \\ 0 & \text{für} \quad x > 2. \end{cases} \tag{400.1}$$

Damit erhält man:

$$P(X \in [0, \frac{1}{4}] \cup [\frac{1}{3}, \frac{1}{2}]) = P(X \in [0, \frac{1}{4}]) + P(X \in [\frac{1}{3}, \frac{1}{2}])$$

$$= \int_{0}^{\frac{1}{4}} \frac{1}{2}\, dt + \int_{\frac{1}{3}}^{\frac{1}{2}} \frac{1}{2}\, dt \tag{400.2}$$

$$= \frac{1}{2} \left(\frac{1}{4} + \frac{1}{2} - \frac{1}{3} \right) = \frac{5}{24} = 0.2083.$$

Mit Hilfe der MATLAB-Funktion `unifcdf` erhält man:

```
% Parameter sind die Intervallgrenzen

p1 = unifcdf(1/4, 0, 2);
p2 = unifcdf(1/2, 0, 2) - unifcdf(1/3, 0, 2);

p = p1 + p2

p =

    0.2083
```

Lösung zu Übung 22, S. 78

Es sei

$$X = \text{„Lebensdauer eines Gerätes in Jahren''}.$$

Nach Beispiel 2.34, S. 73 gilt: $X = aY = \frac{1}{365}Y$ und

$$F_X(x) = F_Y(\frac{x}{a}) = 1 - e^{-\lambda \cdot \frac{x}{a}} = 1 - e^{-\frac{\lambda}{a}x}. \tag{401.1}$$

X ist somit ebenfalls exponentialverteilt, jedoch mit Parameter $\tilde{\lambda} = \frac{\lambda}{a}$.
Wir berechnen das Ereignis $(X > 1.5)$ mit Hilfe von MATLAB auf zwei Arten
(s. Datei **skalExp.m**):

```
lambda = 1/200;        % Ausfallrate in Tagen
a = 1/365;
lambdatilde = lambda/a;  % Ausfallrate in Jahren
                       % Überlebenswahrscheinlichkeit mit Y
pTage = 1 - expcdf(1.5*365, 1/lambda);
                       % Überlebenswahrscheinlichkeit mit X
pJahre = 1 - expcdf(1.5, 1/lambdatilde);
[pTage, pJahre]

ans =

    0.0647      0.0647
```

Lösung zu Übung 23, S. 78

Offenbar hat Spieler A dann das Spiel gewonnen, wenn er zuerst zwei Siege
davon trägt.
Hierfür gibt es folgende Möglichkeiten:

(a) A gewinnt direkt 2-mal und B keinmal,
(b) A gewinnt 2-mal und B einmal,
(c) A gewinnt 2-mal und B ebenfalls 2-mal.

Für den Fall (a) gibt es genau eine, für den Fall (b) zwei (ABA und BAA)
und für den Fall (c) sogar drei ($ABBA$, $BABA$ und $BBAA$) Möglichkeiten.
Da es sich um ein faires Spiel handelt, ist die Gewinnwahrscheinlichkeit in
jedem Wurf für jeden Spieler gleich, nämlich $\frac{1}{2}$.
Da die Würfe unabhängig sind, ist für jedes unvereinbare Teilereignis in Fall
(a) bis (c) die Wahrscheinlichkeit des Eintreffens wie folgt:

- Fall (a): $\frac{1}{2} \cdot \frac{1}{2} = \frac{1}{4}$,
- Fall (b): $\frac{1}{2} \cdot \frac{1}{2} \cdot \frac{1}{2} = \frac{1}{8}$,
- Fall (c): $\frac{1}{2} \cdot \frac{1}{2} \cdot \frac{1}{2} \cdot \frac{1}{2} = \frac{1}{16}$.

Die Gewinnwahrscheinlichkeit für Spieler A ist damit:

$$P(A) = \frac{1}{4} + 2 \cdot \frac{1}{8} + 3 \cdot \frac{1}{16} = \frac{11}{16} = 0.6875. \tag{401.2}$$

Spieler A sollte daher bei Abbruch 68.75% des Gewinns erhalten.
Das Ergebnis lässt sich im Übrigen auf sehr übersichtliche und einfache Art
und Weise unter Verwendung der Ereignisbaummethode gewinnen. Abbildung 8.4 zeigt den Ereignisbaum zur obigen Berechnung.

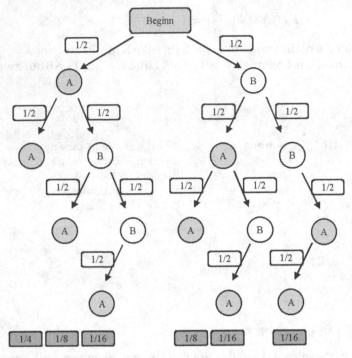

Abb. 8.4: Ereignisbaum zu Problem von Meré

Lösung zu Übung 24, S. 100

Es seien p_1, p_2 und p_3 die Parameter der Bernoulli-Verteilung von X_1, X_2 und X_3. Da die Zufallsvariablen *unabhängig* sind, folgt aus (79.4) für die Verbundverteilung von $\vec{X} = (X_1, X_2, X_3)$:

$$f_{\vec{X}}(k_1, k_2, k_3) = f_{X_1}(k_1) \cdot f_{X_2}(k_2) \cdot f_{X_3}(k_3) \tag{402.1}$$

$$= \begin{cases} (1-p_1)(1-p_2)(1-p_3) & \text{für} \quad (k_1, k_2, k_3) = (0,0,0), \\ (1-p_1)(1-p_2)p_3 & \text{für} \quad (k_1, k_2, k_3) = (0,0,1), \\ (1-p_1)p_2(1-p_3) & \text{für} \quad (k_1, k_2, k_3) = (0,1,0), \\ (1-p_1)p_2 p_3 & \text{für} \quad (k_1, k_2, k_3) = (0,1,1), \\ p_1(1-p_2)(1-p_3) & \text{für} \quad (k_1, k_2, k_3) = (1,0,0), \\ p_1(1-p_2)p_3 & \text{für} \quad (k_1, k_2, k_3) = (1,0,1), \\ p_1 p_2(1-p_3) & \text{für} \quad (k_1, k_2, k_3) = (1,1,0), \\ p_1 p_2 p_3 & \text{für} \quad (k_1, k_2, k_3) = (1,1,1), \\ 0 & \text{sonst.} \end{cases}$$

Damit errechnet sich die Wahrscheinlichkeit P, dass $\vec{X}$ die Werte

$$\{(1, *, 0) \mid * = \text{beliebig}\}$$

annimmt zu:

$$P = p_1(1 - p_2)(1 - p_3) + p_1 p_2(1 - p_3) = p_1(1 - p_3). \tag{403.1}$$

Für identisch verteilte Variable ($p_1 = p_2 = p_3 = p$) gilt speziell:

$$P = p(1 - p)^2 + p^2(1 - p) = p(1 - p). \tag{403.2}$$

Lösung zu Übung 25, S. 100

Wir betrachten erneut Gleichung (83.1) und berücksichtigen, dass $\lambda_1 = \lambda_2 := \lambda$ sein soll. Es gilt dann:

$$f_Z(z) = (f_X * f_Y)(z) = \int\limits_{-\infty}^{\infty} f_X(\tau) \cdot f_Y(z - \tau)\,d\tau$$

$$= \int\limits_{0}^{z} \lambda e^{-\lambda\tau} \cdot \lambda e^{-\lambda(z-\tau)}\,d\tau = \lambda^2 e^{-\lambda z} \int\limits_{0}^{z} 1\,d\tau = \lambda^2 z e^{-\lambda z}. \tag{403.3}$$

Lösung zu Übung 26, S. 100

Die Verteilung der Summe von n identisch exponentialverteilten Zufallsvariablen kann *näherungsweise* mit Hilfe der MATLAB-Funktion conv bestimmt werden, mit der eine *diskrete Faltung* berechnet werden kann. Die wesentlichen Anweisungen sind nachfolgend aufgeführt und kommentiert (vgl. Datei **sumExp.m** der Begleitsoftware):

```
% ...

% Feststellung der wesentlichen Werte der Exponentialvert.
% Dazu wird das 99.999%-Quantil verwendet (99.999% aller
% Werte der Zufallsvariablen liegen dann im Intervall
% [0, u_p]

p = 0.99999;
u_p = expinv(p, 1/lambda);

% Berechnung der Werte der Verteilung im Intervall [0, u_p]
% (Es werden immer 1001 Stützstellenwerte bestimmt)

dt = u_p/1000;
pts = (0:dt:u_p);
ExpV = exppdf(pts, 1/lambda);
```

```
% Schleife zur Erzeugung der Summenverteilung
% Beachte: dt des Integrals muss berücksichtigt werden!
% (Integral wird durch Faltungssumme * dt approximiert)

verteilung = ExpV;
for k=2:n
    verteilung = conv(ExpV, verteilung)*dt;
end;


% Plot der Summenverteilung


% ...
```

Man beachte, dass das Faltungsintegral (82.1) nur approximativ durch die Faltungssumme berechnet werden kann. Trotz des geringen Abstandes ($dt = 0.001$) der Stützstellenwerte, kann der Fehler, insbesondere für große n, beträchtlich sein.

In Abbildung 8.5 ist ein Beispiel für ein Ergebnis der Berechnungen dargestellt. Es wurden der Parameter $\lambda = \frac{1}{2}$ und eine Summandenzahl von $n = 1, 5, 10$ und $n = 20$ verwendet. In der letzten Abbildung ist zum Vergleich die Normalverteilung mit den Parametern $\mu = n\frac{1}{\lambda}$ und $\sigma^2 = n\frac{1}{\lambda^2}$ dargestellt, der sich die Summenverteilung theoretisch annähert. Man vergleiche dazu Abschnitt 2.8.2.

Lösung zu Übung 27, S. 100

Um den Erwartungswert der Summenvariablen mit Hilfe von MATLAB zu berechnen, bestimmen wir zunächst die Verteilung der Summenvariablen mit Hilfe der Funktion **sumBernoulli.m** der Begleitsoftware:

```
p = 1/4;
verteilung = sumBernoulli(p, 2);
```

Mit dieser Verteilung berechnet sich der Erwartungswert nach Formel (89.1) wie folgt:

```
Ew = verteilung*[0,1,2]'

Ew =

    0.5000
```

Man beachte dabei, dass die Summenvariable der beiden Bernoulli-verteilten Zufallsvariablen nur die Werte 0, 1 und 2 annehmen kann!

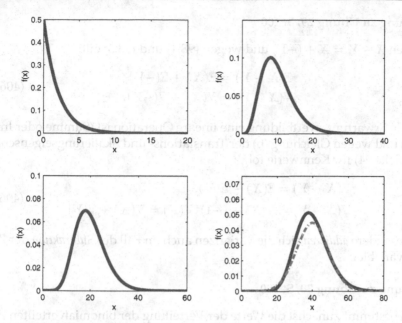

Abb. 8.5: Verteilungsdichte der Summenvariablen für $n = 1, 5, 10$ und $n = 20$ identisch exponentialverteilter Zufallsvariablen mit Parameter $\lambda = \frac{1}{2}$

Analytisch ergibt sich der Erwartungswert mit Hilfe von Definition (89.1) und der in Gleichung (82.3) bestimmten Formel wie folgt:

$$\mathbb{E}(Z) = 0 \cdot (1-p)^2 + 1 \cdot 2p(1-p) + 2 \cdot p^2$$

$$= 2\frac{1}{4}(1 - \frac{1}{4}) + 2\left(\frac{1}{4}\right)^2 \qquad (405.1)$$

$$= \frac{3}{8} + \frac{1}{8} = \frac{4}{8} = \frac{1}{2} = 0.5.$$

Lösung zu Übung 28, S. 100

Es sei X eine stetig verteilte Zufallsvariable mit Verteilungsdichte $f(x)$ und Erwartungswert $\mu = \mathbb{V}(E)$. Dann gilt wegen Gleichung (92.3) und der Definition der Varianz:

$$\mathbb{V}(X) = \int\limits_{-\infty}^{\infty} (x - \mu)^2 f(x)\, dx. \qquad (405.2)$$

Für eine diskrete Zufallsvariable X mit Verteilung $f(k)$ gilt analog:

$$\mathbb{V}(X) = \sum_{k=-\infty}^{\infty} (k - \mu)^2 f(k). \qquad (405.3)$$

Lösung zu Übung 29, S. 100

Wegen $X - Y = X + (-Y)$ und wegen (98.1) und (98.3) gilt:

$$\mathbb{E}(X - Y) = \mathbb{E}(X) + \mathbb{E}(-Y),$$
$$\mathbb{V}(X - Y) = \mathbb{V}(X) + \mathbb{V}(-Y). \tag{406.1}$$

Da die Erwartungswertbildung eine lineare Operation ist (Summe oder Integral) und wegen Gleichung (b) der Translations- und Skalierungseigenschaften (Seite 94) für Kennwerte folgt:

$$\mathbb{E}(X - Y) = \mathbb{E}(X) - \mathbb{E}(Y),$$
$$\mathbb{V}(X - Y) = \mathbb{V}(X) + (-1)^2 \mathbb{V}(Y) = \mathbb{V}(X) + \mathbb{V}(Y). \tag{406.2}$$

Insbesondere *addieren* sich die Varianzen auch im Fall der *Subtraktion* der Zufallsvariablen.

Lösung zu Übung 30, S. 100

Man bestimmt zunächst die Werte der Verteilung der binomialverteilten Zufallsvariablen mit Hilfe der Funktion binopdf der MATLAB Statistics Toolbox:

```
k = (0:1:5);              % Wertebereich von X
pdfX = binopdf(k,5,0.1)   % Werte der Verteilung

pdfX =

    0.5905    0.3280    0.0729    0.0081    0.0005
    0.0000

m = (0:1:4);              % Wertebereich von Y
pdfY = binopdf(m,4,0.5)   % Werte der Verteilung

pdfY =

    0.0625    0.2500    0.3750    0.2500    0.0625
```

Anschließend wird gemäß Gleichung (81.4) die Faltung bestimmt und damit Erwartungswert, Varianz und Streuung der Summenvariablen Z berechnet (vgl. dazu auch insbesondere die Lösung zu Übung 28):

```
pdfZ = conv(pdfX, pdfY)   % Verteilung von Z

pdfZ =
```

```
   0.0369      0.1681      0.3080      0.2894      0.1483
   0.0419      0.0068      0.0006      0.0000      0.0000

n = (0:1:4+5);              % Wertebereich von Z
EZ = pdfZ*n'                % Erwartungswert von Z

EZ =

   2.5000

qz = (n-EZ).^2;             % Quadratische Abweichungen
                            % vom Mittelwert
VZ = pdfZ*qz'

VZ =

   1.4500

sigmaZ = sqrt(VZ)           % Steuung = Wurzel der Varianz

sigmaZ =

   1.2042
```

Lösung zu Übung 31, S. 101

Analog zu (92.4) und (92.5) ergibt sich für ein allgemeines Intervall $[a, b]$:

$$\mathbb{E}(X) = \int_a^b x \frac{1}{b-a}\, dx = \frac{1}{b-a} \left. \frac{1}{2} x^2 \right|_a^b$$

$$= \frac{1}{b-a} \frac{b^2 - a^2}{2} = \frac{b+a}{2} = \frac{a+b}{2} \tag{407.1}$$

und (vgl. Übung 28)

$$\mathbb{V}(X) = \int_a^b \left(x - \frac{a+b}{2} \right)^2 \frac{1}{b-a}\, dx$$

$$= \mathbb{E}(X^2) - (\mathbb{E}(X))^2 = \frac{1}{b-a} \left. \frac{1}{3} x^3 \right|_a^b - \left(\frac{a+b}{2} \right)^2 \tag{407.2}$$

$$= \frac{1}{3} \frac{b^3 - a^3}{b-a} - \frac{(a+b)^2}{4} = \frac{1}{12} a^2 - \frac{1}{6} ab + \frac{1}{12} b^2$$

$$= \frac{1}{12}(a^2 - 2ab + b^2) = \frac{(a-b)^2}{12} = \frac{(b-a)^2}{12}.$$

Die Kennwerte der Gleichverteilung lassen sich unter MATLAB mit der
Funktion unifstat der Statistics Toolbox berechnen:

```
a = 0; b = 1;           % Gleichverteilung im Intervall [0,1]
[EW, Var] = unifstat(a,b)

EW =                    % Erwartungswert

    0.5000

Var =                   % Varianz

    0.0833

sigma = sqrt(Var)       % Streuung

sigma =

    0.2887

(b-a)/sqrt(12)          % Kontrollrechnung

ans =

    0.2887

a = 0; b = 2*pi;        % Gleichverteilung im Intervall
                        % [0,2*pi]
[EW, Var] = unifstat(a,b)

EW =

    3.1416              % Erwartungswert (pi!!)

Var =                   % Varianz

    3.2899

sigma = sqrt(Var)       % Streuung

sigma =

    1.8138

(b-a)/sqrt(12)          % Kontrollrechnung

ans =

    1.8138
```

Lösung zu Übung 32, S. 101

Zur Lösung wird die Funktion `geoinv` der Statistics Toolbox von MATLAB verwendet:

```
p = 1/4;                    % Parameter der geom. Verteilung
alpha = 0.9;                % Restwahrscheinlichkeit
u_p = geoinv(alpha,p)       % das 90%-Quantil

u_p =

    8
```

Zur Überprüfung berechnen wir den Wert der Verteilungsfunktion der Geometrischen Verteilung mit Parameter p an der Stelle u_p. Dabei ist zu beachten, dass MATLAB einen Wertebereich voraussetzt, der ab $k = 0$ beginnt. Daher ist das obige Ergebnis um 1 zu erhöhen. Wir berechnen also

$$F_X(9) = P(X \leq 9). \tag{409.1}$$

Stimmt das obige Ergebnis, so muss $P(X \leq 9) = 0.9$ sein.
Nach Definition (64.2) berechnet man:

$$
\begin{aligned}
F_X(9) &= \sum_{k=1}^{9} h_p(k) = \sum_{k=1}^{9} (1-p)^{k-1} p \\
&= p \sum_{k=0}^{8} (1-p)^k = p \frac{1 - (1-p)^{(8+1)}}{1 - (1-p)} \\
&= 1 - (1-p)^9 = 1 - \left(\frac{3}{4}\right)^9 = 1 - 0.0751 = 0.9249.
\end{aligned}
\tag{409.2}
$$

Da es sich um eine diskrete Zufallsvariable handelt, kann man natürlich nicht das Ergebnis 0.9 zurück erwarten, denn X kann ja nur ganzzahlige Werte annehmen. Das Quantil liefert im Falle diskreter Variablen also den Wert u_q, für den der geforderte Wert der Verteilungsfunktion *mindestens* erreicht wird.

Lösung zu Übung 33, S. 101

Laut Definition (96.1) ist der Medianwert identisch mit dem 50%-Quantil u_{50}. Wir berechnen diesen Wert mit Hilfe der Funktion `hygeinv` der Statistics Toolbox von MATLAB:

```
M = 10; N=40; n=8;          % Ausgangsparameter
m = N+M; k = M;             % Umcodierung der Parameter
```

```
                              % für MATLAB

median = hygeinv(0.5,m,k,n) % Berechnung des Medians

median =

    2
```

Lösung zu Übung 34, S. 101

Wir betrachten eine Zufallsvariable X mit Erwartungswert $\mathbb{E}(X) = 0$ und mit $X^3 = X$. Eine solches X wäre beispielsweise eine Zufallsvariable, die mit gleicher Wahrscheinlichkeit $p = \frac{1}{3}$ nur die Werte -1, 0 und 1 annehmen kann.

Als zweite Zufallsvariable betrachten wir $Y = X^2$.

Dann ist:

$$
\begin{aligned}
(X - \mathbb{E}(X)) \cdot (Y - \mathbb{E}(Y)) &= (X - \mathbb{E}(X)) \cdot (X^2 - \mathbb{E}(X^2)) \\
&= X^3 - \mathbb{E}(X)X^2 \\
&\quad - \mathbb{E}(X^2)X + \mathbb{E}(X)\mathbb{E}(X^2) \\
&= X^3 - 0 - \mathbb{E}(X^2)X + 0.
\end{aligned}
\tag{410.1}
$$

Damit ist

$$
\begin{aligned}
\mathbb{E}((X - \mathbb{E}(X)) \cdot (Y - \mathbb{E}(Y))) &= \mathbb{E}\left(X^3 - 0 - \mathbb{E}(X^2)X + 0\right) \\
&= \mathbb{E}(X^3) - \mathbb{E}(X^2)\mathbb{E}(X) \\
&= \mathbb{E}(X^3) - \mathbb{E}(X^2) \cdot 0 = \mathbb{E}(X^3).
\end{aligned}
\tag{410.2}
$$

Da aber $X^3 = X$ ist, folgt:

$$
\mathbb{E}((X - \mathbb{E}(X)) \cdot (Y - \mathbb{E}(Y))) = \mathbb{E}(X) = 0.
\tag{410.3}
$$

Da dies der Zähler des Korrelationskoeffizienten ist, ist folglich

$$
\rho(X, Y) = 0
\tag{410.4}
$$

und X und Y sind unkorreliert!

Weil Y jedoch eine direkte Funktion von X ist, können beide Zufallsvariable nicht unabhängig sein. Es gilt beispielsweise

$$
P(X = 0, Y = 0) = P(X = 0, X^2 = 0) = p,
\tag{410.5}
$$

da X und X^2 nur *gleichzeitig* den Wert 0 annehmen können. Damit ist

$$
\begin{aligned}
P(X = 0, Y = 0) &= P(X = 0, X^2 = 0) \\
&= p \neq p \cdot p = P(X = 0)P(Y = 0)
\end{aligned}
\tag{410.6}
$$

und X und Y können laut Definition (s. S. 78) nicht unabhängig sein.

Lösung zu Übung 35, S. 101

Mit den Bezeichnungen $\mu = \mathbb{E}(X)$ und $\sigma^2 = \mathbb{V}(X)$ und mit den Rechenregeln (a) bis (c) für die Kennwerte Erwartungswert und Varianz auf Seite 94 folgt in Gleichung (94.4)

$$
\begin{aligned}
\mathbb{E}\left(\frac{X - \mu}{\sigma}\right) &= \frac{1}{\sigma}\left(\mathbb{E}(X) - \mu\right) \\
&= \frac{1}{\sigma}\left(\mathbb{E}(X) - \mathbb{E}(X)\right) = 0
\end{aligned}
\tag{411.1}
$$

und in Gleichung (95.1)

$$
\mathbb{V}\left(\frac{X - \mu}{\sigma}\right) = \left(\frac{1}{\sigma}\right)^2 \mathbb{V}(X) = 1.
\tag{411.2}
$$

Die zu konstruierende Zufallsvariable X ergibt sich aus der normierten Variablen Y mit

$$
X = 2Y + 3,
\tag{411.3}
$$

denn folgt aus den Rechenregeln auf Seite 94:

$$
\begin{aligned}
\mathbb{E}(X) &= 2\mathbb{E}(Y) + 3 = 2 \cdot 0 + 3 = 3, \\
\mathbb{V}(X) &= 2^2 \mathbb{V}(Y) = 4 \cdot 1 = 4.
\end{aligned}
\tag{411.4}
$$

Lösung zu Übung 36, S. 101

Es gilt nach Definition des Erwartungswertes (89.1) und nach Definition der Bernoulli-Verteilung (66.2)

$$
\mathbb{E}(X) = 0 \cdot f(0) + 1 \cdot f(1) = 0 \cdot (1 - p) + 1 \cdot p = p
\tag{411.5}
$$

sowie nach der in der Lösung zu Übung 28 ermittelten Formel für die Varianz

$$
\begin{aligned}
\mathbb{V}(X) &= (0 - p)^2 \cdot f(0) + (1 - p)^2 \cdot f(1) \\
&= p^2 \cdot (1 - p) + (1 - p)^2 \cdot p \\
&= p(1 - p)(p + 1 - p) = p(1 - p).
\end{aligned}
\tag{411.6}
$$

Da die Bernoulli-Verteilung mit Parameter p der Binomialverteilung mit den Parametern p und $n = 1$ entspricht, kann dieses Ergebnis mit der MATLAB Statistics-Toolbox-Funktion `binostat` nachgerechnet werden:

```
n = 1; p = 1/4;                    % Beispiel für p
[Ew, Var] = binostat(1,p)          % Erwartungswert und Varianz

Ew =

    0.2500

Var =

    0.1875

kVar = p*(1-p)                     % Kontrollrechnung

kVar =

    0.1875
```

Lösung zu Übung 37, S. 101

Die erste Frage ist, wie groß auf lange Sicht der Ausschüttungsbetrag pro Spiel in den beiden vorgeschlagenen Spielsystemen ist. Dies ist die Frage nach dem *Erwartungswert* der Zufallsvariablen

$$X = \text{„Gewinn bei einer Zeigerdrehung des Glücksrades"}.$$

Im ersten Spielsystem ist das Glücksrad, wie in Abbildung 1.1, S. 4 dargestellt, in 12 gleichgroße Segmente $S_1, \ldots, S_{12}$ eingeteilt (Zählweise ab der horizontalen Achse im Gegenuhrzeigersinn). Die Wahrscheinlichkeit p, dass der Zeiger in einem solchen Segment zum Stehen kommt, ist für alle Segmente gleich (diskrete Gleichverteilung) und somit $p = \frac{1}{12}$.
Bezeichnen wir mit G_1 bis G_{12} die in Abbildung 1.1 dargestellten Gewinne, so ergibt sich:

$$
\begin{aligned}
\mathbb{E}(X) &= \sum_{k=1}^{12} G_k \cdot p \\
&= p(20000 + 10000 + 0 + \cdots + 0) \\
&= p(3 \cdot 10000 + 2 \cdot 50000 + 4 \cdot 0 + 30000 + 47.11) \\
&= \frac{1}{12} 160047.11 = 13337.26.
\end{aligned}
\tag{412.1}
$$

Auf lange Sicht ist der Ausschüttungsbetrag pro Spiel also 13337.26.
Für das zweite Spielsystem müssen wir annehmen, dass X (stetig) gleichverteilt im Intervall $[0, 2\pi]$ ist. Damit folgt:

$$\mathbb{E}(X) = \int_0^{2\pi} 10000 \cdot \alpha \frac{1}{2\pi} \, d\alpha = \frac{10000}{2\pi} \int_0^{2\pi} \alpha \, d\alpha$$

$$= \frac{10000}{2\pi} \frac{(2\pi)^2}{2} = \pi \cdot 10000 = 31415.93. \tag{413.1}$$

Auf lange Sicht ist der Ausschüttungsbetrag pro Spiel in diesem Fall also 31415.93.

In der zweiten Frage wird das Problem aufgeworfen, wie groß beim ersten Spielsystem die Chance ist, 50000 zu gewinnen.

Da der Gewinn 50000 nur in 2 Segmenten erzielt werden kann und alle Segmente mit gleicher Wahrscheinlichkeit $p = \frac{1}{12}$ erreicht werden, ist die gesuchte Wahrscheinlichkeit offenbar $\frac{1}{6}$.

Die Antwort auf die Frage, wie groß ist die Chance im zweiten Spielsystem ist, genau 24517.98 zu gewinnen, ergibt sich unmittelbar aus Gleichung (44.2): diese Wahrscheinlichkeit ist also null!

Lösung zu Übung 38, S. 102

Mit den MATLAB-Anweisungen (vgl. Datei **sumExpVertUebung.m**)

```
% Stützstellen für die Verteilungsdichten im
% Zeitintervall [0, 10] (Beispiel)

dt = 0.1; z = (0:dt:10);

% Erste Parameterkombination

lambda_1 = 1/4; lambda_2 = 3;

% Berechnung der Werte der Summenverteilungsdichte
% laut hergeleiteter exakter Formel

fakt = (lambda_1*lambda_2)/(lambda_2-lambda_1);
ExpVS1 = fakt*( exp(-lambda_1*z) - exp(-lambda_2*z) );

% Zweite Parameterkombination

lambda_1 = 1/4; lambda_2 = 1/3;

% Berechnung der Werte der Summenverteilungsdichte
% laut hergeleiteter exakter Formel

fakt = (lambda_1*lambda_2)/(lambda_2-lambda_1);
ExpVS2 = fakt*( exp(-lambda_1*z) - exp(-lambda_2*z) );
```

```
% Plot der Summenverteilungsdichten
% ...
```

erhält man die in Abbildung 8.6 wiedergegebenen Verteilungsdichten.

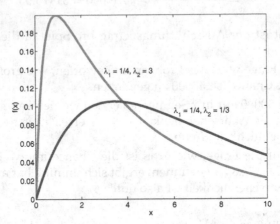

Abb. 8.6: Verteilungsdichten der Summenvariablen zweier exponentialverteilter Zufallsvariablen mit den angegebenen Parameterkombinationen

Lösung zu Übung 39, S. 126

Nach Definition der Poisson-Verteilung (104.1) und nach Definition des Erwartungswertes von Zufallsvariablen mit diskreter Verteilung (Gleichung (89.1)) gilt:

$$
\mathbb{E}(X) = \sum_{k=1}^{\infty} k \cdot f_P(k) = \sum_{k=1}^{\infty} k \frac{\mu^k}{k!} e^{-\mu}
$$

$$
= e^{-\mu} \cdot \sum_{k=1}^{\infty} \frac{\mu^k}{(k-1)!} = \mu \cdot e^{-\mu} \cdot \sum_{k=1}^{\infty} \frac{\mu^{k-1}}{(k-1)!} \tag{414.1}
$$

$$
= \mu \cdot e^{-\mu} \cdot \sum_{k=0}^{\infty} \frac{\mu^k}{k!} = \mu \cdot e^{-\mu} \cdot e^{\mu} = \mu.
$$

Lösung zu Übung 40, S. 126

Die Pascal-Verteilung ist nach Definition (S. 108) die Verteilung der diskreten Zufallsvariablen X, welche für eine gewisse Anzahl k von „Erfolgen" bei Versuchen mit Erfolgswahrscheinlichkeit p angibt, wie viel *zusätzliche* (d.h. über die k mindestens notwendigen hinausgehende) Versuche n man benötigt, um diese k Erfolge zu erzielen.

Die Geometrische Verteilung ist nach Definition (S. 64) die Verteilung einer Zufallsvariablen Y, die das „Warten auf einen Erfolg" bei Versuchen mit Erfolgswahrscheinlichkeit p beschreibt. Sie gibt also die Zahl m der Versuche an, die für $k = 1$ Erfolge nötig sind.

Dies bedeutet aber, dass man $n = m - 1$ *zusätzliche Versuche* gebraucht hat, bis der Erfolg eintrat.

Es ist somit

$$Y = m \Longleftrightarrow X = m - 1 \quad \text{für alle } m \in \mathbb{N} \tag{415.1}$$

oder mit anderen Worten:

$$X = Y - 1. \tag{415.2}$$

Dabei ist X eine Pascal-verteilte Zufallsvariable mit Parameter $k = 1$ und p. Es gilt daher (vgl. (108.1)):

$$
\begin{aligned}
P(X = n) = f_{Ps}(n) &= \binom{1 + n - 1}{n} p^1 (1 - p)^n = p(1 - p)^n \\
&= p(1 - p)^{m-1} = p(1 - p)^{(n+1)-1} \\
&= P(Y = n + 1) = h_p(n + 1) \quad \text{für alle } n \in \mathbb{N}_0.
\end{aligned}
\tag{415.3}
$$

Insofern kann die Pascal-Verteilung als Verallgemeinerung der Geometrischen Verteilung aufgefasst werden.

Lösung zu Übung 41, S. 126

Exemplarisch betrachten wir eine $N(1, 4)$-verteilte Zufallsvariable X und eine $N(1, 2)$-verteilte Zufallsvariable Y. Mit Hilfe der Faltungsfunktion (vgl. Gleichung (82.1)) conv von MATLAB erzeugen wir auf folgende Weise die Werte der Verteilungsdichte der Summenvariablen (s. Datei **uebungSum-NV.m**):

```
% Wertebereiche diskretisieren (4-Sigma-Grenzen)

delta_x = 0.01;
x = (-7:delta_x:8); y =(-4.657:delta_x:6.657);

% Werte der Dichte der normalverteilten Zufallsvariablen
% berechnen

pdfX = normpdf(x,1,sqrt(4));      % X ist N(1,4)-verteilt
pdfY = normpdf(y,1,sqrt(2));      % X ist N(1,2)-verteilt

% Verteilung der Summenvariablen (Diskretisierungs-
```

```
% intervall beachten !!!)

z = (-7-4.657:delta_x:8+6.657);    % Wertebereich für Faltung!
pdfS = delta_x*conv(pdfX,pdfY);
[pdfSmax,index]=max(pdfS);         % Dichtemaximum (für Plot)
mxStelle = min(z)+delta_x*(index-1)      % Maximalstelle


mxStelle =

    2.0030

% Verteilungsdichte der Summenvariablen plotten
% ...
```

Der erzeugte Plot (der hier nicht wiedergegeben werden soll) zeigt die bekannte Gauß'sche Glockenkurve. Die Berechnung von `mxStelle` zeigt, dass der Mittelwert bei 2 liegt. Aus dem Plot kann abgelesen werden, dass die Verteilungdichte ihre wesentlichen Werte zwischen -6 und 10 hat, was auf einen 6σ-Bereich von $10-(-6)=16$ und damit auf eine Streuung $\sigma=\frac{16}{6}=2.6667$ und eine Varianz $\sigma^2=7.1111$ schließen lässt.

Tatsächlich können wir aus den theoretischen Ergebnissen für die Kennwerte von Summen (*unabhängiger*) Zufallsvariablen ((98.1) und (98.3)) ableiten, dass die Summenvariable $Z=X+Y$ im obigen Beispiel den Erwartungswert $2=1+1$ und die Varianz $6=4+2$ hat!

Lösung zu Übung 42, S. 126

Der Wurf der 13 ist ein Ereignis mit Erfolgswahrscheinlichkeit $p=\frac{1}{37}$, da sich die 37 (gleichberechtigten) Zahlen 0 bis 36 auf dem Rouletterad befinden.

Das gesuchte Ereignis ist das Komplementärereignis zu folgendem Ereignis:

$A=$ „Es sind 11 oder mehr Versuche nötig, um zwei Mal die 13 zu erhalten".

Bezeichnen wir mit X die Zufallsvariable, die angibt, wie viele *zusätzliche* Würfe n nötig sind, um die $k=2$ „Erfolge" 13 zu erhalten, so kann das Ereignis A folgendermaßen formuliert werden:

$$A=(X\geq 9). \tag{416.1}$$

X ist jedoch eine Pascal-verteilte Zufallsvariable mit den Parametern $k=2$ und $p=\frac{1}{37}$. Damit erhält man für die gesuchte Wahrscheinlichkeit:

$$P=1-P(X\geq 9)=P(X\leq 8)=\sum_{n=0}^{8}\binom{n+1}{n}p^2(1-p)^n. \tag{416.2}$$

Der Wert P entspricht dem Wert der Pascal-Verteilungsfunktion für $n=8$ und kann mit der Funktion `nbincdf` der Statistics Toolbox von MATLAB leicht berechnet werden:

```
k=2;  p=1/37;          % Parameter der Pascal-Verteilung
P = nbincdf(8,k,p)     % Wert der Verteilungsfunktion

P =

    0.0285
```

Lösung zu Übung 43, S. 126

Da für jede stetig verteilte Zufallsvariable die Wahrscheinlichkeit gleich 0 ist, *genau* einen bestimmten Wert anzunehmen (vgl. (44.2)), gilt:

$$P\left(-\frac{c}{3} \leq Y \leq \frac{c}{3}\right) = P\left(-\frac{c}{3} < Y \leq \frac{c}{3}\right) + P\left(-\frac{c}{3} = Y\right)$$
$$= P\left(-\frac{c}{3} < Y \leq \frac{c}{3}\right) + 0 \qquad (417.1)$$
$$= P\left(-\frac{c}{3} < Y \leq \frac{c}{3}\right).$$

Lösung zu Übung 44, S. 126

Wir verwenden zur Lösung aus der Statistics Toolbox von MATLAB die Funktionen `normcdf` zur Berechnung der Verteilungsfunktion der Normalverteilung und `norminv` zur Berechnung der Quantile.

(a) $P(-\infty < X \leq 3)$ ist nichts weiter als der Wert der Verteilungsfunktion der Normalverteilung an der Stelle 3:

```
mu=2;  sigma=sqrt(4);   % Parameter der Normalverteilung
P = normcdf(3, mu, sigma)% (beachte: sigma = sqrt(4))!!

P =

    0.6915
```

(b) Hier ist zunächst eine kleine Vorüberlegung nötig. Auf Grund der Symmetrie der Normalverteilung ist

$$P(X < 2 - x) = P(X > 2 + x) = 1 - P(X \leq 2 + x). \qquad (417.2)$$

Andererseits ist

$$P(2 - x \leq X \leq 2 + x) = 1 - P(X < 2 - x) - P(X > 2 + x)$$
$$= (1 - (1 - P(X \leq 2 + x))) \qquad (417.3)$$
$$- (1 - P(X \leq 2 + x))$$

und damit

$$P(2 - x \leq X \leq 2 + x) = 2 \cdot P(X \leq 2 + x) - 1. \qquad (418.1)$$

Gesucht wird also der Wert x, für den gilt:

$$2 \cdot P(X \leq 2 + x) - 1 \leq 0.95 \Leftrightarrow P(X \leq 2 + x) \leq \frac{1.95}{2} = 0.975. \quad (418.2)$$

Dies ist das (einseitige) 97.5%-Quantil der Normalverteilung. Es wird durch die folgenden MATLAB-Anweisungen errechnet:

```
mu=2;  sigma=sqrt(4);            % Parameter der Normalv.
uz_95 = norminv(0.975, mu, sigma)% Zweiseitiges Quantil
uz_95 =

    5.9199
```

Damit ist $2 + x = 5.92$ und $x = 3.92$.

Die Zufallsvariable X nimmt also 95% ihrer Werte im symmetrischen Intervall $[2 - 3.92, 2 + 3.92] = [-1.92, 5.92]$ an.

Lösung zu Übung 45, S. 127

Der in Abbildung 8.7 dargestellte Plot wird mit folgenden MATLAB-Anweisungen erzeugt (s. Datei **DreiGaussKurven.m**):

```
x = (-10:0.01:10);        % Wertebereich von der Zufallsv.
mu = 0;                   % Parameter der Normalverteilung
sigma1 = 1; sigma2 = 2; sigma3 = 3;
                          % Berechnung der Verteilungsdichten
dichte1 = normpdf(x, mu, sigma1);
dichte2 = normpdf(x, mu, sigma2);
dichte3 = normpdf(x, mu, sigma3);


                          % grafische Darstellung
plot(x,dichte1,'r-',x,dichte2,'b-',...
            x,dichte3,'g-','LineWidth',4);
% ...
```

Lösung zu Übung 46, S. 127

`normstat` ist deshalb relativ albern und überflüssig, weil die Kennwerte gerade die Parameter der Verteilung sind. Man bekommt also das heraus, was man hineinsteckt:

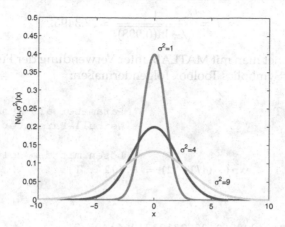

Abb. 8.7: Verteilungsdichten der Normalverteilung-Verteilung für die Parameter $\mu = 0$ und $\sigma^2 = 1, 4, 9$

```
mu = 5.3;                    % Parameter der Normalverteilung
sigma = sqrt(3.26);

                             % Berechnung der Kennwerte
[EW, Var] = normstat(mu, sigma)


EW =

    5.3000


Var =

    3.2600
```

Lösung zu Übung 47, S. 127

Man beachte beim Einsatz der MATLAB-Funktionen `weibpdf` und `weib-cdf`, dass die Parameter etwas anders definiert sind. Es gilt $b = b$ und $a = \frac{1}{T^b}$!

(a) Es muss gelten $P(X \leq 1) = 0.002$. Damit ist auf Grund der Definition der Verteilungsfunktion der Weibull-Verteilung (Gleichung (115.2)):

$$F_{T,b}(1) = 1 - e^{-\left(\frac{1}{T}\right)^b} = 1 - e^{-\left(\frac{1}{T}\right)^2} = 0.002. \qquad (419.1)$$

Löst man die Gleichung nach T auf, so ergibt sich:

$$T = \frac{1}{\sqrt{-\ln(0.998)}} = 22.3495. \qquad (420.1)$$

Dies errechnet man mit MATLAB unter Verwendung der Funktion sol-
ve aus der Symbolics Toolbox folgendermaßen:

```
syms    T                    % Parameter als Symbole
                             % Weibull-Parameter b, T
b = 2;
                             % Lösen mit dem solve-Befehl
solve('1 - exp(-(1/T)^2) = 0.002', T)

ans =

[  -22.349492906248572312331266140522]
[   22.349492906248572312331266140522]
```

(b) Nach Gleichung (116.1) gilt:

$$\mathbb{E}(X) = T \cdot \Gamma\left(1 + \frac{1}{b}\right) = 22.3495 \cdot \Gamma\left(1 + \frac{1}{2}\right) = 19.8067. \qquad (420.2)$$

Im Mittel fallen die Geräte also nach ca. 20 Jahren aus.
Mit der Funktion weibstat wird dieses Ergebnis unter MATLAB wie
folgt bestätigt:

```
T = 22.3495;                 % Parameter T auf a für
a = 1/(T^b);                 % Funktion weibstat umrechnen

[EW, Var] = weibstat(a,b)

EW =

    19.8067

Var =

   107.1936
```

(c) Gefragt ist hier nach dem Anteil der Ausfälle in den ersten 2 Jahren, also
nach dem Wert der Verteilungsfunktion für $t = 2$:

$$F_{T,b}(2) = 1 - e^{-\left(\frac{2}{22.3495}\right)^2} = 0.0080. \qquad (420.3)$$

Es gibt also in 0.8% der Fälle innerhalb der ersten zwei Jahre Reklamationen.
Unter MATLAB ist dies lediglich ein Aufruf von weibcdf:

```
T = 22.3495;              % Parameter T auf a für
a = 1/(T^b);              % Funktion weibstat umrechnen

weibcdf(2, a, b)

ans =

    0.0080
```

Lösung zu Übung 48, S. 127

Mit Hilfe der Funktion `tcdf` der MATLAB Statistics Toolbox errechnet man:

```
n = 5;                    % Freiheitsgrade der t-Verteilung
                          % Berechnung der Wahrscheinlichkeit
P = tcdf(3, n) - tcdf(-1, n)

P =

    0.8033
```

Lösung zu Übung 49, S. 127

Gesucht ist $P(0 \leq X \leq 2)$. Durch folgende Normierung auf eine standard-normalverteilte Zufallsvariable Y erhält man aus den tabellierten Werten:

$$
\begin{aligned}
P(0 \leq X \leq 2) &= P\left(\frac{0-\mu}{\sigma} \leq \frac{X-\mu}{\sigma} \leq \frac{2-\mu}{\sigma}\right) \\
&= P\left(-\frac{3}{1} \leq Y \leq \frac{-1}{1}\right) = \Phi(-1) - \Phi(-3) \quad (421.1) \\
&= (1 - \Phi(1)) - (1 - \Phi(3)) = \Phi(3) - \Phi(1) \\
&= 0.9987 - 0.8413 = 0.1573.
\end{aligned}
$$

Mit MATLABs `normcdf`-Funktion erhält man:

```
mu = 3; sigma = sqrt(1);   % Parameter der Normalverteilung
                           % Gesuchte Wahrscheinlichkeit
P = normcdf(2, mu, sigma) - normcdf(0, mu, sigma)

P =

    0.1573
```

Lösung zu Übung 50, S. 127

Gesucht ist das 92%-Quantil u_{92} der Verteilung von X. Durch die Normierung

$$
\begin{aligned}
P(-\infty < X \le x) &= P\left(\frac{-\infty - \mu}{\sigma} < \frac{X - \mu}{\sigma} \le \frac{x - \mu}{\sigma}\right) \\
&= P\left(-\infty < Y \le \frac{x - 3}{1}\right) \\
&= \Phi(x - 3) \le 0.92
\end{aligned}
\tag{422.1}
$$

auf eine standard-normalverteilte Zufallsvariable Y erhält man aus den tabellierten Werten für das 92%-Quantil $\tilde{u}_{92}$ der Standard-Normalverteilung:

$$
x - 3 = \tilde{u}_{92} = 1.405
\tag{422.2}
$$

Damit folgt:

$$
x = u_{92} = 4.405
\tag{422.3}
$$

Mit MATLABs norminv-Funktion erhält man:

```
mu = 3; sigma = sqrt(1);   % Parameter der Normalverteilung
                           % Gesuchtes 92%-Quantil
u_92 = norminv(0.92, mu, sigma)


u_92 =

    4.4051
```

Lösung zu Übung 51, S. 128

Nach der Regel für die 3σ-Grenzen (Gleichung (125.8)) liegen 99.7% und damit fast alle Werte von X innerhalb von $[\mu - 3\sigma, \mu + 3\sigma]$. Damit liegen die Werte der Zufallsvariablen X fast alle im Intervall $[0, 6]$!
Mit MATLABs normcdf-Funktion erhält man:

```
mu = 3; sigma = sqrt(1);   % Parameter der Normalverteilung
                           % Gesuchte Wahrscheinlichkeit
P = normcdf(6, mu, sigma) - normcdf(0, mu, sigma)


P =

    0.9973
```

Lösung zu Übung 52, S. 128

Der Erwartungswert braucht nicht berechnet zu werden, da er mit ein wenig Symmetriebetrachtung leicht herzuleiten ist. Da die Verteilungsdichte symmetrisch um $\frac{a+b}{2}$ liegt, ist dies auch der Erwartungswert!

Es gilt also:

$$\mathbb{E}(X) = \frac{a+b}{2}. \tag{423.1}$$

Für die Bestimmung der Varianz kann zunächst das 2. Moment herangezogen werden:

$$
\begin{aligned}
\mathbb{E}(X^2) &= \int_a^{\frac{a+b}{2}} x^2 f(x)\,dx + \int_{\frac{a+b}{2}}^b x^2 f(x)\,dx \\[2mm]
&= \int_a^{\frac{a+b}{2}} x^2 \frac{4(x-a)}{(b-a)^2}\,dx + \int_{\frac{a+b}{2}}^b x^2 \frac{4(b-x)}{(b-a)^2}\,dx \\[2mm]
&= \frac{4}{(b-a)^2}\left[\int_a^{\frac{a+b}{2}} x^2(x-a)\,dx + \int_{\frac{a+b}{2}}^b x^2(b-x)\,dx \right] \\[2mm]
&= \frac{4}{(b-a)^2}\left[\frac{11}{192}a^4 - \frac{1}{16}a^3 b - \frac{1}{32}a^2 b^2 + \frac{1}{48}ab^3 + \frac{1}{64}b^4 \right. \\[2mm]
&\quad \left. + \frac{11}{192}b^4 + \frac{1}{64}a^4 + \frac{1}{48}a^3 b - \frac{1}{32}a^2 3^2 - \frac{1}{16}ab \right] \\[2mm]
&= \frac{7}{24}a^2 + \frac{5}{12}ab + \frac{7}{24}b^2.
\end{aligned}
\tag{423.2}
$$

Damit ist

$$
\begin{aligned}
\mathbb{V}(X) &= \mathbb{E}(X^2) - (\mathbb{E}(X))^2 \\[2mm]
&= \frac{7}{24}a^2 + \frac{5}{12}ab + \frac{7}{24}b^2 - \left(\frac{a+b}{2}\right)^2 \\[2mm]
&= \frac{1}{24}a^2 - \frac{1}{12}ab + \frac{1}{24}b^2 = \frac{1}{24}(b^2 - 2ab + a^2) \\[2mm]
&= \frac{(b-a)^2}{24}.
\end{aligned}
\tag{423.3}
$$

Lösung zu Übung 53, S. 128

Die Funktion **trapzpdf.m** der Begleitsoftware berechnet die Verteilungsdichte mit:

```
vdichte =   0*(x<0) +...
  (4*x/((1-gamma^2)*R^2)).*(x>=0 & x<(1-gamma)/2*R)+...
  (2/((1+gamma)*R)).*(x>=(1-gamma)/2*R & x<(1+gamma)/2*R)+...
  (2/((1+gamma)*R)-4/((1-gamma^2)*R^2)*(x-(1+gamma)/2*R) )...
    .*(x>=(1+gamma)/2*R & x<R)+0*(x>R);
```

Der Aufruf

```
x = (0:0.001:1);
[vdichte1] = trapzpdf(x,1,1/3);
[vdichte2] = trapzpdf(x,1,1/2);

plot(x, vdichte1, 'r-', x, vdichte2, 'b-', 'LineWidth',3);
% ...
```

liefert die Verteilungsdichten in Abbildung 8.8.

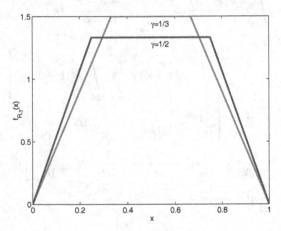

Abb. 8.8: Die Trapez-Verteilung für $R = 1$ und $\gamma = \frac{1}{3}, \frac{1}{2}$

Für die Kennwerte gilt

```
mw = 0.001*trapz(x.*vdichte1)    % Erwartungswert (Integral
                                 % x*Dichte dx)
mw =

    0.5000

mom2 = 0.001*trapz(x.^2.*vdichte1)% Zweites Moment (Integral
                                  % x^2*Dichte dx)
```

```
mom2 =

    0.2963

vrz = mom2- mw^2                    % Varianz = E(X^2)-(E(X))^2

vrz =

    0.0463

stdabw = sqrt(vrz)                  % Standardabweichung

stdabw =

    0.2152
```

Lösung zu Übung 54, S. 137

(a) Ist $Y_n = 1$, falls ein Ereignis A eintritt und $Y_n = 0$ sonst, so ist Y_n Bernoulli-verteilt mit Parameter p. Nach Gleichung (30.3) haben die Zufallsvariablen Y_n dann alle den Erwartungswert $\mu = p$. Da die Werte von X_n genau die arithmetischen Mittel der Werte der Y_n sind, geht die Formulierung des Chintchin'schen Satzes in die des Bernoulli'schen über.

(b) Die folgende MATLAB-Funktion (s. Datei **ggzchin.m** der Begleitsoftware) berechnet für ein vorgegebenes $n \in \mathbb{N}$ das arithmetische Mittel von n $N(3, 1)$-verteilten Zufallszahlen:

```
%  ...

randn('state',sum(100*clock)); % Zufallsgenerator neu
                               % initialisieren
y = randn(1,n);                % n standard-
                               % normalverteilte
                               % Zufallszahlen erzeugen
x = (y + 3)/1;                 % transform. in n N(3,1)-
                               % verteilte Zufallszahlen
arithM = sum(x)/n;             % arithmetisches Mittel
                               % zurückliefern
```

Ein Aufruf dieser Funktion für $n = 10^k, k = 1, \cdots, 7$ mit

```
erg = [];  its = logspace(1,7,7);
for n=its
    erg = [erg, ggzchin(n)];
end;
```

liefert:

```
erg =

    3.2539     3.0749     2.9976     3.0054     3.0034
    3.0015     2.9996
```

Der Wert stabilisiert sich also (im stochastischen Sinne) bei $\mu = 3$.

Lösung zu Übung 55, S. 138

(a) Nach der Definition aus Abschnitt 2.7.2, S. 117ff ist die Chi-Quadrat-Verteilung mit n Freiheitsgraden die Verteilung der Summe der Quadrate von n unabhängigen standard-normalverteilten Zufallsvariablen Y_k, d.h. die Verteilung von

$$X_n = \sum_{k=1}^{n} Y_k^2. \qquad (426.1)$$

Die Variablen[4] $\tilde{X} = Y_1^2 + Y_2^2$ bzw. $\tilde{X} = Y_k^2 + Y_{k+1}^2$ haben alle eine Chi-Quadrat-Verteilung mit Freiheitsgrad $n = 2$ und somit gilt nach (119.1):

$$\mathbb{E}(\tilde{X}) = 2, \qquad \mathbb{V}(\tilde{X}) = 2 \cdot 2 = 4. \qquad (426.2)$$

Fasst man also in (426.1) immer Paare zusammen, so ist X_{2n} immer die Summe unabhängiger, identisch verteilter Zufallsvariablen mit Erwartungswert $\mu = 2$ und Varianz $\sigma^2 = 4 \neq 0$.

Nach dem zentralen Grenzwertsatz ist die Verteilung von X_{2n} für große n dann ungefähr identisch mit einer $N(2n, 4n)$-Normalverteilung!

Da dies auch für ungerade n so ist (wie auch die folgende MATLAB-Simulation zeigt), ist X_n für große n dann ungefähr identisch mit einer $N(n, 2n)$-Normalverteilung!

(b) Die folgende MATLAB-Funktion (Datei **diffChiNV.m** der Begleitsoftware) berechnet (approximativ) die maximale Abweichung einer Chi-Quadrat-Verteilungsdichte mit n Freiheitsgraden und einer $N(n, 2n)$-Normalverteilung:

```
%  ...


% Intervall für die Berechnung der Differenz festlegen
```

---

[4] Diese Zusammenfassung von zwei Variablen ist nötig, da eine Chi-Quadrat-verteilte Variable mit Freiheitsgrad 1 keine endliche Varianz hat, wie vom zentralen Grenzwertsatz in der Formulierung auf Seite 131 gefordert. Das Resultat gilt aber auch für eine ungerade Anzahl von Variablen!

```
intv = linspace(n-4*sqrt(2*n), n+4*sqrt(2*n));

% Werte der Verteilungsdichten berechnen

chi2vals = chi2pdf(intv, n);
nvvals = normpdf(intv, n, sqrt(2*n));

% maximale Differenz berechnen

maxdiff = max(abs(chi2vals-nvvals));
```

Die folgenden MATLAB-Anweisungen berechnen diese Abweichung für verschiedene $n \in \mathbb{N}$:

```
differg = [];

for k=1:5:41
    differg = [differg, [k; diffChiNV(k)]];
end;

differg

differg =

   1.0000    6.0000   11.0000   16.0000   21.0000
   2.1018    0.0464    0.0219    0.0142    0.0105

  26.0000   31.0000   36.0000   41.0000
   0.0083    0.0068    0.0058    0.0051
```

Man erkennt, dass etwa ab $n = 30$ eine gute Approximation durch die Normalverteilung vorliegt.

Lösung zu Übung 56, S. 138

Es bezeichne X die Zufallsvariable, die die Zahl der „Kopf"-Ergebnisse angibt. Dann gilt

$$P(X \geq 2024) = \sum_{k=2024}^{4000} \binom{4000}{k} 0.5^k \cdot 0.5^{4000-k} \tag{427.1}$$

$$\approx \Phi \left(\frac{4000 - 4000 \cdot 0.5 + 0.5}{\sqrt{4000 \cdot 0.5 \cdot 0.5}} \right) - \Phi \left(\frac{2024 - 4000 \cdot 0.5 - 0.5}{\sqrt{4000 \cdot 0.5 \cdot 0.5}} \right)$$

$$= \Phi (63.2613) - \Phi (0.7431) \approx 1 - 0.7714 = 0.2286.$$

Der letzte der angegebenen Werte ist dabei ein grob interpolierter Tabellenwert.

Wir überprüfen das Ergebnis mit MATLAB:

```
P = 1 - binocdf(2024,4000,0.5)

P =

    0.2192
```

Der Fehler der Approximation beträgt also, das MATLAB-Ergebnis als genau
voraussetzend, ca. 4%.

Lösung zu Übung 57, S. 150

Durch den Aufruf von **MCPiGauss.m** werden *normalverteilte* Zufallspunkte
im Rechteck $[-1,1] \times [-1,1]$ erzeugt, wie der folgende Programmausschnitt
zeigt:

```
    % Zufallspunkt im Rechteck [-1,1]x[-1,1] bestimmen
    % normrnd(0,1/3,1,1) erzeugt Gauss-verteilte Zahl
    % mit Mittelwert 0 und Streuung 1/3 (3*sigma =1)!
X = [normrnd(0,1/3,1,1), normrnd(0,1/3,1,1)];
    % falls Zahlen >1 oder <-1, so werden Sie auf 1 bzw.
    % -1 gesetzt
X = (X<=1).*X + (X>1);
X = (X>=-1).*X + (X<-1)*(-1);
```

Die Streuung wurde dabei so gewählt, dass die 3σ-Grenzen für jede Komponente ± 1 sind und somit nahezu alle Punkte im Rechteck liegen!

Die Wahrscheinlichkeit, dass der Punkt im Einheitskreis liegt ist

$$P(X \in \text{Kreis}) = P(\|X\| \leq 1) = P(X_1^2 + X_2^2 \leq 1). \qquad (428.1)$$

Die Komponenten x_1 und x_2 des Zufallspunktes sind Werte der $N(0, \sigma^2)$-
verteilten unabhängigen Komponentenvariablen X_1 und X_2 (mit $\sigma^2 = \left(\frac{1}{3}\right)^2$).
Man kann zeigen [11], dass X dann einer *zweidimensionalen* Normalvertei-
lung mit der Dichte

$$f(x_1, x_2) = \frac{1}{2\pi\sigma^2} e^{-\frac{x_1^2 + x_2^2}{2\sigma^2}} \qquad (428.2)$$

genügt.

Damit entspricht der Wert von (428.1) dem Flächenintegral dieser Dichte
über dem Einheitskreis, welches durch Transformation in Polarkoordinaten

(r, ϕ) (Koordinatendarstellung in Radius und Winkel) in ein Doppelintegral überführt werden kann.

Wir wollen auf die Details dieser Rechnung nicht eingehen. Das Ergebnis ist

$$P(X \in \text{Kreis}) = \frac{1}{2\pi\sigma^2} \int\limits_0^1 \int\limits_0^{2\pi} r e^{-\frac{r^2}{2\sigma^2}} \, d\phi \, dr = \frac{1}{\sigma^2} \left(1 - e^{-\frac{1}{2\sigma^2}} \right), \qquad (429.1)$$

was für $\sigma^2 = \left(\frac{1}{3}\right)^2$ den Wert 0.9889 liefert. Die Punkte liegen also zu 98.89% schon im Einheitskreis! Daher ist der durch die Anweisung

```
ZahlPiG = 4*Treffer/N;
```

gelieferte Schätzwert ein Schätzwert von $4 \cdot 0.9889 = 3.9556$, was das Ergebnis 3.9640 des Laufes auf Seite 142 erklärt!

Das Monte-Carlo-Verfahren schätzt also in diesem Fall nichts anderes als die Wahrscheinlichkeit, dass ein $N(0, \frac{1}{9})$-verteilter zweidimensionaler Zufallsvektor Werte im Einheitskreis annimmt!

Lösung zu Übung 58, S. 150

Laut Aufgabenstellung muss γ so gewählt werden, dass für die Differenz des Monte-Carlo-Schätzers Y und des zu schätzenden Parameters μ gilt:

$$P(-\gamma \leq Y - \mu < \gamma) = 0.5. \qquad (429.2)$$

Damit entspricht γ dem *zweiseitigen* 0.5-*Quantil* u_{50} einer Normalverteilung mit Mittelwert 0 und Streuung $\frac{\sigma}{\sqrt{n}}$!
Analog zur Berechnung in (125.3) ist

$$2\Phi\left(\frac{u_{50}}{\sigma/\sqrt{n}}\right) - 1 = 0.5 \iff \Phi\left(\frac{u_{50}}{\sigma/\sqrt{n}}\right) = \frac{1.5}{2} = 0.75. \qquad (429.3)$$

Das einseitige 75%-Quantil der Standard-Normalverteilung ist nach Tabelle B.1 ungefähr gleich 0.675 (mit der MATLAB-Anweisung norminv(0.75) ermittelt man 0.6745).
Damit ist

$$\gamma = u_{50} = 0.6745 \cdot \frac{\sigma}{\sqrt{n}}. \qquad (429.4)$$

In der Praxis [31] wird *dieser* Wert für die Aufwandsabschätzungen herangezogen.
Der Aufwand für Beispiel 3.1, S. 139 bei einer geforderten Genauigkeit von $\varepsilon = 10^{-3}$ berechnet sich nach Formel (429.4) zu:

$$\varepsilon = 0.6745 \cdot \frac{\sigma}{\sqrt{n}} \iff n = \left(\frac{0.6745\sigma}{\varepsilon}\right)^2, \qquad (430.1)$$

was im Beispiel wegen $\sigma \approx 0.2$ einen Wert von $n = 18198$ liefert. Dies ist ein wesentlich geringerer Wert als $n = 1440000$, der in Beispiel 3.3 errechnet wurde.

Ein Aufruf

```
F = MCFlaeche(1,1,polygon,18198)

F =

    0.1505
```

bestätigt, dass in diesem Fall ein guter Schätzwert des exakten Flächeninhalts 0.15 berechnet wird.

Lösung zu Übung 59, S. 150

Da die Poisson-Verteilung (vgl. Abschnitt 2.7.1) eine diskrete Verteilung ist, können wird die Gleichung (146.1)

$$F(y) = x \qquad (430.2)$$

für eine in $[0, 1]$ gleichverteilte Zufallszahl x nicht so einfach lösen, weil die Verteilungsfunktion nicht streng monoton wächst, sondern nur monoton und zwischen den ganzen Zahlen *konstant* ist, wie die Abbildung[5] 8.9 für eine Poisson-Verteilung mit Parameter $\mu = 3$ zeigt.

Die Abbildung zeigt jedoch auch, dass die Verteilungsfunktion das Intervall $[0, 1]$ (Achse $F(y)$) in Teilintervalle unterteilt. Der Trick besteht nun darin, die Gleichung (146.1) in dem Sinne zu „lösen", dass man eine Zufallszahl $x \in [0, 1]$ der Zahl k zuordnet, die zu dem jeweiligen vertikalen Abschnitt gehört, in dem x liegt, so wie es in der Grafik 8.9 angedeutet ist.

So werden etwa alle Werte zwischen 0.4232 (entsprechend $F_P(2)$) und 0.6472 (entsprechend $F_P(3)$) dem Wert $k = 3$ zugeordnet.

Es ist an der Grafik leicht zu erkennen, dass die Zuordnung umso öfter erfolgt, je größer der vertikale Abschnitt ist. Die relative Häufigkeit, mit der also ein x in diesem Intervall durch den Zufallsgenerator ausgelost wird, ist daher ein Maß für die Abschnittslänge, im Beispiel also $F_P(3) - F_P(2)$. Dies ist aber nichts anderes als $f_P(3)$ oder allgemein $f_P(k)$, der Wert der Poisson-Verteilung für k. Damit hat die Zufallsvariable

$$Y = k, \quad k \text{ wird durch } x \text{ wie beschrieben gelost,}$$

---
[5] schnell zu erstellen mit Hilfe der MATLAB-Funktion `poisscdf`!

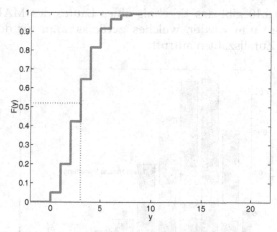

Abb. 8.9: Verteilungsfunktion der Poisson-Verteilung für Parameter $\mu = 3$

die gewünschte Poisson-Verteilung.

Der folgende Ausschnitt des Programms **getPoissVar.m** gibt die wesentlichen Teile des so konstruierten Zufallsgenerators wieder:

```
PoissZahlen = [];
                          % Bereich abschätzen, in dem 99.99%
                          % der Poisson-Werte für diesen
                          % Parameter liegen
M = poissinv(0.9999,mu);
k = (0:1:M);              % die möglichen (ganzzahligen) Werte
                          % der Verteilungsfunktion
PoissVertFkt = poisscdf(k, mu);
                          % (=Einteilung F(y)-Achse)

for k=1:N                 % Zahl der Iterationen
                          % (Gleichverteilte) Zufallspunkte
                          % im Intervall [0,1] bestimmen
    x = rand(1,1);
                          % Bereich von F(y) in dem x liegt
                          % feststellen
    oberh = find(x>=PoissVertFkt);

    if isempty(oberh)
        y = 0;
    else
        y = oberh(end);
    end;
                              % Wert speichern
    ExpZahlen = [ExpZahlen; y];
end;
```

Die Abbildung 8.10 gibt das Ergebnis eines Laufes des MATLAB-Skripts **Aufruf_getPoissVar.m** wieder, welches **getPoissVar.m** für den Parameter $\mu = 3$ und 2000 Zufallszahlen aufruft.

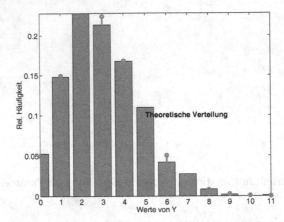

Abb. 8.10: Histogramm von 2000 Poisson-verteilten Zufallszahlen und zugehörige theoretische Verteilung für dem Parameter $\mu = 3$

Die gute Übereinstimmung zur theoretischen Verteilung ist unverkennbar!

Lösung zu Übung 60, S. 150

Die Verteilungsfunktion zur gesuchten Dichte lässt sich leicht zu

$$F_Y(y) = \begin{cases} \alpha \cdot \left(\frac{1}{2}y^2 - \frac{1}{3}y^3\right) & \text{für alle } y \in [0,1], \\ \alpha \cdot \left(\frac{y}{4} - \frac{1}{4}\right) + \alpha \cdot \frac{1}{6} & \text{für alle } y \in [1,2], \\ 1 & \text{für alle } y \geq 2, \\ 0 & \text{sonst}, \end{cases} \tag{432.1}$$

aufintegrieren. Diese Funktion ist zunächst in einer MATLAB-Funktion zu implementieren (s. Datei **FBspVertFkt.m**).

Die Funktion **NsProb.m** realisiert die Verschiebung der Werte einer Funktion f um eine reelle Konstante p:

```
function [y] = NsProb(x, f, p)
%
%  ...
%

y = feval(f,x)-p;
```

Die Funktion **getFBspVar.m** erzeugt mit Hilfe dieser beiden MATLAB-Funktionen die gewünschten Zufallszahlen. Hier der entscheidende Ausschnitt aus dem Quelltext:

```
c = rand(1,1);
                    % Transformationsgleichung lösen
                    % (0 ist immer Startwert der Iteration)
y = fzero(@NsProb, 0, [], fBsp, c);
```

Bei Aufruf von beispielsweise

```
[ZZahlen] = getFBspVar(@FBspVertFkt, 200)
```

werden die Parameter @FBspVertFkt (Handle auf die Verteilungsfunktion) via Variable fBsp und c (die Zufallszahl in $[0, 1]$) an die Funktion **NsProb.m** übergeben, die damit die um c verminderte Verteilungsfunktion darstellt. Die Funktion fzero löst das zugehörige Nullstellenproblem mit Startwert 0 und liefert y zurück. Dies ist die Lösung der Gleichung (146.1) für dieses Problem und damit die gesuchte Zufallszahl.

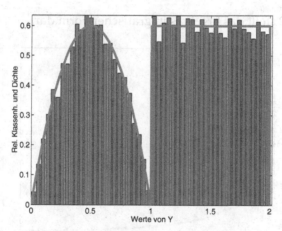

Abb. 8.11: Histogramm von 20000 Zufallszahlen und zugehörige theoretische Verteilung für Beispieldichte (151.1)

Mit dem Aufruf-Skript **Aufruf_getFBspVar.m** wurde ein Beispiel mit 20000 erzeugten Zufallszahlen durchgerechnet. Abbildung 8.11 zeigt in gewohnter Manier das Ergebnis in Form eines Vergleichs zwischen einem Histogramm der erzeugten Zufallszahlen und der theoretischen Verteilungsdichte gemäß Gleichung (151.1).

Lösung zu Übung 61, S. 151

Die folgenden MATLAB-Anweisungen aus dem Skript-File **Aufruf_Ue-bungBedienSys.m** leisten das Gewünschte:

```
% Parameter setzen

vers = 10; bz = 2; T_m = 2; Tmax = 1000;

Kmax = 50;    % Simulation bis 50 Kanäle
abWkt = zeros(1, Kmax);

for Knl = 1:Kmax
                % für Knl Känale durchsimulieren
    [dabg, dang] = bedienSys(vers, Knl, bz, 1/T_m, Tmax);
    abWkt(Knl) =   100*dabg/(dabg+dang);
end;

% Darstellung des Ergebnisses

% ...
```

Abbildung 8.12 stellt das Ergebnis in grafischer Form dar.

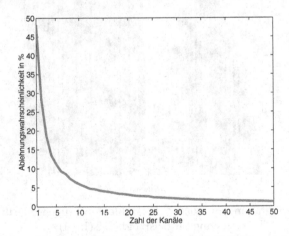

Abb. 8.12: Abhängigkeit der Ablehnungswahrscheinlichkeit von der Anzahl der Kanäle für das Bediensystem mit $t_b = 2$, $T_m = 2$ und $T = 1000$.

Lösung zu Übung 62, S. 167

Zunächst soll festgelegt werden, dass die Platte in ein Koordinatensystem eingebettet wird, bei dem der Ursprung mit der rechten unteren Ecke zusammenfällt und die positiven Achsenrichtungen mit den Richtungen der Plattenränder übereinstimmen.

Unter dieser Voraussetzung lässt sich der rechte Rand durch den Vektor

$$\begin{pmatrix} 0 \\ M_1 \end{pmatrix} \tag{435.1}$$

und der untere Rand durch den Vektor

$$\begin{pmatrix} M_2 \\ 0 \end{pmatrix} \tag{435.2}$$

modellieren.

Für die Darstellung des Vektors $\vec{v}$ der Diagonalen vom rechten oberen zum linken unteren Rand ergibt sich daraus:

$$\begin{pmatrix} v_1 \\ v_2 \end{pmatrix} = \begin{pmatrix} M_2 \\ -M_1 \end{pmatrix}. \tag{435.3}$$

Definieren wir $\vec{w}$ als den Vektor der Diagonalen vom Ursprung zur Ecke der Einkerbung, so ergibt sich (alle Maße werden dabei positiv gezählt):

$$\begin{pmatrix} w_1 \\ w_2 \end{pmatrix} = \begin{pmatrix} M_2 - M_4 \\ M_1 - M_3 \end{pmatrix}. \tag{435.4}$$

Dieser Ansatz liefert die Schnittpunktgleichung:

$$\lambda \begin{pmatrix} w_1 \\ w_2 \end{pmatrix} = \begin{pmatrix} 0 \\ M_1 \end{pmatrix} + \mu \begin{pmatrix} v_1 \\ v_2 \end{pmatrix}. \tag{435.5}$$

Diese Gleichung ist äquivalent zu dem linearen Gleichungssystem:

$$\begin{pmatrix} M_2 - M_4 & -M_2 \\ M_1 - M_3 & M_1 \end{pmatrix} \begin{pmatrix} \lambda \\ \mu \end{pmatrix} = \begin{pmatrix} 0 \\ M_1 \end{pmatrix}. \tag{435.6}$$

Für die Lösung des Gleichungssystems ergibt sich:

$$\begin{pmatrix} \lambda \\ \mu \end{pmatrix} = \frac{1}{(M_2 - M_4)M_1 + M_2(M_1 - M_3)} \begin{pmatrix} M_1 & M_2 \\ M_3 - M_1 & M_2 - M_4 \end{pmatrix} \begin{pmatrix} 0 \\ M_1 \end{pmatrix}$$

$$= \frac{1}{(M_2 - M_4)M_1 + M_2(M_1 - M_3)} \begin{pmatrix} M_1 M_2 \\ M_1(M_2 - M_4) \end{pmatrix}. \tag{435.7}$$

Damit erhält man für für den Vektor $\lambda\vec{w}$ vom Ursprung zum Schnittpunkt:

$$\lambda\vec{w} = \frac{1}{(M_2 - M_4)M_1 + M_2(M_1 - M_3)}M_1 M_2 \begin{pmatrix} M_2 - M_4 \\ M_1 - M_3 \end{pmatrix}. \qquad (436.1)$$

Berechnet man die euklidische Länge dieses Vektors, so erhält man den gesuchten Abstand d zum Schnittpunkt:

$$d = \| \lambda\vec{w} \| \qquad (436.2)$$

$$= \left| \frac{1}{(M_2 - M_4)M_1 + M_2(M_1 - M_3)} \right| M_1 M_2 \sqrt{(M_2 - M_4)^2 + (M_1 - M_3)^2},$$

also das Resultat von Gleichung (155.2). Man erkennt darüber hinaus sofort, dass der Nenner des Bruches immer positiv ist und die Betragsstriche weggelassen werden können.

Für den von der Diagonalen und der unteren Kante eingeschlossenen Winkel α erhält man

$$\cos(\alpha) = \frac{\left\langle \begin{pmatrix} M_2 \\ 0 \end{pmatrix}, \begin{pmatrix} w_1 \\ w_2 \end{pmatrix} \right\rangle}{\left\| \begin{pmatrix} M_2 \\ 0 \end{pmatrix} \right\| \cdot \left\| \begin{pmatrix} w_1 \\ w_2 \end{pmatrix} \right\|} \qquad (436.3)$$

und damit

$$\cos(\alpha) = \frac{M_2(M_2 - M4)}{M_2 \sqrt{(M_2 - M_4)^2 + (M_1 - M_3)^2}}. \qquad (436.4)$$

Multipliziert man $\cos(\alpha)$ und d, so kürzt sich die Wurzel heraus und man erhält für das Schließmaß

$$M_s = \frac{M_2(M_2 - M4)}{M_2} \frac{1}{(M_2 - M_4)M_1 + M_2(M_1 - M_3)}M_1 M_2$$

$$= \frac{M_1 M_2(M_2 - M4)}{(M_2 - M_4)M_1 + M_2(M_1 - M_3)} \qquad (436.5)$$

und damit das Resultat aus Gleichung (156.2).

Lösung zu Übung 63, S. 168

(a) Die Maßkette ist *linear* und es gilt:

$$M_s = -M_1 + M_2 - M_3. \qquad (436.6)$$

(b) Nach der Methode der arithmetischen Tolerierung gilt:

$$M_s = -2 + 20 - 16 = 2,$$
$$G_u = 0.0 - 0.5 - 0.6 = -1.1,$$
$$G_o = 0.1 + 0.5 + 0.1 = 0.7,$$
$$T = G_o - G_u = 1.8, \tag{437.1}$$
$$T = \sum_{k=1}^{3} T_k = 0.1 + 1.0 + 0.7 = 1.8.$$

(c) Prozessfähigkeit $C_p = 1.33$ bedeutet, dass alle Maße mit ihrem 8σ-Bereich innerhalb der technischen Toleranzen liegen. Nach Voraussetzung sollen die Mittelwerte im Zentrum des Toleranzbereiches liegen. Daraus ergibt sich im schlechtesten Fall:

$$\sigma_1 = 0.1/8 = 0.0125, \quad \mu_1 = 1.95,$$
$$\sigma_2 = 1.0/8 = 0.125, \quad \mu_2 = 20.0, \tag{437.2}$$
$$\sigma_3 = 0.7/8 = 0.0875, \quad \mu_3 = 16.25.$$

Da alle Maße *unabhängig* sind, folgt für die Streuung des Schließmaßes:

$$\sigma_s = \sqrt{\sigma_1^2 + \sigma_2^2 + \sigma_3^2} = \sqrt{0.0234375} = 0.1531. \tag{437.3}$$

Die Toleranz nach der Methode statistischen Tolerierung ist demnach

$$T_s = 6 \cdot 0.1531 = 0.9186. \tag{437.4}$$

Der Mittelwert des Schließmaßes ist $\mu = -\mu_1 + \mu_2 - \mu_3 = 1.8$.

Da die arithmetische Toleranz ebenfalls 1.8 betrug, könnten die Toleranzen der Einzelmaße somit mindestens um den Faktor 1.8/0.9186 = 1.9596 aufgeweitet werden.

(d) Eine Abwandlung des Programms **LinSmassBsp.m** (vgl. Datei **LinSmassUebung.m**) mit

```
% Berechnung der Werte der Verteilungsdichten; alle
% Dichten werden auf einen Mittelwert 0 zentriert
% und im Intervall [-0.5, +0.5] mit einer Genauigkeit
% von dx = 0.0001 dargestellt


dx = 0.0001;              % Diskretisierungsschrittweite
interv = (-0.5:dx:0.5);   % Intervalldiskretisierung
m1 = unifpdf(interv,-0.15/2,+0.15/2);% Gleichverteil.
m3 = unifpdf(interv,-0.3/2,+0.3/2);  % Gleichverteil.
m2 = triangpdf(interv,-0.05,+0.05);  % Dreieckverteil.

% ...
```

leistet das Gewünschte. Man erhält:

```
sollw =

    2
mw =

    1.8000

GuStat =

    1.4017

GoStat =

    2.1945

TStat =

    0.7928
```

Lösung zu Übung 64, S. 188

(a) Da die Messwerte für den Benzinverbrauch zwischen 9 und 11.4 Litern liegen, also in einem Bereich von ca. 2.5 Litern, bietet es sich an, die Klassenbreiten der 5 Klassen auf 0.5 zu setzen.

Für die Klassenmitten definieren wir:

$$z_1 = 9.25, \ z_2 = 9.75, \ z_3 = 10.25, \ z_4 = 10.75, \ z_5 = 11.25.$$

Damit ergibt sich für die absoluten und relativen Klassenhäufigkeiten:

Klasse	< 9.5	9.5 – 10.0	10.0 – 10.5	10.5 – 11.0	> 11.0
abs. Häufigkeit	4	6	18	10	2
rel. Häufigkeit	0.1	0.15	0.45	0.25	0.05

Die an den Klassengrenzen auftretenden Werte 10.0 und 10.5, welche 2 und 6 Mal auftraten, wurden, entsprechend den Empfehlungen auf Seite 183, je hälftig zu den Nachbarklassen hinzugezählt.

Mit Hilfe von MATLAB (s. **uebungHisto.m**) errechnet man mit

```
benzin = [10.1,10.6,10.9,10.0,10.4,10.5,9.7,10.5,...
          10.4,10.1,10.8,9.2 ,10.2,10.3,10.5,9.2,...
```

```
            10.2,10.5,9.4 ,10.2,9.6 ,10.2,9.7,10.2,...
            10.8,9.9 ,10.5,10.6,9.8 ,10.7,11.2,10.8,...
            9.0 ,10.0,10.5,10.4,11.4,10.4,10.1,10.4];

% Klassenmitten festsetzen

bins = [9.25, 9.75, 10.25, 10.75, 11.25];

% Absolute Klassenhäufigkeiten mit hist bestimmen

[anz, x] = hist(benzin, bins);

% Relative Klassenhäufigkeiten

relH = anz/length(benzin);
```

folgende absolute und relative Häufigkeiten:

```
anz

anz =

     4     7     20     7     2

relH

relH =

   0.1000    0.1750    0.5000    0.1750    0.0500
```

Die offensichtliche Diskrepanz in den Werten ergibt sich durch eine andere Zählweise für die Klassenrandwerte innerhalb des hist-Kommandos. Dort werden die *rechten Randwerte* ganz zu der Klasse hinzugezählt.

(b) Mit Hilfe der Funktion **distempStetig.m** des Begleitmaterials lässt sich die Aufgabe leicht lösen.

Der Aufruf

```
[emdist, cemdist]= distempStetig(benzin, bins, 1);
```

liefert die grafischen Darstellungen in Abbildung 8.13.

Man beachte dabei, dass die Balkenhöhe der Histogrammbalken doppelt so groß ist wie die berechnete relative Häufigkeit, da die Klassenbreite 0.5 ist (vgl. dazu die Regeln auf Seite 183)!

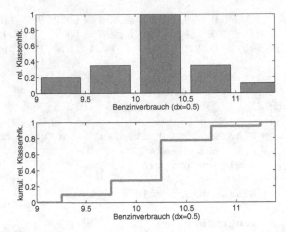

Abb. 8.13: Histogramm und empirische Verteilungsfunktion zum Problem aus Übung 64

Lösung zu Übung 65, S. 189

Wir erzeugen uns mit folgenden MATLAB-Anweisungen zunächst 20 standard-normalverteilte Zufallswerte (Werte einer Zufallsvariablen X):

```
stichprobe = randn(1,20)

stichprobe =

   Columns 1 through 10

     -0.4326    -1.6656     0.1253     0.2877    -1.1465
      1.1909     1.1892    -0.0376     0.3273     0.1746

   Columns 11 through 20

     -0.1867     0.7258    -0.5883     2.1832    -0.1364
      0.1139     1.0668     0.0593    -0.0956    -0.8323
```

Danach teilen wir den Wertebereich dieser Zufallsvariablen in 5 Klassen der Klassenbreite 2 ein, wobei wir folgende Klassenmitten wählen:

$$z_1 = -4, \ z_2 = -2, \ z_3 = 0, \ z_4 = 2, \ z_5 = 5.$$

Mit Hilfe der folgenden MATLAB-Anweisungen (s. Datei **uebungHisto2.m**)

```
nvwerte = [-0.4326  -1.6656   0.1253   0.2877  -1.1465 ...
            1.1909   1.1892  -0.0376   0.3273   0.1746 ...
```

```
             −0.1867    0.7258   −0.5883    2.1832   −0.1364 ...
              0.1139    1.0668    0.0593   −0.0956   −0.8323];
% Klassenmitten festsetzen

bins = [−4 −2 0 2 4];

% Absolute Klassenhäufigkeiten mit hist bestimmen

[anz, x] = hist(nvwerte, bins);

% Relative Klassenhäufigkeiten

relH = anz/length(nvwerte)
```

erhält man für die relativen Klassenhäufigkeiten:

```
relH =

          0    0.1000    0.7000    0.2000         0
```

Zum Vergleich plotten wir nun ein Histogramm dieser Häufigkeiten und die Dichte der Standard-Normalverteilung, die ja Ausgangspunkt der Daten war, übereinander:

```
bar(x, relH, 0.8);
hold
vals =(−4:0.01:4);
plot(vals, normpdf(vals), 'r−', 'LineWidth',4);
```

In Abbildung 8.14 ist das Ergebnis zu sehen.

Wie man sieht sind die Balken offenbar etwas zu hoch.

Die relative Klassenhäufigkeit sollte der Wahrscheinlichkeit entsprechen, dass X Werte in dieser Klasse annimmt! Diese Wahrscheinlichkeit ist aber *das Integral* der Wahrscheinlichkeitsdichte über dieser Klasse. Daher sollte der Histogrammbalken eine *Fläche* haben, die der relativen Häufigkeit entspricht und nicht eine Höhe, die dieser entspricht.

Diesen Effekt erreicht man durch die in den Merkregeln zur Klassenbildung auf Seite 183 empfohlene Normierung mit der Klassenbreite.

Mit

```
breite = 2;      % Normierungsfaktor Klassenbreite
bar(x, relH/breite, 0.8);
hold
vals =(−4:0.01:4);
```

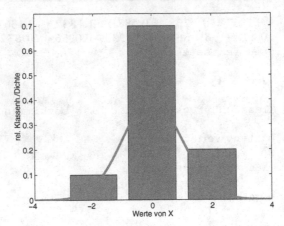

Abb. 8.14: Histogramm der empirischen Verteilung zu den normalverteilten Ausgangsdaten aus Übung 65 und die Dichte der Standard-Normalverteilung

```
plot(vals, normpdf(vals), 'r-', 'LineWidth',4);
```

erhält man das in Abbildung 8.15 dargestellte Ergebnis.

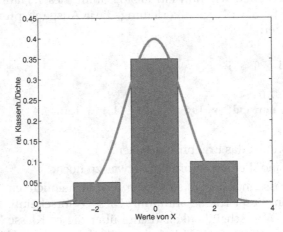

Abb. 8.15: Histogramm der Klassenbreiten-normierten empirischen Verteilung zu den normalverteilten Ausgangsdaten aus Übung 65 und die Dichte der Standard-Normalverteilung

Die Anpassung an die Dichte ist jetzt offensichtlich korrekt!

Lösung zu Übung 66, S. 189

Die folgenden MATLAB-Anweisungen (s. **uebungKennwerte.m**)

```
% Stichprobe

benzin = [10.1 ,10.6 ,10.9 ,10.0 ,10.4 ,10.5 ,9.7 ,10.5 ,...
          10.4 ,10.1 ,10.8 ,9.2  ,10.2 ,10.3 ,10.5 ,9.2 ,...
          10.2 ,10.5 ,9.4  ,10.2 ,9.6  ,10.2 ,9.7 ,10.2 ,...
          10.8 ,9.9  ,10.5 ,10.6 ,9.8  ,10.7 ,11.2 ,10.8 ,...
          9.0  ,10.0 ,10.5 ,10.4 ,11.4 ,10.4 ,10.1 ,10.4];

% Stichprobenmittel berechnen

m = mean( benzin );

% Standardabweichung berechnen

s = std( benzin );

% Modalwert berechnen

[N, x] = hist( benzin, sort( benzin ));
[mx, i ] = max( N );
modal = x( i );

% Medianwert berechnen

med = median( benzin );

% Wertebereich berechnen

wertebereich = range( benzin );

% mittlere absolute Abweichung berechnen

maw = mad( benzin );

% getrimmtes 10%-Mittel berechnen

gm = trimmean( benzin, 10 );
```

liefern:

Mittelwert	:	10.2475
Standardabweichung	:	0.5199
Varianz	:	0.2703
Modalwert	:	10.5000
Medianwert	:	10.3500
Wertebereich	:	2.4000
mittlere abs. Abweichung	:	0.3951
getrimmter 10%-Mittelwert	:	10.2243

Lösung zu Übung 67, S. 189

Die Funktion `harmmean` berechnet das so genannte **harmonische Mittel** der Stichprobe. Es ist definiert als:

$$m_h = \frac{1}{\frac{1}{n}\sum_{k=1}^{n}\frac{1}{x_k}}. \tag{444.1}$$

Die Funktion `moment` berechnet die **zentralen Momente k-ter Ordnung** der Stichprobe. Diese sind für eine *Ordnung $k \in \mathbb{N}$* definiert als:

$$\hat{m}_k = \frac{1}{n}\sum_{j=1}^{n}(x_j - \overline{x})^k. \tag{444.2}$$

Das erste Moment ist also stets 0, das zweite Moment stimmt bis auf den Faktor $\frac{n-1}{n}$ mit der empirischen Varianz der Stichprobe überein.

Die Funktion `prctile` berechnet für einen vorgegebenen Prozentsatz p das $p\%$-Quantil der Stichprobe. Dies ist ein Wert u_p, der *größergleich p Prozent aller Werte in der Stichprobe* ist. Der Wert wird intern durch lineare Interpolation zweier benachbarter Werte in der aufsteigend geordneten Liste der Stichprobenwerte bestimmt. Er kommt also selbst nicht in der Stichprobe vor, wenn diese beiden Werte nicht gleich sind.

Die Funktion `tabulate` bestimmt absolute und relative Häufigkeit (in Prozent) aller Werte einer Stichprobe, welche *aus positiven ganzen Zahlen* bestehen muss! Dabei werden alle Zahlen von 1 bis zur höchsten vorkommenden Zahl aufgelistet.

Die folgenden MATLAB-Anweisungen (s. **uebungKennwerte2.m**) wenden diese Funktionen auf die Daten aus Übung 64 an:

```
% Stichprobe

benzin = [10.1,10.6,10.9,10.0,10.4,10.5,9.7,10.5,...
          10.4,10.1,10.8,9.2 ,10.2,10.3,10.5,9.2,...
          10.2,10.5,9.4 ,10.2,9.6 ,10.2,9.7,10.2,...
          10.8,9.9 ,10.5,10.6,9.8 ,10.7,11.2,10.8,...
          9.0 ,10.0,10.5,10.4,11.4,10.4,10.1,10.4];

% harmonischeS Mittel der Stichprobe berechnen

mh = harmmean(benzin);

% Zweites und drittes zentriertes Moment berechnen

mhat2 = moment(benzin, 2);
mhat3 = moment(benzin, 3);
```

```
% 80%- und 90%-Quantil berechnen

u_80 = prctile(benzin, 80);
u_90 = prctile(benzin, 90);

% Häufigkeiten mit tabulate berechnen

table = tabulate(10*benzin);   % Daten ganzzahlig machen!
table(:,1) = table(:,1)/10;    % Rücknormierung der Daten
```

Das Ergebnis ist:

```
harmonischer Mittelwert    :        10.2475
2. zentriertes Moment      :         0.2635
3. zentriertes Moment      :        -0.0537
80% Quantil (Percentil)    :        10.6000
90% Quantil (Percentil)    :        10.8000
Häufigkeiten :

table =

    0.10000              0              0

    ...

    9.0000         1.0000         2.5000
    9.1000              0              0
    9.2000         2.0000         5.0000

    ...

   10.0000         2.0000         5.0000
   10.1000         3.0000         7.5000
   10.2000         5.0000        12.5000
   10.3000         1.0000         2.5000
   10.4000         5.0000        12.5000

    ...

   11.3000              0              0
   11.4000         1.0000         2.5000
```

Im Fall der Häufigkeitsberechnung mit tabulate wurden die Werte der Stichprobe vorher mit dem Faktor 10 multipliziert, um sie ganzzahlig zu machen. Hinterher wurden sie wieder rücknormiert.

Man beachte, dass für das zweite Moment offenbar gilt:

$$\hat{m}_2 = 0.2635 = \frac{39}{40} \cdot 0.2703 = \frac{n-1}{n} s^2. \tag{446.1}$$

Lösung zu Übung 68, S. 216

Die Wahrscheinlichkeit, dass eine $N(44.0, 1.0)$-verteilte Zufallsvariable X Werte in $[40.8, 41.2]$ annimmt, berechnet sich zu:

$$P(40.8 \le X \le 41.2) = F_{N(44,1)}(41.2) - F_{N(44,1)}(40.8). \tag{446.2}$$

Bei 6 *unabhängigen* Versuchen multipliziert sich diese Wahrscheinlichkeit 6 Mal. Wir erhalten somit:

```
p1 = normcdf(42.1, 44, 1) - normcdf(40.8, 44, 1);
P = p1^6

P =

   4.8494e-010
```

Die Wahrscheinlichkeit, eine solche Stichprobe für eine $N(44.0, 1.0)$-verteilte Zufallsvariable zu finden, ist also nahezu 0.

Lösung zu Übung 69, S. 216

Das MATLAB-Programm **txtstat.m** der Begleitsoftware bestimmt für eine ASCII-Textdatei, deren Name als Parameter zu übergeben ist, die Wortlängen der darin enthaltenen Worte (nur Buchstaben) und berechnet die absoluten (lngabs) und relativen (lngrel) Häufigkeiten der gefundenen Wortlängen. Ferner wird die Wortanzahl (anz) gezählt.

Die Anwendung der Funktion auf die Datei **clinton.txt** des Begleitmaterials liefert:

```
[anz, lngabs, lngrel, wlngen]= txtstat('clinton.txt')

anz =

      2113

lngabs =

      1       2       3       4       5       6       7
     58     355     525     338     216     182     163

      8       9      10      11      12      13      14
    120      71      46      21      10       4       4
```

```
lngrel =

   1.0000    2.0000    3.0000    4.0000    5.0000
   6.0000    0.0274    0.1680    0.2485    0.1600
   0.1022    0.0861

   7.0000    8.0000    9.0000   10.0000   11.0000
   0.0771    0.0568    0.0336    0.0218    0.0099

  12.0000   13.0000   14.0000
   0.0047    0.0019    0.0019
```

für die gefundenen Wortlängen und ihre absoluten und relativen Häufigkeiten. Der Wortlängenvektor (wlngen) ist hier aus Platzgründen nicht wiedergegeben.

Nach den Gleichungen (113.2) gilt für Erwartungswert und Varianz:

$$\mathbb{E}(X) = e^{\mu + \frac{\sigma^2}{2}},$$
$$\mathbb{V}(X) = e^{2\mu + \sigma^2}[e^{\sigma^2} - 1]. \tag{447.1}$$

Mit Hilfe der *Momentmethode* und mit

```
EW = mean(wlngen)

EW =

    4.5083

VAR = var(wlngen)

VAR =

    5.7179
```

(vgl. Datei **AufgClinton.m** der Begleitsoftware) ergeben sich daraus folgende Gleichungen für die Schätzung der Parameter μ und σ:

$$e^{\mu + \frac{\sigma^2}{2}} = 4.5083,$$
$$e^{2\mu + \sigma^2}[e^{\sigma^2} - 1] = 5.7179. \tag{447.2}$$

Mit dem `solve`-Kommando von MATLAB kann man versuchen diese Gleichungen nach den Parametern μ und σ aufzulösen. Man erhält:

```
S = solve('EW = exp(x+y^2/2)', ...
           'VAR = exp(2*x+y^2)*(exp(y^2)-1)')

S =

    x: [4x1 sym]
    y: [4x1 sym]

S.x

ans =

[   log(EW^2/(VAR+EW^2)^(1/2))]
[   log(EW^2/(VAR+EW^2)^(1/2))]
[   log(-EW^2/(VAR+EW^2)^(1/2))]
[   log(-EW^2/(VAR+EW^2)^(1/2))]

S.y

ans =

[   2^(1/2)*log((VAR+EW^2)^(1/2)/EW)^(1/2)]
[  -2^(1/2)*log((VAR+EW^2)^(1/2)/EW)^(1/2)]
[   2^(1/2)*log(-(VAR+EW^2)^(1/2)/EW)^(1/2)]
[  -2^(1/2)*log(-(VAR+EW^2)^(1/2)/EW)^(1/2)]

mu = log(EW^2/(VAR+EW^2)^(1/2))

mu =

    1.3820

sigma = 2^(1/2)*log((VAR+EW^2)^(1/2)/EW)^(1/2)

sigma =

    0.4979
```

und somit die Schätzwerte $\mu = 1.3820$ und $\sigma = 0.4979$.
Etwas einfacher wird die Schätzung, wenn man statt der Varianz den Medianwert heranzieht. In diesem Fall erhält man aus den Gleichungen

$$\mathbb{E}(X) = e^{\mu + \frac{\sigma^2}{2}},$$
$$u_{50} = e^{\mu} \tag{448.1}$$

unmittelbar die Schätzwerte $\mu = \ln(4)$ und $\sigma = \sqrt{2(\ln(4.5083) - \mu)}$. Dies liefert mit

```
M = median(wlngen)

M =

      4

mu = log(M)

mu =

      1.3863

sigma = sqrt(2*(log(EW)-mu))

sigma =

      0.4891
```

In beiden Fällen erhalten wir ähnliche Werte wie in Beispiel 2.55, S. 113.

Einen Vergleich der resultierenden Lognormal-Verteilungsdichten und des Histogramms der Stichprobe „Clinton" zeigt Abbildung 8.16. Sie wurde mit

```
bar(lngrel(1,:), lngrel(2,:))
hold
x=(0:0.1:15);
mu = log(EW^2/(VAR+EW^2)^(1/2));
sigma = 2^(1/2)*log((VAR+EW^2)^(1/2)/EW)^(1/2);
lognd = lognpdf(x, mu, sigma);
plot(x, lognd, 'r-', 'LineWidth', 4);
mu = log(M);
sigma = sqrt(2*(log(EW)-mu));
lognd = lognpdf(x, mu, sigma);
plot(x, lognd, 'g-', 'LineWidth', 4);
set(gca, 'FontSize', 12);
xlabel('Werte von X');
ylabel('Rel. Klassenh./Dichte');
```

erzeugt und zeigt eine gute Übereinstimmung.

Lösung zu Übung 70, S. 217

Sei x_k ein Wert der Stichprobe.

Für stetige Merkmale ist der Wert $f(x_k)$ der Dichtefunktion nicht die Wahrscheinlichkeit des Auftretens von x_k, da bekanntlich immer $P(X = x_k) = 0$ ist.

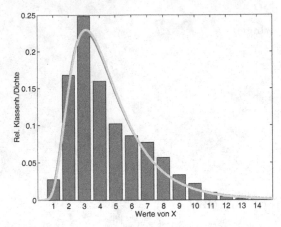

Abb. 8.16: Histogramm der Wortlängen in Clintons Inauguralrede von 1997 und Lognormalverteilung mit den daraus geschätzten Parametern μ und σ.

Für ein kleines Intervall Δx mit $x_k \in \Delta x$ ist

$$\int_{\Delta x} f(x)\,dx = P(x \in \Delta x). \tag{450.1}$$

Ist Δx klein genug, so kann $f(x)$ in diesem Intervall als nahezu konstant (und damit gleich $f(x_k)$) betrachtet werden. Dann ist:

$$\int_{\Delta x} f(x)\,dx \approx \Delta x \cdot f(x_k). \tag{450.2}$$

Damit ist

$$\Delta x \cdot f(x_1) \cdot \ldots \cdot \Delta x \cdot f(x_n) = (\Delta x)^n L_X(\delta) \tag{450.3}$$

ungefähr die Wahrscheinlichkeit, eine Stichprobe im Bereich Δx um die beobachteten Stichprobenwerte zu ziehen. Die Likelihood-Funktion ist offenbar proportional zu dieser Wahrscheinlichkeit und stellt somit ein Maß für die Auftretenswahrscheinlichkeit der Stichprobe dar.

Lösung zu Übung 71, S. 217

Entsprechend dem in der Aufgabenstellung gegebenen Hinweis, versuchen wir die theoretische Verteilungsfunktion der empirischen Verteilungsfunktion mit Hilfe einer Kleinsten-Quadrate-Schätzung für die Parameter b und T unter Einsatz von MATLABs `nlinfit`-Funktion anzupassen.

Entsprechend der Syntax von `nlinfit` ist zunächst eine Funktion zu schreiben, welche die parameterabhängige Weibull-Verteilungsfunktion repräsentiert (Datei **fWeibull.m**):

```
function [werte] = fWeibull([b,T],x)
%
% ...
%

b = params(1);
T = params(2);

a = 1/(T^b);             % Anpassung der Parameter auf MATLAB
                         % Berechnung Weibull-Verteilungsdichte
werte = weibcdf(x, a, b);
```

Eine direkte Verwendung der Statistics-Toolbox-Funktion `weibcdf` ist auf Grund der unterschiedlichen Definitionen der Weibull-Verteilung und der Tatsache, dass für diese Anwendung ein Parameter*vektor* zu definieren ist, der auch noch zuerst genannt werden muss, nicht möglich.

Mit Hilfe der folgenden Aufrufe wird eine Kleinste-Quadrate-Schätzung mit `nlinfit` für die kumulierten relativen Häufigkeiten vorgenommen, die sich aus Tabelle 5.8, S. 217 ergeben (s. Datei **WeibullKQS.m**):

```
% Tabelle der Ausfallhäufigkeiten für die Scheinwerfer

ausfh = [4, 7, 13, 25, 41, 50, 62, 56, 46, 37, 13, 6];

% empirische Verteilungsfunktion berechnen
% (kumulative relative Häufigkeiten)

N = sum(ausfh);
emph = cumsum(ausfh)/N;

% zugehörige Klassengrenzen in Tausend Kilometern

klgrenze = (30:10:140);

% Anfangsschätzungen für die Parameter b und T

params0 = [2,50];         % b=2, T=50;

% Kleinste-Quadrate-Schätzung mit nlinfit durchführen

[params,R,J] = nlinfit(klgrenze, emph, @fWeibull, params0);

% Ausgabe der geschätzten Parameter

fprintf('\n%s:   %10.4f', 'Formparameter b    ', params(1));
fprintf('\n%s:   %10.4f', 'Char. Ausfallzeit T', params(2));
```

Die Berechnung liefert die Schätzwerte

```
Formparameter b    :        4.2230
Char. Ausfallzeit T:        94.4054
```

Die Abbildung 8.17 zeigt im Vergleich das Histogramm der relativen Klassenhäufigkeiten und die Verteilungsdichte der Weibull-Verteilung mit den berechneten Parametern, welche durch folgende MATLAB-Anweisungen erzeugt wurden:

```
b = params(1);
T = params(2);
a = 1/(T^b);

% Balkenhöhen für die relativen Häufigkeiten
% (Balkenfläche entspricht relativer Häufigkeit!)

klassenbreite = 10;
bh = ausfh/N/klassenbreite;

% Histogramm plotten

bar(klgrenze-5, bh);
hold;

% Weibull-Dichte für die gefundenen Parameter
% dazu plotten

intv = [klgrenze(1)-klassenbreite, ...
          klgrenze, klgrenze(end)+klassenbreite];
dichte = weibpdf(intv, a, b);
plot(intv, dichte, 'r-', 'LineWidth',3);
set(gca, 'FontSize', 12);
xlabel('Ausfallzeit/ in 10^3 km');
ylabel('Wert der Verteilung/Dichte');
mx = max(max(bh),max(dichte));
axis([intv(1),intv(end),0,mx])
```

Lösung zu Übung 72, S. 218

Es soll mit Hilfe der Maximum-Likelihood-Methode ein Schätzer für den Parameter p der Bernoulli-verteilten Stichprobenvariablen aus Gleichung (190.1) für eine Stichprobe vom Umfang n konstruiert werden. Die Bernoulli-Verteilung ist eine *diskrete* Verteilung mit:

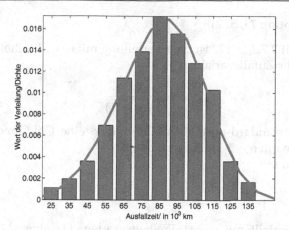

Abb. 8.17: Histogramm der Ausfallwerte aus Tabelle 5.8 und Verteilungsdichte der Weibull-Verteilung für die mit Kleinster-Quadrate-Methode gefundenen Parameter.

$$f_p(x) = \begin{cases} p & \text{falls} \quad x = 1, \\ 1 - p & \text{falls} \quad x = 0, \\ 0 & \text{sonst.} \end{cases} \tag{453.1}$$

Sei x_1, x_2, x_3, $\ldots$, x_n eine Stichprobe mit $k \leq n$ defekten Teilen. Dann ergibt sich gemäß Definition der Likelihood-Funktion (vgl. Seite 196):

$$\begin{aligned} L_X(p) &= f_p(x_1) \cdot f_p(x_2) \cdot f_p(x_3) \cdot \ldots \cdot f_p(x_n) \\ &= p^k \cdot (1 - p)^{n-k}. \end{aligned} \tag{453.2}$$

Für die Bestimmung des Maximums $\hat{p}$ erweist sich die Log-Likelihood-Funktion als rechnerisch günstiger. Aus Gleichung (453.2) folgt durch Logarithmieren:

$$\mathbf{L}_X(p) = k \cdot \ln(p) + (n - k) \cdot \ln(1 - p). \tag{453.3}$$

Differenzieren und Nullsetzen von Gleichung (453.3) liefert:

$$\frac{d}{dp} \mathbf{L}_X(p) = k \cdot \frac{1}{p} + (n - k) \cdot \frac{-1}{1 - p} = 0. \tag{453.4}$$

Die Auflösung der Gleichung (453.4) liefert die Schätzung:

$$\tilde{p} = \frac{k}{n}. \tag{453.5}$$

Da sich die Zahl k der defekten Teile ausdrücken lässt als beobachteter Wert von $\sum\limits_{i=1}^{n} X_i$, erhalten wir als *Schätzvariable*:

$$\hat{P} = \frac{1}{n} \cdot \sum_{i=1}^{n} X_i = \overline{X}. \tag{453.6}$$

Lösung zu Übung 73, S. 218

Nach Abschnitt 2.7.2, S. 122 ist die t-Verteilung mit $n - 1$ Freiheitsgraden die Verteilung einer Zufallsvariablen

$$T = \frac{X}{\sqrt{Y/(n - 1)}}, \tag{454.1}$$

wobei X eine standard-normalverteilte und Y eine Chi-Quadrat-verteilte Zufallsvariable mit $n - 1$ Freiheitsgraden ist.
Nach (118.5) ist

$$Y = \frac{n - 1}{\sigma^2} S^2 \tag{454.2}$$

Chi-Quadrat-verteilt mit $n - 1$ Freiheitsgraden. Da aber $\frac{\overline{X} - \mu}{\frac{\sigma}{\sqrt{n}}}$ standard-normalverteilt ist, ist

$$\left(\frac{\overline{X} - \mu}{\frac{\sigma}{\sqrt{n}}} \right) \bigg/ \left(\frac{S}{\sigma} \right) = \left(\frac{\overline{X} - \mu}{\frac{\sigma}{\sqrt{n}}} \right) \bigg/ \left(\sqrt{\frac{Y}{n - 1}} \right) \tag{454.3}$$

t-verteilt mit $n - 1$ Freiheitsgraden.

Lösung zu Übung 74, S. 218

Standard-Normalverteilung und t-Verteilung sind symmetrisch zur y-Achse, d.h. es gilt für die jeweilige Verteilungsdichte $f(x)$, die zugehörige Verteilungsfunktion $F(x)$ und $x > 0$, dass

$$F(-x) = \int\limits_{-\infty}^{-x} f(x)\, dx = \int\limits_{x}^{\infty} f(x)\, dx \tag{454.4}$$

ist. Wegen

$$\int\limits_{x}^{\infty} f(x)\, dx = 1 - \int\limits_{-\infty}^{x} f(x)\, dx = 1 - F(x) \tag{454.5}$$

folgt daraus für das zweiseitige γ-Quantil z_γ:

$$\begin{aligned} \gamma &= P(-z_\gamma \leq X \leq z_\gamma) = F(z_\gamma) - F(-z_\gamma) \\ &= F(z_\gamma) - (1 - F(z_\gamma)) = 2F(z_\gamma) - 1. \end{aligned} \tag{454.6}$$

Damit ist

$$P(X \leq z_\gamma) = F(z_\gamma) = \frac{1 + \gamma}{2} \tag{454.7}$$

und folglich nach Definition z_γ das einseitige $\frac{1+\gamma}{2}$- Quantil $u_{\frac{1+\gamma}{2}}$ der Verteilung.

Lösung zu Übung 75, S. 218

Die folgende Anweisungsfolge schätzt die Parameter mit `weibfit`:

```
% Daten laden (im MATLAB Suchpfad)
load Ausfaelle.txt

% Weibull-Parameter mit weibfit schätzen

[params] = weibfit(Ausfaelle);

bhat = params(2)
That = (1/params(1))^(1/bhat)

bhat =

    4.2349

That =

    94.1521
```

Die geschätzten Werte stimmen ungefähr mit denen aus Übung 71 überein!

Lösung zu Übung 76, S. 218

Nach Gleichung (199.3) ist der Mittelwertschätzer durch

$$\overline{X} = \frac{1}{n} \cdot \sum_{i=1}^{n} X_i \qquad (455.1)$$

definiert.

Nach Voraussetzung sind die X_i *unabhängige*, $N(\mu, \sigma^2)$-verteilte Zufallsvariablen. Nach den Linearitätsregeln für die Kennwerte (s. Seite 94) gilt dann:

$$\mathbb{E}(\overline{X}) = \frac{1}{n} \cdot \sum_{i=1}^{n} \mathbb{E}(X_i)$$

$$= \frac{1}{n} \cdot \sum_{i=1}^{n} \mu = \frac{1}{n} n \mu = \mu. \qquad (455.2)$$

Somit ist der Mittelwertschätzer erwartungstreu!

Lösung zu Übung 77, S. 219

Sollwertschätzungen und Vertrauensintervalle können mit Hilfe der Funktion `normfit` leicht bestimmt werden (s. Datei **KondensatorNormfit.m**):

```
% Daten der normalverteilten Merkmale
% Gemessene Werte in Werk A:

datA = [100.2    99.7    99.6    99.9    99.9    99.0 ...
         99.9    99.8    99.8    99.6   100.0    99.8 ];

% Gemessene Werte in Werk B:

datB = [100.0   100.1    99.9    99.6   100.0    99.8 ...
        100.4    99.7    99.9    99.9    99.7    99.9];


% Schätzung der Sollwerte und 95%-Vertrauensintervall
% für Daten aus Werk A

[muA, sigmaA, muVIA] = normfit(datA, 0.05);

% Schätzung der Sollwerte und 95%-Vertrauensintervall
% für Daten aus Werk B

[muB, sigmaB, muVIB] = normfit(datB, 0.05);

% Ausgabe des Ergebnisses
% ...
```

Sollwertsschätzung Werk A :   99.7667
Vertrauensintervall   : [99.5803,   99.9531]
Sollwertsschätzung Werk B :   99.9083
Vertrauensintervall   : [99.7743,   100.0423]

Die Vertrauensintervalle liegen noch innerhalb der technischen Toleranzgrenzen. Die Nennwerte können in diesem Sinne garantiert werden.

Lösung zu Übung 78, S. 219

Laut Aufgabe 76 ist $\overline{X}$ erwartungstreu, d.h. hat Erwartungswert μ. Aus den Linearitätseigenschaften für die Kennwerte auf Seite 94 folgt damit unmittelbar:

$$\mathbb{E}(\overline{X} - \mu) = \mathbb{E}(\overline{X}) - \mathbb{E}(\mu) = \mu - \mu = 0. \qquad (456.1)$$

Da die Zufallsvariablen nach Voraussetzung *unabhängig* sind, folgt außerdem aus den genannten Eigenschaften:

$$\mathbb{V}(\overline{X} - \mu) = \mathbb{V}(\overline{X}) = \mathbb{V}\left(\frac{1}{n} \cdot \sum_{i=1}^{n} X_i\right) = \frac{1}{n^2}\mathbb{V}\left(\sum_{i=1}^{n} X_i\right)$$

$$= \frac{1}{n^2}\sum_{i=1}^{n} \mathbb{V}(X_i) = \frac{1}{n^2}n\sigma^2 = \frac{1}{n}\sigma^2.$$

(457.1)

Für die Streuung erhält man demnach:

$$\sigma(\overline{X} - \mu) = \sigma(\overline{X}) = \frac{\sigma}{\sqrt{n}}.$$

(457.2)

Lösung zu Übung 79, S. 257

Die Funktion **OCztest.m** der Begleitsoftware berechnet die gesuchte Operationscharakteristik. Nachfolgend die wesentlichen Anweisungen:

```
% ...

% (2-alpha)/2-Quantil der Standard-Normalverteilung
% berechnen

u_gamma = norminv((2-alpha)/2, 0, 1);

% Kritischen Wert c berechnen

c = u_gamma*sigma/sqrt(n);

% Auswertestellen für die OC im Intervall
% [mu0-Delta, mu0+Delta] berechnen.
% Es sollen in dieser Version immer 1000
% Stützstellen genommen werden.

dmu = 2*Delta/1000;
mu  = (mu0-Delta:dmu:mu0+Delta);

% Berechnung der OC für diese Werte. Dies ist die
% Wahrscheinlichkeit für Xquer im Intervall [mu0-c,mu0+c]
% zu liegen, wenn mu der tatsächliche Erwartungswert ist!

OC = normcdf(mu0+c,mu,sigma/sqrt(n)) - ...
                normcdf(mu0-c,mu,sigma/sqrt(n));
```

Eingabeparameter der Funktion **OCztest.m** sind der Mittelwert μ_0 entsprechend der Nullhypothese, die bekannte Standardabweichung σ, der Stichprobenumfang n und das Signifikanzniveau α des zweiseitigen z-Tests sowie die symmetrische Grenze Δ für die Darstellung der OC im Intervall $[\mu_0 - \Delta, \mu_0 + \Delta]$.

Ausgegeben werden die Werte der Operationscharakteristik OC an den Stützstellen μ im Intervall $[\mu_0 - \Delta, \mu_0 + \Delta]$ sowie die Stützstellen selbst. Es werden dabei grundsätzlich 1000 Stützstellen berechnet.

Zusätzlich wird die OC geplottet.

Ein typischer Aufruf, der beispielsweise den Plot aus Abbildung 5.6, S. 227 erzeugt, ist:

```
[mu, OC] = OCztest(100, 0.5, 2, 10, 0.05);
```

Lösung zu Übung 80, S. 257

Die Aufgabenstellung verlangt die Durchführung eines z-Tests und eines t-Tests. Diese Tests können mit den MATLAB-Funktionen ztest und ttest auf folgende Weise durchgeführt werden (vgl. Datei **AufgZtest.m**):

```
% Datenvektor

daten = [48.3    43.3    50.5    51.2    45.4    54.8    ...
         54.8    49.8    51.3    50.7    49.3    52.9    ...
         47.6    58.7    49.4    50.4    54.3    50.3    ...
         49.6    46.7];

% Parameter

mu0 = 50;                    % Nullhypothese
alpha = 0.01;                % Signifikanzniveau 99%
sigma = 4;                   % für Test mit bekannter Varianz

tail = 0;                    % zweiseitiger Test

                             % Test bei bekannter Varianz
[zTest,p,KI,stats] = ztest(daten,mu0,sigma,alpha,tail)

                             % Test bei unbekannter Varianz
[tTest,p,KI,stats] = ttest(daten,mu0,alpha,tail)
```

Die Tests liefern das Ergebnis

```
zTest =

     0

stats =
```

```
    0.5199
```

für den z-Test. Die Hypothese wird also nicht abgelehnt. Die Testgröße $\frac{\overline{X}-\mu_0}{\sigma/\sqrt{n}}$ hat den Wert 0.5199, wie auch die folgende MATLAB-Vergleichsrechnung beweist:

```
(mean(daten)-50)/(4/sqrt(20))

ans =

    0.5199
```

Der kritische Vergleichswert $u_{1-\frac{\alpha}{2}}$, das einseitige $(1 - \frac{\alpha}{2})$-Quantil der Standard-Normalverteilung (vgl. (221.3)), betrug:

```
norminv(1-0.01/2)

ans =

    2.5758
```

Der Test endete daher mit der Annahme der Hypothese.
Für den entsprechenden t-Test erhält man das Ergebnis:

```
tTest =

     0

stats =

    tstat: 0.5912
       df: 19
```

Die Nullhypothese wird also ebenfalls angenommen. Die Testgröße $\frac{\overline{X}-\mu_0}{S/\sqrt{n}}$ hat den Wert 0.5912. Dies zeigt auch die folgende Vergleichsrechnung:

```
(mean(daten)-50)/(std(daten)/sqrt(20))

ans =

    0.5912
```

Die Vergleichsgröße ist in diesem Fall das einseitige $(1 - \frac{\alpha}{2})$-Quantil der t-Verteilung mit 19 Freiheitsgraden, wie sich aus einer ähnlichen Überlegung wie unter (221.3) für die (symmetrische) t-Verteilung ergibt:

```
tinv(1-0.01/2, 19)

ans =

    2.8609
```

Die Nullhypothese wird *nicht* zu Gunsten der zweiseitigen Alternative abgelehnt, weil offenbar der Wert der Testgröße (0.5912) betragsmäßig nicht größer ist als der kritische Wert.

Lösung zu Übung 81, S. 258

Der zwei-Stichproben t-Test lässt sich mit Hilfe der MATLAB-Funktion ttest2 auf folgende Art und Weise durchführen (s. Datei **Aufgt2test.m**):

```
% Datenvektoren

x = [48.3, 43.3, 50.5, 51.2, 45.4, 54.8, 54.8, ...
     49.8, 51.3, 50.7];
y = [49.3, 52.9, 47.6, 58.7, 49.4, 50.4, 54.3, ...
     50.3, 49.6, 46.7];

% Parameter

alpha = 0.05;              % Signifikanzniveau 95%
tail = 0;                  % zweiseitiger Test

                           % zwei-Stichproben t-Test
[t2Test,p,KI,stats] = ttest2(x,y,alpha,tail)
```

Das Ergebnis ist

```
t2Test =

    0

stats =

    tstat: -0.5681
       df: 18
```

Die Hypothese, dass die Erwartungswerte gleich sind, wird also, wie zu erwarten war, nicht abgelehnt (t2Test=0).

Lösung zu Übung 82, S. 258

Die Lösung kann praktisch von Beispiel 5.33, S. 240 und Beispiel 5.32, S. 238 vollständig abgeschrieben werden (vgl. Datei **AufgFt2test.m**).
Zunächst wird der F-Test durchgeführt:

```
% Datenvektoren

x = [49.13   46.66   50.25   50.57   47.70   52.38   ...
     52.37   49.92   50.65   50.34   49.62   51.45 ];

y = [49.82   55.36   50.72   51.22   53.13   51.11   51.80];

% F-Test zum Signifikanzniveau 10%

n = length(x); m = length(y);

alpha = 0.1;                      % Signifikanzniv. des F-Tests
f = var(x)/var(y);                % Wert der Testvariablen

k_o = finv(1-alpha/2, n-1,m-1);% oberer kritischer Wert
k_u = finv(alpha/2, n-1,m-1);  % unterer kritischer Wert

H = ~((f>=k_u) & (f<=k_o))     % Testentscheidung(0=Annahme)

H =

      0

p1 = 1-fcdf(f, n-1, m-1);
p2 = fcdf(f, n-1, m-1);

p = 2*min(p1,p2)                  % p-Wert

p =

    0.7678
```

Die Nullhypothese wird nicht abgelehnt und offensichtlich (wegen des großen *p*-Wertes) ist die Wahrscheinlichkeit groß, dass die beiden Zufallsvariablen die gleiche Varianz haben.
Der t-Test wird mit Hilfe der Funktion ttest2 der Statistics Toolbox durchgeführt:

```
% Zwei-Stichproben-t-Test zum Signifikanzniveau 5%

alpha = 0.05;                    % Signifikanzniv. des t-Tests
tail = 0;                        % Zweiseitiger Test
                                 % der t-Test mit ttest2
[H,p,KI,stats] = ttest2(x,y,alpha,tail)

H =

      1

p =

      0.0455

KI =

    -3.5461     -0.0406

stats =

    tstat: -2.1587
       df: 17
```

Der Test führt zur *Ablehnung* der Hypothese, dass die beiden Zufallsvariablen den gleichen Mittelwert haben.

Lösung zu Übung 83, S. 258

Eine geeignete Schätzung für die Wahrscheinlichkeit ist offenbar die relative Häufigkeit. Daher kann die Schätzvariable

$$\overline{X} = \frac{1}{n} \sum_{k=1}^{n} X_i$$

als Grundlage für die Konstruktion eines Tests herangezogen werden.

Dabei ist X_i die Zufallsvariable, die angibt, ob im i-ten Wurf eine 6 gewürfelt wird ($X_i = 1$). Diese Variable ist bekanntlich Bernoulli-verteilt mit Parameter p. Damit ist $n\overline{X}$ binomialverteilt mit den Parametern n und p und es gilt:

$$P\left(\overline{X} = \frac{k}{n}\right) = h_{n,p}(k) = \binom{n}{k} p^k (1-p)^{n-k}. \tag{462.1}$$

Die Nullhypothese H_0, dass der Parameter $p = p_0$ ist, ist zu Gunsten der zweiseitigen Alternative wohl dann abzulehnen, wenn für eine Stichprobe der Wert von $\overline{X}$ zu weit von p_0 weg liegt.

Der Testansatz ist demnach für ein vorgegebenes Signifikanzniveau α:

$$P\left(p_0 - c \le \overline{X} \le p_0 + c \mid H_0 \text{ gilt}\right) = 1 - \alpha. \tag{463.1}$$

Die Binomialverteilung ist i.A. nicht symmetrisch. Um geeignete Quantile zu finden, teilen wir die verbleibende Restwahrscheinlichkeit α hälftig auf das Komplementärereignis folgendermaßen auf:

$$P\left(\overline{X} \le p_0 - c \mid H_0 \text{ gilt}\right) = \frac{\alpha}{2} \tag{463.2}$$

und

$$P\left(p_0 + c \le \overline{X} \mid H_0 \text{ gilt}\right) = \frac{\alpha}{2}, \tag{463.3}$$

d.h.

$$P\left(\overline{X} \le p_0 + c \mid H_0 \text{ gilt}\right) = 1 - \frac{\alpha}{2}. \tag{463.4}$$

Bezeichnet man mit $b_{\frac{\alpha}{2}}$ und $b_{1-\frac{\alpha}{2}}$ die jeweiligen Quantile der Binomialverteilung, so ergibt sich

$$\begin{aligned} p_0 - c &= b_{\frac{\alpha}{2}}, \\ p_0 + c &= b_{1-\frac{\alpha}{2}} \end{aligned} \tag{463.5}$$

und damit:

$$c = \frac{1}{2}(b_{1-\frac{\alpha}{2}} - b_{\frac{\alpha}{2}}). \tag{463.6}$$

Mit Hilfe von MATLAB kann dieser Wert für das gegebene Signifikanzniveau einfach bestimmt werden (s. Datei **BspEmpWurf.m**). Zu beachten ist dabei, dass der Wertebereich von $\overline{X}$ nicht ganzzahlig ist, sondern die Vielfachen von $\frac{1}{n}$ durchläuft. Daher müssen auch die mit binoinv erhaltenen Quantile mit $\frac{1}{n}$ normiert werden:

```
% Testparameter

alpha = 0.05;          % Signifikanzniveau
n = length(wuerfel);   % Stichprobenumfang
p0 = 0.28;             % Nullhypothese H0


% Kritischer Wert für den zweiseitigen Test

c = ( binoinv(1-alpha/2, n, p0) - ...
        binoinv(alpha/2, n, p0) )/(2*n)

% Testergebnis (0 = H0 wird angenommen,
```

```
% 1 = H0 wird abgelehnt)

TestErg  =  ~((p_0-c  <=  mean(wuerfel==6))&  ...
                     (mean(wuerfel==6)  <=  p_0+c))
```

Diese MATLAB-Anweisungen liefern:

```
c =

    0.1375

TestErg =

    0
```

Somit wird die Nullhypothese angenommen. Der kritische Wert ist $c = 0.1375$ und die Nullhypothese wird angenommen, wenn der Wert von $\overline{X}$ in dem Annahmebereichs-Intervall $[p_0 - c, p_0 + c] = [0.1425, 0.4175]$ liegt.

Da die MATLAB-Anweisung

```
mean(wuerfel==6)

ans =

    0.2750
```

liefert, hat $\overline{X}$ den Wert 0.2750 und die Nullhypothese wird angenommen.

Lösung zu Übung 84, S. 258

Der Fehler 1. Art ist nach Definition die Wahrscheinlichkeit, dass die Nullhypothese (die Qualitätsaussage des Produzenten bei der Annahmeprüfung) *abgelehnt* wird, obwohl sie stimmt. Das ist das Risiko des Produzenten!
Der Fehler 2. Art ist nach Definition die Wahrscheinlichkeit, dass die Qualitätsaussage des Produzenten *angenommen* wird, obwohl sie falsch ist. Das ist das Risiko des Konsumenten!

Lösung zu Übung 85, S. 259

Die Idee des Tests ist es, die Schätzvariable S^2 für die Varianz (vgl. Gleichung (200.4)) mit der hypothetischen Varianz zu vergleichen.
Hierfür eignet sich der Quotient. Falls σ_0^2 die Nullhypothese über die Varianz der normalverteilten Größe darstellt, so ist diese *bei zweiseitiger Alternative* abzulehnen, wenn der Quotient

$$\frac{S^2}{\sigma_0^2} \tag{465.1}$$

(bei vorgegebenem Signifikanzniveau α) geeignete kritische Werte unter- oder überschreitet. Bei einseitigen Alternativen reicht ein kritischer Wert in der entsprechenden Richtung.

Da nach Beispiel 2.59, S. 118 die Zufallsvariable

$$Y = \frac{n-1}{\sigma^2} S^2 \tag{465.2}$$

einer Chi-Quadrat-Verteilung mit $n-1$ Freiheitsgraden genügt, können die Quantile dieser Verteilung zur Ermittlung der kritischen Werte herangezogen werden. Da diese Verteilung nicht symmetrisch ist, teilen wir, ähnlich wie in Übung 83, die Restwahrscheinlichkeit hälftig auf und ermitteln die Quantile $\chi_{\frac{\alpha}{2}}$ und $\chi_{1-\frac{\alpha}{2}}$ gemäß:

$$P(Y \leq \chi_{\frac{\alpha}{2}}) = \frac{\alpha}{2}, \tag{465.3}$$

$$P(Y \leq \chi_{1-\frac{\alpha}{2}}) = 1 - \frac{\alpha}{2}. \tag{465.4}$$

Die Nullhypothese wird *nicht* abgelehnt, wenn der Wert von Y innerhalb des von beiden Quantilen definierten Intervalls liegt, bzw. wenn der Wert des Schätzers S^2 die Bedingung

$$\chi_{\frac{\alpha}{2}} \frac{\sigma^2}{n-1} \leq S^2 \leq \chi_{1-\frac{\alpha}{2}} \frac{\sigma^2}{n-1} \tag{465.5}$$

erfüllt.

Die MATLAB-Funktion **VARtest.m** führt diesen Test für eine gegebene *normalverteilte* Stichprobe durch:

```
function [TestErg, stat, kritVals] = ...
                        VARtest(sigma0, daten, alpha)
% ...

% Parameter des Tests ermitteln

n = length(daten);                    % Stichprobenumfang
chialpha2 = chi2inv(alpha/2, n-1);    % Quantile der
                                      % Chi-Quadrat-Verteilung
chi1alpha2 = chi2inv(1-alpha/2, n-1);

% kritische Werte berechnen

kritVals = [chialpha2*sigma0^2/(n-1), ...
                        chi1alpha2*sigma0^2/(n-1)];
```

```
% Testvariable berechnen

stat = var(daten);

% Testergebnis

TestErg = ~((kritVals(1) <= stat)&(stat<=kritVals(2)));
```

Für die Daten aus Tabelle 5.13, S. 257 und die Nullhypothese $H_0 : \sigma_0 = 2.5$ ergibt sich der zweiseitige Test zum Niveau $\alpha = 0.05$ wie folgt (s. Datei **AufgVartest.m**):

```
% Datenvektor

daten = [48.3    43.3    50.5    51.2    45.4    54.8   ...
         54.8    49.8    51.3    50.7    49.3    52.9   ...
         47.6    58.7    49.4    50.4    54.3    50.3   ...
         49.6    46.7];

% Parameter

sigma0 = 2.5;              % Nullhypothese
alpha = 0.05;              % Signifikanzniveau 95%

% Testdurchführung

[TestErg, stat, kritVals] = VARtest(sigma0, daten, alpha)

TestErg =

     1

stat =

   12.3740

kritVals =

   2.9298    10.8067
```

Die Nullhypothese wird also *abgelehnt*! Der Wert $S^2 = 12.3740$ der Varianz-schätzung liegt außerhalb des Annahmebereichs.

Lösung zu Übung 86, S. 259

Die folgenden MATLAB-Anweisungen (s. Datei **Chi2TestLotto.m**) führen für die Daten aus Tabelle 5.15, S. 259 den Chi-Quadrat-Test durch:

```
% Lotto-Statistik

zahl = [ 1,   2,   3,   4,   5,   6,   7,   8,   9,  10, ...
        11,  12,  13,  14,  15,  16,  17,  18,  19,  20, ...
        21,  22,  23,  24,  25,  26,  27,  28,  29,  30, ...
        31,  32,  33,  34,  35,  36,  37,  38,  39,  40, ...
        41,  42,  43,  44,  45];

hfg = [147, 130, 163, 150, 156, 143, 170, 147, ...
       136, 151, 148, 130, 138, 136, 141, 162, ...
       147, 140, 135, 145, 143, 141, 140, 145, ...
       141, 172, 155, 157, 151, 158, 156, 142, ...
       144, 128, 133, 153, 152, 139, 164, 139, ...
       140, 151, 175, 154, 142];

alpha = 0.01;                     % Signifikanzniveau
K = length(hfg)                   % Zahl der "Klassen"
thfg = ones(size(hfg))*sum(hfg)/K;% Vektor der theoretischen
                                  % absoluten Häufigkeiten

% Bestimmung des kritischen Werts

c = chi2inv(1-alpha, K-1)

% Berechnung der Testvariablen

chi2 = sum(((hfg-thfg).^2)./hfg)

% Ergebnis des Tests

TestErg = ~(chi2<=c)
```

Die Aufrufe liefern das Ergebnis:

```
K =

    45

c =

    68.7095
```

```
chi2 =

   35.6345

TestErg =

   0
```

Die Hypothese wird also angenommen! Es gibt keinen Grund anzunehmen, dass mit dem österreichischen Lotto etwas nicht in Ordnung ist;-)

Lösung zu Übung 87, S. 259

Der Chi-Quadrat-Test wird durch folgende Anweisungen realisiert (s. Datei **AufgChi2test2.m**):

```
% Chi-Quadrat-Test für Würfeldaten

wuerfel = [6, 2, 3, 1, 6, 4, 6, 3, 2, 5, 4, 6, 2, 6, 1, ...
           3, 3, 5, 4, 6  2, 6, 3, 1, 2, 3, 6, 3, 6, 4, ...
           2, 4, 6, 5, 3, 5, 1, 4, 6, 2];

% Absolute empirische Häufigkeiten

[hfg, X] = hist(wuerfel, (1:1:6));

alpha = 0.01;                      % Signifikanzniveau
K = length(hfg)                    % Zahl der "Klassen"

% Vektor der theoretischen absoluten Häufigkeiten für
% einen fairen Würfel

thfg = ones(size(hfg))*sum(hfg)/K;

% Bestimmung des kritischen Werts

c = chi2inv(1-alpha, K-1)

% Berechnung der Testvariablen

chi2 = sum(((hfg-thfg).^2)./hfg)

% Ergebnis des Tests

TestErg = ~(chi2<=c)
```

Der Test liefert das Ergebnis:

```
K =

     6

c =

    15.0863

chi2 =

     5.5748

TestErg =

     0
```

Die Hypothese wird also angenommen, obwohl starke Indizien (die Schätzung der Wahrscheinlichkeit von 6) dafür sprechen, dass der Würfel *nicht* fair ist. Der Grund ist hier wohl, dass der Datensatz zu klein ist, um eine sichere Aussage zu machen.

Lösung zu Übung 88, S. 259

Der Kolmogorov-Smirnov-Test wird durch folgende Anweisungen realisiert (s. **AufgKStest.m**):

```
% Kolmogorov-Smirnov-Test für die Zugfestigkeitsdaten

zugf = [44.2, 43.4, 41.0, 41.1, 43.8, 44.2, 43.2, ...
        44.3, 42.0, 45.0, 43.1, 42.9, 43.9, 44.8, ...
        46.0, 42.1, 45.1, 40.9, 43.7, 44.0, 43.0, ...
        43.6, 46.1, 41.0, 43.3, 45.3, 44.9, 42.0, ...
        44.0, 44.3];

% Vergleichsverteilungsfunktion entsprechend der
% Nullhypothese (hier N(43.5,1))!

Ncdf = normcdf(zugf', 43.1, 1);

% Kolmogorov-Smirnov-Test durchführen

alpha = 0.05;             % Testniveau
tail = 0;                 % zweiseitiger Test

[Ergebnis,p,ksstat,cval] = ...
            kstest(zugf,[zugf',Ncdf],alpha,tail)
```

Der Test liefert das Ergebnis:

Ergebnis =

    1

p =

    0.0289

ksstat =

    0.2591

cval =

    0.2417

Die Nullhypothese wird somit abgelehnt!

Lösung zu Übung 89, S. 260

Die Rangsumme R_x des Wilcoxon'schen Rangsummentests wird dann minimal, wenn die Werte von x_1, x_2, x_3, ..., x_n ihn (249.1) die Ränge 1 bis n belegen. Die entsprechende Summe ergibt sich bekanntlich zu:

$$\sum_{k=1}^{n} k = \frac{n(n+1)}{2}. \tag{470.1}$$

Die *maximale* Rangsumme wird erreicht, wenn die Werte von x_1, x_2, x_3, ..., x_n die Plätze $1 + m$ bis $n + m$ belegen. Dies ist offenbar die Rangsumme der Plätze 1 bis $n + m$ minus der Summe aus den ersten m Plätzen, die sich analog zu (470.1) für m berechnet. Dies liefert:

$$\sum_{k=1}^{n+m} k - \sum_{k=1}^{m} k = \frac{(n+m)(n+m+1)}{2} - \frac{m(m+1)}{2}. \tag{470.2}$$

Multipliziert man (470.2) aus, so ergibt sich:

$$\begin{aligned}
&\frac{(n+m)(n+m+1)}{2} - \frac{m(m+1)}{2} \\
&= \frac{1}{2}\left(n(n+m+1) + m(n+m+1) - m(m+1)\right) \\
&= \frac{1}{2}\left(n(n+m+1) + nm\right) = \frac{1}{2}\left(nm + mn + n(n+1)\right) \\
&= nm + \frac{n(n+1)}{2}
\end{aligned} \tag{470.3}$$

für die maximale Rangsumme von R_x.

Lösung zu Übung 90, S. 260

Die einfachste Möglichkeit, den Test durchzuführen, ist die Funktion rank-sum der Statistics Toolbox zu verwenden. Wir benötigen dafür nur wenige MATLAB-Anweisungen (s. Datei **AufgUtest.m** der Begleitsoftware):

```
% Standzeiten an Produktionsstandort A

x = [2.2  1.0  0.4  1.9  0.0  0.1  1.5  4.1  2.5    1.6 ...
     1.3  0.0  1.0  2.9 ];

% Standzeiten an Produktionsstandort B

y = [0.5  8.2  3.1  0.2  4.2  2.0  2.1  6.0  1.7  3.5];

% Aufruf der Funktion ranksum für das Signifikanzniveau 5%

alpha = 0.05;
[pWert, H, stats] = ranksum(x,y,alpha)

pWert =

    0.0464

H =

    1

stats =

        zval: 1.9917
     ranksum: 159
```

Der U-Test lehnt offenbar die Nullhypothese, dass die Verteilung der Standzeiten an beiden Standorten gleich ist, zu Gunsten der Alternative ab, dass *signifikante Unterschiede* bestehen!

Lösung zu Übung 91, S. 260

Die Funktion signrank der Statistics Toolbox von MATLAB führt für *gepaarte Stichproben* (*verbundene Stichproben*) einen so genannten *Vorzeichenrangtest* durch. Die Idee ist dabei, zunächst für jedes Wertepaar (x,y) der (gepaarten) Stichprobe das *Vorzeichen* der Differenz $x - y$ zu bestimmen.

Danach werden die Vorzeichen in eine *Rangfolge* gebracht, die sich nach dem *Absolutbetrag* der Differenzen richtet. Größere Abweichungen erhalten auf diese Weise größere Ränge und werden dadurch stärker gewichtet.

Anschließend berechnet man die Rangsummen für das Vorzeichen + und das Vorzeichen −. Sind die Unterschiede zwischen X und Y *nicht* signifikant, so kann man davon ausgehen, dass die Abweichungen und ihre Größenordnungen einigermaßen „durchmischt" sind, was zu etwa gleich großen Rangsummen R_+ und R_- führen sollte. Unterscheiden sich umgekehrt diese Rangsummen sehr stark, so deutet das auf einen statistisch signifikanten Unterschied hin.

Dies ist in groben Zügen die Idee des **Vorzeichenrangtests**. Für Details sei an dieser Stelle auf [18, 20] verwiesen.

Mit Hilfe von `signrank` kann der Test einfach auf folgende Weise durchgeführt werden (s. Datei **AufgWilcoxontest.m**) :

```
% Wilcoxon'scher Vorzeichenrangtest

temp = [102, 98, 64, 79, 90, 69, 100, 91, 60, 88, 79, ...
        55, 62, 95, 67];
anzg = [100, 97, 58, 77, 91, 72,  99, 97, 58, 87, 77, ...
        58, 61, 91, 62];

alpha = 0.05;        % Signifikanzniveau

% Wilcoxon's Vorzeichenrangtest (zweiseitig)

[p, Ergebnis, stats] = signrank(temp,anzg,alpha)

p =

    0.2293

Ergebnis =

    0

stats =

    signedrank: 38.5000
```

Der Test ergibt zum 5%-Signifikanzniveau keinen Unterschied zwischen den Temperaturanzeigen (`Ergebnis = 0`, p-Wert `p = 0.2293` $\gg 0.05$).

Lösung zu Übung 92, S. 293

Die Frage nach dem signifikanten Einfluss der Messstellen kann mit einer (balancierten) einfaktoriellen Varianzanalyse beantwortet werden. Wir verwenden dazu die Funktion `anova1` der Statistics Toolbox von MATLAB und gehen ähnlich wie in Beispiel 5.40, S. 268 vor (s. Datei **Ueb1Anova1.m** des Begleitmaterials):

```
% Definition der Werte der Zugfestigkeiten. Die untersuchte
% Einflussgröße ist die Messstelle. Die Zugfestigkeitswerte
% sind bez. der Einflussgröße SPALTENWEISE zu organisieren!
%
% Untersuchtes Merkmal Zugstelle (Messstelle)
%        Ecke    Mitte     Kante

zfw =    [137,    150,     142;...    % Folie 1
          142,    159,     140;...    % Folie 2
          128,    137,     133;...    % Folie 3
          137,    157,     141];      % Folie 4


% Durchführung einer Varianzanalyse mit der Funktion anova1

gruppen = cell(3,1);   % Namen für die untersuchten Gruppen
gruppen{1} = 'Ecke'; gruppen{2} = 'Mitte';
gruppen{3} = 'Kante';


% Aufruf der Funktion

[pWert, AnovTab, TestStatistik] = anova1(zfw, gruppen)

pWert =

    0.0368


AnovTab =
```

'Source'	'SS'	'df'	'MS'	'F'	'Prob>F'
'Columns'	[486.1667]	[2]	[243.0833]	[4.8752]	[0.0368]
'Error'	[448.7500]	[9]	[49.8611]	[]	[]
'Total'	[934.9167]	[11]	[]	[]	[]

```
TestStatistik =

    gnames:  {3x1 cell}
         n:  [4 4 4]
    source:  'anova1'
     means:  [136 150.7500 139]
        df:  9
         s:  7.0612
```

Für eine korrekte Anwendung der Funktion `anova1` ist darauf zu achten, dass die Daten bezüglich der Merkmale *spaltenweise* organisiert sind. Daher unterscheidet sich die Matrix `zfw` von der Tabelle 5.25, S. 293.

Die Hypothese, dass kein signifikanter Unterschied zwischen den Merkmalen besteht, wird zum 95%-Niveau *abgelehnt*, da der p-Wert unter 0.05 liegt.

Eine Analyse des Ergebnisses mit der Toolbox-Funktion `multcompare` liefert:

```
[vgl , mws] = multcompare(TestStatistik , 0.05)

vgl =

      1.0000     2.0000    -28.6906    -14.7500     -0.8094
      1.0000     3.0000    -16.9406     -3.0000     10.9406
      2.0000     3.0000     -2.1906     11.7500     25.6906


mws =

    136.0000     3.5306
    150.7500     3.5306
    139.0000     3.5306
```

Offenbar gibt es einen signifikanten Unterschied zwischen Spalte 1 (Ecke) und 2 (Mitte), da das Vertrauensintervall $[-28.6906, -0.8094]$ für die Differenz der Mittelwerte den Wert 0 nicht enthält.

Lösung zu Übung 93, S. 293

Auf Grund der unterschiedlichen Größe der Stichproben für jede Sprengstoffart muss hier eine *unbalancierte* einfaktorielle Varianzanalyse durchgeführt werden. Wir gehen dazu unter Verwendung der Funktion `anova1` der Statistics Toolbox von MATLAB ähnlich vor wie auf Seite 272 (s. Datei **Ueb2Anova1.m** der Begleitsoftware):

```
% Stichprobenwerte für die gemessenen Staubkonzentrationen
% Die untersuchte Einflussgröße ist die Sprengstoffart.

% Sprengstoff 1:
probe1 =    [ 13 9 15 5 25 15 3 9 6 12 ];

% Sprengstoff 2:
probe2 =    [ 42 24 41 19 27 ];

% Sprengstoff 3:
probe3 =    [ 8 24 9 18 9 24 12 4 ];
```

```
% Sprengstoff 4:
probe4 =    [ 9 12 7 18 2 18 ];

% Definition der Klassenbezeichner entsprechend dem
% Umfang der Stichproben
% Namen für die untersuchten Gruppen (je ein Name
% pro Stichprobenwert der Klasse)

indx = cumsum([length(probe1), length(probe2), ...
                        length(probe3), length(probe4)]);

Gr1 = repmat('Sprengstoff I', indx(1), 1);
Gr2 = repmat('Sprengstoff II', indx(2)-indx(1), 1);
Gr3 = repmat('Sprengstoff III', indx(3)-indx(2), 1);
Gr4 = repmat('Sprengstoff IV', indx(4)-indx(3), 1);
klassen = strvcat(Gr1,Gr2,Gr3,Gr4);
gruppe = cellstr(klassen);

% Neudefinition der Stichprobenwerte ALS VEKTOR für die
% Funktion anova1

probe = [probe1, probe2, probe3, probe4];

% Aufruf der Funktion

[pWert, AnovTab, TestStatistik] = anova1(probe, gruppe)

pWert =

  3.7601e-004

AnovTab =

'Source'  'SS'              'df'  'MS'        'F'       'Prob>F'
'Groups'  [1.474e+003]   [ 3] [491.549]  [8.785]  [3.760e-004]
'Error'   [1.398e+003]   [25] [ 55.952]     []           []
'Total'   [2.873e+003]   [28]       []       []           []

TestStatistik =

    gnames: {4x1 cell}
         n: [10 5 8 6]
    source: 'anova1'
     means: [11.2000 30.6000 13.5000 11]
        df: 25
         s: 7.4801
```

Für die Anwendung im unbalancierten Fall sind die im Beispiel auf Seite 272 erläuterten Vorkehrungen zu treffen (Anlegen eines Cell-Arrays für die Faktorgruppen, Organisation der Daten als *Vektor* etc.).

Die Varianzanalyse liefert auch in diesem Fall eine *Ablehnung* der Hypothese, da der *p*-Wert deutlich kleiner ist als die üblichen Signifikanzniveaus, insbesondere auch kleiner als 0.05.

Die Analyse mit `multcompare` liefert:

```
[vgl , mws]  =  multcompare ( TestStatistik ,  0.05)

vgl  =

        1.0000     2.0000    -30.6695    -19.4000     -8.1305
        1.0000     3.0000    -12.0596     -2.3000      7.4596
        1.0000     4.0000    -10.4249      0.2000     10.8249
        2.0000     3.0000      5.3704     17.1000     28.8296
        2.0000     4.0000      7.1412     19.6000     32.0588
        3.0000     4.0000     -8.6118      2.5000     13.6118


mws  =

       11.2000     2.3654
       30.6000     3.3452
       13.5000     2.6446
       11.0000     3.0537
```

Es gibt einen signifikanten Unterschied zwischen Sprengstoffart I und II, da das Vertrauensintervall [−30.6695, −8.1305] für die Differenz der Mittelwerte den Wert 0 nicht enthält. Ebenso sind die Sprengstoffarten III und IV signifikant verschieden zu II.

Lösung zu Übung 94, S. 294

Mit den folgenden MATLAB-Anweisungen (s. Datei **uebPaarTtest.m** der Begleitsoftware) kann der gewünschte Vergleich zwischen Varianzanalyse und paarweisen t-Tests (jeweils zum Signifikanzniveau 95%) durchgeführt werden:

```
% Stichprobenwerte
% Sprengstoff I:
probe1 =    [ 13 9 15 5 25 15 3 9 6 12 ];

% Sprengstoff II:
probe2 =    [ 22 24 21 19 17 ];

% Sprengstoff III:
```

```
probe3 =      [ 8 24 9 18 9 24 12 4 ];

% Sprengstoff IV:
probe4 =      [ 9 12 7 18 2 18 ];

alpha = 0.05;                           % Testniveau 95%

% Varianzanalyse zu Signifikanzniveau alpha durchführen

% ... (siehe Code von Ueb2Anova1.m)

% Neudefinition der Stichprobenwerte ALS VEKTOR für
% die Funktion anova1

probe = [probe1, probe2, probe3, probe4];

% Aufruf der Funktion

[pWert, AnovTab, TestStatistik] = ...
                        anova1(probe, gruppe, 'off');
pWert
H = pWert<alpha             % Testentscheidung
[vgl, mws] = multcompare(TestStatistik, alpha, 'off');
vgl

% Paarweise zweiseitige t-Tests durchführen

tail = 0;                               % zweiseitige Tests

% t-Test zum 95%-Niveau für Sprengstoff I und II

[H12,p12,ci12,stats12] = ttest2(probe1,probe2,alpha,tail);

% t-Test zum 95%-Niveau für Sprengstoff I und III

[H13,p13,ci13,stats13] = ttest2(probe1,probe3,alpha,tail);

% t-Test zum 95%-Niveau für Sprengstoff I und IV

% ... und so weiter

% t-Test zum 95%-Niveau für Sprengstoff III und IV

[H34,p34,ci34,stats34] = ttest2(probe3,probe4,alpha,tail);

% Ergebnis zusammenstellen

Erg = [ [1,2], ci12(1), 0, ci12(2), H12,p12; ...
        [1,3], ci13(1), 0, ci13(2), H13,p13; ...
```

```
    [1,4],  ci14(1),  0,  ci14(2),  H14,p14;  ...
    [2,3],  ci23(1),  0,  ci23(2),  H23,p23;  ...
    [2,4],  ci24(1),  0,  ci24(2),  H24,p24;  ...
    [3,4],  ci34(1),  0,  ci34(2),  H34,p34]
```

Die Ausführung dieser MATLAB-Befehle liefert folgendes Resultat:

```
pWert =

    0.0574


H =

    0


vgl =

    1.0000    2.0000   -18.9228   -9.4000    0.1228
    1.0000    3.0000   -10.5470   -2.3000    5.9470
    1.0000    4.0000    -8.7782    0.2000    9.1782
    2.0000    3.0000    -2.8116    7.1000   17.0116
    2.0000    4.0000    -0.9278    9.6000   20.1278
    3.0000    4.0000    -6.8896    2.5000   11.8896


Erg =

    1.0000    2.0000   -15.9209    0    -2.8791    1.0000    0.0082
    1.0000    3.0000    -9.2740    0     4.6740         0    0.4945
    1.0000    4.0000    -6.8398    0     7.2398         0    0.9523
    2.0000    3.0000    -0.7742    0    14.9742         0    0.0727
    2.0000    4.0000     2.6874    0    16.5126    1.0000    0.0119
    3.0000    4.0000    -5.8482    0    10.8482         0    0.5264
```

Zu erkennen sind der p-Wert der ANOVA (0.0574) und die Testentscheidung $H = 0$ (Annahme der Nullhypothese, kein signifikanter Unterschied) sowie das Ergebnis des paarweisen Vergleichs mit multcompare (alle Vertrauensintervalle enthalten die 0).

Die Matrix Erg gibt das Ergebnis der paarweisen t-Tests wieder. Die Matrix ist zur besseren Vergleichbarkeit an die Struktur der Ausgabe von multcompare angepasst. Die ersten beiden Spalten enthalten den Index der verglichenen Datensätze, die Spalten 3 und 5 die Grenzen der Vertrauensintervalle für die Differenz der Mittelwerte. Spalte 4 (die Nullspalte) ist lediglich zum Auffüllen gedacht und hat keine Bedeutung. Die Spalten 6 und 7 enthalten jeweils die Testentscheidung (0 Annahme, 1 Ablehnung) und den zugehörigen p-Wert.

Offenbar wird ein signifikanter Unterschied der Mittelwerte zwischen Sprengstoff I und II und zwischen Sprengstoff IV und II festgestellt!
Wie ist diese Diskrepanz zu erklären?

Bei der ANOVA führt, entsprechend der Konstruktion des Tests, die Annahme „kein signifikanter Unterschied" (Nullhypothese) dann zur Ablehnung, wenn die *Summe aller* Unterschiede zwischen den Merkmalen (im Vergleich zur Restvariation) eine kritische Marke überschreitet, die vom gewählten Signifikanzniveau abhängt. Dabei kann es natürlich vorkommen, dass es wie im obigen Fall zwischen ein oder zwei Merkmalspaaren zu größeren Unterschieden kommt, diese zwischen den anderen Merkmalen aber sehr gering sind, sodass sich der Effekt *nicht* zu einem Überschreiten der kritischen Marke summiert.

Andererseits kann ein Test, der sich *nur* auf die Daten *eines Paares* konzentriert, den Signifikanzunterschied schon feststellen (das Signifikanzniveau bleibt zwar gleich, der kritische Wert ist hierbei natürlich ein anderer). Dies kann dann zur *Ablehnung* der Nullhypothese „kein signifikanter Unterschied" *für das betroffene Paar* führen!

Zum gleichen Schluss kommt man auch, wenn man das Problem aus folgendem Blickwinkel betrachtet: gibt man für k paarweise Vergleiche ein Signifikanzniveau α vor, so ist die *Annahmewahrscheinlichkeit* der Nullhypothese (bei Gültigkeit) ja bekanntlich $1 - \alpha$. Da die Tests voneinander unabhängig sind, ist die Annahmewahrscheinlichkeit *für alle k* Tests $(1 - \alpha)^k$. Ein *multipler paarweiser* Vergleich stellt also (bei Gültigkeit der Nullhypothese) einen signifikanten Unterschied mit Wahrscheinlichkeit $1 - (1 - \alpha)^k$ fest. Dies ist für die Gesamtanalyse der Fehler 1. Art.

Im obigen Beispiel ist:

```
alpha = 0.05;
k = 6;
alphaStrich = 1-(1-alpha)^k

alphaStrich =

    0.2649
```

Der Fehler 1. Art wäre also wesentlich größer. Deshalb sollte für die paarweisen Vergleiche das Signifikanzniveau wesentlich geringer gewählt werden. Die Funktion `multcompare` trägt dem im Übrigen Rechnung, wie ein Blick auf den Quellcode zeigt.

Es sei abschließend bemerkt, dass es für die paarweisen Mittelwertvergleiche verschiedene Verfahren gibt [32]. Diese sind in der Funktion `multcompare` integriert. `multcompare` verwendet für den paarweisen Vergleich im obigen Beispiel ein anderes Verfahren als den paarweisen t-Test. Daher sind die Vergleichsergebnisse leicht unterschiedlich.

Lösung zu Übung 95, S. 294

Das Problem lässt sich mit einer (balancierten) zweifaktoriellen Varianzanalyse unter Verwendung der Statistics-Toolbox-Funktion anova2 lösen (vgl.
Datei **BspAnova2.m**):

```
% Definition der Werte der Gewichtszunahmen. Die untersuchten
% Einflussgrößen sind Anfangsgewicht der Schweine vor der Mast
% (4 Klassen) und die Futterart (3 Klassen).
% Die Daten sind bez. der Futterart SPALTENWEISE organisiert.
% Die einzelnen Zeilen entsprechen der Klassifikation nach
% Anfangsgewicht. Es wird bezüglich jeder Kombination
% (Gewicht, Futter) nur ein Schwein getestet.
%
% Untersuchtes Merkmal Futterart
%            A       B        C

Gew =    [ 7.0,   14.0,     8.5;...    % Gewichtsklasse 1
          16.0,   15.5,    16.5;...    % Gewichtsklasse 2
          10.5,   15.0,     9.5;...    % Gewichtsklasse 3
          13.5,   21.0,    13.5];      % Gewichtsklasse 4

% Durchführung einer Varianzanalyse mit der Funktion anova2
% Aufruf der Funktion

wFaktor = 1;
[pWert, AnovTab, TestStatistik] = anova2(Gew, wFaktor)

pWert =

    0.0402    0.0285

AnovTab =
```

'Source'	'SS'	'df'	'MS'	'F'	'Prob>F'
'Columns'	[54.1250]	[2]	[27.0625]	[5.7563]	[0.0402]
'Rows'	[87.7292]	[3]	[29.2431]	[6.2201]	[0.0285]
'Error'	[28.2083]	[6]	[4.7014]	[]	[]
'Total'	[170.0625]	[11]	[]	[]	[]

```
TestStatistik =

       source: 'anova2'
      sigmasq: 4.7014
     colmeans: [11.7500  16.3750  12]
         coln: 4
     rowmeans: [9.8333  16  11.6667  16]
         rown: 3
```

```
      inter: 0
       pval: NaN
         df: 6
```

Offensichtlich sind (bezüglich des 95%-Signifikanzniveaus) *beide* Einflussgrößen signifikant, da sowohl der erste *p*-Wert als auch der zweite kleiner als 0.05 sind. Sowohl Futterart als auch das Anfangsgewicht beeinflussen statistisch gesehen den Masterfolg.

Lösung zu Übung 96, S. 294

Die Berechnung der Verteilung der Testvariablen ist nicht so einfach und erfordert gewisse Fertigkeiten im Umgang mit MATLAB. Der folgende MATLAB-Code (s. Datei **UebKruskwallpdf.m**) löst die gestellte Aufgabe:

```
% Zahl der Ränge und Zahl der Werte pro Faktorgruppe

n = 7; m = [3 2 2];

% Mögliche Rangkombinationen des Tests für das vorliegende
% Beispiel bestimmen (Teilfunktion getRankKombi)

[RnkKombi] = getRankKombi;

% Für jede Permutation den Wert der Kruskal-Wallis-
% Testvariablen bestimmen

A = [ 1 0 0; ...          % Hilfsmatrix zur Berechnung der
      1 0 0; ...          % Rangsummen der Faktorgruppen
      1 0 0; ...
      0 1 0; ...
      0 1 0; ...
      0 0 1; ...
      0 0 1];

rksumGrp = RnkKombi*A;    % Rangsummen der Faktorgruppen
dim = size(rksumGrp);
v = m*(n+1)/2;            % Gewichtete Rangsummenmittel
RgM = repmat(v, dim(1),1);
Ttilde = ((rksumGrp-RgM).^2)*((1./m)');
T = (12/(n*(n+1)))*Ttilde;% Wert(e) der Testvariablen für
                          % jede Rangkombination

T = sort(T);              % Werte von T aufsteigend sortiert
y = [1; diff(T)>0.00001]; % Änderungsstellen
Tw = T(logical(y));       % verschiedene Werte von T
```

```
df = [find(y>0); length(y)];% Index, für die die T-Werte
                            % sich ändern


anz = diff(df);            % absolute Häufigkeiten
anz(end) = anz(end)+1;


kwpdf = anz/length(RnkKombi);% relative Häufigkeit
                            % (Wahrscheinlichkeit)


stem(Tw, kwpdf, 'r-')
```

Zunächst werden mit Hilfe der Funktion getRankKombi (diese ist als subfunction innerhalb von **UebKruskwallpdf.m** realisiert und wird hier nicht wiedergegeben) alle 120 Rangkombinationen (Verteilung der Ränge auf die Faktorgruppen) berechnet, die zu verschiedenen Werten von T führen *könnten*. Man beachte dabei, dass Umordnungen der Ränge *innerhalb* einer Gruppe den Wert von T nicht ändern. Daher werden diese hier auch nicht betrachtet.

Exemplarisch seien hier einige der ersten und letzten Kombinationen angegeben:

RnkKombi =

1	2	3	6	7	4	5
1	2	3	5	7	4	6
1	2	3	5	6	4	7
1	2	3	4	7	5	6
1	2	3	4	6	5	7
1	2	3	4	5	6	7
1	2	4	6	7	3	5
1	2	4	5	7	3	6
...						
5	6	7	2	4	1	3
5	6	7	2	3	1	4
5	6	7	1	4	2	3
5	6	7	1	3	2	4
5	6	7	1	2	3	4

Anschließend werden in rksumGrp die Rangsummen für jede der Faktorgruppen und Kombinationen bestimmt und die Werte T der Testvariablen entsprechend der Formel (286.2) berechnet.

Daraufhin werden die Werte aufsteigend sortiert und es wird die absolute Häufigkeit der vorkommenden Werte bestimmt (anz).

Danach wird die relative Häufigkeit (kwpdf) berechnet und das Ergebnis wird in Form des in Abbildung 8.18 dargestellten Stabdiagramms ausgegeben.

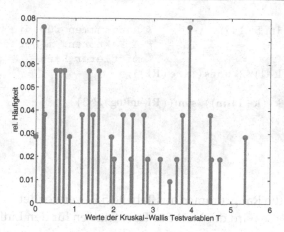

Abb. 8.18: Stabdiagramm der Verteilung der Testvariable des Kruskal-Wallis-Tests für die Parameter $n = 7, m_1 = 3, m_2 = 2, m_3 = 2$

Mit den folgenden MATLAB-Anweisungen werden die Werte der Verteilung und der Verteilungsfunktion der Testvariablen auf dem Bildschirm ausgegeben:

```
[Tw, kwpdf] = UebKruskwallpdf;
kwcdf = cumsum(kwpdf);
[Tw, kwpdf, kwcdf]
```

Die letzten Werte der Ausgabematrix [Tw, kwpdf, kwcdf] sind dabei:

```
. . .
3.9286    0.0762    0.8952
4.4643    0.0381    0.9333
4.5000    0.0190    0.9524
4.7143    0.0190    0.9714
5.3571    0.0286    1.0000
```

Man erkennt an dieser Darstellung, wo die üblichen Testquantile liegen. Demnach wäre 5.3571 als 99%-Quantil und 4.5000 als 95%-Quantil verwendbar. Diese Werte sind auch in den entsprechenden Tabellen in [30] zu finden.

Lösung zu Übung 97, S. 295

Die Werte der Testvariablen (290.3) und (291.1) berechnet man am einfachsten mit MATLAB. Zunächst berechnen wir die Testvariable für den Einfluss der Wochentage:

```
Ri = [ 15 16 5 14];              % Rangsummen für die Wochentage
k = 4; m = 5;                    % 4 Faktoren, m Werte pro Faktor
                                 % mittlerer Rang
mRng = m*(k+1)/2*ones(size(Ri));

T1 = (12/(k*(k+1)*m))*sum((Ri-mRng).^2)

T1 =

    9.2400
```

Dabei werden die Rangsummen aus Tabelle 5.24 verwendet.

In ähnlicher Weise wird der Wert der Testvariablen für den Einfluss der Straßen berechnet:

```
Ri = [ 4 13 16 16 11];           % Rangsummen für die Straßen
k = 5; m = 4;                    % k Faktoren, m Werte pro Faktor
                                 % mittlerer Rang
mRng = m*(k+1)/2*ones(size(Ri));

T2 = (12/(k*(k+1)*m))*sum((Ri-mRng).^2)

T2 =

    9.8000
```

Für beide Testgrößen muss nun der richtige kritische Wert aus der Tabelle 5.28, S. 295 herausgesucht werden.

Im ersten Fall ist dies ($n = 5, k = 4$) der Wert 7.80 und im zweiten Fall ($n = 4$, $k = 5$) der Wert 8.8. Da beide Testvariablenwerte jeweils größer sind, wird auch bei dieser strengeren Betrachtung ein signifikanter Einfluss von Straße *und* Wochentag festgestellt.

Lösung zu Übung 98, S. 336

Man überzeugt sich zunächst durch einen Plot der Datenpunkte, dass der Zusammenhang zwischen Radstand und Fahrzeuglänge mit einem linearen Modell beschrieben werden kann (s. Datei **ueb1Regress1.m**):

```
% Laden des Datensatzes CarDATA93cars.dat

ReadCarData

% Darstellung des Datensatzes in einem Scatter-Plot
```

```
scatter(Laenge, Radstand, 30, 'r-', 'filled');
xlabel('Fahrzeuglänge/inch')
ylabel('Radstand/inch')
grf = gca;                    % Handle auf Grafik
hold
```

Der erzeugte Scatter-Plot der Daten ist in Abbildung 8.19 dargestellt.

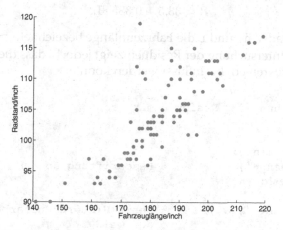

Abb. 8.19: Teildatensatz Fahrzeuglänge-Radstand aus CarDATA93cars.dat

Mit Hilfe der Funktion `regress` der Statistics Toolbox von MATLAB kann das Regressionsmodell folgendermaßen berechnet werden:

```
% Zahl der Datenpunkte

n = length(Laenge);

% Berechnung der Regressionsparameter

X = [Laenge, ones(length(Laenge),1)];
[beta, bint, r, rint, stats]  = regress(Radstand,X);
```

Die Regressionskoeffizienten mit ihren (95%-)Vertrauensintervallen ergeben sich zu:

```
beta =

    0.3847
   33.4739

bint
```

```
bint =

    0.3295    0.4398
   23.3387   43.6092
```

Das lineare Modell hat somit die Form

$$R = 33.5 + 0.385 \cdot L, \tag{486.1}$$

wobei R den Radstand und L die Fahrzeuglänge bezeichnet.

Die folgende Untersuchung der Residuen zeigt jedoch, dass die Berechnung von ein paar Ausreißern beeinflusst werden könnte:

```
% Untersuchung der Residuen mit rcoplot

figure
rcoplot(r, rint);
xlabel('Laenge')              % Beschriftung ändern
ylabel('Residuen')
title('')
set(gca,'Color','w');         % Setzt Hintergrundfarbe wieder
                              % auf weiß
n = length(r);                % Nullline wieder schwarz
hold
plot([0 (n+1)],[0 0],'-k');
```

Der entsprechende Residuenplot ist in Abbildung 8.20 dargestellt.

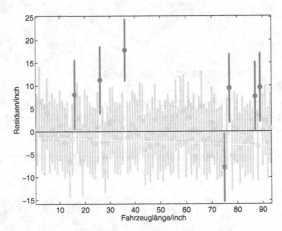

Abb. 8.20: Residuenplot der berechneten Regression Fahrzeuglänge-Radstand

Eine Vergleichsrechnung mit `robustfit` liefert:

```
rbeta = robustfit (Laenge , Radstand )

rbeta =

   29.8999
    0.4002
```

Die Abweichung ist geringfügig. Die Werte liegen innerhalb der oben berechneten Vertrauensintervallgrenzen für die Parameter.

Die Koeffizienten vereinfachend, kann das lineare Modell in der Form

$$R = 30 + 0.4 \cdot L, \qquad (487.1)$$

geschrieben werden. Die Abbildung 8.21, die mit den Anweisungen

```
% Die ermittelte Gerade dazu plotten

figure(grf)                    % erster Plot wird aktuell
plot(Laenge, rbeta(2)*Laenge+rbeta(1), 'k—', 'LineWidth',3);
```

berechnet wird, stellt die Daten mit den ermittelten Regressionsgeraden dar.

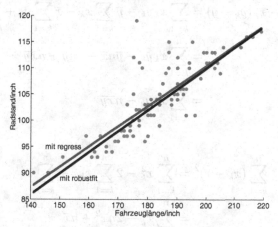

Abb. 8.21: Teildatensatz Fahrzeuglänge-Radstand mit den Regressionsgeraden

Man erkennt, dass sich die Regressionsgeraden so gut wie nicht unterscheiden.

Die von `regress` berechnete Variable `stats` enthält noch weitere Informationen zur Regression:

```
stats =

    0.6784    191.9602           0
```

Insbesondere ist der p-Wert (dritter Wert) interessant. Mit ihm kann die Hypothese geprüft werden, ob der Regressionskoeffizient 0 ist. Diese Hypothese muss, da der p-Wert 0 ist, zu jedem sinnvollen Niveau *abgelehnt* werden. Es liegt somit eine Regression vor!

Unter diesem Gesichtspunkt ist es im Beispiel 5.56 fragwürdig, den Wendekreis von Fahrzeuglänge *und* Radstand abhängig zu machen, da beide Größen *nicht unabhängig voneinander variiert* werden können. Man kann also nicht schließen, dass sich der Wendekreis proportional zum berechneten Regressionskoeffizienten mit dem Radstand ändert, da sehr wahrscheinlich mit dem Radstand auch die Fahrzeuglänge variiert. Es ist daher sinnvoller, den Wendekreis nur in Abhängigkeit von einer der Größen zu untersuchen. Man vergleiche dazu die Übung 102.

Lösung zu Übung 99, S. 336

Es gilt:

$$
\sum_{k=1}^{n} (x_k - \overline{x})(y_k - \overline{y}) = \sum_{k=1}^{n} x_k y_k - \overline{y} \sum_{k=1}^{n} x_k - \overline{x} \sum_{k=1}^{n} y_k + \sum_{k=1}^{n} \overline{xy}
$$

$$
= \sum_{k=1}^{n} x_k y_k - \overline{y} n \overline{x} - \overline{x} n \overline{y} + n \overline{xy} \tag{488.1}
$$

$$
= \sum_{k=1}^{n} x_k y_k - n \overline{xy}
$$

und

$$
\sum_{k=1}^{n} (x_k - \overline{x})^2 = \sum_{k=1}^{n} x_k^2 - 2 \sum_{k=1}^{n} x_k \overline{x} + \sum_{k=1}^{n} \overline{x}^2
$$

$$
= \sum_{k=1}^{n} x_k^2 - 2n \overline{x}^2 + n \overline{x}^2 \tag{488.2}
$$

$$
= \sum_{k=1}^{n} x_k^2 - n \overline{x}^2 .
$$

Lösung zu Übung 100, S. 336

Analog zur Vorgehensweise in Abschnitt 5.6.1, S. 310 gehen wir beim Test der Hypothese

$$H_0: \quad \text{Regressionskoeffizient } b = b_0$$

für den konstanten Regressionskoeffizienten b von dessen *normierten* Schätzer

$$\tilde{B} = \sqrt{\frac{n-2}{\left(\frac{1}{n} + \frac{\overline{x}^2}{ssx}\right)}} \frac{B - b}{\sqrt{SSR}} \tag{489.1}$$

als Testvariable aus.

Im Falle der Gültigkeit der Nullhypothese ist diese Variable ebenfalls, wie die normierte Schätzvariable von a, t_{n-2}-verteilt, sodass für ein gegebenes Signifikanzniveau α und das zugehörige zweiseitige α-Quantil $\tilde{u}_{1-\frac{\alpha}{2}}$ gelten muss:

$$P\left(-\tilde{u}_{1-\frac{\alpha}{2}} \leq \tilde{B} < \tilde{u}_{1-\frac{\alpha}{2}} \mid H_0 \text{ gilt}\right) = 1 - \alpha. \tag{489.2}$$

Der Test führt also dann *nicht* zur Ablehnung der Nullhypothese, wenn der *beobachtete Wert* $\tilde{b}$ der Testvariablen $\tilde{B}$ innerhalb der durch $\pm \tilde{u}_{1-\frac{\alpha}{2}}$ definierten Grenzen liegt.

Dies bedeutet für den *beobachteten Wert* b der Schätzvariablen B des Regressionskoeffizienten, dass H_0 zu Gunsten der *zweiseitigen Alternative H_1 abgelehnt* werden muss, falls

$$b > b_0 + \sqrt{\frac{\left(\frac{1}{n} + \frac{\overline{x}^2}{ssx}\right) SSR}{n-2}} \tilde{u}_{1-\frac{\alpha}{2}} \tag{489.3}$$

oder

$$b < b_0 - \sqrt{\frac{\left(\frac{1}{n} + \frac{\overline{x}^2}{ssx}\right) SSR}{n-2}} \tilde{u}_{1-\frac{\alpha}{2}}, \tag{489.4}$$

bzw. der p-Wert

$$p = P\left(|\tilde{B}| \geq |\tilde{b}| \mid H_0 \text{ gilt}\right) \tag{489.5}$$

das Signifikanzniveau α unterschreitet.

Im Falle $b_0 = 0$ folgt aus (489.3) und (489.4), dass die Nullhypothese (zu Gunsten der zweiseitigen Alternative) abgelehnt wird, falls:

$$|b| > \sqrt{\frac{\left(\frac{1}{n} + \frac{\overline{x}^2}{ssx}\right) SSR}{n-2}} \tilde{u}_{1-\frac{\alpha}{2}}. \tag{489.6}$$

Auf der Grundlage dieser Überlegung errechnet man mit MATLAB (s. Datei **LsgRegressKoeffTest.m**):

```
% ...

% Berechnung des zweiseitigen alpha-Quantils der
% t-Verteilung mit (n-2) Freiheitsgeraden

alpha = 0.05;                          % Signifikanzniveau 5%
utilde = tinv(1-alpha/2, n-2);


b_0 = 0;                               % ist die Nullhypothese!
H = abs(b) > utilde*sqrt((1/n+xquer^2/ssx)*ssr/(n-2));


% Bestimmung des p-Wertes bei Gültigkeit von H0

                                       % Wert der Testvariablen
btilde = sqrt((n-2)/ssr*(1/n+xquer^2/ssx))*(b-b_0);
                                       % Wkt >=abs(atilde)
p = tcdf(-abs(btilde),n-2) + (1-tcdf(abs(btilde),n-2));

% ...
```

Ein Aufruf von `LsgRegressKoeffTest` liefert für die Daten aus Beispiel 5.50:

Die Nullhypothese für den konstanten Regressionskoeffizienten b wird abgelehnt! Der p—Wert ist 0.0097

Lösung zu Übung 101, S. 336

Nach (306.1) und (306.3) ist die normierte Variable

$$\frac{A-a}{\sigma/\sqrt{ssx}} = \frac{\sqrt{ssx} \cdot (A-a)}{\sigma} \tag{490.1}$$

eine *standard*-normalverteilte Zufallsvariable.
Das Quadrat

$$X_1 = \frac{sxx \cdot (A-a)^2}{\sigma^2} \tag{490.2}$$

ist nach (118.2) χ_1^2-verteilt!
Nach (307.1) ist

$$X_2 = \frac{1}{\sigma^2}SSR \tag{490.3}$$

χ^2_{n-2}-verteilt!

Dann ist nach Definition der Fisher'schen F-Verteilung (vgl. (122.6)) der Quotient

$$\frac{X_1/1}{X_2/(n-2)} = \frac{\frac{sxx \cdot (A-a)^2}{\sigma^2}}{\frac{1}{n-2}\frac{1}{\sigma^2}SSR} = \frac{sxx \cdot (A-a)^2}{\frac{1}{n-2}SSR} \qquad (491.1)$$

F-verteilt mit $(1, n-2)$ Freiheitsgraden.

Damit ist speziell unter der Annahme $a = a_0 = 0$ die Testvariable

$$F = \frac{sxx \cdot A^2}{\frac{1}{n-2}SSR}$$

F-verteilt mit $(1, n-2)$ Freiheitsgraden.

Lösung zu Übung 102, S. 337

Das lineare Regressionsmodell wird durch folgende MATLAB-Anweisungen bestimmt (vgl. Datei **LsgLinRegCarData.m**):

```
% Laden des Datensatzes CarDATA93cars.dat

ReadCarData

% Zahl der Datenpunkte

n = length ( Breite );

% Berechnung der Regressionsparameter

X = [Laenge, Breite, ones(length(Breite),1)];
[beta, bint, r, rint, stats]  = regress (Wendekreis,X);
```

Ein Aufruf von **LsgLinRegCarData.m** liefert:

```
beta

beta =

    0.0453
    0.5536
   -7.7526

bint
```

```
bint =

   -0.0004    0.0911
    0.3768    0.7303
  -14.9488   -0.5565


stats


stats =

    0.6826   96.7568          0
```

Das Ergebnis ähnelt dem aus Beispiel 5.56, S. 324, ist jedoch zu bevorzugen, da auf Grund des Ergebnisses aus Übung 98 eine enge Beziehung zwischen Radstand und Fahrzeuglänge besteht und somit beide Größen nicht unabhängig voneinander variiert werden können.

Lösung zu Übung 103, S. 337

Wir fassen die quasilinearen Modelle

$$y = b_0 + b_1 \cdot x + b_2 \cdot x^2 \tag{492.1}$$

und

$$y = b_0 + b_1 \cdot x + b_2 \cdot x^2 + b_3 \cdot x^3 \tag{492.2}$$

für die Starthöhen y und die Distanzen x als *multiple lineare* Modelle auf und bestimmen die Koeffizienten mit der Toolbox-Funktion regress wie folgt (vgl. Datei **LsgQLinRegGalileo.m**):

```
% Laden des Datensatzes galileoExp2.dat

load galileoExp2.dat
dist = galileoExp2(:,1);
hoeh = galileoExp2(:,2);

% Zahl der Datenpunkte

n = length(dist);

% Quadrate und Kuben der Distanzen

distq = dist.^2; distk = dist.^3;

% Berechnung des quadratischen Modells
```

```
X = [ones(length(hoeh),1), dist, distq];
[betaQModell, bintq, rq, rintq, statsq] = regress(hoeh,X);

% Berechnung des kubischen Modells

X = [ones(length(hoeh),1), dist, distq, distk];
[betaKModell, bintk, rk, rintk, statsk] = regress(hoeh,X);
```

Anschließend werden die (extrapolierten) Anpassungskurven und die Mess-daten mit Hilfe folgender Anweisungen berechnet und dargestellt:

```
% Berechnung der Anpassungskurven und Darstellung mit den
% Daten aus galileoExp2.dat

scatter(dist,hoeh, 150, 'r-', 'filled');
xlabel('Distanz/Punkte')
ylabel('Höhe/Punkte')
hold

[dsort, Indx] = sort(dist);  % Daten aufsteigend sortieren

% Distanzen 0, 400 und 2000 für eine extrapolierte
% Darstellung hinzufügen

dsort = dsort(:); dsort = [0; 400; dsort; 2000];

% Anpassungskurven für die Modelle berechnen

qmodell = betaQModell(1) + betaQModell(2)*dsort + ...
          betaQModell(3)*(dsort.^2);

kmodell = betaKModell(1) + betaKModell(2)*dsort + ...
          betaKModell(3)*(dsort.^2) + ...
                          betaKModell(4)*(dsort.^3);

% Anpassungskurven dem Scatterplot der Daten hinzufügen

hmin = min([qmodell]); hmax = max([qmodell]);
plot(dsort, qmodell, 'b-', dsort, ...
                kmodell, 'k-', 'LineWidth', 2);
axis([0,2000,hmin,hmax])
```

Die Abbildung 8.22 zeigt, dass beide Modelle die Daten *innerhalb* des Beob-achtungsbereiches sehr gut anpassen.

Allerdings hat nur die Extrapolation des *quadratischen* Modells einen Sinn und liefert einen Ansatz für den vermutlichen physikalischen Zusammen-hang. Die notwendige Starthöhe steigt offenbar in Abhängigkeit von der Di-

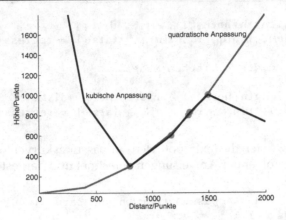

Abb. 8.22: (Extrapolierte) Anpassung der quasilinearen Modelle an die Messdaten des Galilei'schen Versuchs

stanz quadratisch an und für eine Distanz 0 ist, wie physikalisch sinnvoll, ungefähr eine Starthöhe von 0 erforderlich.

Betrachtet man dagegen die kubische Anpassung, so steigt die Starthöhe bei verringerter Distanz drastisch an und wird bei größerer Distanz wieder geringer, was der physikalischen Erwartung eklatant widerspricht.

Das kubische Modell ist somit nicht geeignet den physikalischen Zusammenhang korrekt wiederzugeben. Das Beispiel zeigt zudem, dass man mit der Extrapolation von Regressionszusammenhängen extrem vorsichtig sein muss. Die Gültigkeit des Modells ist grundsätzlich nur im Bereich der beobachteten Daten gewährleistet.

Lösung zu Übung 104, S. 337

Das Probit-Modell verwendet die inverse Funktion Φ^{-1} der Verteilungsfunktion der Standard-Normalverteilung als Link-Funktion.

Als Modellgleichung ergibt sich somit statt (331.2):

$$\Phi^{-1}(p) = X \cdot \vec{\beta} \iff p = \Phi\left(X \cdot \vec{\beta}\right). \qquad (494.1)$$

Gegenüber der Lösung aus Beispiel 5.58 müssen die Parameter der Toolbox-Funktion glmfit nur leicht modifiziert werden (vgl. Datei **LsgProbit.m**):

```
% Laden der Daten aus Kauf.dat

load Kauf.dat
x = Kauf(:,1); y = Kauf(:,2);

% Aufruf der Funktion glmfit zur Berechnung des
```

```
% Probit-Modells

beta  =  glmfit(x,[y, ones(size(y))] , ...
                'binomial' ,'probit' ,[],[],[] ,'on')

% Berechnung der Anpassungskurve und Darstellung mit den
% Daten aus Kauf.dat

yfit = glmval(beta ,x ,'probit' );

scatter(x, y, 20, 'r-', 'filled');
xlabel('Jahreseinkommen/Euro')
hold
[xsort, Indx] = sort(x);          % Daten aufsteigend sortieren
plot(xsort, yfit(Indx), 'b-', 'LineWidth', 2);
```

Für das „Chancenverhältnis" 1, d.h. für $p = \frac{1}{2}$ ergibt sich in diesem Modell

```
-beta(1)/ beta(2)

ans =

   1.0151 e+005
```

also ein verfügbares Einkommen von 101 510 €.

Lösung zu Übung 105, S. 337

Das Regressionsmodell kann mit Hilfe der Statistics-Toolbox-Funktion nlinfit leicht bestimmt werden. Dazu muss zunächst das Modell in Form einer MATLAB-Funktion definiert werden (vgl. Datei **expModell.m**):

```
% Modellparameter

b0 = beta(1); b1 = beta(2); b2 = beta(3);

% Modell der nichtlinearen Regressionsfunktion

y = b0 + b1*exp(-b2*x);
```

Anschließend werden die Modellparameter mit folgenden Anweisungen bestimmt (vgl. Datei **VWRegress.m**):

```
% Laden der Daten aus VWGolf.dat

load  VWGolf. dat
```

```
alter = VWGolf(:,1);
preis = VWGolf(:,3);

% Bestimmung eines Startvektors

beta = [0,0,0];  % Willkürlich gewählt!

% Berechnung der Modellparameter mit nlinfit

[betahat, R, J] = nlinfit(alter,preis,@expModell,beta);

betahat

betahat =

  1.0e+004 *

 -0.04221643705695
  1.62200409963274
  0.00000147233717
```

Wir erhalten für die Modellkoeffizienten:

$$b_0 = -422.16, \quad b_1 = 16220.04, \quad b_2 = 0.014723.$$

Die Abbildung 8.23 zeigt das Ergebnis der Anpassung des gefundenen Modells an die Daten aus **VWGolf.dat**.

Die Vertrauensintervalle der Modellparameter berechnet man mit:

```
betaKonfInt = nlparci(betahat, R, J)

betaKonfInt =

  1.0e+004 *

 -0.12600856741093    0.04157569329703
  1.54914087781213    1.69486732145336
  0.00000127959363    0.00000166508070
```

Der erste Koeffizient schließt die 0 mit ein, sodass der konstante Parameter b_0 zum 95%-Niveau nicht signifikant ist. Der Leser sei an dieser Stelle dazu ermuntert, zum Vergleich ein Modell ohne konstanten Term durchzurechnen. Im vereinfachten Modell ohne konstanten Term ergibt sich anhand des Modells eine Verlustrate pro Jahr von

$$R = 100 \cdot \left(\frac{b_1 \cdot e^{-b_2 \cdot 12} - b_1 \cdot e^{-b_2 \cdot 0}}{b_1 \cdot e^{-b_2 \cdot 0}} \right) = 100 \cdot \left(e^{-b_2 \cdot 12} - 1 \right). \qquad (496.1)$$

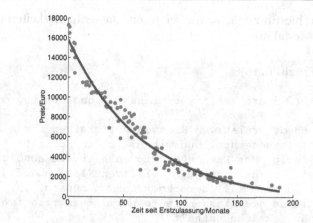

Abb. 8.23: Wert eines gebrauchten 4/5-türigen VW-Golf mit 55 KW in Abhängigkeit von der Zeit seit der Erstzulassung mit angepasstem exponentiellem Modell

Mit $b_2 = 0.014723$ errechnet man daraus einen Wert von:

```
b2 = 0.014723

b2 =

    0.0147

R = 100*(exp(-b2*12)-1)

R =

    -16.1949
```

Der Verlust eines VW-Golf dieser Kategorie beträgt somit ca. 16% pro Jahr!

Lösung zu Übung 106, S. 360

Betrachten Sie zunächst die Definition der Funktion `nlinfit`:

```
[beta,R,J] = nlinfit(x,y,fun,beta0)
```

Die Funktion `nlinfit` passt die Funktionswerte der mit `beta` parametrisierten Funktion `fun` an den Stellen `x` an die Werte von `y` an.

Um diese Funktion für das vorliegende Problem nutzen zu können, ordnen wir die relativen Klassenhäufigkeiten der gewählten Klasseneinteilung dem Vektor y und die Klassenmitten dem Vektor x zu.

Wir bestimmen hierfür zunächst die relativen Klassenhäufigkeiten (vgl. Datei **LsgAufgMModal.m**):

```
load verbrauch.dat
dx = 0.1;
klmitten = (7.5:dx:11.5);    % Klassenm. und Breiten dx def.

% Bestimmung der relativen Klassenhäufigkeiten für die
% gewählte Klasseneinteilung mit Hilfe der Funktion
% distempStetig. Der Parameter Hfg enthält die absoluten
% Häufigkeiten, aus denen die relativen Klassenhäufig-
% keiten in diesem Fall berechnet werden müssen, da
% emdist die um die Klassenbreite normierten relativen
% Klassenhäufigkeiten enthält

[Hfg, X, emdist, cemdist] = ...
                    distempStetig(verbrauch, klmitten, 0);
RelH = Hfg/length(verbrauch);
RelH = RelH(:);                             % Spaltenvektor
klmitten = klmitten(:);
```

Die Anfangswerte `beta0` für die Funktion `nlinfit` lassen sich grob aus dem Histogramm in Abbildung 6.3 ablesen. Für die Mittelwerte μ_1 und μ_2 der beteiligten Normalverteilungen wählen wir die Werte 8.5 und 10, für die Streuungen σ_1 und σ_2 lässt sich aus den 3σ-Grenzen in beiden Fällen grob der Wert $\frac{2}{6}$ ablesen. Dem Histogramm entnehmen wir ferner, dass der Anteil λ der ersten normalverteilten Größe etwas geringer ist. Daher wird als Startwert grob der Wert $\frac{1}{3}$ angesetzt:

```
beta0 = [1/3, 8.5, 1/3, 10, 1/3];
```

Zuletzt muss nun eine Funktion geschrieben werden, welche für die gewählte Klasseneinteilung und einen vorgegebenen Parametersatz `beta` die theoretischen relativen Klassenhäufigkeiten bestimmt (vgl. Datei **AufgMModalfun.m**):

```
% Parameter der Mischverteilung

lambda = beta(1); mu_1 = beta(2); sigma_1 = beta(3);
mu_2 = beta(4); sigma_2 = beta(5);

% Klassengrenzen aus den Klassenmitten berechnen

dxs = diff(klmitten)/2;
klsgrnz = klmitten(1:end-1)+dxs;
```

```
klsgrnz = klsgrnz (:);        % Spaltenvektor
klsgrnz = [−Inf, klsgrnz, Inf];

% Theoretische Klassenhäufigkeiten berechnen

vals = lambda*(normcdf(klsgrnz(2:end), mu_1, sigma_1)−...
             normcdf(klsgrnz(1:end−1), mu_1, sigma_1))...
  + (1−lambda)*(normcdf(klsgrnz(2:end), mu_2, sigma_2)−...
             normcdf(klsgrnz(1:end−1), mu_2, sigma_2));
```

Man beachte, dass die Verteilungsfunktion `normcdf` zur Berechnung der Wahrscheinlichkeiten verwendet werden kann, da sich die Verteilungsfunktion zur Dichte (360.2) als entsprechende Überlagerung von Normalverteilungen ergibt!

Bei der Erstellung der Funktion **AufgMModalfun.m** ist ferner darauf zu achten, dass die Reihenfolge der Parameter mit β, X festgelegt ist und dass die Daten X in Spaltenform zu organisieren sind (s. Beschreibung der Funktion `nlinfit`).

Die beschriebenen MATLAB-Anweisungen können nun durch Aufruf der Funktion **LsgAufgMModal.m** ausgeführt werden:

```
load verbrauch.dat
klmitten = (7.5:0.1:11.5);            % Klassenmitten
beta0 = [1/3, 8.5, 1/3, 10, 1/3];     % Startwert
[beta] = LsgAufgMModal(verbrauch, klmitten, beta0)

beta =

    0.2507
    8.4214
    0.2829
    9.9307
    0.3317
```

Man erhält also die Modellparameter

$$\lambda = 0.2507, \; \mu_1 = 8.4214, \; \sigma_1 = 0.2829, \; \mu_2 = 9.9307, \; \sigma_2 = 0.3317. \quad (499.1)$$

Die Schätzung kann nun grafisch überprüft werden, indem Histogramm und ermittelte theoretische Verteilung miteinander verglichen werden:

```
[Hfg, X, emdist, cemdist] = ...
                 distempStetig(verbrauch, klmitten, 0);
bar(klmitten, emdist, 0.8);
set(gca, 'FontSize', 12);
```

```
xlabel('Werte von verbrauch.dat');
ylabel('rel. Häufigkeit / Dichte');
axis([7.5, 11.5, 0, 1.2])
lambda = beta(1); mu_1 = beta(2); sigma_1 = beta(3);
mu_2 = beta(4); sigma_2 = beta(5);
x = (7.5:0.01:11.5);
dnsity = lambda*normpdf(x,mu_1,sigma_1)+...
                (1-lambda)*normpdf(x,mu_2,sigma_2);
plot(x, dnsity, 'r-', 'LineWidth',3)
```

Das Ergebnis ist in Abbildung 8.24 dargestellt und zeigt die gute Übereinstimmung zwischen Histogramm und theoretischer Verteilung.

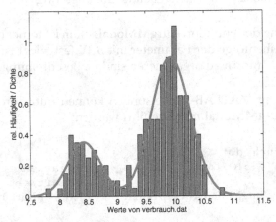

Abb. 8.24: Histogramm der Benzinverbrauchsdaten aus **verbrauch.dat** und die mit `nlinfit` geschätzte Mischverteilungsdichte

Lösung zu Übung 107, S. 360

Zur Berechnung der Schätzung von μ_2 wird die in der Lösung zu Aufgabe 106 verwendete Funktion **LsgAufgMModal.m** abgewandelt, um sie für die Toolbox-Funktion `bootstrp` verwendbar zu machen. Die Funktion darf dazu nur den Datenvektor als Parameter haben. Die übrigen Parameter werden speziell für die Lösung dieser Aufgabe fest im Rumpf der Funktion vorgegeben, um die Kommunikation mit globalen Variablen zu vermeiden. Die abgewandelte Funktion **MModal2.m** ist daher nur für diesen Spezialfall verwendbar. Von den berechneten Modellparametern wird nur der Parameter μ_2 benötigt, sodass nur dieser Parameter als Rückgabewert definiert wird:

```
function [mu2] = MModal2(daten)
% ...
```

```
% Anpassung des Modells mit Hilfe der Funktion nlinfit

[beta,R,J] = nlinfit(klmitten,RelH,@AufgMModalfun,beta0);

% Berechneter Modalwert

mu2 = beta(4);
```

Mit Hilfe der folgenden Anweisungen (vgl. Datei **LsgAufgBootstrp.m**) wird
ein 95%-Bootstrap-Vertrauensintervall berechnet:

```
load verbrauch.dat

% Die verwend. Funktionen sind auf die Klasseneinteilung mit
% dx = 0.1;
% klmitten = (7.5:dx:11.5);
% abgestimmt!
% Berechnung der Bootstrap-Statistiken mit bootstrp

[ModW, BootSamples] = ...
      bootstrp(length(verbrauch), @MModal2, verbrauch);

% Zweiseitige alpha-Quantile der Modalwerte berechnen

alpha = 0.05;

Gu = prctile(ModW,100*alpha/2)
Go = prctile(ModW,100*(1-alpha/2))
```

Ein Aufruf von von **LsgAufgBootstrp.m** liefert beispielsweise:

```
LsgAufgBootstrp

Gu =

    9.8564

Go =

   10.0032
```

Ein 95%-Bootstrap-Vertrauensintervall für den größten Modalwert μ_2 ist also
[9.86, 10.00].

Im Unterschied zu dem in Beispiel 6.2 berechneten Vertrauensintervall (vgl. S. 347) ist die Genauigkeit nicht an die Breite der gewählten Klasseneinteilung gebunden und daher etwas kleiner.

Lösung zu Übung 108, S. 361

Nach dem Aufruf von **Bspbootstrp.m** wird das Histogramm der empirischen Verteilung der Modalwerte durch folgende MATLAB-Anweisungen berechnet und dargestellt:

```
% Berechnung der empirischen Verteilung mit distempStetig

[Hfg, X, emdist, cemdist] = ...
            distempStetig(ModW, klmitten, 0);

% Darstellung des Histogramms

bar(klmitten, emdist)
axis([9.5,10.4,0,6])
```

Lösung zu Übung 109, S. 361

Grundlage der Simulation sind die Parameter aus (361.1). Mit Hilfe einer *Monte-Carlo-Simulation* werden Stichproben zu einer Zufallsvariablen erzeugt, die der Mischverteilung aus (360.2) mit den Parametern aus (361.1) genügt. Im Unterschied zum Bootstrap-Ansatz geht man hier also von einer Modellannahme über die Grundgesamtheit aus und nicht von einer für die Grundgesamtheit repräsentativen Stichprobe.

Für jede so erhaltene Stichprobe wird der Wert des Modalwertschätzers entsprechend Aufgabe 106 berechnet. Im Anschluss daran werden die empirischen 95%-Quantile dieser Schätzwerte bestimmt.

Ist der entsprechende Schätzwert, der sich aus der Stichprobe **verbrauch.dat** ergibt, innerhalb dieser Grenzen, so besteht kein Grund, die Nullhypothese abzulehnen. Ist der Wert allerdings außerhalb dieser Grenzen, so ist die Wahrscheinlichkeit, diesen Wert bei Gültigkeit der Nullhypothese zu beobachten (*p*-Wert) klein und es bestehen Zweifel an der Gültigkeit der Nullhypothese. Diese ist dann zu Gunsten der Alternative abzulehnen.

Der so beschriebene Test wird in den MATLAB-Programmen **LsgAufg-MCHyptest.m**, **Mu2Modalfun.m**, **MModal3.m** und **BenzVerbrauchPdf.m** realisiert.

Die Funktion **MModal3.m** berechnet für eine Stichprobe die Anpassung des Modelparameters μ_2 mit Hilfe der Funktion nlinfit.

```
% Global-Deklaration für beta0

global beta0

% Bestimmung der relativen Klassenhäufigkeiten für die
% gewählte Klasseneinteilung ...

[Hfg, X, emdist, cemdist] = ...
            distempStetig(daten, klmitten, 0);

RelH = Hfg/length(daten);
RelH = RelH(:);              % Spaltenvektor
klmitten = klmitten(:);
mu2_0 = beta0(4);

% Anpassung des Modells mit Hilfe der Funktion nlinfit

[mu2,R,J] = nlinfit(klmitten,RelH,@Mu2Modalfun,mu2_0);
```

Grundlage ist die in den vorangegangenen Übungen schon verwendete Klasseneinteilung für die empirische Verteilung. Die Parameter des Modells werden über eine globale Variable übergeben. nlinfit verwendet zur Anpassung die Funktion **Mu2Modalfun.m**, welche die theoretischen Klassenhäufigkeiten zurückliefert. Diese Funktion soll nicht näher erläutert werden, da sie weitgehend mit **LsgAufgMModal.m** übereinstimmt.

Mit Hilfe der beschriebenen Funktionen kann der Test durch folgende Anweisungen (vgl. **LsgAufgMCHyptest.m**) realisiert werden:

```
load verbrauch.dat

% Global-Deklaration für beta0 zur Übergabe der
% Modellparameter an die Funktionen

global beta0

% Die Parameter der Nullhypothese

beta0 = [1/4, 8.5, 1/3, 9.8, 1/3];

% Die Klasseneinteilung für die Anpassung des Modells

dx = 0.1;
klmitten = (7.5:dx:11.5);

% Aufruf der Anpassungsfunktion zur Berechnung des
% Parameters mu_2 für die Daten aus verbrauch.dat
```

```
% Dies ist die Testgröße

mu2Test = MModal3(verbrauch, klmitten);
fprintf('\nWert der Testvariablen:     %10.6f', mu2Test);

% Anzahl der Monte-Carlo-Simulationen festlegen

N = 10000;

% Berechnung der Stichproben für jede MC-Simulation
% in einer Schleife mit anschließender Berechnung des
% Parameters mu_2. Dabei wird jedes mal eine Stichprobe
% des gleichen Umfangs wie verbrauch.dat gezogen

M = length(verbrauch);
ModW = [];

for k=1:N
    % Mit Hilfe des Zufallsgenerators eine Stichprobe
    % des Umfangs ziehen
    [probe] = BenzVerbrauchPdf(M, beta0);

    % Modalwert mu_2 auf der Grundlage d. Stichprobe
    % schätzen
    ModW = [ModW; MModal3(probe, klmitten)];
end;

% Zweiseitige alpha-Quantile der Modalwerte berechnen

alpha = 0.05;

Gu = prctile(ModW,100*alpha/2);
Go = prctile(ModW,100*(1-alpha/2));

fprintf('\nEmpirische 95-Prozent-Quantile:
                    [%10.6f, %10.6f]', Gu, Go);

% Testentscheidung treffen

H0 = (mu2Test>=Gu)&(mu2Test<=Go);     % Testgröße innerhalb

if H0
    fprintf('\nDie Nullhypothese wird nicht abgelehnt!');
else
    fprintf('\nDie Nullhypothese wird zum
                        95-Prozent-Niveau abgelehnt!');
end;
```

Ein entsprechender Aufruf von **LsgAufgMCHyptest.m** liefert:

```
LsgAufgMCHyptest

Wert der Testvariablen:           9.933743
Empirische 95-Prozent-Quantile:  [ 9.732587,  9.866723]
Die Nullhypothese wird zum 95-Prozent-Niveau abgelehnt!
```

Die Nullhypothese muss also abgelehnt werden. Da die Testvariable einen größeren Wert als das obere Quantil annimmt, ist zu vermuten, dass der tatsächliche Parameterwert von μ_2 größer ist als 9.8.

Lösung zu Übung 110, S. 361

Durch den Aufruf des MATLAB-Scripts **AufrMCRegAF2ordSigma.m** der Begleitsoftware wird die Operationscharakteristik des Test für den Freiheitsgrad $n = 7$ und für die Parameter $sxx = 1$ und $\sigma = 0.1, 0.5, 1$ und 2 im Intervall $[0, 5]$ berechnet und dargestellt. Für die Zahl der Monte-Carlo-Ziehungen wird wiederum 50000 verwendet.

Das Ergebnis ist in Abbildung 8.25 wiedergegeben.

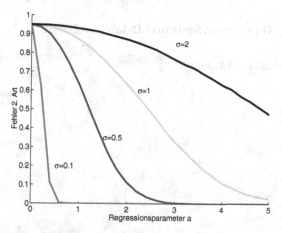

Abb. 8.25: Operationscharakteristik des Tests auf Regression via F-Statistik für den Freiheitsgrad $n = 7$ und $\sigma = 0.1, 0.5, 1, 2$

Lösung zu Übung 111, S. 361

Ein Kolmogorov-Smirnov-Test kann für die Daten aus **LDdaten.mat** mit folgenden MATLAB-Anweisungen durchgeführt werden (vgl. Datei **KolmogorovSmirnovLDdaten.m**):

```
% Laden der Daten LDdaten.mat

load LDdaten

% Werte der Mischverteilung berechnen

LDdaten = LDdaten(:);        % Spaltenvektoren!!

% Berechnung der theoretischen Verteilungsfunktionswerte
% mit Hilfe von fWeibullComb

params = [3/4, 20, 5, 20];
p = 1/4;
WCombcdf = fWeibullComb(LDdaten, params, p);

% Kolmogorov-Smirnov-Test durchführen

alpha = 0.05;                % Testniveau
tail = 0;                    % zweiseitiger Test

[Ergebnis,p,ksstat,cval] = ...
    kstest(LDdaten,[LDdaten,WCombcdf],alpha,tail)
```

Ein Aufruf von **KolmogorovSmirnovLDdaten.m** liefert:

```
KolmogorovSmirnovLDdaten

Ergebnis =

     1

p =

  6.3811e−010

ksstat =

    0.1470

cval =

    0.0604
```

Offenbar wird die Nullhypothese deutlich abgelehnt. Der p-Wert ist mit $6.3811 \cdot 10^{-10}$ sehr klein, die Teststatistik mit 0.1470 deutlich über dem kritischen Wert.

Lösung zu Übung 112, S. 361

Für einen Test der Nullhypothese $H_0 : T_2 = 20$ gegen die Alternative $H_1 : T_2 < 20$ wird das Schätzverfahren aus **FTWeibullComb.m** wie folgt verändert (s. Datei **FTWeibullCombT1T2.m**):

```
% ...

% Bestimmung der empirischen Verteilungsfunktion der
% Daten mit der NICHT DOKUMENTIERTEN Statistics-Toolbox-
% Funktion cdfcalc

[ycdf,xcdf] = cdfcalc(daten);
ycdf = ycdf(2:end);

% Anpassung an das Modell mit Hilfe von nlinfit und
% der Funktion H0WeibullCombT1T2. Die Iteration mit
% nlinfit wird dabei durch die Parameter der Nullhypothese
% initialisiert

[params,R,J] = ...
    nlinfit(xcdf,ycdf,@H0WeibullCombT1T2,[T1_0, T2_0]);
T1 = params(1);  T2 = params(2);
```

Die Funktion verwendet eine modifizierte Version von **H0WeibullComb.m**, bei der nur die Parameter T_1 und T_2 variabel sind.

Mit Hilfe der Funktion **MCWeibMixTestStatT1T2.m**, kann die Verteilung der Teststatistik mit Hilfe der Monte-Carlo-Methode ermittelt werden:

```
% ...

% Zuordnung der Parameter

p_0 = 1/4;   b1_0 = 3/4;  b2_0 = 5;

% M Stichproben des Umfangs N  entsprechend Nullhypothesen-
% parametern mit Zufallsgenerator erzeugen

Zwerte = ...
    WeibullCombrnd([b1_0, T1_0, b2_0, T2_0], p_0, N, M)';

% Berechnung der Statistik T für jede Stichprobe (Zeile)

T = [];  Pars = [];

for k=1:M
    % Schätzung der Parameter für diese Stichprobe
```

```
    [T1, T2] = FTWeibullCombT1T2(Zwerte(k,:), T1_0, T2_0);

    params = [p_0, b1_0, T1, b2_0, T2];
    Pars = [Pars; params];

    % Berechnung und Speicherung der Teststatistik T

    Taktuell = T1 - T2;
    T = [T, Taktuell];
end;
```

Mit den folgenden MATLAB-Anweisungen wird die Funktion für den Parameter $N = 500$ und $M = 1000$ Monte-Carlo-Iterationen aufgerufen und das Ergebnis wird grafisch dargestellt:

```
T1_0 = 20; T2_0 = 20;              % Nullhypothese

% 1000 Stichproben zu 500 Werten und Testvariable T
[T, Pars] = MCWeibMixTestStatT1T2(T1_0, T2_0, 500, 1000);

% empirische Verteilung von T (Klassenbr. 0.5, 30 Klassen)
[Hfg, X, emdist, cemdist] = ...
               distempStetig(T, (-15:0.5:15), 0);

% Balkendiagramm darstellen
bar(X,emdist)
xlabel('Werte von T')
ylabel('empirische Klassenhfg/dx')

alpha = 0.05;        % 5% Testniveau festlegen

% Kritischer Wert für 5% (95%-Quantil)
c = prctile(T, (1-alpha)*100)


c =

    6.1277
```

Abbildung 8.26 zeigt die empirische Verteilung der Testvariablen.
Der kritische Wert ist $c = 6.1277$.
Für die Stichprobe aus der Datei **LDdaten.mat** kann der Test nun zum 5%-Niveau wie folgt durchgeführt werden:

```
load LDdaten              % Laden der Daten

% Schätzung der Parameter für diese Stichprobe
```

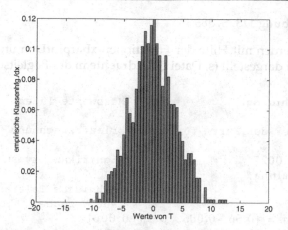

Abb. 8.26: Empirische Verteilung der Testvariablen $T = T1 - T2$ (Klassenbreite 0.5)

```
[T1, T2] = FTWeibullCombT1T2(LDdaten, T1_0, T2_0)

T1 =

    19.7009

T2 =

    18.0267

% Berechnung und Speicherung der Teststatistik T
T = T1 -T2

T =

    1.6742

% Durchführung des Tests

H = ~(T<c)

H =

    0
```

Auf Grund des Tests kann auch in diesem Fall die Nullhypothese nicht zu Gunsten der Alternative zurückgewiesen werden! Der Test ist nicht scharf genug.

Lösung zu Übung 113, S. 385

Die Karten werden mit Hilfe der Funktionen **xbarplotD.m** und **schartD.m**
berechnet und dargestellt (s. Datei **QRKdraehte.m** der Begleitsoftware):

```
load draehte.dat              % Messwerte laden

% Parameter der Karte für eine Vorlaufberechnung

alpha = 0.0027;               % Signifikanzniveau
conf = 1-alpha;

                              % technische Toleranzen
                              % laut Vorgabe
Tolgrenzen = [0.56-0.006, 0.56+0.006];
                              % Schätzverfahren für
                              % die Streuung einstellen
verfahren = 'std';

% Berechnung der Mittelwertkarte

[outliersX, avg, s, UEGX, OEGX] ...
            = xbarplotD(draehte,conf,Tolgrenzen,verfahren)

% Berechnung der Streuungskarte

figure
[outliersS, sbar, UEGS, OEGS] = schartD(draehte,conf)
```

Die Berechnung liefert die Eingriffsgrenzen:

```
UEGX =

    0.5612

OEGX =

    0.5644

UEGS =

  1.5810e-004

OEGS =

    0.0025
```

Die Abbildung 8.27 zeigt die grafische Darstellung beider Karten mit den berechneten Eingriffsgrenzen.

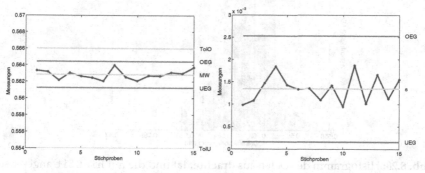

Abb. 8.27: Mittelwert und Streuungskarte für die Daten aus **draehte.dat**

Lösung zu Übung 114, S. 385

Mit Hilfe der Toolbox-Funktion `histfit` und den Anweisungen

```
load draehte.dat        % Messwerte laden

% Messwerte in einen Vektor umwandeln

daten = draehte';       % Stichproben spaltenweise
daten = daten(:);       % zu Vektor zusammenfassen

histfit(daten)
xlabel('Drahtdurchmesser / mm')
ylabel('rel. Klassenhfgkeit / Dichte')
```

erhält man die in Abbildung 8.28 dargestellte grafische Anpassung einer Normalverteilungsdichte an ein Histogramm der Daten.

Natürlich ist dies nur eine Inaugenscheinnahme der Daten und einer ggf. passenden Normalverteilung. Statistische Gewissheit, ob es sich bei den Daten um *normalverteilte* Daten handelt, bekommt man natürlich nur durch einen *Test* wie etwa den χ^2-Test aus Abschnitt 5.4.3.

Die Statistics Toolbox bietet speziell für den *Test auf Normalverteilung* den (in Kapitel 5 nicht besprochenen) *Lilliefors-Test* an. Er kann mit Hilfe der Funktion `lillietest` für die Daten aus **draehte.dat** folgendermaßen durchgeführt werden:

```
load draehte.dat        % Messwerte laden

% Signifikanzniveau wählen
```

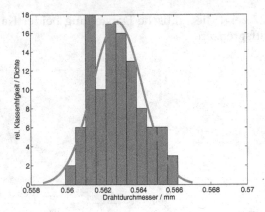

Abb. 8.28: Histogramm der Daten aus **draehte.dat** und die mit histfit angepasste
Normalverteilungsdichte

```
alpha = 0.05;

% Test durchführen

daten = draehte ';        % Stichproben spaltenweise
daten = daten (:);        % zu Vektor zusammenfassen
H = lillietest (daten, alpha)


H =

    0
```

Das Ergebnis $H = 0$ zeigt, dass die Normalitätshypothese zum 5%- Niveau
nicht zurückgewiesen werden kann. Die Berechnung

```
alpha = 0.01;
H = lillietest (daten, alpha)

H =

    0
```

zeigt, dass dies auch zum 1%- Niveau nicht der Fall ist. Die Daten sind also
mit der üblichen statistischen Sicherheit normalverteilt.

Lösung zu Übung 115, S. 386

Die Wahrscheinlichkeit, dass eine Eingriffsgrenze überschritten wird ist *nach
Konstruktion der Karten* gleich der vorgegebenen Eingriffswahrscheinlichkeit

$$p = P(Y < UEG) + P(Y > OEG). \qquad (513.1)$$

Dabei ist Y die verwendete Schätzvariable (also etwa $\overline{X}$ oder S) und UEG bzw. OEG sind die Eingriffsgrenzen der Karte. Die berechnete Wahrscheinlichkeit p hängt dabei von der tatsächlichen Prozesslage μ und der tatsächlichen Prozessstreuung σ ab.

Laut Hinweis ist die Bestimmung der Anzahl der Stichproben bis zur (zufälligen) Überschreitung der Eingriffsgrenzen ein typischer Fall für das „Warten auf ein Ereignis". Solche Zufallsgrößen sind nach Abschnitt 2.5.3 *geometrisch verteilt* mit Parameter p.

Nach (89.1) und (64.2) erhält man damit für die mittlere Lauflänge ARL:

$$ARL = \sum_{k=1}^{\infty} k \cdot p(1-p)^{k-1}. \qquad (513.2)$$

Laut Aufgabenstellung soll $p = \alpha$ sein. Damit ergibt sich mit

```
alpha = 0.0027;      % gewähltes Niveau
p = alpha;

                     % Berechnung der Kennwerte der
                     % Geometrischen Verteilung
[ARL, Var] = geostat(p)

ARL =

   369.3704

Var =

   1.3680e+005
```

eine mittlere Lauflänge von 369 Stichproben.

Lösung zu Übung 116, S. 386

Die Funktion **DichteS.m** der Begleitsoftware stellt die Plots der Dichten auf folgende Weise dar:

```
% Stützstellen im Bereich [0, mu 4*sqrt((1-an^2)*sigma^2)]

an = sqrt(2/(n-1))*gamma(n/2)/gamma((n-1)/2);
mu = sigma*an;
sig = sqrt((1-an^2)*sigma^2);
s = (0:0.01:mu+4*sig);
```

```
% Berechnung der Dichte

faktor = sqrt((n-1)/n)*(n-1)^((n-1)/2)/(2^((n-3)/2)*...
                        gamma((n-1)/2)*sigma^(n-1));

fS = faktor*(s.^(n-2)).*exp(-(n-1)/(2*sigma^2)*s.^2);

% Berechnung der (approximierenden) Normalverteilung

y = normpdf(s, mu, sig);

% Darstellung der Dichten

plot(s,fS,'b', s,y,'r-.', 'LineWidth',3);
```

Ein entsprechender Aufruf für $\sigma = 3$ und $n = 5, 7, 11$ und $n = 30$ liefert die in Abbildung 8.29 dargestellten Dichten:

```
sigma = 3;
n = 5;
subplot(221)
[fS] = DichteS(sigma, n);
subplot(222)
n = 7;
[fS] = DichteS(sigma, n);
subplot(223)
n = 11;
[fS] = DichteS(sigma, n);
subplot(224)
n = 30;
[fS] = DichteS(sigma, n);
```

Man erkennt die schon für relativ geringe Stichprobenumfänge gute Übereinstimmung mit der approximierenden Normalverteilung. Die einfachere approximierende Normalverteilung kann also statt der wesentlich komplizierteren tatsächlichen Verteilungsdichte von S verwendet werden.

Lösung zu Übung 117, S. 386

Die Kennzahlen können mit der Funktion `capable` der MATLAB Statistics Toolbox folgendermaßen berechnet werden:

```
load draehte.dat      % Messwerte laden

% technische Toleranzgrenzen festlegen
```

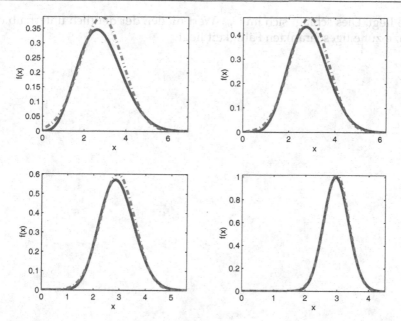

Abb. 8.29: Dichte des Streuungsschätzers S für $\sigma = 3$ und $n = 5, 7, 11, 30$ mit approximierenden Normalverteilungen

```
Tolgrenzen = [0.56−0.006, 0.56+0.006];

% Fähigkeitskennwerte berechnen
daten = draehte';     % Stichproben spaltenweise
daten = daten(:);     % zu Vektor zusammenfassen

[p, Cp, Cpk] = capable(daten, Tolgrenzen)

p =

    0.0114

Cp =

    1.4374

Cpk =

    0.7588
```

Die Ausschussrate ist mit 1.14% zu hoch. Der Prozess wäre fähig, wenn die Prozesslage der Toleranzmitte entspräche. Dies zeigt der C_p-Wert. Allerdings zeigt Abbildung 8.27, dass die Prozesslage deutlich oberhalb der Toleranzmitte liegt. Dies schlägt sich im C_{pk}-Wert nieder, der deutlich unterhalb der Grenze zur eingeschränkten Fähigkeit liegt.

A Herleitung von Verteilungen

A.1 Exponentialverteilung

Wir betrachten im Folgenden die Zufallsvariable

$$Y = \text{„Lebensdauer eines Gerätes"}$$

Die Verteilung dieser Zufallsvariablen kann unter der Voraussetzung, dass keine Alterungsprozesse berücksichtigt werden (nur spontane Ausfälle) und die beobachtete Ausfallrate[1] λ $\frac{1}{\text{Zeiteinheit}}$ als konstant angenommen werden kann, durch die folgende Überlegung ermittelt werden.

Wir definieren $y(t)$ als die Zahl[2] der zur Beobachtungszeit t noch funktionierenden Geräte. Zum Startzeitpunkt $t = 0$ seien $y(0) = y_0$ funktionsfähige Geräte vorhanden.

Mit der als konstant angenommenen Ausfallrate λ kann die Änderung von $y(t)$ nun wie folgt in Form einer Differentialgleichung modelliert werden:

$$\frac{d}{dt}y(t) = -\lambda \cdot y(t), \quad y(0) = y_0. \tag{517.1}$$

Dieses Anfangswertproblem kann leicht gelöst werden. Man erhält:

$$y(t) = y_0 e^{-\lambda t} \quad \text{für alle } t \geq 0. \tag{517.2}$$

Die Lebensdauer eines Gerätes ist per Definition die „Zeit bis zum Ausfall". Die *Lebensdauerwahrscheinlichkeit* bis zur Zeit $t > 0$, also $P(Y \leq t)$, sollte damit proportional zum Verhältnis der *ausgefallenen* Geräte $y_0 - y_0 e^{-\lambda t} = y_0(1 - e^{-\lambda t})$ bis t sein, also

$$P(Y \leq t) = C(1 - e^{-\lambda t}) \quad \text{für alle } t \geq 0. \tag{517.3}$$

Die Funktion $P(Y \leq t)$ aus Gleichung (517.3) entspricht der Verteilungsfunktion von Y. Diese ist offenbar differenzierbar und somit hat Y die stetige Verteilungsdichte

$$f_Y(t) = C \cdot \lambda \cdot e^{-\lambda t} \quad \text{für alle } t \geq 0. \tag{517.4}$$

Das Integral über die gesamte Verteilungsdichte muss jedoch 1 sein, damit es sich wirklich um eine Verteilungsdichte handelt (vgl. Satz 2.5.5, S. 70). Dies liefert[3]:

---

[1] Die Ausfallrate ist dabei als der durchschnittliche Anteil der ausgefallenen Geräte pro Zeiteinheit definiert.

[2] Dabei wird die Ganzzahligkeit für den Moment einmal außer Acht gelassen. $y(t)$ darf jeden positiven reellen Wert annehmen.

[3] Man beachte, dass die Dichte für $t < 0$ sinnvollerweise natürlich als 0 definiert werden muss.

$$\int_{-\infty}^{\infty} f_Y(t)\, dt = \int_0^{\infty} C \cdot \lambda \cdot e^{-\lambda t}\, dt$$

$$= \lambda C \left(-\frac{1}{\lambda} e^{-\lambda t} \right) \Bigg|_0^{\infty} \qquad (518.1)$$

$$= \lambda C \left(0 + \frac{1}{\lambda} \right)$$

$$= C = 1.$$

Die Proportionalitätskonstante C errechnet sich daraus zu 1. Damit haben Verteilungsdichte und Verteilungsfunktion der Lebensdauer-Zufallsvariablen Y die Form

$$f_Y(t) = \begin{cases} 0 & t \leq 0, \\ \lambda \cdot e^{-\lambda t} & t \geq 0, \end{cases}$$

$$F_Y(t) = \int_{-\infty}^{t} f_Y(\tau)\, d\tau$$

$$(518.2)$$

$$= \int_0^{t} \lambda \cdot e^{-\lambda \tau}\, d\tau$$

$$= -e^{-\lambda \tau} \big|_0^t = 1 - e^{-\lambda t} \quad \text{für alle } t \geq 0,$$

$$F_Y(t) = 0 \quad \text{für alle } t < 0.$$

A.2 Normalverteilung

Zur Motivation der Normalverteilung führen wir das Gedankenexperiment „Schießen Sie auf die Null!" durch.

In diesem Gedankenexperiment gehen wir davon aus, dass wir ähnlich einem Bogen- oder Pistolenschützen statt auf eine Zielscheibe auf die reelle Achse schießen und dabei versuchen die (Zahl) Null zu treffen. Dabei setzen wir voraus, dass wir über eine genaue „Waffe" verfügen und der Treffererfolg nur von unserer mehr oder weniger zittrigen Hand abhängt.

Ein mögliches Trefferbild, das sich aus einem solchen Experiment ergeben könnte ist in Abbildung A.1 dargestellt.

Wir zählen nun die Treffer, wobei wir, wie in Abbildung A.1 angedeutet, die reelle Achse zunächst in äquidistante Intervalle $[x_i, x_{i+1}]$, $i \in \mathbb{Z}$ der Länge Δx einteilen und halten anschließend die Treffer in den äquidistanten Intervallen fest.

Auf Grund der Experimentkonstruktion gehen wir nun darüber hinaus von der Annahme aus, dass die Trefferrate sich *linear abnehmend* mit der Entfernung zum Nullpunkt ändert. Mit dieser Annahme soll zweierlei modelliert werden, nämlich dass

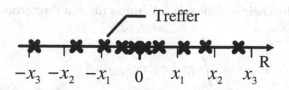

Abb. A.1: Mögliches Trefferbild im Gedankenexperiment „Schießen Sie auf die Null!"

- auf 0 gezielt wird (es wir daher eine abnehmende Rate angenommen),
- keine Bevorzugung einer Abweichung vorliegt (daher wird ein linearer Zusammenhang angenommen).

Lassen wir die Intervallbreite Δx immer kleiner werden, so können wir, sehr hohe ($\approx \infty$) Schußzahlen vorausgesetzt, die Trefferzahl $y(x)$ „an einer Stelle" x auf Grund dieser Annahmen mir einer *Differentialgleichung* modellieren.

Da die Trefferrate linear mit der Entfernung abnehmen soll und natürlich proportional zur Trefferzahl ist, ergibt sich für eine Proportionalitätskonstante[4] $\frac{1}{\sigma^2}$:

$$\frac{\Delta y(x)}{\Delta x} \approx -\frac{1}{\sigma^2} \cdot \text{Entfernung} \cdot \text{Trefferzahl bei } x \tag{519.1}$$

oder genauer

$$\frac{\Delta y(x)}{\Delta x} \approx -\frac{1}{\sigma^2} \cdot x \cdot y(x), \tag{519.2}$$

was im Grenzfall auf die Differentialgleichung

$$y' = -\frac{1}{\sigma^2} \cdot x \cdot y \tag{519.3}$$

führt.

Dies ist eine separable Differentialgleichung mit der Lösung

$$y(x) = K \cdot e^{-\frac{1}{2\sigma^2} \cdot x^2}. \tag{519.4}$$

Mit dieser Lösung berechnen wir die Wahrscheinlichkeit eines Treffers T im Intervall $[-z, z]$ nun mit Hilfe des Ansatzes[5]:

$$P(-z \leq T < z) \approx \int_{-z}^{z} K \cdot e^{-\frac{1}{2\sigma^2} \cdot x^2}\, dx. \tag{519.5}$$

---

[4] Wir nennen die Konstante hier schon so, dass später die üblichen Bezeichnungen herauskommen.

[5] Die Wahrscheinlichkeit ist ja proportional zur Trefferzahl im Intervall $[-z, z]$, also zur „Summe", sprich dem Integral, aller Treffer in diesem Intervall.

Da P eine Wahrscheinlichkeit sein soll, muss für den Proportionalitätsfaktor K gelten:

$$\int\limits_{-\infty}^{\infty} K \cdot e^{-\frac{1}{2\sigma^2} \cdot x^2} \, dx = 1. \tag{520.1}$$

Ein Blick in eine Formelsammlung ergibt

$$\int\limits_{-\infty}^{\infty} e^{-\frac{1}{2\sigma^2} \cdot x^2} \, dx = \sigma\sqrt{2\pi}, \tag{520.2}$$

woraus mit Gleichung (520.1) folgt:

$$K = \frac{1}{\sigma\sqrt{2\pi}}. \tag{520.3}$$

Die Wahrscheinlichkeitsdichte der Trefferverteilung ist somit:

$$f(x) = \frac{1}{\sigma\sqrt{2\pi}} e^{-\frac{1}{2\sigma^2} \cdot x^2}. \tag{520.4}$$

Berücksichtigt man, dass das obige Experiment statt für 0 für jede beliebige Zahl μ durchgeführt werden kann, so muss in den Überlegungen lediglich x durch $x - \mu$ ersetzen. Daraus ergibt sich allgemein die nachfolgend definierte Verteilungsdichte der so genannten *Gauß'schen* oder *Normalverteilung* (s. (109.1)):

$$f_T(x) = N(\mu, \sigma^2) = \frac{1}{\sigma\sqrt{2\pi}} e^{-\frac{1}{2\sigma^2} \cdot (x-\mu)^2} \qquad x \in \mathbb{R}. \tag{520.5}$$

Die Verteilungsfunktion $F_T(x)$ ist leider nicht geschlossen darstellbar und wird numerisch oder via Tabelle der Standard-Normalverteilung $\Phi(x)$ (vgl. Abschnitt 2.7.3, S. 123 und Tabelle B.1) ermittelt.

A.3 Weibull-Verteilung

Wir betrachten erneut die Zufallsvariable

$$Y = \text{„Lebensdauer eines Gerätes“}$$

Im Gegensatz zu Abschnitt A.1 soll jedoch nun vorausgesetzt werden, dass sich die Ausfallrate mit der Zeit ändert. Ein sinnvolles Modell sollte dabei entweder stärkere Ausfälle für fortgeschrittene Zeiten (Alterung) oder stärkere Ausfälle zu Beginn der Lebenszeit (Frühausfälle) modellieren.

Im folgenden Modell soll die zeitabhängige Ausfallrate von zwei Parametern $b > 0$ und $T > 0$ abhängen und die Form

$$\lambda(t) = \frac{b}{T} \left(\frac{t}{T} \right)^{b-1} \frac{1}{\text{Zeiteinheit}} \qquad (521.1)$$

haben.

Der Parameter b steuert dabei offenbar, ob die Ausfallrate $\lambda(t)$ für große t abnimmt oder zunimmt. Ist $b > 1$, so steigt die Ausfallrate mit der Zeit an, ist $b < 1$ so ist die Ausfallrate für kleine t eher größer. Für $t = 1$ erhält man die konstante Ausfallrate $\frac{1}{T}$ und somit den Ansatz aus Abschnitt A.1. Mit dem Parameter T kann also wahrscheinlich die mittlere Ausfallzeit gesteuert werden.

Wir definieren wieder $y(t)$ als die Zahl der zur Beobachtungszeit t noch funktionierenden Geräte. Zum Startzeitpunkt $t = 0$ seien $y(0) = y_0$ funktionsfähige Geräte vorhanden.

Mit der in Gleichung (521.1) für die Ausfallrate $\lambda(t)$ kann die Änderung von $y(t)$ nun wie folgt in Form einer Differentialgleichung modelliert werden:

$$\frac{d}{dt}y(t) = -\lambda(t) \cdot y(t) = -\frac{b}{T} \left(\frac{t}{T} \right)^{b-1} \cdot y(t), \quad y(0) = y_0. \qquad (521.2)$$

Dieses Anfangswertproblem kann ebenso leicht gelöst werden wie in Abschnitt A.1, da es sich wieder um eine separable Differentialgleichung handelt. Man erhält:

$$\ln(y(t)) = -\int \frac{b}{T} \left(\frac{t}{T} \right)^{b-1} dt + C, \qquad (521.3)$$

woraus wiederum mit $K = e^C$

$$y(t) = K \cdot e^{-\left(\frac{t}{T} \right)^b} \qquad (521.4)$$

folgt.

Mit Hilfe der Anfangsbedingung ermittelt man die Lösung

$$y(t) = y_0 \cdot e^{-\left(\frac{t}{T} \right)^b}. \qquad (521.5)$$

Die Lebensdauer eines Gerätes ist wiederum per Definition die „Zeit bis zum Ausfall" und daher kann, wie in Abschnitt A.1, die *Lebensdauerwahrscheinlichkeit* bis zur Zeit $t > 0$, also $P(Y \leq t)$, wieder proportional zum Verhältnis der *ausgefallenen* Geräte $y_0 - y_0 e^{-\lambda t} = y_0(1 - e^{-\lambda t})$ bis t angesetzt werden, also

$$P(Y \leq t) = C(1 - e^{\left(\frac{t}{T} \right)^b}) \quad \text{für alle } t \geq 0. \qquad (521.6)$$

Da der Endwert der Verteilungsfunktion 1 sein muss, errechnet man durch Grenzübergang $t \to \infty$ leicht, dass die Proportionalitätskonstante $C = 1$ zu wählen ist.

Die Verteilungsfunktion der errechneten Lebensdauerverteilung, der so genannten *Weibull-Verteilung* hat somit die Form (s. (115.2))

$$F_Y(t) = \begin{cases} 0 & \text{für} \quad t < 0, \\ 1 - e^{-\left(\frac{t}{T}\right)^b} & \text{für} \quad t \in [0, \infty). \end{cases} \tag{522.1}$$

Durch Differentiation erhält man die Verteilungsdichte (s. (115.1))

$$f_Y(t) = \begin{cases} 0 & \text{für} \quad t < 0, \\ \frac{b}{T^b} t^{b-1} e^{-\frac{1}{T^b} t^b} & \text{für} \quad t \in [0, \infty). \end{cases} \tag{522.2}$$

B Verteilungstabellen

B.1 Werte der Standard-Normalverteilung

Die Standard-Normalverteilung ist *symmetrisch* zu 0. Daher sind nur die Werte von $\Phi(x)$ für $x \geq 0$ angegeben. Die anderen Werte lassen sich mit

$$\Phi(-x) = 1 - \Phi(x) \tag{523.1}$$

berechnen.

Tabelle B.1: Werte der Standard-Normalverteilungsfunktion $\Phi(x)$

x	$\Phi(x)$	x	$\Phi(x)$	x	$\Phi(x)$	x	$\Phi(x)$	x	$\Phi(x)$	x	$\Phi(x)$
0.01	0.5040	0.51	0.6950	1.01	0.8438	1.51	0.9345	2.01	0.9778	2.51	0.9940
0.02	0.5080	0.52	0.6985	1.02	0.8461	1.52	0.9357	2.02	0.9783	2.52	0.9941
0.03	0.5120	0.53	0.7019	1.03	0.8485	1.53	0.9370	2.03	0.9788	2.53	0.9943
0.04	0.5160	0.54	0.7054	1.04	0.8508	1.54	0.9382	2.04	0.9793	2.54	0.9945
0.05	0.5199	0.55	0.7088	1.05	0.8531	1.55	0.9394	2.05	0.9798	2.55	0.9946
0.06	0.5239	0.56	0.7123	1.06	0.8554	1.56	0.9406	2.06	0.9803	2.56	0.9948
0.07	0.5279	0.57	0.7157	1.07	0.8577	1.57	0.9418	2.07	0.9808	2.57	0.9949
0.08	0.5319	0.58	0.7190	1.08	0.8599	1.58	0.9429	2.08	0.9812	2.58	0.9951
0.09	0.5359	0.59	0.7224	1.09	0.8621	1.59	0.9441	2.09	0.9817	2.59	0.9952
0.10	0.5398	0.60	0.7257	1.10	0.8643	1.60	0.9452	2.10	0.9821	2.60	0.9953
0.11	0.5438	0.61	0.7291	1.11	0.8665	1.61	0.9463	2.11	0.9826	2.61	0.9955
0.12	0.5478	0.62	0.7324	1.12	0.8686	1.62	0.9474	2.12	0.9830	2.62	0.9956
0.13	0.5517	0.63	0.7357	1.13	0.8708	1.63	0.9484	2.13	0.9834	2.63	0.9957
0.14	0.5557	0.64	0.7389	1.14	0.8729	1.64	0.9495	2.14	0.9838	2.64	0.9959
0.15	0.5596	0.65	0.7422	1.15	0.8749	1.65	0.9505	2.15	0.9842	2.65	0.9960
0.16	0.5636	0.66	0.7454	1.16	0.8770	1.66	0.9515	2.16	0.9846	2.66	0.9961
0.17	0.5675	0.67	0.7486	1.17	0.8790	1.67	0.9525	2.17	0.9850	2.67	0.9962
0.18	0.5714	0.68	0.7517	1.18	0.8810	1.68	0.9535	2.18	0.9854	2.68	0.9963
0.19	0.5753	0.69	0.7549	1.19	0.8830	1.69	0.9545	2.19	0.9857	2.69	0.9964
0.20	0.5793	0.70	0.7580	1.20	0.8849	1.70	0.9554	2.20	0.9861	2.70	0.9965
0.21	0.5832	0.71	0.7611	1.21	0.8869	1.71	0.9564	2.21	0.9864	2.71	0.9966

Tabelle B.1: (Fortsetzung)

x	$\Phi(x)$	x	$\Phi(x)$	x	$\Phi(x)$	x	$\Phi(x)$	x	$\Phi(x)$	x	$\Phi(x)$
0.22	0.5871	0.72	0.7642	1.22	0.8888	1.72	0.9573	2.22	0.9868	2.72	0.9967
0.23	0.5910	0.73	0.7673	1.23	0.8907	1.73	0.9582	2.23	0.9871	2.73	0.9968
0.24	0.5948	0.74	0.7704	1.24	0.8925	1.74	0.9591	2.24	0.9875	2.74	0.9969
0.25	0.5987	0.75	0.7734	1.25	0.8944	1.75	0.9599	2.25	0.9878	2.75	0.9970
0.26	0.6026	0.76	0.7764	1.26	0.8962	1.76	0.9608	2.26	0.9881	2.76	0.9971
0.27	0.6064	0.77	0.7794	1.27	0.8980	1.77	0.9616	2.27	0.9884	2.77	0.9972
0.28	0.6103	0.78	0.7823	1.28	0.8997	1.78	0.9625	2.28	0.9887	2.78	0.9973
0.29	0.6141	0.79	0.7852	1.29	0.9015	1.79	0.9633	2.29	0.9890	2.79	0.9974
0.30	0.6179	0.80	0.7881	1.30	0.9032	1.80	0.9641	2.30	0.9893	2.80	0.9974
0.31	0.6217	0.81	0.7910	1.31	0.9049	1.81	0.9649	2.31	0.9896	2.81	0.9975
0.32	0.6255	0.82	0.7939	1.32	0.9066	1.82	0.9656	2.32	0.9898	2.82	0.9976
0.33	0.6293	0.83	0.7967	1.33	0.9082	1.83	0.9664	2.33	0.9901	2.83	0.9977
0.34	0.6331	0.84	0.7995	1.34	0.9099	1.84	0.9671	2.34	0.9904	2.84	0.9977
0.35	0.6368	0.85	0.8023	1.35	0.9115	1.85	0.9678	2.35	0.9906	2.85	0.9978
0.36	0.6406	0.86	0.8051	1.36	0.9131	1.86	0.9686	2.36	0.9909	2.86	0.9979
0.37	0.6443	0.87	0.8078	1.37	0.9147	1.87	0.9693	2.37	0.9911	2.87	0.9979
0.38	0.6480	0.88	0.8106	1.38	0.9162	1.88	0.9699	2.38	0.9913	2.88	0.9980
0.39	0.6517	0.89	0.8133	1.39	0.9177	1.89	0.9706	2.39	0.9916	2.89	0.9981
0.40	0.6554	0.90	0.8159	1.40	0.9192	1.90	0.9713	2.40	0.9918	2.90	0.9981
0.41	0.6591	0.91	0.8186	1.41	0.9207	1.91	0.9719	2.41	0.9920	2.91	0.9982
0.42	0.6628	0.92	0.8212	1.42	0.9222	1.92	0.9726	2.42	0.9922	2.92	0.9982
0.43	0.6664	0.93	0.8238	1.43	0.9236	1.93	0.9732	2.43	0.9925	2.93	0.9983
0.44	0.6700	0.94	0.8264	1.44	0.9251	1.94	0.9738	2.44	0.9927	2.94	0.9984
0.45	0.6736	0.95	0.8289	1.45	0.9265	1.95	0.9744	2.45	0.9929	2.95	0.9984
0.46	0.6772	0.96	0.8315	1.46	0.9279	1.96	0.9750	2.46	0.9931	2.96	0.9985
0.47	0.6808	0.97	0.8340	1.47	0.9292	1.97	0.9756	2.47	0.9932	2.97	0.9985
0.48	0.6844	0.98	0.8365	1.48	0.9306	1.98	0.9761	2.48	0.9934	2.98	0.9986
0.49	0.6879	0.99	0.8389	1.49	0.9319	1.99	0.9767	2.49	0.9936	2.99	0.9986
0.50	0.6915	1.00	0.8413	1.50	0.9332	2.00	0.9772	2.50	0.9938	3.00	0.9987

B.2 Quantile der Chi-Quadrat-Verteilung

Die Chi-Quadrat-Verteilung hat nur Werte oberhalb von $x = 0$. Für $x < 0$ ist sie als 0 definiert. Die nachfolgende Tabelle gibt die Quantile der Chi-Quadrat-Verteilung (Werte von $F_{\chi^2}^{-1}(x)$) für N Freiheitsgrade wieder.

Tabelle B.2: *Quantile* der Chi-Quadrat-Verteilung

$F_{\chi^2}^{-1}(x)$	x						
N	0.01	0.05	0.1	0.5	0.9	0.95	0.99
1	0.0002	0.0039	0.0158	0.4549	2.7055	3.8415	6.6349
2	0.0201	0.1026	0.2107	1.3863	4.6052	5.9915	9.2103
3	0.1148	0.3518	0.5844	2.3660	6.2514	7.8147	11.3449
4	0.2971	0.7107	1.0636	3.3567	7.7794	9.4877	13.2767
5	0.5543	1.1455	1.6103	4.3515	9.2364	11.0705	15.0863
6	0.8721	1.6354	2.2041	5.3481	10.6446	12.5916	16.8119
7	1.2390	2.1673	2.8331	6.3458	12.0170	14.0671	18.4753
8	1.6465	2.7326	3.4895	7.3441	13.3616	15.5073	20.0902
9	2.0879	3.3251	4.1682	8.3428	14.6837	16.9190	21.6660
10	2.5582	3.9403	4.8652	9.3418	15.9872	18.3070	23.2093
11	3.0535	4.5748	5.5778	10.3410	17.2750	19.6751	24.7250
12	3.5706	5.2260	6.3038	11.3403	18.5493	21.0261	26.2170
13	4.1069	5.8919	7.0415	12.3398	19.8119	22.3620	27.6882
14	4.6604	6.5706	7.7895	13.3393	21.0641	23.6848	29.1412
15	5.2293	7.2609	8.5468	14.3389	22.3071	24.9958	30.5779
16	5.8122	7.9616	9.3122	15.3385	23.5418	26.2962	31.9999
17	6.4078	8.6718	10.0852	16.3382	24.7690	27.5871	33.4087
18	7.0149	9.3905	10.8649	17.3379	25.9894	28.8693	34.8053
19	7.6327	10.1170	11.6509	18.3377	27.2036	30.1435	36.1909
20	8.2604	10.8508	12.4426	19.3374	28.4120	31.4104	37.5662
30	14.9535	18.4927	20.5992	29.3360	40.2560	43.7730	50.8922
40	22.1643	26.5093	29.0505	39.3353	51.8051	55.7585	63.6907
50	29.7067	34.7643	37.6886	49.3349	63.1671	67.5048	76.1539

B.3 Quantile der t-Verteilung

Die Student-Verteilung ist *symmetrisch* zu 0. Daher sind nur die Quantile x für die Wahrscheinlichkeiten ≥ 0.5 angegeben. Die anderen Werte lassen sich mit

$$F_t(-x) = 1 - F_t(x) \tag{526.1}$$

berechnen.

Tabelle B.3: *Quantile* der Student-Verteilung

$F_t^{-1}(x)$	x							
N	0.5	0.6	0.7	0.8	0.9	0.95	0.975	0.99
1	0.0000	0.3249	0.7265	1.3764	3.0777	6.3138	12.7062	31.8205
2	0.0000	0.2887	0.6172	1.0607	1.8856	2.9200	4.3027	6.9646
3	0.0000	0.2767	0.5844	0.9785	1.6377	2.3534	3.1824	4.5407
4	0.0000	0.2707	0.5686	0.9410	1.5332	2.1318	2.7764	3.7469
5	0.0000	0.2672	0.5594	0.9195	1.4759	2.0150	2.5706	3.3649
6	0.0000	0.2648	0.5534	0.9057	1.4398	1.9432	2.4469	3.1427
7	0.0000	0.2632	0.5491	0.8960	1.4149	1.8946	2.3646	2.9980
8	0.0000	0.2619	0.5459	0.8889	1.3968	1.8595	2.3060	2.8965
9	0.0000	0.2610	0.5435	0.8834	1.3830	1.8331	2.2622	2.8214
10	0.0000	0.2602	0.5415	0.8791	1.3722	1.8125	2.2281	2.7638
11	0.0000	0.2596	0.5399	0.8755	1.3634	1.7959	2.2010	2.7181
12	0.0000	0.2590	0.5386	0.8726	1.3562	1.7823	2.1788	2.6810
13	0.0000	0.2586	0.5375	0.8702	1.3502	1.7709	2.1604	2.6503
14	0.0000	0.2582	0.5366	0.8681	1.3450	1.7613	2.1448	2.6245
15	0.0000	0.2579	0.5357	0.8662	1.3406	1.7531	2.1314	2.6025
20	0.0000	0.2567	0.5329	0.8600	1.3253	1.7247	2.0860	2.5280
30	0.0000	0.2556	0.5300	0.8538	1.3104	1.6973	2.0423	2.4573
50	0.0000	0.2547	0.5278	0.8489	1.2987	1.6759	2.0086	2.4033
100	0.0000	0.2540	0.5261	0.8452	1.2901	1.6602	1.9840	2.3642
500	0.0000	0.2535	0.5247	0.8423	1.2832	1.6479	1.9647	2.3338

Literaturverzeichnis

[1] BEUCHER, O. J., *MATLAB und Simulink– Grundlegende Einführung.* Verlag Pearson Studium, 2006, 3. Auflage

[2] BEUCHER, O. J., *Statistische Modellierung von Last-Drehzahl-Daten.* Horizonte, Nr. 19, S. 3-6

[3] BAZARAA, M. S., SHERALI, H. D. und SHETTY, C. M., *Nonlinear Programming – Theory and Algorithms.* Verlag John Wiley & Sons, 1997

[4] BRAUN, H., *Angewandte Mathematik 3.* Vorlesungsskript HT Karlsruhe, 1997

[5] CHATTERJEE, S. und PRICE, B., *Praxis der Regressionsanalyse.* Oldenbourg Verlag, 1995

[6] CHRISTOPH, G. und HACKEL, H., *Starthilfe Stochastik.* Teubner Verlag, 2002

[7] DICKEY, D. A. und ARNOLD J. T., *Teaching Statistics with Data of Historic Significance: Galileo's Gravity and Motion Experiments.* Journal of Statistics Education, Vol. 3, Nr. 1

[8] DÜRR, W. und MAYER, H., *Wahrscheinlichkeitsrechnung und schließende Statistik.* Hanser Verlag, 1991

[9] EFRON, B. und TIBSHIRANI, R. J., *An Introduction to the Bootstrap.* Chapman&Hall/CRC, 1993

[10] FAHRMEIER, L., HAMERLE, A. und TUTZ, G. *Multivariate Statistische Verfahren.* de Gruyter Verlag, 1996

[11] FISZ, M., *Wahrscheinlichkeitsrechnung und mathematische Statistik.* VEB Deutscher Verlag der Wissenschaften (ehem. DDR), 10. Auflage, 1980

[12] HEISE, B., *Computerunterstützte Statistik.* Verlag Addison Wesley, 1994

[13] HOISCHEN, H., *Teschnisches Zeichnen.* Verlag Cornelsen Girardet, 1988

[14] IRLE, A., *Wahrscheinlichkeitstheorie und Statistik.* Teubner Verlag, 2002

[15] KLEIN, E. und MANNWEWITZ, F., *Statistische Tolerierung.* Vieweg Verlag, 1993

[16] KLEIN, E. *Statistische Tolerierung – Prozessorientierte Bauteil- und Montageoptimierung.* Hanser Verlag, 2000

[17] KOLMOGOROV, A.N. *Grundbegriffe der Wahrscheinlichkeitsrechnung.* Ergebnisse der Mathematik 2, Heft 3, Berlin, 1933

[18] KREISZIG, E., *Statistische Methoden und ihre Anwendung.* Verlag Vandenhoeck&Ruprecht, 7. Auflage, 1979

[19] KRENGEL, U., *Einführung in die Wahrscheinlichkeitstheorie und Statistik.* Vieweg Verlag, 1991

[20] LEHN, J. und WEGMANN, H., *Einführung in die Statistik.* Teubner Verlag, 1992

[21] LEHN, J. und WEGMANN, H., *Aufgabensammlung zur Einführung in die Statistik*. Teubner Verlag, 1992

[22] LOCK, R.H., *1993 New Car Data*. Journal of Statistics Education, V.1, n.1 (1993)

[23] MANNWEWITZ, F., *Prozessfähige Tolerierung von Bauteilen und Baugruppen – ein Lösungsansatz zur Optimierung der Werkstattfertigung im Informationsverbund zwischen CAD und CAQ*. Fortschrittsberichte VDI, Reihe 20, Nr. 256, 1994

[24] MARTINEZ, W. L. und MARTINEZ, A. R., *Computational Statistics Handbook with MATLAB*. Chapman&Hall/CRC, 2002

[25] MOONEY, C. Z., *Monte Carlo Simulation*. Sage Publications, 1997

[26] *The Student Edition of MATLAB – Version 6, Users Guide*. Prentice-Hall, 2000

[27] *Meyers Taschenlexikon*. BI-Taschenbuchverlag, 4. Auflage, 1992

[28] PAPULA, L., *Mathematik für Ingenieure 3*. Vieweg Verlag, 1994

[29] RASCH, D., *Einführung in die Mathematische Statistik*. VEB Deutscher Verlag der Wissenschaften, 1989

[30] SACHS, L., *Angewandte Statistik*. Springer-Verlag, 1992

[31] SOBOL, I.M., *Die Monte-Carlo-Methode*. Verlag Harri Deutsch, 1991

[32] STORM, R., *Wahrscheinlichkeitsrechnung, Mathematische Statistik, Statistische Qualitätskontrolle*. Fachbuchverlag Leipzsch-Köln, 1995

[33] TIMISCHL, W., *Qualitätssicherung*. Hanser Verlag, 2002, 3. Auflage

[34] UHLMANN, W., *Statistische Qualitätskontrolle*. Teubner Verlag, 1982, 2. Auflage

[35] VDA, *Qualitätsmanagement in der Automobilindustrie Band 3*. Verband der Automobilindustrie, 1984

[36] WILHELM, M. C., *Skriptum zur Vorlesung Qualitätsmanagement*. Vorlesungsskript HT Karlsruhe, 1997-98

[37] WILHELM, M. C., *Skriptum zur Vorlesung Meßtechnik*. Vorlesungsskript HT Karlsruhe, 1997-98

Begleitsoftwareindex

Stichwortverzeichnis